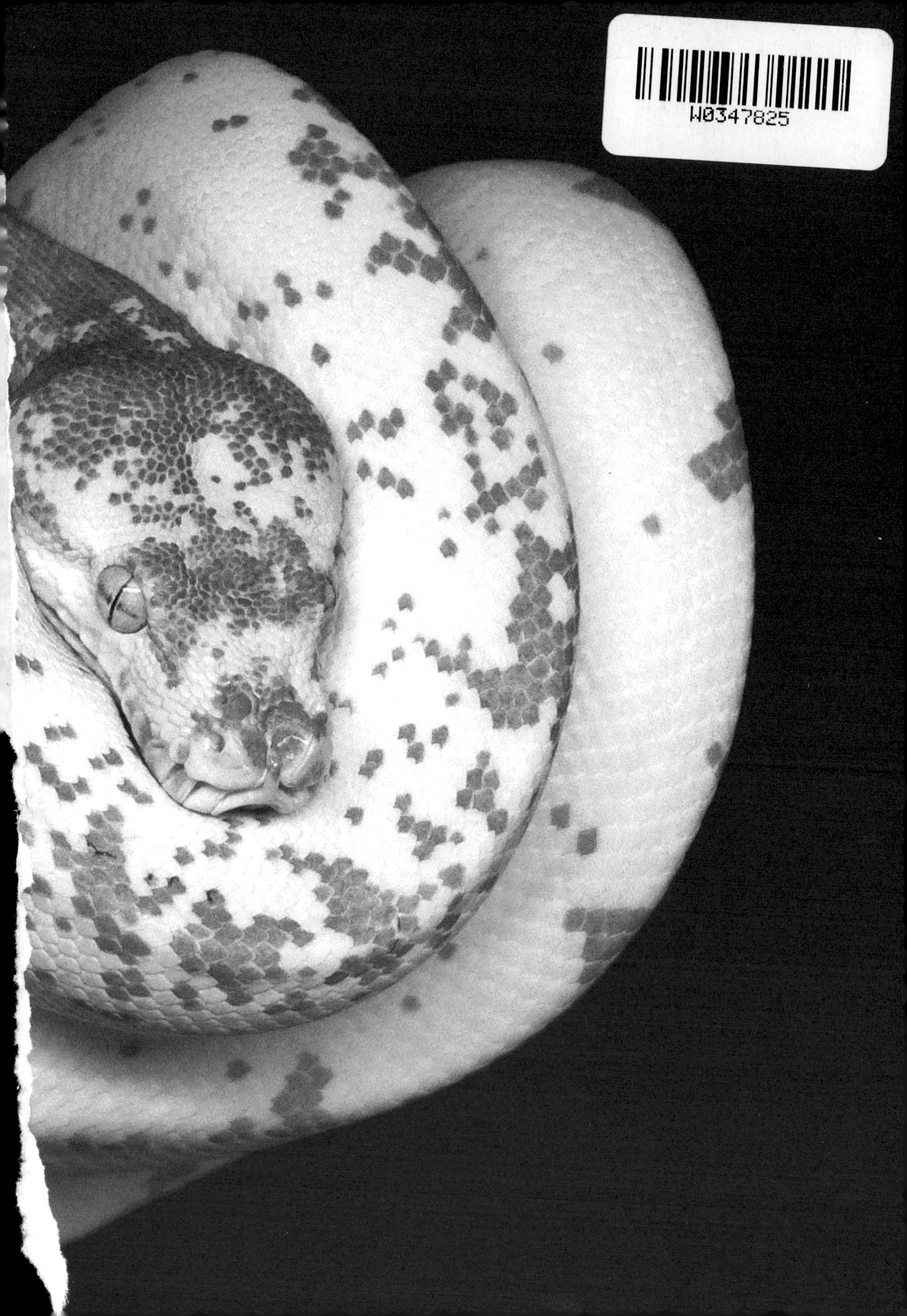

Maxwell

Morelia viridis

Greg Maxwell

Morelia viridis

Das Kompendium

Edition Chimaira
Frankfurt am Main

Greg Maxwell:
Morelia viridis.
Das Kompendium

Frankfurt am Main 2005:
Edition Chimaira

ISBN 3-930612-79-8

Foto auf dem Cover: Darth Maul (GM-02-12), Greg Maxwell

Soweit nicht anders angegeben, alle Fotos vom Autor

Übersetzung: Herprint International cc
www. herprint.com, Thomas Ulber

Heddernheimer Landstraße 20
60439 Frankfurt am Main

Verleger: Andreas S. Brahm
Tel.: +49-69-497223
Fax: +49-69-497826
E-Mail: frogbook@aol.com
www.chimaira.de

Satz: Sibylle Manthey
Druck: DCM, Meckenheim, Germany
Bindung: Freitag, Kassel, Germany

ISBN 3-930612-79-8

Inhalt

Abb. 1: Solche spektakulär hell blau gefärbten Exemplare erfreuen sich immer besonderer Beliebtheit.

Zum Geleit

Ich begegnete Greg MAXWELL zum ersten Mal vor vielen Jahren, als er und seine damals noch jungen Söhne in das Geschäft kamen, das ich während meiner Zeit in Ohio hatte. Obwohl ich in New York und New Jersey aufgewachsen und Greg im Mittelwesten der USA groß geworden war, fanden wir schnell heraus, daß wir mehrere gemeinsame Interessen teilten. Irgendwann kam dann unsere Unterhaltung auf das Thema Schlangen.

Auch wenn meine Erfahrungen mit Schlangen damals ein Jahrzehnt zurücklagen, als ich noch in New York lebte und meine Wohnung mit einer kolumbianischen Boa teilte, war ich doch mit einem großen Interesse an Reptilien und Amphibien aufgewachsen und hatte meine Kindheit mit dem Fangen von Ochsenfröschen, Schlangen und Schildkröten in den Teichen und Bächen der Umgebung verbracht. Gregs Aussage, daß er verschiedene Schlangenarten pflegte und Terrarien auf einigen der in Ohio stattfindenden Reptilienausstellungen verkaufte, machte mich neugierig. Zusammen mit Greg wollte ich daher eine Börse besuchen, die einige Wochen später in Cleveland stattfinden sollte. Hier verkauften wir dann ein paar Terrarien, und ich gewann zum ersten Mal einen wirklichen Eindruck vom Markt für Reptiliennachzuchten. Jeder, der mich kennt, weiß, daß ich eine zwanghaft-obsessive Neigung habe, und soweit es Reptilien betrifft, machte sich das noch am gleichen Tag bemerkbar – ich war süchtig geworden.

Kurz nach dieser Ausstellung erkannte Greg das Potential für die Vermarktung von vorgefertigten Terrarien und verlegte sich von der Herstellung von Möbeln auf die von Terrarien. Einige Zeit darauf gründete ich selbst die Firma SnakeWear Apparel. Während der nächsten Jahren bauten wir unsere Geschäfte auf und besuchten zusammen mit Marc „Seig“ SEYMOUR Dutzende von Reptilienbörsen, schleppten (im wahrsten Sinne des Wortes) Tonnen von CageMaster-Terrarien, SnakeWear T-Shirts und terraristischen Gebrauchsartikeln umher und verwendeten Teile unserer Profite zur Förderung unserer wachsenden Reptilienbesessenheit. Es war eine aufregende Zeit, da ständig neue Arten und Zuchtformen auf den Nachzuchtenmarkt kamen und viele Züchter die Geheimnisse entdeckten, die die Vermehrung von zuvor nicht nachgezogenen Arten ermöglichten. Unsere Faszination an und unser Wissen über Reptilien wuchs – ebenso wie unsere Terrarienanlagen.

Seit dieser Zeit habe ich mit vielen Arten gearbeitet, von Kletternattern bis hin zu Waranen, und Gregs Interessen waren ähnlich breit gefächert. Er kaufte, vermehrte und zog die verschiedensten Arten auf … bis er schließlich den Chondros begegnete.

Obwohl Greg der Grüne Baumpython und dessen Halter schon lange zuvor bekannt waren, bedurfte es eines schicksalshaften Tages in Richmond, Virginia, um Greg ungeachtet seines Erfahrungsschatzes die Welt der Terraristik mit anderen Augen sehen zu lassen und der später dafür sorgen würde, daß die Welt der Terraristik den Namen Greg MAXWELL kennen würde. Auf dieser Ausstellung sah ich zum ersten Mal lebende Grüne Baumpythons, und diese Schlangen beherrschten unsere Gedanken und Unterhaltungen auf dem Heimweg. Diese ließen keinen Zweifel daran offen, daß Greg diese Schlangen „unbedingt brauchte". Schon kurz nach diesem Schlangentag in Richmond erwarb Greg seine ersten Chondros, und über die nächsten Jahre wurde der Erwerb, die Pflege, das Studium der Biologie und die Zucht dieser faszinierenden Tiere zu seiner Leidenschaft, um nicht zu sagen Besessenheit.

„Leidenschaft" ist ein heute recht sorglos gebrauchtes Wort, aber im Falle von Greg und den Chondros gibt es wirklich kein treffenderes. Leidenschaft ist als „grenzenlose Begeisterung" definiert, und für jeden, der Greg kennt, ist es offensichtlich, daß seine Begeisterung und Wertschätzung von Chondros wirklich keine Grenzen kennt. Es erstaunt mich jedes Mal aufs Neue, wenn ich mit Greg über eines seiner neuen Tiere spreche, über eine geplante Verpaarung von zwei bestimmten Exemplaren oder ein gerade geschlüpftes Gelege, wieviel von seiner ursprünglichen Begeisterung nicht nur erhalten geblieben ist, sondern wie diese über die Jahre eher noch gewachsen ist.

Von den ersten Importeuren und ersten Züchtern des Grünen Baumpythons bis zu den heutigen Züchtern und Pflegern hat sich in der Welt der Chondros viel verändert. Die Menge der Farb- und Zeichnungsmorphen unter den heute angebotenen Tieren hat sich mit riesigen Schritten vergrößert, und die Anzahl der in Gefangenschaft schlüpfenden Exemplare ist exponentiell gestiegen. Die heute frei zur Verfügung stehenden Informationen zu Zucht- und Inkubationstechniken sind kein Vergleich zu den Anfängen der Chondro-Zucht. Dank Greg, Tomm PHILLIPS und vielen anderen ist das Internet zu einer maßgeblichen Informationsquelle für Pfleger und Züchter des Grünen Baumpythons geworden. Zweifelsfrei haben sich hier auch viele mit dem „Chondro-Fieber" angesteckt. Gregs erstes Buch „The Complete Chondro" war völlig zu Recht ein überwältigender Erfolg und erweiterte unser Wissen über diese Art ganz erheblich. Wichtiger ist jedoch, daß dieses Teilen von Informationen viele andere Chondro-Pfleger und solche von Reptilien ganz allgemein in die Lage versetzt hat, ihren Pfleglingen die Pflege und Fürsorge zuteil werden zu lassen, die sie verdienen.

Eines hat sich jedoch nicht geändert. Auch wenn es viele verschiedene Gattungen und Arten gibt, die Terrarianer inspirieren und zu ihrer Haltung motivieren, gibt es doch nur wenige andere Reptilien – oder Tiere insgesamt – die Menschen in gleichem Maße begeistern und in ihren Bann schlagen wie der Chondro. Liegt das an der scheinbar endlosen Vielfalt von Farben und Zeichnungsmustern? Ist es die Umwandlung von Baby- in Erwachsenenfarben und das große Maß an Spannung, die damit verbunden ist? Ist es das schlanke, muskulöse Erscheinungsbild und die scheinbare Mühelosigkeit, mit der sie sich durch das Gezweig zu schlängeln vermögen? Vermutlich sind es alle diese Eigenschaften und noch etliche mehr. Chondros sind Tiere, die selbst jene seltsamen Zeitgenossen faszinieren, die Schlangen eigentlich gar nicht mögen. Ich kann gar nicht mehr zählen, wievielen Menschen mit wenig oder keinem Interesse an Königspythons und Trans-Pecos-Kettennattern ich schon meinen Bestand gezeigt habe, bis wir dann zu den Chondros kamen. „Die sind aber echt cool", ist ein Ausdruck, den ich dann schon oft zu hören bekam.

Ich kann mich glücklich schätzen, daß ich Greg auf einem großen Stück seines Weges mit Chondros begleiten konnte. Ich habe auf diese Weise sein unbeirrbares Streben bei der Arbeit mit und dem Lernen über Grüne Baumpythons aus nächster Nähe miterleben können. Sein intensives Interesse an der Haltung, Zucht und der Verbesserung der Qualität und Vielgestaltigkeit von Chondros aus Terrariennachzucht wird jedem Leser beim Studieren der Seiten dieses Buches offenkundig werden. Auch wird sein Wunsch deutlich, das Interesse an diesen wundervollen Geschöpfen bei anderen zu wecken.

Ich will an dieser Stelle aber noch etwas hervorheben, das weniger offensichtlich ist. Unlängst hörte ich jemanden sagen, Greg hätte „Glück" gehabt, sich so einen schönen Chondro-Bestand aufzubauen. Nichts könnte der Wahrheit jedoch ferner liegen. Ich konnte sehen, welche Opfer Greg und seine ihm nunmehr seit 25 Jahren angetraute Frau Grace (die keinen besseren Namen tragen könnte, bedeutet er doch Barmherzigkeit) sowie ihre Kinder über die Jahre gebracht haben, um Gregs Leidenschaft für Chondros zu unterstützen und seine Bemühungen, zu dem Fachwissen zu gelangen, das er heute hat und die Qualitätstiere zu produzieren, die er heute hervorbringt. Auf vielen der zehntausenden von Meilen habe ich Greg begleitet und gesehen, wie er sich abmühte, um sein Wissen zu vergrößern und die richtigen Tiere für seinen Bestand zu finden. Der zum Erreichen eines Ziels nötige Aufwand ist oft nicht mehr erkennbar, wenn wir jemanden sehen, der eine gewisse Prominenz erreicht hat. Wenn wir dann jedoch etwas über die von ihm geleisteten Anstrengungen erfahren, müssen wir die Ergebnisse nur noch höher einschätzen.

Es ist mir wirklich eine große Freude, daß die Ergebnisse all dieser Bemühungen nun mit dem vorliegenden Buch einem noch größeren Interessentenkreis zugänglich gemacht werden. Ich zweifle keinen Augenblick daran, daß Sie, lieber Leser, etwas von Gregs Leidenschaft und Engagement spüren werden. Auch können Sie sicher sein, daß Greg das Teilen seiner Erfahrungen und seiner Liebe für den Grünen Baumpython ein großer Lohn in sich ist. Und wie ich Greg kenne, bin ich mir noch über etwas ganz anderes sicher, dies ist nur ein Teil seines Weges mit dem Grünen Baumpython, und das Beste kommt erst noch.

Phil Black
Fleetwood, Pennsylvania, USA
Juli 2005

Dank

An der Umsetzung der Idee in dieses Buch waren viele Personen beteiligt, und etliche andere haben mich dabei maßgeblich beeinflußt. Zu letzteren gehört Trooper WALSH, ein Pionier bei der Arbeit mit Grünen Baumpythons, dem ich hier für seine Freundschaft und die ansteckende Aufmerksamkeit für Feinheiten danken möchte. Al ZULICH danke ich dafür, daß er mich lehrte, wie man Baby-Baumpythons richtig füttert, Philip BLACK für seine langjährige Freundschaft und die Hilfe beim Transport von wenigstens anderthalb Tonnen Terrarien durch den Osten der USA, für seine Hilfe bei meiner Evolution als Schriftsteller und für die Inspiration und Ermutigungen. Thomas PHILLIPS danke ich für seine Freundschaft, die Begeisterung für Baumpythons, dafür, daß er mir die Gestaltung von Webseiten beibrachte (einschließlich der vielen Stunden am Telefon, in denen er mir zu erklären versuchte, warum das so nicht funktionieren kann!), die Hilfe beim Korrekturlesen und seine wertvollen Vorschläge und schließlich für seine Ausgeglichenheit und Führungsqualitäten als Mitverwalter des ChondroForums. Thomas TUCKER, mein alter Freund und Pastor, hat mich stets ermutigt, mein Bestes zu geben und mich meiner von Gott gegebenen Gaben zu bedienen, selbst wenn das bedeutete, daß ich mich nicht in dem Maße an Kirchenveranstaltungen beteiligen konnte, wie er das gerne gesehen hätte. Besonderer Dank gebührt auch Kim HELLER und Terri EDWARDS, nicht nur für ihre Freundschaft und Unterstützung, sondern auch für das Übernehmen eines großes Teils der Verwaltungsaufgaben für mein Forum während der Zeit, die ich dem Schreiben widmen mußte. Danke auch Damon SALCEIES, Tim GRAICHEN, Marc VAN EIJNSBERGEN, Karl SWITAK, Graeme GOW, Tim MENSFORTH, Cathy MAYNARD, Rich CULVER, Mark SPATARO, Greg SCHROEDER, Steve GORDON, Marcial MENDEZ, John HOLLAND, Janet HICKNER und Chris ROUILLE für das Zurverfügungstellen zusätzlicher Fotos. Ein ganz besonderes Dankeschön geht an Mark O'SHEA für die Biotopfotos und an Kamuran TEPEDELEN von Bushmaster Reptiles für die Fotos von seiner Zuchtfarm in Indonesien, Fundortfotos und Informationen sowie für das Beisteuern von allgemeinen Informationen über die Farmzucht. Ich bin darüber hinaus Karl SWITAK verpflichtet, der zu den Kapiteln über die Lebensweise und Biotope beigetragen hat. Graeme GOW, Tim MENSFORTH, David WILSON, Bob WITHEY, Jamie STUART und Chris WIENHOLT lieferten unschätzbare Angaben zu Baumpythons in Australien. Es fehlt einfach der Platz, um alle zu nennen, die mir gute Freunde geworden sind oder die mich in irgendeiner Weise inspiriert oder ermutigt haben. Ihr wißt jedoch, wen ich hier anspreche und daß ich das sehr zu würdigen weiß. In der Tat schulde ich der gesamten Gemeinschaft der Freunde des Grünen Baumpythons ein dickes Dankeschön für ihre Begeisterung für diese Schlange und die Beiträge, die viele von ihnen zur Kenntnis dieser Tiere geliefert haben. Auch bin ich meinen Eltern überaus zu Dank verpflichtet, die mich nicht nur zum Verfolgen meiner naturforscherischen Ambitionen ermuntert haben, sondern es mir auch gestatteten, eine große Terrarienanlage in ihrem Heim zu errichten. Letztendlich muß ich meiner überaus großen Dankbarkeit meiner Frau Grace gegenüber Ausdruck verleihen, mit der ich gerade Silberhochzeit feiern konnte, und unseren Kindern Gideon, Dan und Melody. Ebenfalls darf in dieser Liste meine Schwiegertochter Dena nicht fehlen, die eine große Begeisterung für Grüne Baumpythons aufgebracht hat, seit sie seit 2003 zu unserer Familie gehört und die alle Tiere bei ihren Namen kennt! Allen, die in welcher Weise auch immer einen Beitrag zu diesem Projekt geleistet haben oder mir dabei geholfen haben, durch die Arbeit mit Reptilien meinen Lebensunterhalt zu verdienen, sei an dieser Stelle ausdrücklich gedankt. Ohne ihre Zusammenarbeit, Unterstützung, Verständnis und Toleranz wäre dieses Buch niemals zustande gekommen, und ich wäre nicht der Mensch, der ich heute bin. Deshalb sei ihnen allen dieses Buch gewidmet.

Abb. 2: Dies ist keine Trickaufnahme, nur ein Chondro, der sich wie ein Chondro benimmt.

Vorwort zur zweiten Auflage

Daß ich im April 2002 zufällig an Bob ASHLEY's Tisch auf der Berks County Reptile Show stehenblieb, erwies sich als glücklicher Umstand für uns beide. Zu diesem Zeitpunkt arbeitete ich bereits ein ganzes Jahr an einem Entwurf für ein Buch über den Grünen Baumpython. Ich war der Meinung, daß ein solches dringend erforderlich wäre, um die bestehende Lücke in der Literatur zur Haltung von Terrarientieren zu schließen. Diesen Entwurf und meine Ansichten zu diesem Thema hatte ich einem namhaften Verleger terraristischer Literatur zugesandt, der sich zunächst positiv geäußert hatte, dann jedoch auch auf meine diversen Nachfragen nicht mehr reagierte. Ich hatte das Projekt zwar im Hinterkopf behalten, jedoch nicht mehr weiter daran gearbeitet.

Ich war zusammen mit meinem langjährigen Freund Phil BLACK in Hamburg in Pennsylvania. Beim Vorbeigehen am Stand von ECO mit seiner beeindruckenden Auswahl an mit Reptilienmotiven versehenen Kleidung, fiel mein Blick auf die ausgelegten Visitenkarten. „ECO, Herpetological Publishing and Distribution" stand darauf. Ich schaute nochmal hin und wandte meine Aufmerksamkeit dann einem großen, jung aussehenden Mann hinter dem Tresen zu. Ich denke, ich hatte irgendwie vorausgesetzt, daß jeder Verleger wenigstens fünfzig Jahre alt sein und wie Ernest Hemmingway aussehen müßte. Ich warte, daß Bob seine Unterhaltung mit ein paar anderen Kunden beendete und stellte mich schließlich vor. „Ich sehe, Sie sind Verleger", sagte ich. „Ja, bin ich", antwortete Bob, der aussah, als würde er annehmen, daß jeder Schriftsteller wenigstens fünfzig Jahre alt sein und wie Ernest Hemmingway aussehen müßte.

Bob war beschäftigt, und die Show schuf eine überfüllte, lautstarke Umgebung, in der ich nun meine Idee für ein Buch über den Grünen Baumpython an den Mann bringen mußte und daß, wenn man es richtig anginge, daraus ein großer Erfolg werden könnte. Bob schien interessiert, und ich sollte ihm einen Ausdruck meines Entwurfs zuschicken. Dieser bestand im Grunde aus nicht viel mehr als einem Inhaltsverzeichnis. Ich hatte auch schon mit einer Einleitung begonnen, die meinen imaginären Lesern den Zweck und die Ziele des Buchs darlegte. Ich versprach, ihm beides nach meiner Rückkehr nach Ohio in der nächsten Woche zuzusenden. Ich weiß nicht, was Bob wirklich dachte, jedoch ich selbst war von neuem Interesse an meinem Projekt erfüllt. Als ich dann wieder zuhause angelangt war, schrieb ich schnell noch eine kurze Zusammenfassung für jedes Kapitel und schickte alles zusammen mit meiner Einleitung und ein paar Fotos als Muster an Bob ab.

Die ernsthafte Arbeit an *„The Complete Chondro"* begann, als ich von Bob das Okay zum Abfassen des Manuskripts bekam. Den ganzen Frühling und Sommer hindurch arbeitete ich mehr oder weniger volltags daran. Als sich das Manuskript der Fertigstellung zu nähern begann, löcherte ich ECO mit der Bitte, auch die Fotos dafür anfertigen zu dürfen. Dies stieß zunächst auf einige Skepsis, daß ein Amateur einem derartig ambitionierten Projekt gerecht werden könnte, und die Druckerei hatte mehr als nur ein paar Zweifel an der Qualität von digitalen Fotos. Ich lieferte dann jedoch einige Muster mit hoher Auflösung ab, erhielt Farbabzüge von der Druckerei zurück und durfte schließlich auch die Fotos übernehmen. Nachdem die erste Auflage erschienen war, war jedes lobende Wort über die Bilder für mich wie reinster Honig!

Ich glaube nicht, daß Bob eine Vorstellung davon hatte, auf was er sich da einließ als ich ihn zum ersten Mal ansprach. Auch bin ich mir ziemlich sicher, daß die Arbeit mit einem halbneurotischen Perfektionisten wie mir für viele eher anstrengend war. Als offensichtlich wurde, welcher Umfang und welche Qualität mir vorschwebten, schlug Bob vor, daraus ein Hardcoverbuch mit Schutzumschlag zu machen. Ich war begeistert! Ich bin Bob und ECO wirklich zu größtem Dank verbunden, daß sie mir, einem Erstlingsautoren und Amateurfotografen die Möglichkeit einräumten, von Anfang an praktisch eine hundertprozentige Kontrolle über das gesamte Projekt auszuüben. Ich glaube, es hat sich ausgezahlt, denn Bob zeigte mir, daß „The Complete Chondro" schneller als jedes andere zuvor von ECO veröffentlichte Buch schwarze Zahlen schrieb. Es als Verkaufsschlager zu bezeichnen, ist eine Untertreibung, und ich selbst bin überaus zufrieden mit der weltweiten Reaktion auf dieses Buch. Die erste Auflage war nach ungefähr der Hälfte der Zeit ausverkauft, die dafür ursprünglich vorgesehen war.

Die hier in einer Übersetzung vorliegende zweite Auflage, treffend „*Morelia viridis* – Das Kompendium" betitelt, ist eine erweiterte Fassung der Originalveröffentlichung. Die Kapitel über die Lebensweise und Vorkommen in der Natur sind vollständig überarbeitet und aktualisiert und andere Teile des Buches sind erweitert worden. Über die zeitlichen Abläufe des weiblichen Fortpflanzungszyklus sind Informationen hinzu gekommen, ebenso über die Ernährung von Jungtieren und Haltungstipps. Hinsichtlich der Zucht von Calico- und Albinomorphen sind die jüngsten Fortschritte berücksichtigt. Im Grunde ist das ganze Buch durchgesehen worden, um Punkte aufzuspüren, die noch verbessert werden konnten. Ich bin insbesondere darüber begeistert, daß mir diverse Spezialisten für australische und indonesische Baumpythons bei der Neuabfassung der Kapitel 1 bis 3 zur Seite standen.

Obwohl ich mich bemüht habe, „The Complete Chondro" so akkurat und informativ wie möglich zu gestalten, so war doch dieses Buch nie als Lehrbuch vorgesehen, angefüllt mit Quellennachweisen und Fußnoten. Es ist ein zeitgenössisches Buch, und es mein unverschleiertes Ziel, meine Leser zu informieren und anzuleiten. Diese Vorgehensweise mag in der Welt der Akademiker und institutionell ausgerichteter Forscher nicht immer akzeptabel erscheinen, jedoch scheint mich der rege Zuspruch und Erfolg der ersten Auflage in meiner Auffassung zu bestärken, daß sich die meisten Leser eine zwanglos zu lesende Anleitung wünschen.

Ich hoffe, daß Sie, der Leser, diese neue Auflage genauso genießen werden wie ich, als ich sie verfaßt habe. Auch wenn sich in der Welt um den Baumpython in den zwei Jahren viel ereignet hat, die seit Erscheinen der ersten Auflage vergangen sind, sind meine Absichten beim Schreiben doch die selben geblieben: die Passion für den Grünen Baumpython zu fördern, ihm durchdachte Pflegebedingungen zukommen zu lassen, ihn verantwortungsbewußt zu vermehren und insgesamt die Freude an diesen wunderbaren Pythons bei all jenen zu vergrößern, die ihn lieben oder lieben wollen. Viele Pfleger und Züchter haben mir inzwischen geschrieben und ihre Anerkennung dafür ausgedrückt, wie sehr ihnen mein Buch auf ihrem Weg zum Erfolg geholfen hat. Für die Gelegenheit, das überhaupt zu tun, werde ich immer dankbar sein.

Greg Maxwell
Juli 2005
Mount Vernon, Ohio, USA

Abb. 3: Bei dieser Portraitaufnahme sieht man sehr schön wie sich die seitliche Kopfmusterung von der Schnauzenspitze, durchs Auge (Iris) hinweg, bis zum hinteren Rand des Kopfes zieht.

Einleitung

Willkommen in der Welt des Grünen Baumpython ***(Morelia viridis)***, einem wunderschönen und geheimnisvollen Bewohner der Regenwälder Neuguineas und Nord-Australiens. Diese nachtaktive, baumbewohnende Schlange ist wahrlich ein besonderes Geschöpf Gottes und eine maßgebliche Quelle der Faszination und des Staunens in meinem Leben.

In diesem Buch will ich Ihnen den Grünen Baumpython vorstellen, unter Liebhabern auch kurz und liebevoll als „Chondro" bekannt. Hier werden wir alle Aspekte betrachten, von seiner geographischen Verbreitung und dem Klima in seiner Heimat, bis hin zum bestmöglichen Umfeld in Gefangenschaft und den zu seiner Zucht erforderlichen Bedingungen. Wir werden gemeinsam bei der Haltung von Baumpythons häufiger auftretende Probleme lösen und die ethische Seite von Haltung und Zucht beleuchten.

Nachdem das Interesse an der Haltung und Zucht von Grünen Baumpythons im Laufe des letzten Jahrzehnts stetig zugenommen hat, besteht definitiv Bedarf daran, die gewonnenen Erkenntnisse, Erfahrungen und Bemühungen erfolgreicher Halter und Züchter zusammenzunehmen und in einem Nachschlagewerk zu komprimieren, auf das Chondro-Pfleger jederzeit zugreifen können. Auch denke ich, daß es an der Zeit ist, die Fakten von der Fiktion zu trennen, die diese oftmals geheimnisumwitterte und kontrovers betrachtete Art umgibt. Ich habe meine mehr als dreißigjährige Erfahrung bei der Haltung und Zucht von Reptilien für die Pflege von Chondros eingesetzt, und sie sind im Gegenzug zu einer Leidenschaft in meinem Leben geworden. Ich halte und züchte nichts anderes mehr.

Es gibt eine Vielzahl von Punkten bei der Terrarienhaltung und -fortpflanzung von Grünen Baumpythons, die naturgemäß kontrovers sind und zu denen verschiedene Ansichten bestehen. Viele Pfleger, mich eingeschlossen, sind hartnäckig in ihrer Ansicht, welche davon der richtige Schluß ist! Dabei können wir uns, Gott sei's geklagt, nicht einmal auf einen wissenschaftlichen Namen einigen! Die altbekannte Gattung ***Chondropython***, von der der Kosename „Chondro" abgeleitet ist, wurde vor einiger Zeit eingezogen und durch ***Morelia*** ersetzt, was einige Chondro-Freunde, aber auch einige Herpetologen ziemlich verärgert und verwirrt hat. Darauf soll jedoch im Kapitel 1 näher eingegangen werden. Die Informationen und Ansichten in diesem Buch basieren auf jahrelangen Erfahrungen und Beobachtungen und werden durch die kollektiven Erfahrungen anderer versierter Pfleger und Pioniere in der Haltung des Grünen Baumpythons gestützt.

Der Titel „*Morelia viridis* – Das Kompendium" bezieht sich auf meinen Versuch, alles zusammenzufassen, was ich über diese Schlange gelernt habe und dadurch eine aktuelle und gründliche Quelle für Pfleger und Züchter zu öffnen. Wie in der ersten Auflage dieses Buchs erläutert, soll dies nicht bedeuten, daß es nichts mehr zu lernen gäbe oder daß ich in diesem Punkt der „Zwerg Allwissend" sei, obwohl mir das von einigen wenigen trotzdem vorgeworfen wird. Der verstorbene Herpetologe Carl

KAUFFELD stellte einmal ganz treffend fest, ein Spezialist sei jemand, der immer mehr über immer weniger herausfindet. Seitdem ich vor mehr als zehn Jahren beschloß, mich nur noch der Haltung und Zucht von Chondros zu widmen, erscheint es mir, daß je mehr über sie herausfinden, wir umso weniger über sie wissen. Zum Beispiel haben wir gerade erst begonnen, die Mysterien ihrer ontogenetischen Umfärbung ansatzweise zu begreifen und die genetischen Merkmalsfunktionen, die Schlüpflinge und ungewöhnlich gefärbte Adulti verbinden. In jedem Fall hoffe ich aber, daß dieses Buch als Ausgangspunkt für zukünftige Entdeckungen dienen kann, während es gleichzeitig die Grundlagen abdeckt, die wir derzeit einigermaßen tiefgreifend verstehen. Ich will mich bemühen, auch jene Ansichten einzubeziehen, die von meinen eigenen Überzeugungen abweichen, zumindest so lange, als sie in den Bereich guter kritischer Betrachtung fallen und eine gewisse Logik aufweisen. Ich will ebenfalls versuchen, meine ganz persönlichen Schlüsse als solche darzustellen und von solchen getrennt zu halten, die als allgemein gültig und anerkannt gelten müssen.

Ich habe mich entschlossen, einzelne im Text besprochene oder abgebildete Chondros bei ihren individuellen Spitznamen zu nennen. Ich bin mir sehr wohl bewußt, daß mancher Leser es ablehnen wird, Tiere mit Namen zu versehen, auch denke ich, daß so mancher Reptilienhalter Anflügen von Anthropomorphismus (die Zusprechung menschlicher Wesenszüge bei einem Tier) nicht widerstehen können. Trotzdem hat es sich gezeigt, daß viele Chondro-Pfleger einfacher eine Verbindung zu einem Exemplar mit einem Namen herstellen können, als zu einem mit einer Identifikationsnummer. Ein ganz gleiches Phänomen besteht zum Beispiel bei Reitpferden, Rassehunden und so weiter. Da eine zunehmende Anzahl von wertvollen Zucht-Chondros in der Gemeinschaft der Pfleger namentlich bekannt sind, erscheint es mir angebracht, sie auch hier bei ihren Namen zu nennen. Zum Beispiel wird sich der Eingeweihte bei dem Namen „Calico Junior" sofort an ein bestimmtes Tier erinnern, jedenfalls besser als bei der Bezeichnung GM-99-09. Der Name ist wie ein Markenzeichen für das betreffende Tier und seine Zuchtlinie, so wie es „Secretariat" unter den Kennern von Rennpferden ist. Ich hoffe, daß der Leser den Unterschied zwischen dieser Vorgehensweise und dem Taufen einer Schlange auf den Namen „Mr. Squiggles" oder „Monty Python" erkennen kann. Um allen Eventualitäten vorzubeugen, habe ich jedoch auch die laufenden Identifikationsnummern in Klammern nach dem Namen angegeben, sofern mir diese bekannt waren. Es mag manchen Leser überraschen, daß viele Züchter von Chondro-Farbmorphen genaue Aufzeichnungen darüber führen, welche Tiere von welchen abstammen, also exakte Stammbäume anlegen. Hierdurch lassen sich verwandtschaftliche Beziehungen unzweifelhaft zurückverfolgen, was natürlich auch die Ernsthaftigkeit und das Qualitätsbewußtsein des betreffenden Züchters belegt. Ich habe dabei selbst ein vielfach vorgeschlagenes Kodierverfahren angenommen, das aus den Initialen des Züchters (in meinem Fall GM) in Verbindung mit dem Jahr besteht, in dem das entsprechende Tier geschlüpft ist (99) zuzüglich einer Nummer (09). Letztere Ziffer ist dabei eine laufende Nummer, die in der Reihenfolge des Schlüpfens in dem betreffenden Jahr vergeben wird – 09 zeigt also an, daß dies der neunte Schlüpfling im Jahr 1999 war. Ich verzichte darauf, Tieren meine Initialen aufzudrücken, die bei anderen Züchtern geschlüpft sind und dann in meinen Bestand kommen. Meiner Meinung nach ist diese Praxis nur verwirrend und nicht zweckdienlich.

Ich wünsche mir zutiefst, daß dieses Buch mehr vermag, als nur die Grundlagen der Haltung und Nachzucht von Grünen Baumpythons zu vermitteln. Ich hoffe bei meinen Lesern die gleiche Bewunderung zu erwecken, die auch ich für diese bemerkenswerten Schlangen empfinde, das gleiche Verantwortungsbewußtsein für eine ethisch vertretbare Haltung und Zucht, das in mir durch jene geschult wurde, die mir Chondros nahe gebracht haben und Sie davon zu überzeugen, daß wir alle zusammenarbeiten und unsere Erfahrungen teilen müssen, um diese Art dauerhaft für die Terraristik zu erhalten. Ich entschuldige mich nicht für diese Moralpredigt. Meiner Meinung nach bringt das wunderbare Privileg, diese Bewohner der Regenwälder pflegen zu dürfen, genau diese Verantwortung mit sich. Wie schon Ralph Waldo EMERSON einst sagte, „Alles ausnehmend Schöne hat einen moralischen Aspekt".

Über die Fotos

Alle Fotos vom Verfasser in diesem Buch wurden mit einer Nikon Coolpix 990- Digitalkamera aufgenommen, es sei denn, es ist anderweitig angegeben. Die zusätzlichen Fotos in der zweiten Auflage wurden mit einer Nikon D100 Digital-Spiegelreflexkamera mit einem Nikkor 28-105 mm Zoomobjektiv mit Makroeinstellung gemacht. Die Beleuchtung bei den zahlreichen Porträtaufnahmen bestand aus zwei Smith-Victor 600 Watt 3200K DYH Quarzleuchten mit weißen Reflektorschirmen. Zwei 100 Watt GE Reveal Vollspektrumstrahler lieferten Licht für den Vordergrund. Die Raumbeleuchtung bestand dabei aus zwei 48" GE „Kitchen and Bath" Leuchtstofflampen. Die meisten der 990 Aufnahmen erfolgten mit manueller Einstellung nach vorherigem Weißabgleich. Die D100-Fotos wurden im RAW-Modus gemacht und mit Adobe Photoshop weiter bearbeitet.

Abb. 4: Calico Junior (GM-99-09) und Chiquita (GM-99-01) kuscheln für die Kamera.

Der Grüne Baumpython

Lebensweise

„Alles auf Erden ist schön, alles außer dem, das wir selbst denken und tun, wenn wir die höheren Ziele des Lebens und unsere menschliche Erhabenheit aus den Augen verlieren."

Anton Tschechov

Der Grüne Baumpython ***(Morelia viridis)*** ist ein arboricoler (baumbewohnender), nachtaktiver Python aus den Regenwäldern von Neuguinea und einiger vorgelagerter, zu Indonesien gehörender Inseln. Darüber hinaus kommt er auf der Cape York-Halbinsel von Nord-Australien vor. Wenngleich es das Hauptanliegen dieses Buches ist, die Bedingungen für die Haltung und Zucht dieser Schlange zu beschreiben, halte ich eine Kenntnis ihrer Lebensbedingungen und der klimatischen Umstände in der Natur doch für wichtig, da diese den Pfleger in die Lage versetzt, seinen Pfleglingen auch in Gefangenschaft eine günstige Umgebung zu bieten. Diese Informationen sind auch insgesamt der Freude an der Haltung zuträglich. Auch wenn einige der im Terrarium nachgezogenen Tiere ihren in Freiheit lebenden Artgenossen nur noch entfernt ähneln, sollten Chondros doch stets im Zusammenhang mit ihren natürlichen Lebensumständen betrachtet werden. Schließlich „ist Schönheit nur oberflächlich"! Unter dem exquisiten Äußeren sind alle Exemplare nach wie vor Grüne Baumpythons.

Lebensraum und Klima

Der natürliche Lebensraum der Chondros ist wild, abgelegen, vielfältig und schön und umfaßt eine Reihe von Boden- und Landschaftsformationen. Neuguinea liegt nahe des Äquators und ist daher heiß und luftfeucht, mit erheblichen Mengen an Niederschlägen. Durch seine geographische Lage fallen hier in den tieferen Lagen durchschnittlich 2.000 und in den Bergen rund 3.000 mm Regen pro Jahr. Die täglichen Regenmengen können dabei extrem hoch sein, und an verschiedenen Stellen sind Mengen von 500 bis 700 mm pro Tag verzeichnet worden.

Einige Teile Neuguineas und Indonesiens sind durch Regen- und Trockenzeiten geprägt, die sich in Dauer und Intensität je nach der genauen Lage und Höhe unterscheiden können. Ausgeprägte Trockenzeiten finden sich somit nur in den Kleinen Sundainseln und im Osten Javas. Am Äquator und weit von den regulierenden Einflüssen der trockenen Luftströmungen der australischen Landmasse entfernt liegende Orte weisen kaum oder keine Trockenzeiten auf, wenngleich auch hier in manchen Monaten weniger Regen fällt als in anderen. Indonesien liegt andererseits zwischen den Landmassen Australiens und Asiens und wird daher maßgeblich durch wechselnde Monsunströmungen beeinflußt. Die Regenzeit erstreckt sich hier von November bis April, die Trockenzeit von Mai bis Oktober. Dabei handelt es sich jedoch nur um ungefähre Zeitabschnitte, die sich von Jahr zu Jahr erheblich verschieben können. Der größte Teil der gesamten Region erhält während des ganzen Jahres stellenweise erhebliche Niederschläge. So sind schwere nachmittägliche Gewitter an der Tagesordnung. Der Herpetologe und Naturfotograf Karl SWITAK, der in Papua-

Abb. 5: Laloki River, oberhalb von Port Moresby (Central Province, Papua-Neuguinea): eine dicht bewaldete Schlucht. M. O'SHEA

Abb. 6: Ambua (Southern Highlands, PNG): primärer Bergregenwald. M. O'SHEA

Abb. 7: Oriomo (Western Province, PNG): Monsunwald auf Schwemmland. M. O'SHEA

Neuguinea von einem Lager auf 1800 m Höhe aus Feldstudien am Grünen Baumpython durchführte, verzeichnete z.B. für die höheren Lagen tägliche Regenfälle am Nachmittag. Der australische Forscher David WILSON erzählte mir, daß die Populationen am Cape York während der Regenzeit praktisch nicht zu erreichen seien, da die sintflutartigen Regenfälle zu Überschwemmungen führen. Es ist daher wenig verwunderlich, daß viele Züchter der Art Paarungsaktivitäten vorallem während Zeiten mit ausgeprägten Tiefdruckgebieten und Regen verzeichnen. In den USA finden so z.B. die meisten erfolgreichen Paarungen zwischen November und März statt, was dem Zeitrahmen der Regenzeit in Papua-Neuguinea entspricht.

Angesichts des vielen Regens überrascht es nicht, daß die relative Luftfeuchtigkeit das ganze Jahr über hoch ist und im Durchschnitt etwa 80 % beträgt. Auch die Temperaturen sind hoch; höher in den niederen Lagen nahe der Küste und gemäßigter in den Bergen. Im Allgemeinen reichen die Werte etwa von 25–32 °C. Die Temperaturmaxima für Jakarta, der Hauptstadt Indonesiens auf der Insel Java (die ungefähr auf dem gleichen Breitengrad wie die Aru-Inseln liegt, wo eine Population des Grünen Baumpythons lebt), reichen so von einem Hitzerekord von knapp 38 °C bis zu einem Rekordtief von 19 °C. In höheren Lagen können die Werte noch weiter sinken, und SWITAK verzeichnete in seinem Basislager in Papua Nachttemperaturen von nur etwa 10–15 °C. Zwischen Sommer und Winter schwanken die durchschnittlichen Temperaturen nur

Abb. 8: Alexishafen (Madang Provinz, PNG): Sekundärwald auf einem ehemaligen japanischen Feldflughafen. Solche neu überwachsenen, gerodeten Flächen schaffen Übergangshabitate für Reptilien und deren Beutetiere und sind für den Menschen besser zugänglich. M. O'SHEA

wenig. Auch die Photoperiode, d.h. die Anzahl der Stunden Tageslicht pro 24 Stunden, ist dank der Nähe zum Äquator nahezu konstant. Dies bedeutet, daß das ganze Jahr über 12 Stunden Tageslicht und 12 Stunden Dunkelheit herrschen. Die meisten Klimafaktoren sind somit zu jeder Jahreszeit die gleichen.

Diese Erkenntnisse führen zu dem Schluß, daß sich Chondros in einem Terrarium am wohlsten fühlen, das eine hohe relative Luftfeuchte aufweist, warm ist (26 bis 31 °C) und wo der Tag aus ungefähr 12 Stunden Tageslicht und 12 Stunden Dunkelheit besteht. Wie später noch besprochen werden soll, ist es dabei von Bedeutung, daß es im Tagesverlauf zu Schwankungen sowohl in der Temperatur als auch der Luftfeuchtigkeit kommt.

Die dortige Pflanzenwelt besteht aus Buschland in manchen Küstengebieten bis hin zu tropischem Monsun-Regenwald, Sümpfen und offenen Wäldern. In den höheren Lagen ist der Regenwald weniger dicht, so daß es Stellen gibt, an denen das Sonnenlicht den Boden erreicht. Auch findet man hier völlig offene Lichtungen. Sowohl Switak als auch Wilson stellten fest, daß Tiefland-Chondros nicht in den Sümpfen und den offeneren Wäldern vorkommen, sondern stattdessen reine Regenwaldhabitate bis in die Übergangszonen bewohnen. In den höheren Lagen von Papua-Neuguinea sind sie hingegen am häufigsten in offenen Wäldern zu finden, wo viele besonnte Stellen zur Verfügung stehen. Dies mag mit der Notwendigkeit in Zusammenhang stehen, nach kühlen, regnerischen Nächten Sonnenbäder zu nehmen oder ein Ergebnis davon sein, daß hier Beutetiere häufiger sind. Chondros haben somit eine Höhenverbreitung von Meereshöhe bis knapp über 2000 Meter.

Lebensgewohnheiten

Über die Lebensweise des Grünen Baumpythons in der Natur ist nur sehr wenig bekannt. Bruchstückhafte Informationen stammen von Zufallsbeobachtungen seitens Tierfängern, Parkaufsehern und Naturforschern, also Personen, die Gelegenheit haben, Chondros in der Natur zu begegnen. David Wilson hat den Grünen Baumpython über lange Jahre auf der Cape York-Halbinsel im australischen Queensland erforscht und mir einige faszinierende Beobachtungen für dieses Kapitel zur Verfügung gestellt.

Wie ihr Trivialname bereits andeutet, halten sich Grüne Baumpythons die meiste Zeit über dem Boden auf. Switak berichtete, daß er ein Exemplar fünf Meter hoch in einem Baum fand, stellte jedoch fest, daß sich die meisten Tiere zwischen drei und vier Metern über dem Boden aufhielten. Einheimische Fänger teilten ihm mit, daß sie die ihm überbrachten Exemplare in durchschnittlich etwa zweieinhalb Metern Höhe gefangen hätten. Switak berichtete mir jedoch auch von den erheblichen Schwierigkeiten, von den Einheimischen genaue Auskünfte zu erhalten. Diese seien so begierig, in einem guten Licht dazustehen, daß sie stets die Antworten gäben, von denen sie meinten, der Fragesteller wolle sie hören. Switak mußte bei Befragungen sogar seine Hände hinter dem Rücken verstecken, da jede Geste einen Einfluß auf die Antworten hatte!

Wilson beobachtete Chondros, die den Tag in Höhen von knapp über dem Boden bis hinauf in die Baumkronen verbrachten, wobei sich die meisten Tiere knapp unterhalb der Baumwipfel zwischen 10 und 20 Metern Höhe aufhielten. Er stellte fest, daß sie meistens völlig ungedeckt auf den Ästen lagen, jedoch von Vögeln und anderen Tieren weitestgehend in Ruhe gelassen wurden.

Im Gegensatz zum ganz ähnlich gefärbten Grünen Hundskopfschlinger aus Südamerika, der sich auf den Boden gesetzt eher wie ein „Fisch auf dem Trocknen" bewegt, sind Chondros einem Aufenthalt auf dem Boden anscheinend nicht unbedingt abgeneigt. Dieser Umstand überrascht so manchen Pfleger der Art und führt häufig zu Panikattacken, wenn eines der Tiere beschließt, mal einen oder zwei Tage auf dem Boden des Terrariums zu verbringen. Tatsächlich haben mehrere Importeure berichtet, daß ihre einheimischen Fänger viele Grüne Baumpythons nachts beim Überqueren von Straßen fangen. Bob WHITHEY, ein australischer Halter der Art, erzählte mir, daß ihm berichtet worden sei, daß viele Exemplare während der Regenzeit regelmäßig in Bodennähe gefunden würden, wo sie nachts einfach im Licht von Suchscheinwerfern von einem Auto aus aufzuspüren seien. WILSON beobachtete die Schlangen auch bei der Jagd dicht über dem Boden und fand Tiere, die sich auf dem Waldboden zusammengerollt hatten. Im Gegensatz dazu fand Switak während seiner Unternehmungen in Papua-Neuguinea nur ein einziges lebendes Exemplar am Boden sowie zwei tote, die auf Straßen überfahren worden waren. Zumindest wissen wir dadurch, daß sich ***Morelia viridis*** nicht scheut, aus den Baumkronen herabzusteigen und auch die Biotope in Bodennähe zu nutzen. Wie bereits erwähnt, ruhen im Terrarium gehal-

Abb. 9: Es ist nicht ungewöhnlich, daß sich Chondros einen geschützten Platz auf dem Boden des Terrariums als Tagesversteck suchen.

Abb. 10: Freilebende Chondros sind häufigen und schweren Regenfällen ausgesetzt. Tägliches Sprühen sorgt für die notwendige hohe Luftfeuchtigkeit und läßt die Tiere ihren Feuchtigkeitshaushalt aufrecht erhalten.

tene Tiere desöfteren am Boden, und dazu soll später noch Einiges gesagt werden.

Es wird oftmals berichtet, daß Grüne Baumpythons an bestimmten Punkten recht häufig seien, wo ihre Lebensräume für den Menschen gut zu erreichen sind. Tatsächlich beziehen sich viele der Ortsnamen, die von dort stammende Wildfänge näher bezeichnen, auf Fundpunkte in der Nähe von Städten mit einem Flugfeld oder -hafen, was ihren Export erheblich erleichtert. SWITAK selbst hatte einige Schwierigkeiten beim Aufspüren von Exemplaren, jedoch war dies bei den Einheimischen nicht der Fall. Die Schlange war im Hochland, wo er sein Lager aufgeschlagen hatte, durchaus häufig, und die Einheimischen brachten ihm zahlreiche Tiere. Leider waren viele davon verletzt, was den Fängern selbst nichts ausmachte, da sie sie ebenso gerne verzehrten wenn sie nicht verkauft werden konnten. Kamuran TEPEDELEN von Bushmaster Reptiles erzählte mir, daß auf der Insel Biak Grüne Baumpythons in großer Zahl gefangen würden, weil sie so häufig seien und in der offenen Buschlandschaft einfach zu finden wären. Ich habe den Verdacht, daß viele davon als „Nachzuchten" auf den Reptilienbörsen in den USA auftauchen, wo regelmäßig zahlreiche, ganz offensichtlich importierte, junge Biak-Tiere zu finden sind.

Die australischen Populationen scheinen hierin eine Ausnahme zu bilden, und WILSON, der als versierter Chondro-Forscher genau weiß, wo und wie man nach diesen Pythons suchen muß, berichtete mir, daß er von Glück reden könne, wenn er ein Exemplar pro zwei bis drei Stunden Suchaufwand fände. Er gibt an, daß die vermutlich größte australische Population in der McIlwraith Range leben dürfte. Die Unzugänglichkeit dieses Gebiets während der Regenzeit, d.h. wenn die Pythons am Einfachsten aufzuspüren sind, läßt es jedoch unwahrscheinlich erscheinen, daß dies wirklich bestätigt werden kann. Er schätzt die Iron Range-Population auf wenigstens 500 Exemplare. Es steht zu vermuten, daß diese wunderschönen Pythons eigentlich überall dort zu finden sind, wo geeignete Biotope und genügend Beutetiere vorhanden sind. Da ihre natürlichen Lebensräume jedoch unwegsam und unbewohnt sind, bleiben noch immer viele Fragen unbeantwortet. Zum Zeitpunkt der Abfassung dieses Manuskript gestalteten politische Unruhen in Indonesien die Arbeit im Feld eher gefährlich.

Abb. 11: Diese Nachtaufnahme zeigt einen Chondro in der typischen Lauerstellung mit nach unten gerichtetem Kopf, die die meisten Tiere mit Einbruch der Dunkelheit einnehmen.

Chondros sind Gewohnheitstiere, was sowohl Freilandforscher als auch die Beobachtungen von Terrarianern bestätigen. Viele meiner Exemplare haben Stammplätze, an denen sie tagsüber ruhen und zu denen sie regelmäßig jeden Morgen zurückkehren. Desgleichen haben sie ihre bestimmten Ansitze für die nächtliche Jagd. Diese Beobachtungen stimmen mit jenen von David WILSON aus der Natur überein, der die Aktivität und Bewegungen von einzelnen Tieren mittels Radiotelemetrie verfolgt hat. Seine Forschungen zeigten, daß sich Grüne Baumpythons während des Tages nur selten bewegen, mit Einbruch der Dunkelheit jedoch einen niedriger gelegenen Ansitz aufsuchen, an welchem sie dann bis zu zwölf Stunden lang verbleiben. Diese Lauerwarte liegt sehr dicht über dem Boden – gewöhnlich etwa 30 cm darüber – und wird erst wieder verlassen, wenn die Jagd aufgegeben wird. Verschiedentlich wurden Weibchen während des Tages in Lauerstellung angetroffen, was vermutlich dem Anlegen von Fettreserven für eine bevorstehende Eiablage dient. Einzelne Pythons bedienten sich des selben Ansitzes während mehrerer aufeinander folgender Nächte und verlegten erst dann ihre Lauerposition an eine bis zu hundert Meter entfernte Stelle. Insgesamt war der Jagderfolg gering, jedoch mehr dazu im Abschnitt „Biologie" weiter unten.

Taxonomie

Wie ist das nun mit dem Namen? Wie bereits in der Einleitung erwähnt, haben Chondros nicht schon immer zur Gattung ***Morelia*** gehört. Über viele Jahre wurden sie einer eigenen Gattung, ***Chondropython***, zugerechnet, und viele langjährige Pfleger haben eine gewisse Zuneigung für diesen Namen entwickelt. Es bleibt uns natürlich auch vorbehalten, sie weiterhin mit ihren Kosenamen „Chondros" anzusprechen. Der ungewöhnliche Gattungsname ***Chondropython***, der ***viridis*** als einzige Art enthielt, schien regelrecht maßgeschneidert für diese einzigartige Schlange, und viele Pfleger sehen noch immer keinen Grund, warum daran etwas geändert werden sollte. Wozu also eine Änderung, wenn doch jeder Wissenschaftler und Schlangenpfleger ***Chondropython*** akzeptieren konnte? Die Antwort liegt im tieferen Sinn wissenschaftlicher Nomenklatur, hat aber auch mit der Philosophie mancher Taxonomen zu tun.

1872 stellte SCHLEGEL für diese Schlange eine eigene Gattung, ***Chondropython*** auf, da er irrtümlich davon ausging, daß diese keine Prämaxillarzähne besäßen. Der Wortteil ***Chondro*** läßt sich dabei als „Knorpel", „knorpelig" oder „granulär" übersetzen, „***python***" ist ohnehin klar, und „***viridis***" heißt einfach „grün". Somit bedeutet der gesamte Name wortwörtlich „körniger" oder „knorpeliger grüner Python". Die Bezugnahme auf knorpelig oder granulär hat vermutlich ihren Ursprung in der körnigen Beschaffenheit der winzigen Schüppchen, die große Teile des Kopfes bedecken. Für mich hört sich das ziemlich zutreffend beschrieben an. MCDOWELL zweifelte die Vertretbarkeit von ***Chondropython*** als eigene Gattung erstmals 1975 an, jedoch dauerte es dann noch bis zum Erscheinen einer taxonomischen Revision durch Arnold G. KLUGE im Jahre 1994, daß der althergebrachte Name schließlich aufgegeben wurde. ***Chondropython*** wurde eliminiert und die Schlange der noch älteren Gattung ***Morelia*** zugeordnet. Dies diente dem Zweck, seine nahe Verwandtschaft mit einer Gruppe von Pythons zum Ausdruck zu bringen, von denen der Teppichpython (***Morelia spilota***) vermutlich der bekannteste ist. Diese Neuordnung hatte also ganz offensichtlich den Zweck, die verwandtschaftlichen Beziehungen der entsprechenden Arten, so wie sie zum gegenwärtigen Zeitpunkt verstanden werden, durch einen gemeinsam getragenen Gattungsnamen zum Ausdruck zu bringen, was ja der eigentliche Sinn der Taxonomie ist.

Wie angesprochen ist damit nicht jeder zufrieden. Ein namhafter Reptilienexperte (der an dieser Stelle ungenannt bleiben soll, um ihn vor den selben bissigen Bemerkungen zu bewahren, die mir zuteil geworden sind) vertraute mir an, daß es doch sicherlich die Grenzen vernünftigen Denkens und den Sinn der wissenschaftlichen Nomenklatur sprengen würde, wenn sich einzelne Taxa nur noch dadurch auseinanderhalten ließen, daß man eine Gewebeprobe in eine Zentrifuge oder unter ein Mikroskop packt. Seine Einstellung verkörpert eine Auffassung von Taxonomie, die man als „kompositiv" bezeichnen könnte (im Gegensatz zu „divitiv") und spricht somit für eine gemeinsame Gattung. Kompositoren bringen oftmals wenig Verständnis für die mikroskopische „Haarspalterei" auf, die bisweilen als Grundlage für die Reklassifikation von Verwandtschaftsgruppen im Tierreich dienen. Divitoren verteidigen sich andererseits damit, daß wissenschaftliche Nomenklatur so präzise wie möglich sein sollte, wozu mit Hilfe der neuesten Technologien neue Informationen gewonnen werden sollten; dies spricht wiederum für zwei Gattungen.

Es ergibt sich allerdings auch die Frage, inwiefern hierbei persönliche Ziele eine Rolle spielen können. Sicherlich stehen Forscher angesichts der finanziellen und zeitlichen Investitionen in ihre Forschung unter einem erheblichem Druck, Ergebnisse zu produzieren, die selbige rechtfertigen. Wer würde es schon wollen, daß Jahre und Tausende von Euros für eine mögliche Reklassifikation ins Land gehen, nur um letztendlich festzustellen, daß das bisherige System eigentlich ziemlich perfekt war? Wenn man diesen Umstand zusammen mit dem Prestige betrachtet, das der eigene Name unter dem Titel einer weitgreifenden Revision mit sich bringt und daraufhin möglicherweise eine neue Art oder Unterart nach einem benannt wird oder man selbst eine solche nach einer nahestehenden Person benennen kann, dann denke ich, daß ein gewisses Maß an Skepsis doch angebracht erscheint. Damit will ich allerdings ***keineswegs*** sagen, daß sämtliche oder auch nur die meisten taxonomischen Änderungen falsch wären. Es passiert lediglich nur allzu oft, daß diese Veränderungen und die grundlegenden Philosophien mit beinahe religiöser Gläubigkeit durchgesetzt werden und jeder Zweifler daran mit Verachtung gestraft wird.

Es ist verschiedentlich angeregt worden, den Grünen Baumpython in mehrere Unterarten aufzuteilen, und sicherlich verdienen es die Inselformen von Biak und Aru, diesbezüglich genauer untersucht zu werden. Papua-Neuguinea wird desweiteren durch einen großen Gebirgszug in eine nördliche und eine südliche Hälfte geteilt, und vorläufige Untersuchungen der DNS weisen darauf hin, daß die Chondro-Populationen auf beiden Seiten zwei Entwicklungszweige verkörpern. Wie zu erwarten, sind die australischen Bestände am nächsten mit denen im südlichen Neuguinea verwandt. Es existieren Beweise für eine Landverbindung zwischen Süd-Neuguinea und Australien im Bereich der Torres-Straße, die erst vor etwa 8000 Jahren auseinanderbrach (RAWLINGS & DONNELLAN 2001). Einige dieser Untersuchungen wurden unternommen, um es australischen Zoos und Naturschutzbehörden zu ermöglichen, reinrassige australische Chondros von Papua-Exemplaren und solchen gemischter Abstammung zu unterscheiden. Gerüchte, daß Papua-Populationen in zwei Arten aufgeteilt werden sollen, sind hingegen genau das, was Kompositoren mit den Augen rollen läßt.

Ich versuche nicht, mit meinen Meinungsäußerungen Kontroversität oder Hetze zu fördern. Neue Beweisführungen müssen von uns allen sorgfältig studiert werden. Man muß sich jedoch selbst stets daran erinnern, daß es mehr als nur einen Schluß oder eine Interpretation geben kann. All das ist schließlich der Versuch des Menschen, die Welt und ihre Lebensformen zu verstehen. Letztere sind heute die selben, die sie auch gestern schon waren, und es interessiert sie überhaupt nicht, welche Namen wir ihnen geben. In einer Welt, in der nur sehr wenig als sicher und verläßlich gelten kann, mag man vielleicht jenen vergeben, die an etwas Althergebrachtem festhalten möchten. Aus diesem Grunde allein werden alle Grüne Baumpythons in meinem Haushalt als Chondros bezeichnet, egal welchen Namen die Welt der Wissenschaft ihnen nun derzeit zuschreibt!

Biologie

Grüne Baumpythons sind klein, zumindest für Python-Verhältnisse. Selbst ein großes erwachsenes Tier hat einen Durchmesser, der kleiner als das Handgelenk eines durchschnittlichen Menschen ist. Der Verfasser hat Exemplare von mehr als 1,80 Meter Länge und fast zwei Kilo Gewicht gesehen, jedoch waren das Ausnahmen. Ein durchschnittliches erwachsenes Männchen ist gewöhnlich zwischen 120 und 150 cm lang und wiegt 900 bis 1.200 Gramm. Durchschnittliche Weibchen sind etwas länger und können mehr als 2.000 Gramm wiegen. Die erwachsenen Weibchen im Bestand des Verfassers wiegen vor Beginn der Fortpflanzungszeit zwischen 1.200 und 1.800 Gramm. Erfahrene Pfleger können häufig die Geschlechtszuhörigkeit von Jährlingen anhand von Wachstumsraten und des schlankeren Körperbaus der Männchen vorhersagen. Von der Insel Biak stammende Tiere werden gemeinhin als die größte der Lokalformen angesehen, jedoch ist ein anscheinend von Aru-Tieren abstammendes Exemplar das größte, das der Verfasser jemals zu Gesicht bekommen hat.

Abb. 12: „Beauty" ist ein großes Weibchen des Aru-Typus im Besitz von Tomm Phillips. Mit mehr als 180 cm Länge ist es weitaus größer als der durchschnittliche erwachsene Chondro.

Chondros können sich im Terrarium als ziemlich langlebig erweisen. Erzählungen zufolge scheinen die Männchen oftmals älter als die Weibchen zu werden. Ein dokumentierter Fall existiert von einem Männchen, das über zwanzig Jahre im Smithsonian National Zoo in Washington, D.C. lebte (Walsh pers. Mitt. 2001). Über Alter von mehr als zehn Jahren wird sowohl bei Männchen als auch bei Weibchen zunehmend häufiger berichtet, und man kann davon ausgehen, daß bei guter Pflege fünfzehn oder mehr Jahre erreichbar sind. „Gute Pflege" bedeutet in diesem Zusammenhang auch, die Weibchen nur in vernünftigen Abständen zur Zucht zu verwenden, da die damit verbundenen Fastenzeiten und die Produktion von Eiern erheblich an ihre Substanz geht. Tatsächlich scheinen die meisten Todesfälle bei Weibchen in einem direkten Zusammenhang mit Komplikationen bei der Fortpflanzung zu stehen und weniger mit Alter oder Krankheiten zu tun zu haben.

Abb. 13: Dieses zehn Jahre alte Weibchen schien einen normalen Eisprung zu durchlaufen, verstarb jedoch nur wenige Stunden, nachdem diese Aufnahme entstand. Eine Obduktion ergab dann einen geplatzten Eileiter. Komplikationen bei der Fortpflanzung sind eine der häufigsten Todesursachen bei adulten Weibchen.

Abb. 14: Die bei allen Chondros vorhandenen, wärmeempfindlichen Lippengruben sind hier besonders gut zu erkennen. Es wurde verschiedentlich angenommen, daß diese sogar bei der Inkubation der Gelege eine Rolle spielen.

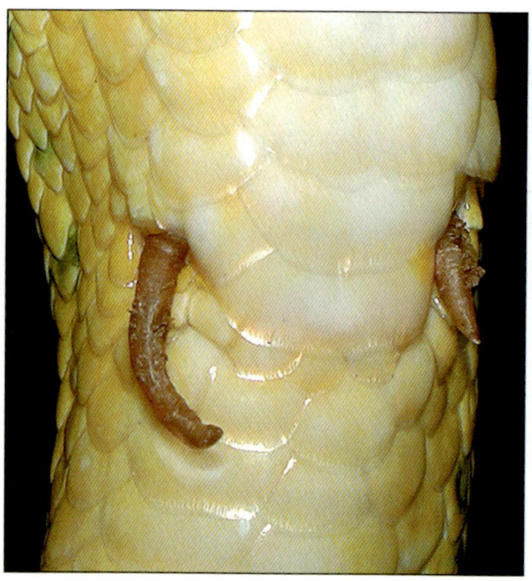

Abb. 15: Aftersporne bei einem Chondro-Männchen.

Grüne Baumpythons weisen viele Gemeinsamkeiten mit den meisten anderen Schlangen auf. Als ektotherme („kaltblütige") Lebewesen sind sie für ihre Temperaturregulierung von ihrer Umgebung abhängig, und wie die meisten Reptilien haben sie dafür ein gut entwickeltes Gespür. So sind sie in der Lage, ihre Körpertemperatur durch Nutzung unterschiedlich warmer Bereiche ihres Lebensraumes genauestens zu steuern. Extreme Beispiele hierfür lassen sich bei Schlangen aus sehr nördlich gelegenen Breitengraden erkennen, die bereits aktiv angetroffen werden können, wenn stellenweise noch Schnee liegt. Ganz offensichtlich liegt ihre Körpertemperatur dann bereits über dem Gefrierpunkt.

Chondros haben die gleichen Körperorgane wie die meisten Wirbeltiere, einschließlich Herz, Magen, Leber, Gallenblase, Darm und zwei Lungenflügeln, wovon der eine größer als der andere ist. Die Zunge wird wie bei anderen Schlangen eingesetzt und dient der Aufnahme von Geruchsstoffen aus der Umgebung.

Wie andere Riesenschlangen verfügt auch der Grüne Baumpython über wärmeempfindliche Lippengruben. Diese können noch winzigste Temperaturunterschiede wahrnehmen und erweisen sich als überaus wirkungsvoll beim Aufspüren warmblütiger Beute. Daß Chondros sich stark auf diese Wärmesensoren verlassen, wird dadurch deutlich, daß sich viele zögerliche Fresser spontan auf ein totes Beutetier stürzen, wenn dieses zuvor angewärmt wird. Die Schlangen schnappen aber auch häufig nach der Hand des Pflegers, wenn diese bei einer Fütterung in Reichweite gerät. Dies deutet darauf hin, daß Wärmeabstrahlung ein wenigstens ebenso wichtiger Auslöser für den Futtererwerb ist wie der Geruch eines Beutetieres.

Chondros besitzen wie andere Boiden Aftersporne. Sie sind bei geschlechtsreifen

Männchen gewöhnlich groß, bei den meisten Weibchen hingegen klein oder nicht vorhanden. Trotzdem ist die Größe der Aftersporne kein verläßliches Merkmal für die Geschlechtszugehörigkeit. Die Männchen verwenden ihre Sporne häufig zum Stimulieren eines Weibchens für eine Paarung.

Grüne Baumpythons legen Eier, und die Weibchen bebrüten diese anschließend. Man nimmt an, daß dies in der Natur in einer Baumhöhle stattfindet oder sogar an einer gut geschützten Stelle am Boden. SWITAK berichtete mir, daß, soweit er darüber informiert ist, niemand bisher ein Weibchen in der Natur bei der Bebrütung seines Geleges beobachtet oder gar fotografiert hätte. Vor Jahren wurde einmal ein Foto in der Kinder-Naturzeitschrift „Ranger Dick" veröffentlicht, das einen weiblichen Grünen Baumpython zeigte, der um seine Eier gewickelt in einer Astgabel lag. Nach weitgreifenden Recherchen stellte sich dann aber heraus, daß dies eine von einem Zoofotografen gestellte Aufnahme war.

Chondros haben aber auch eine Reihe von Merkmalen, die sie von vielen anderen Arten unterscheiden. Im Gegensatz zu den meisten anderen Riesenschlangen sind sie besonders an ein Leben in den Bäumen angepaßt. Tatsächlich verbringen sie die meiste Zeit über dem Boden auf Bäumen oder Strauchgewächsen. Die Mehrzahl der Pythons und Boas kann klettern und tut das auch, jedoch ist der Grüne Baumpython eine der wenigen Arten, die wirklich arboricol sind. Im Vergleich zu den meisten anderen Pythons sind Chondros schlanker gebaut, was eine Fortbewegung im Geäst des Regenwaldes natürlich vereinfacht. Sie erleichtern sich das Leben in luftigen Höhen weiterhin durch einen Greifschwanz, mit dessen Hilfe sie sich gut an Ästen festhalten können. Im Terrarium zeigen Chondros in dieser Hinsicht bemerkenswerte Fähigkeiten, wenn es darum geht, sich an einem Liegeast, dem Rand eines Behälters, einer Pflanze oder sonstwo festzuhalten. Bisweilen kann man sie beobachten, wie sie den Schwanz rückwärts wickeln, um den ganzen Körper auf einen sicheren Ast zurück zu ziehen. Wie bereits kurz zuvor in diesem Kapitel erwähnt, scheuen sich Chondros nicht vor einem Aufenthalt auf dem Boden und können dort sogar einige Zeit in Ruhestellung verbringen.

Der Wickelschwanz dient jedoch noch einem ganz anderen Zweck, der neue Pfleger wie alte Hasen stets aufs Neue fasziniert – er wird als Köder eingesetzt. Das entsprechende Verhalten ist meistens nach Einbruch der Abenddämmerung zu sehen und ist jedes Mal aufs Neue überaus unterhaltsam. Die letzten paar Zentimeter des Schwanzes werden dann hochgestellt, und durch Zucken und Winden, Aufrollen und Abrollen entsteht dann eine sehr lebens-

Abb. 16: Chondros verwenden ihre Wickelschwänze mit großem Geschick zum Festhalten. Sie lassen sich oft nur mit Mühe zum Loslassen bewegen.

Abb. 17: Diese Nachtaufnahme zeigt ein höchst aufmerksames Weibchen beim Schwanzködern. In der Nähe solcher Exemplare muß man sich sehr vorsichtig verhalten, da sie schon auf die kleinsten Bewegungen und die Annäherung einer Wärmequelle mit Zuschnappen reagieren können.

echte Imitation eines kleinen Wurms. Wenn man dies so beobachtet, fällt es leicht sich vorzustellen, wie ein Frosch, eine Echse, ein Vogel oder irgendein anderes Tier mit Appetit auf ein saftiges Mahl auf die Attrappe hereinfällt und sich in Reichweite des Pythons begibt. Viele Pfleger bestehen darauf, daß ihre Tiere sehr wohl wissen, was sie da machen und auf diese Weise um Futter betteln. Es ist allerdings auch wirklich wahr, daß Chondros über eine höhere Intelligenz zu verfügen scheinen als viele andere Schlangenarten und auf ihren Pfleger in einer Art und Weise reagieren, zu der andere Arten offenbar nicht fähig sind. Ich vermute jedoch, daß der Einsatz des Schwanzes als Köder ein instinktives Verhalten ist, das bei Erregung, Beunruhigung, aus Furcht oder bei Hunger unbewußt gezeigt wird. Dadurch, daß Chondros dieses Ködern häufig bei Annäherung des Pflegers am Abend anwenden, kam es zu der Schlußfolgerung, daß sie bewußt um Futter betteln würden, so wie ein Hund, der „Männchen" macht. Grüne Baumpythons mögen zwar intelligenter als andere Reptilien sein, aber so schlau sind dann wahrscheinlich doch nicht! Hunde sabbern, ohne dazu erzogen zu werden, und Chondros wackeln mit dem Schwanz – beides sind instinktive Verhaltensmuster, die mit Appetit in Zusammenhang stehen. Ich habe Schwanzködern selbst bei verärgerten, nichtfressenden Exemplaren beobachtet und sogar bei aufgestörten trächtigen Weibchen, die strikt jedes Futter ablehnten. Ich denke, dieses Verhalten ist eine tief verwurzelte, instinktive Vorstellung, die das Potential hat, Beutetiere anzulocken und keine bewußte und willentliche Handlung.

Der Grüne Baumpython ist von Natur aus nachtaktiv. Er verbringt die Tagesstunden ruhig auf einem Ast liegend und beginnt erst in der Abenddämmerung, umher zu kriechen und nach Nahrung zu suchen. Wie viele andere nachtaktive Tiere besitzt auch er eine ovale Pupille („Katzenaugen"), die sich erweitern kann und ihm dann eine ausgezeichnete Nachtsehfähigkeit verleiht. Ein auf der Jagd befindlicher Chondro nimmt eine charakteristische Lauerstellung ein, bei der Kopf und etliche Zentimeter des Vorderkörpers von einem Ast herabhängen. Der Hals wird dabei zu einem gestreckten „S" zusammengezogen, so daß er zum Zuschlagen bereit ist. Selbst die „zahmsten" Exemplare im Terrarium sind in diesem Zustand äußerst angespannt und schnappen nach allem, das sich bewegt. Chondros scheinen während der ersten zwei Stunden einer Nacht am aktivsten zu sein. Wie später zu sehen sein wird, kann man die Schlangen schnell überfüttern, wenn man ihnen jedes Mal Futter anbietet sobald sie Schwanzködern zeigen oder in Jagdstellung gehen.

Es ist von hohem erzieherischen Wert zu wissen, daß in freier Wildbahn lebende Chondros nicht häufig fressen. Die Telemetriestudien von David WILSON belegten, daß einige Exemplare nur ungefähr einmal pro Monat Nahrung zu sich nehmen. SWITAK beschrieb die von ihm gefangenen Tiere als in der Regel eher mager und mit äußerlich sichtbaren Rippen. Auch stellte er bei den meisten einen Parasitenbefall fest. Er meinte, daß wohl die meisten Terrarianer überrascht wären, würden sie einmal sehen, wie mager die meisten freilebenden Tiere seien. Ich würde sagen, das trifft wohl auf alle Tiere und selbst Menschen zu, die in Gebieten leben, wo Nahrung nicht im Überfluß vorhanden ist. Es scheint daher zu behaupten gerechtfertigt, daß es unseren im Terrarium gepflegten Tieren mit ihren Fettreserven um Einiges besser geht. Leider übertreibt es der durchschnittliche Halter jedoch mit der Futterversorgung, und die Beobachtungen aus der Natur zeigen eigentlich, daß Grüne Baumpythons nicht für ein Leben als fette, faule Würste vorgesehen sind.

Die Beute von adulten Chondros in der Natur besteht größtenteils aus auf dem Boden lebenden Kleinsäugern. Im Gegensatz zu einer landläufigen Meinung fressen sie nur gelegentlich mal einen Vogel. SWITAK gab an, daß er in keiner einzigen Kotprobe von papuanischen Exemplaren jemals Reste einer Vogelmahlzeit gefunden hätte. WILSON stellte allerdings ein paar Kotproben mit Überresten von Vögeln sicher, die von australischen Tieren stammten, welche in der Umgebung eines blühenden Baumes jagten. Offensichtlich war es diesen gelungen, ein paar Vögel zu fangen, die vom Nektar angezogen wurden. Neben Säugern und dem gelegentlichen Vogel gibt WILSON auch noch Echsen und Insekten (Käfer und Nachtfalter) als Beutetiere an. Vermutlich werden diese hauptsächlich von Jungtieren erbeutet.

Grüne Baumpythons sind von Natur aus scheu, und Wildfänge sind für ihr schnelles Zuschnappen wohlbekannt. Einige aus Terrariennachzucht stammende Tiere können allerdings ebenfalls recht übellaunig sein, was vorallem auf solche mit Vorfahren von Biak zutrifft. Regelrecht bissige Exemplare sind jedoch eine große Ausnahme. Das durchschnittliche Nachzuchtexemplar läßt sich bei einem geduldigen und sanften Umgang durchaus gut handhaben, und die meisten sind tagsüber sehr verträglich. Der Grüne Baumpython ist im Vergleich zu anderen Boiden etwas empfindlich und unruhig. Übermäßiges Hantieren setzt ihn daher sehr unter Stress. Es ist somit ratsam, neue Tiere zunächst einmal in Ruhe zu lassen und erst nach und nach an das Angefaßtwerden zu gewöhnen. Einige Exemplare gewöhnen sich allerdings nie daran, und man sollte dann nicht versuchen, sie zu einem Körperkontakt zu zwingen. Chondros sind keine geselligen Tiere und leben nicht in Gruppen. Obwohl sich manche Tiere in Gefangenschaft dann im Terrarium an die Gesellschaft anderer gewöhnen, so ist es doch stets besser, sie alle einzeln unterzubringen.

Durch diese Übersicht über den natürlichen Lebensraum und die Lebensgewohnheiten des Grünen Baumpythons haben wir einen kleinen Eindruck von seiner Welt erhalten. Im folgenden Kapitel wollen wir beleuchten, wie Chondros in die unsrige gekommen sind.

Übersicht über die Geschichte der Terrarienhaltung

„Jede niedergeschriebene Geschichte zeigt zwangsläufig die Gedanken des Verfassers zu seiner Zeit und seinem kulturellen Umfeld.“ Charles A. Beard

Wie die Überschrift dieses Kapitels bereits andeutet, sind die hier gemachten Angaben nicht erschöpfend. Es wurde geschrieben, um die Geschichte der terraristischen Arbeit mit ***Morelia viridis*** in ihren Grundzügen zu umreißen, vorallem in den USA und hauptsächlich seitens privater Pfleger. Der Leser sollte wissen, daß es auch in Europa und anderswo zahlreiche Halter und Züchter des Grünen Baumpythons gibt und daß ihre Erfolge zum Teil jenen in Amerika vorausgingen. Ungeachtet dessen ist das Interesse an Chondros während der letzten zwanzig Jahre vorallem in den USA um ein Vielfaches angestiegen, und bei weitem die meisten Terrariennachzuchten kommen heute von dort. Züchter in den USA haben bei der Schaffung von sogenannten „Designer-Morphen“ Bahnbrechendes geleistet, so daß heute Farbformen wie „High Yellow“, „High Blue“, „Calico“, „Mite Phase“ und andere Farb- und Zeichnungsmorphen aus Selektivzuchten zur Auswahl stehen. Aber auch in anderen Ländern sind diesbezüglich inzwischen sichtbare Fortschritte erzielt worden. Aus diesem Grunde erscheint es sinnvoll, die Geschichte der Arbeit mit diesem Python im Terrarium in den USA ein wenig genauer zu betrachten. Ich habe schon immer geglaubt, daß uns ein gewisses Maß an Kenntnis über die Anfänge dieser Arbeit hilft, diese Tiere in ihrer heutigen Erscheinung mehr zu schätzen und zu würdigen. Chondros sind wahrhaftig eine Art mit einer Geschichte, die unter den Reptilien einzigartig ist.

Die ersten Jahre

Die US-Erstnachzucht des Grünen Baumpythons wurde mit dem Schlupf von Babies am 4. Oktober 1973 vor den Augen von Karl SWITAK im Steinhart Aquarium (SA) in San Francisco amtlich. SWITAK hatte ein trächtiges Weibchen von einem Besuch in Neuguinea mitgebracht, das noch im Transportsack auf dem Weg nach Hause seine Eier ablegte. Einige dieser Eier schlüpften dann und gingen so in die Geschichte ein. SWITAK veröffentlichte seine Reiseeindrücke in einem zweiteiligen Aufsatz in der Zeitschrift Reptile Magazine (1995), und die Episode mit dem trächtigen Weibchen und dem Schlupf der ersten Jungtiere wurde dadurch zu einem festen Teil der Geschichte der Chondros in den USA.

Drei Jahre später, im Oktober 1976, schlüpfte dann auch das erste Gelege im Sedgewick County Zoo (SCZ) in Wichita (Kansas) als Ergebnis einer Terrarienpaarung. Zu dieser Zeit war ein junger Terrarianer namens Trooper WALSH mit dem Zusammenstellen von Zuchtgruppen aus Importtieren beschäftigt, und es gelang ihm, sowohl einige der SA-Tiere von 1973 als auch solche aus dem SCZ-Gelege von 1976 zu erhalten. WALSH gelang die Nachzucht dann Anfang 1977 und wurde dadurch der erste US-Züchter, der einen solchen Erfolg vorweisen konnte. Ein im Besitz von WALSH befindliches Männchen aus dem SCZ-Gelege von 1976 wurde in der Folge zum Vater der meisten Ursprungsnachzuchten, und seine Gene sind selbst heute noch in vielen Terrarienexemplaren und Zuchtgruppen vertreten. Dieses Tier

Abb. 18: Dieses prächtige Weibchen namens „Alice" (GM-99-42) stammt aus der Zucht des Verfassers von 1999. Es ist ein Nachkomme in fünfter Generation eines Weibchens, das Karl Switak 1973 in Neuguinea trächtig gefangen hatte.

war gleichzeitig das langlebigste in Gefangenschaft, nachdem es mehr als zwanzig Jahre im Bestand des Smithsonian National Zoos (NZP) verbrachte.

Die meisten der anfangs importierten Weibchen lebten einfach nicht lange genug, um sich erfolgreich fortzupflanzen. Die wenigen, denen dies gelang, über-

Abb. 19: Das Chondro-Zimmer bei Walsh (etwa 1976). T. Walsh

Abb. 20: Die US-Erstnachzucht des Grünen Baumpythons in Privathand durch Walsh 1977 war ein Meilenstein. T. Walsh

lebten die Anstrengungen der Fortpflanzung nur in den seltensten Fällen. 1979 verhängte Indonesien dann Export-Beschränkungen, die lediglich eine Ausfuhr von in Gefangenschaft nachgezogenen Grünen Baumpythons und keinen anderen mehr zuließen. Damit kam der Fluß von **legal** in die USA importierten Chondros erst einmal zum Erliegen. Nachzuchterfolge beim Grünen Baumpython blieben bis Anfang oder Mitte der achtziger Jahre praktisch dem Zufall überlassen. Erst zu diesem Zeitpunkt hatten Züchter genügend Erfahrungen gesammelt, um einigermaßen regelmäßig Nachwuchs zu produzieren. Die hauptsächlichen Schwierigkeiten lagen in der Inkubation der Eier. So dauerte es bis in die späten Achtziger, daß ausreichend große Zahlen von Chondro-Nachzuchten aus den ursprünglich importierten Tieren zur Verfügung standen, um damit größere Zuchtbestände aufzubauen. Al ZULICH vom Harford Reptile Breeding Center in Maryland war einer, dem dies gelang. Sein blaues Wildfang-Weibchen, zu diesem Zeitpunkt noch eine ausgesprochene Seltenheit, begründete einen der ersten Zuchtstämme, und dieser ist auch heute noch weit verbreitet. Tatsächlich ist dieser Stamm heute ein wichtiger Bestandteil einiger ambitionierter Zuchtprojekte.

Schon bald nach seinem ursprünglichen Erfolg tat sich WALSH mit einem anderen Python-Spezialisten, nämlich Eugene BESSETTE von Ophiological Services (OS)

Abb. 21: Das Weibchen „Sheila" (GM-00-08) schlüpfte im Jahr 2000 beim Verfasser. Es ist ein Nachkomme in vierter Generation der SCZ-Nachzucht von 1976 und der von WALSH von 1977.

in Gainesville (Florida) zusammen. Dr. L.H.S. VAN MIEROP, der mit BESSETTE an der Erforschung der Temperatursteuerung bei brütenden Pythons arbeitete, hatte die beiden zusammengebracht. VAN MIEROP selbst werden die ersten Erkenntnisse zur Thermoregulation bei brutpflegenden Chondros und den zugrunde liegenden Temperaturerfordernissen zugeschrieben. WALSH und BESSETTE entschlossen sich zur Zusammenarbeit bei der Erforschung von Chondros und deren Vermehrung im Terrarium mit dem Ziel, die bestehenden Schwierigkeiten bei der Verpaarung und Inkubation der Eier zu überwinden. Ihre Ziele beinhalteten darüber hinaus die weitere Verbreitung der Art bei anderen Pflegern und Züchtern. Diese Arbeitsgemeinschaft hatte über zwanzig Jahre Bestand und ließ die Namen WALSH und BESSETTE bei Jedermann bekannt werden, der sich für Grüne Baumpythons in irgendeiner Form interessierte. Zusammen erarbeiteten sie viele der Vorgehensweisen, die auch heute noch angewendet werden. Auch setzten sie sich stark dafür ein, daß keine Wildfänge mehr gekauft werden sollten. Ihr Werbemotto „Buy the best, forget the rest" („Kauf das Beste, vergiß den Rest") veranschaulicht das Qualitätsbewußtsein der beiden für ihre Nachzuchten und die Vermarktung von Grünen Baumpythons. Es hat sich auf viele nachfolgende Züchter übertragen, die auf die Qualität ihrer eigenen Nachzuchten den gleichen Wert legen. WALSH und BESSETTE gebührt jedoch unser aller Dank dafür, daß sie die erforderlichen Grundlagen erarbeitet haben.

Mehr Züchter und mehr Chondros

In den achtziger und neunziger Jahren stieg das Interesse an Gefangenschaftsnac hzuchten erheblich an. 1988 begann der versierte Terrarianer und Züchter Don HARPER aus Ohio, monatliche „Herp Swap Meets" (Reptilien-Tauschbörsen) abzuhalten, und schon bald darauf gab es beinahe überall Tauschbörsen, Ausstellungen und Reptilientage. Diese führten ebenfalls dazu, daß das Interesse an Reptilien ganz allgemein immer größer wurde. Anfang der Neunziger standen dann im Terrarium vermehrte Schlangen vieler Arten und zahlreiche auf diese Weise hervorgebrachte Farbmorphen praktisch Jedermann zur Verfügung. Diese allgemeine Begeisterung übertrug sich auch in vollstem Umfang auf die Anhänger von Chondros. Da nun jedoch dank der geleisteten Pionierarbeit bereits ein Rezept für die erfolgreiche Zucht vorlag, konnten auch neue Liebhaber die Art ihrerseits in bescheidenerem Umfang vermehren.

Abb. 22: Eine der Nachzuchten des Verfassers von 1998.

Je mehr Chondros produziert und je mehr Informationen verbreitet wurden, desto fester etablierte sind der Zuchtbestand in den USA. Mich befiel der Chondro-Virus Anfang der neunziger Jahre. Zu diesem Zeitpunkt pflegte ich einen großen Bestand an colubriden Nattern und unterhielt die Firma CageMaster, die Terrarien herstellte und vertrieb und die ich 1991 selbst gegründet hatte. Ich begann mit der Zusammenstellung eines ansehnlichen Bestandes von im Terrarium nachgezogenen Chondros. Ende der Neunziger produzierte ich nun selbst regelmäßig Nachzuchten von ***Morelia viridis,*** damals noch ***Chondropython.*** Die anderen Schlangen gab ich nach und nach ab, um mich voll und ganz auf diese Art konzentrieren zu können. Andere erfolgreiche Chondro-Züchter zu dieser Zeit waren der bereits erwähnte Al ZULICH sowie Tim TURMEZIE, der Begründer der „Lemon Tree"-Zuchtform, Dave und Tracy BARKER, Tony NICOLI, Gary SIPPERLY von San Diego Reptile Breeders, Winslow MURDOCH, Craig TRUMBOWER, Rob WORRELL, aber auch etliche andere.

Importe von Chondros in die USA – ob nun legal oder anders – erfolgten weiterhin und nahmen sogar durch die Beliebtheit der Tauschbörsen und der damit verbundenen steigenden Nachfrage für Reptilien noch zu. Viele der potentiellen Käufer hatten keinerlei Ahnung von den Vorteilen von Tieren aus Terrariennachzucht und den Nachteilen von Wildfängen, achteten nur auf die Preise, bezahlten ihre Fehler mit Enttäuschung und vertraten fortan die Ansicht, daß Chondros schwer zu halten seien. Einige Züchter, darunter auch ich, bemühten sich lange Zeit und gegen erheblichen Widerspruch (und bisweilen lautstark), interessierte Käufer darüber aufzuklären, warum man Wildfänge meiden und stattdessen Nachzuchten kaufen sollte, und wie man zwischen diesen unterscheiden kann. Dies war und ist immer noch ein schwieriger Weg, aber Erfolge zeichnen sich ab, selbst wenn sich einige Importeure auf Tricks verlegt haben, die verschleiern sollen, was sie wirklich verkaufen wollen. Darüber wird später noch einiges zu sagen sein.

Chondros im Internet

Ich denke man kann mit einiger Sicherheit behaupten, daß die Erfindung des Internets und seine Zugänglichkeit für die Massen in der Geschichte als einer der größten Einflüsse auf das tägliche Leben im späten 20. Jahrhundert beurteilt werden wird. Das Internet hat den Weg für eine weltweite Kommunikation ohne Zeitverzögerung geebnet. Es ist für Millionen von Menschen zum festen Bestandteil des täglichen Lebens geworden, und dabei wächst und entwickelt es sich immer noch weiter. „Dot Com"-Firmen haben Millionen verdient (und verloren), und es gibt kaum noch ein Unternehmen, das nicht in irgendei-

Abb. 23: Sceenshot der Internetseite www.finegtps.com des Autors.

ner Form im Internet vertreten ist oder sich seines unglaublichen Potentials als Werbefläche bedient.

Der sich rasch ausweitende Reptilienmarkt, dessen Wachstum durch das Hinzukommen neuer Terrarianer und einer größeren Auswahl an Tieren aus Nachzucht noch beschleunigt wurde, dehnte sich zunehmend auch auf das Internet aus, um Tiere auf ebenso preiswerte wie effektive Weise zu vermarkten. Weiterhin bot das Netz eine Plattform für die Zusammenarbeit von Spezialisten und zur Einrichtung von Diskussionsforen. Unter den Letztgenannten waren einige besonders aktiv, die sich mit vielfach gehaltenen Arten beschäftigten. Eine dieser Diskussionsgruppen konzentrierte sich ursprünglich auf Standortvarietäten der Graugebänderten Königsnatter ***Lampropeltis alterna.*** Diese wuchs im Laufe der Zeit zu Kingsnake.com (KS) heran und wurde zu einer der meistbesuchten Reptilienseiten im Internet. 1998 eröffnete dann auch ich eine eigene Webseite, „Fine Green Tree Pythons, by Greg Maxwell", die in der Folge zur am häufigsten frequentierten Seite über den Grünen Baumpython wurde.

Kingsnake.com weitete sich auf immer neue Foren aus, die jeweils einer bestimmten Art oder einem Thema gewidmet waren. Die Aktivität im Internet entging natürlich auch den Haltern von Grünen Baumpythons nicht. Chondros wurden so zu einem derart beliebten Thema im „Python Forum", daß der Art schließlich ein eigenes exklusives Forum gewidmet wurde. Ich war von Anfang an als einer der Berater im KS Python Forum und später im Green Tree Python Forum tätig, um Fragen zu beantworten und Nutzern der unterschiedlichsten Erfahrungsstufen bei ihren Problemen zu helfen. Obwohl es mir nicht recht behagt, als „Experte" für irgendetwas dargestellt zu werden, verfügte ich doch über viele Jahre der Erfahrung und hatte Erfolge vorzuweisen. Eine Zeit lang war ich somit einer der wenigen, die qualifiziert genug, in der Lage und willens waren, die täglich anfallenden Fragen zur Haltung und Nachzucht von Chondros zu beantworten, auch wenn sich einige davon immer und immer wieder wiederholten. Es begeisterte mich jedoch, daß jeder Neueinsteiger alles erfahren wollte, was es über diese faszinierenden Tiere zu wissen gab, so daß ich dieser Aufgabe auch meinerseits mit großem Enthusiasmus nachging.

Mit wachsender Zahl an Foren und steigender Beliebtheit der größeren Gruppen wurde das Moderieren zu einem Problem. Selbsternannte „Experten" mit wenig oder keiner Erfahrung drängelten sich darum, die Aufmerksamkeit auf sich selbst zu ziehen, und Kinder ohne erkennbare Kenntnisse der Grammatik und Zeichensetzung nutzten die Foren als Spielplätze. Wie vielen Anwendern geläufig sein dürfte, ist ein Problem des Internets, daß praktisch jeder sagen kann, was er will. Wenn dann die wirklich über Kenntnisse verfügenden Experten nicht korrigierend eingreifen, verbreiten sich Fehlinformationen rasend schnell und schaffen nichts als

Abb. 24: Die ChondroWeb-Foren sind nur einige der internationalen Treffpunkte für die vielen „Chondrologen" im Internet. Hier werden in zwangloser Weise Informationen ausgetauscht.

Verwirrung. Sowie echte Experten jedoch ihre Stimme erheben, treffen sie oftmals auf unverblümte Feindseligkeit von Seiten der Übeltäter, und wenn die Moderatoren dem nicht umgehend einen Riegel vorschieben, sind gute Foren schnell ruiniert.

Genau dies passierte auch bei Kingsnake.com und führte dazu, daß sämtliche Foren für einen kurzen Zeitraum geschlossen wurden. Einige davon wurden auch nicht wieder aufgemacht, jedoch waren die wiedereröffneten dann erneut „offen für Jedermann". Die meisten Teilnehmer mit Interesse an wirklich ernsthaften Diskussionen waren mit der Situation schließlich so frustriert, daß sie nach und nach verschwanden. Angesichts der menschlichen Natur ist diese bedauerliche Entwicklung überall und jederzeit dort zu erwarten, wo ihr keine erfahrenen und qualifizierten Moderatoren von Diskussionsforen ständig entgegenwirken. Diese Foren sind ein interessanter kleiner Teil der uns umgebenden Welt, und genau wie bei der menschlichen Gesellschaft müssen die Interessen der Mehrheit vor dem Mißbrauch durch die wenigen geschützt werden, die lediglich Ärger verbreiten wollen.

Angesichts des herrschenden Chaos bei Kingsnake.com beschlossen Thomas PHILIPS (der Betreiber von ChondroWeb.com, einer Seite, die dem Sammeln von Informationen, anderen Webseiten, Züchteradressen und anderen Daten über den Grünen Baumpython dient) und ich, unser eigenes Forum zu gründen. Wir hatten unsere eigenen Vorstellungen davon, wie ein solches aussehen sollte und was der Gemeinschaft der Pfleger dieser Art am meisten nutzen könnte und was diese eigentlich haben wollten. So wurde im September 2000 das ChondroForum von ChondroWeb eröffnet. Der rege Zuspruch belegte, daß Tom und ich Recht gehabt hatten: es bestand wirklich Bedarf an einem sauberen, akkuraten und gut geleiteten Forum, in dem Liebhaber jeder Erfahrungsebene ihre Erfahrungen teilen und voneinander lernen konnten und in dem ein Moderator für Ordnung sorgte. Die schließlich insgesamt drei Foren (ein Foto-, ein Züchter- und ein Anzeigenforum) wurden schnell zu einem Modell für andere Reptilienforen im Internet. Mit mehr als 200.000 Hits im Jahre 2001 und mehr als einer Million in 2003 waren die ChondroWeb-Foren gemäß der üblichen Statistiken zum Zeitpunkt der Abfassung dieses Manuskripts die aktivsten Diskussionsseiten über eine bestimmte Reptilienart im Internet. Mit einem guten Ruf für den herrschenden professionellen und zivilisierten Ton, die Wertlegung auf Qualität, Richtigkeit und eine großartige Bildergalerie sind die Foren von ChondroWeb *der* Treffpunkt für viele der besten Halter und Züchter überhaupt geworden. Inzwischen haben auch andere Personen Foren zum Thema Grüner Baumpython eröffnet, so daß Chondro-Liebhabern nunmehr mehrere Plätze zur Auswahl stehen, an denen sie Online-Spaß haben und Informationen finden können. Es gibt sogar einige Chatrooms, die rund um die Uhr für zwanglose Treffen offen sind und die bisweilen recht unterhaltsam sein können.

Durch die Möglichkeit zum freien Informationsaustausch zwischen Haltern und Züchtern von Grünen Baumpythons sind Erfolge bei der Haltung und Zucht merklich gestiegen. Große Fortschritte sind vorallem im Bereich der künstlichen Inkubation erzielt worden, die noch bis vor Kurzem als überaus schwierig und kaum auf Anhieb zu bewerkstelligen galt. Dieser begrüßenswerte Umstand ist direkt auf die Verfügbarkeit praktischer Informationen und Anlaufstellen für Fragen zurückzuführen, die nun jedem über das Internet zugänglich sind. Neue Züchter haben die

Möglichkeit, sich selbst in den Markt einzuführen. Etablierte Züchter sind andererseits nicht mehr darauf angewiesen, ihre empfindlichen Tiere zu Tauschbörsen und Ausstellungen zu schleppen, um sie dort zu verkaufen. Auch wenn nicht gänzlich frustfrei, so hat das Internet für die Liebhaber von Grünen Baumpythons doch völlig neue Wege eröffnet.

Die Zukunft der Chondros im Terrarium

Angesichts der Nachzuchterfolge von immer mehr Terrarianern steigt auch das Angebot an gesunden Tieren immer weiter. Manche Züchter betrachten diese Entwicklung als Bedrohung für das bestehende Preisgefüge und haben mich dafür kritisiert, daß ich mein Wissen so offen preisgebe. Ich sehe das allerdings anders. Auch wenn es zutrifft, daß die Anzahl der Pfleger heute größer ist als jemals zuvor, gibt es noch immer einen völlig unerschlossenen Markt. Die meisten Amerikaner haben einfach keine Ahnung, was ein Grüner Baumpython ist! Es ist meine Überzeugung, daß je mehr Pfleger bei der Haltung und Vermehrung ihrer Tiere Erfolg haben, desto mehr ihrer Begeisterung dafür werden sie an andere weitergeben. Begeisterung war und ist die Kraft, die den Markt auf seinen heutigen Stand getrieben hat und dies auch in Zukunft tun wird. Ich kenne kein anderes Reptil, das in vergleichbarem Maße Hingabe, Passion und sogar Besessenheit hervorruft, wie das beim Chondro der Fall ist. Der Ausspruch „Einer ist nicht genug" ist hier wortwörtlich zu nehmen! Aus diesem Grunde bin ich schon immer gewillt gewesen, mein gesamtes Wissen zu teilen und keine „Firmengeheimnisse" zu hegen. Wenn ich Ihnen zum Erfolg verhelfen kann, werden hoffentlich auch Sie anderen helfen und so weiter.

Abb. 25: „Blue Frost" (GM-01-30) verkörpert die nächste Stufe bei der Zucht von ontogenetisch blauen Chondros. Er war das erste in Auswahlzucht entstandene Männchen, das sich direkt zu einem blauen Tier umfärbte und dabei keine grüne Zwischenphase durchlief. Beide Elterntiere waren ebenfalls blau.

Wenn Chondros sich so einfach wie Kornnattern halten und vermehren ließen, wäre vielleicht wirklich die Gefahr einer Marktsättigung gegeben. Tatsächlich aber ist die Einfuhr von Wildfängen und auf Farmen produzierten Chondros in großen Stückzahlen für den Wert von Chondros weitaus schädlicher als Terrarianer, die bei ihrer Zucht zu erfolgreich sind. Davon abgesehen – solange Chondros gezüchtet werden, gibt es immer Jungtiere für den Anfänger, und das ist ein bedeutsamer Faktor, der die Anzahl der auf den Markt kommenden Tiere begrenzt, zumindest soweit es ehrliche Verkäufer angeht. Viele der schwierigeren Aspekte bei der Vermehrung von Chondros sind durch die Verbreitung brauchbarer Informationen aus dem Weg geräumt worden. Die Ernährung von Jungtieren kann jedoch nach wie vor die Fähigkeiten und Geduld so manchen Pflegers auf eine harte Probe stellen. Chondros sind nun einmal keine Kornnattern und werden es auch niemals sein.

Abb. 26: Dieser phantastisch anmutende Chondro („Ella-Diablo", GM-04-47) ist nicht nur an und für sich erstaunlich, sondern auch ein Nachkomme eines möglicherweise 50 % heterozygoten Albino-Männchens.

Aber auch wenn das zunehmende Angebot an Tieren aus Terrariennachzucht unweigerlich zu einem gewissen Preisverfall für durchschnittliche Exemplare führen muß, glaube ich nicht, daß es zu einem wirklich totalen Preiseinbruch kommen wird, wie es bei einigen anderen Arten geschehen ist. Ein solcher Einbruch ist mir seit Jahren vorhergesagt worden, und nichts dergleichen ist bislang eingetreten.

Eigentlich ist ganz das Gegenteil der Fall. Unter den gemeinhin im Terrarium vermehrten Reptilien haben sich Chondros insofern als wirklich einzigartig erwiesen, als sie auch innerhalb der letzten Jahre keinem nachlassenden Interesse und sinkenden Preisen anheimgefallen sind. Bei vielen anderen Arten kann man sagen, „Kennst Du eine, kennst Du alle", doch Chondros sind die „Schneeflocken unter den Schlangen", und jedes Exemplar hat seine ganz individuelle Schönheit. Durch die fortschreitende Entwicklung von Designer-Morphen der Spitzenklasse stehen der Chondro-Zucht die Zukunft und ungeahnte neue Möglichkeiten weit offen. Nachdem in 2002 nun auch der erste lebensfähige Albino geschlüpft ist, zeichnen sich sogar völlig neue Zuchtprojekte am Horizont ab. Bei einer Umfrage über Albinos Anfang 2002 im ChondroForum glaubten 74 % der Teilnehmer, daß der erste Albino-Chondro einen Wert von mehr als 50.000 Dollar haben würde, und 33 % bezifferten diesen auf mehr als 100.000 Dollar. Mehr als die Hälfte der Befragten war überzeugt, daß ein Albino innerhalb der nächsten fünf bis zehn Jahre schlüpfen würde. Die Überraschung für alle war dann, daß genau dies schon im selben Jahr passierte! Es ist ein weiterer Beweis dafür, daß die morphologischen Möglichkeiten bei dieser Art offenbar unbegrenzt sind.

Für manchen Pfleger sind Chondros ein Hobby und nicht mehr. Andere, mich selbst eingeschlossen, sind kommerzielle Züchter, die von der Vermehrung von Reptilien und darunter auch Chondros leben müssen. Manche betrachten dies als von Geldgier getrieben, doch muß ich dem klar widersprechen. Solange die Tiere dabei mit dem ihnen zustehenden Respekt behandelt werden und Kunden sich auf eine ehrliche Beratung und gute Qualität verlassen können, gibt es keinen Grund, jemanden dafür zu kritisieren, daß er mit etwas seinen Lebensunterhalt verdient, das er wirklich liebt. Die hohen Preise, die für Spitzenexemplare bezahlt werden müssen, sind ein natürliches Ergebnis der Marktfaktoren Angebot und Nachfrage. Es wird immer ein paar Leute geben, die „verlangen", daß Züchter sie mit ihren besten Tieren zu minimalen Preisen „versorgen" und die beleidigt sind, wenn sie sie sich einfach nicht leisten können. Tut mir leid, aber so funktioniert die freie Marktwirtschaft nun einmal.

Heute existiert in den USA ein gesunder, sich selbst erhaltender und genetisch diversifizierter Bestand an Chondros. Ebenfalls steigt die Anzahl der Pfleger stetig, und mehr und bessere Informationen stehen jedem zur Verfügung, der sich der Herausforderung der Pflege und Zucht dieser wunderschönen und geheimnisvollen Schlangen aus dem Regenwald stellen will. Dank der Kommunikationskanäle des Internets findet zwischen europäischen und amerikanischen, aber auch Pflegern auf allen anderen Kontinenten heute ein noch nie dagewesener Informationsaustausch statt. Die Zukunft des Grünen Baumpythons im Terrarium sieht daher wirklich rosig aus.

Geographische Formen und Fundortzuordnung

„Die weitaus größte Masse der Menschheit ist mit Äußerlichkeiten zufrieden, gleichwohl es die Wirklichkeit sei, und läßt sich oftmals mehr davon beeinflussen, was zu sein scheint, als von dem, das wirklich ist.“ Macchiavelli

Ich bin ziemlich sicher, daß nicht wenige meiner Leser dieses Kapitel als erstes aufgeschlagen haben, um zu sehen, was ich zu diesem strittigen Thema zu sagen habe. Ich hoffe, daß jeder, der wie ich die mit der Typisierung von Chondro-Fundorten in Zusammenhang stehenden Aspekte für wichtig erachtet, die hier zusammengetragenen Informationen mit Aufmerksamkeit liest und überdenkt. Betrachten Sie dazu sowohl die Fakten als auch meine Ansichten, die ich klar auseinander zu halten versuchen werde. Ich bitte den Leser auch darum, **alle** hier vorgestellten Fakten zu berücksichtigen und nicht auf einzelne und womöglich aus dem Zusammenhang gerissene Aussagen oder Standpunkte ablehnend zu reagieren.

Die meisten Chondro-Liebhaber gehören zu einer von zwei Kategorien: die einen meinen, das alles wäre viel Wind um Nichts und diene lediglich als Material für unnütze Streitereien, die anderen glauben, daß eine Fundorttypisierung nicht zu vernachlässigende Auswirkungen auf den Chondro-Markt und zu einem gewissen Maß sogar auf die Haltung hat. Ich gehöre zu letzteren. In den letzten paar Jahren sind die Diskussionen um Fundorte regelrecht außer Kontrolle geraten. Wie bei den meisten Kontroversen liegt die Wahrheit selten in den extremen Ansichten an beiden Enden. Die Einschätzung, daß jeder Chondro anhand seines Aussehens einem bestimmten Fundort zugeordnet werden könne, ist haarsträubend. Genau das Selbe trifft auf den Standpunkt zu, daß alle Fundortangaben ohnehin falsch seien.

Ich habe ausgiebig mit jenen diskutiert, die immer wieder mit unbelegbaren Fundortangaben kommen und habe mich bei der Gemeinschaft der Pfleger dafür ausgesprochen, daß Tatsachen und Beweise vorzulegen seien, wenn derartige Behauptungen aufgestellt würden. Das hat mir den Ruf eingebracht, engstirnig zu sein und alle Fundortzuordnungen pauschal abzulehnen. Dies ist jedoch einfach nicht wahr. Ich würde sagen, daß jemand, der Angaben hinterfragt und kritisch zu beurteilen versucht, deswegen nicht engstirnig sein muß. Würde es zutreffen, so wäre jeder richtige Wissenschaftler engstirnig. Es gibt heute einfach zu viele Leute, die jeden als engstirnig betrachten, der nicht mit ihrer Meinung einhergeht! Allerdings haben extreme Ansichten gewöhnlich keinerlei Wert für irgend jemanden und zwar unabhängig von dem zugrunde liegenden Anlaß oder Prinzip. Das ist auch bei den Fundorten von Grünen Baumpythons der Fall. Eine ausgewogene Betrachtungsweise ist noch die beste Lösung, um die Tatsachen festzustellen, und genau das will ich hier versuchen.

Haftungsausschluß: Die in diesem Kapitel gemachten Angaben, einschließlich des Abschnitts über die Cape York-Populationen, werden nach bestem Wissen und Gewissen gemacht. Sie stammen aus verschiedenen Quellen, die ich als zuverlässig und vertrauenswürdig erachte. Trotzdem ist es unvermeidbar, daß mancher anderer Ansicht ist und andere Behauptungen aufstellen wird. Ich bin hier lediglich der Überbringer von Nachrichten, und die hier dargestellten Fakten und Meinungen sollten nicht als „so steht es geschrieben“ aufgefaßt werden, nur weil sie einen Bestandteil dieses Buches bilden. Mit anderen Worten sollte der Inhalt dieses Kapitels solange nicht als „Beweis“ für irgend etwas betrachtet werden, bis dafür konkrete Beweise erbracht werden können.

Tatsächlich sind furchtbar viele der angeblichen Herkunftsnachweise nichts anderes als Behauptungen von Importeuren, Händlern und Vermittlern, die den Anschein von Authentität erwecken und/oder Preise für ansonsten minderwertige Exemplare rechtfertigen sollen. Mit „minderwertig“ meine ich dabei solche Tiere, die nicht mit den robusten, wohl eingewöhnten Nachzuchten von privaten Züchtern vergleichbar sind. Ich möchte klarstellen, daß ich mit niemandem ein Problem habe, der das natürliche Aussehen der einzelnen geographischen Formen dieses Pythons bevorzugt. Auch will ich damit nicht andeuten, daß diese Tiere unter dem Standard der verschiedenen „Designer-Tiere“ einzuordnen sind, solange sie nur im Terrarium nachgezogen wurden und nicht für etwas ausgegeben werden, das sie nicht sind. Leider gibt es aber viele Händler, die angebliche Herkunftsnachweise lediglich dazu verwenden, ihre Umsätze zu steigern und Preise zu rechtfertigen. Indem ein Chondro mit einer Herkunftsangabe versehen wird, hofft der Händler, einen Eindruck von besonders wertvoll zu erwecken, und je exotischer und „neuer“ diese Bezeichnung ist, desto höher ist der vermeintliche „Wert“. Diese Einstellung hat den Chondro-Markt mittlerweile derart durchdrungen, daß ein Freund von mir einige seiner Tiere nicht mehr über eine Online-Anzeigenseite verkaufen konnte, weil er sich weigerte, sie mit einer ausgedachten Herkunftsangabe zu versehen. Jeder der Interessenten, die sich meldeten, gab ihm zu verstehen, daß wenn die Tiere keine Herkunftsangaben hätten, sie nicht daran interessiert wären. Abgesehen von der Frage, warum angebliche Herkunftsangaben denn von

Abb. 27: Wildfang-Eltern unbekannter Herkunft brachten 1999 diesen attraktiven Chondro bei Janet Hickner hervor. Es gibt keinerlei Rechtfertigung, ein solches Exemplar mit einer Herkunftsangabe zu versehen.

Sorong
Manokwari
Biak Island
Arfak
Misool
Yapen
Nabire
West Papua
(Irian Jaya)
Lereh
Fak Fak
Bokondini
Karubaga
Agat
Wamena
Angguruk
Aru Island
Australia

Sammel- und Verschiffungsorte, die oftmals mit geographischen Varietäten und fundortspezifischen Populationen von *Morelia viridis* in Zusammenhang gebracht werden
Jayapura
Cyclops Mtns.
Papua New Guinea
Tanah Merah
Merauke
Port Moresby
Cape York Peninsula

derart großer Bedeutung sind, muß ich diese Interessenten auch fragen, wie sie denken, daß ein als zweiter oder dritter an einer Transaktion Beteiligter über verläßliche Fundortangaben zu einem Tier verfügen soll. Um einen Eindruck davon zu gewinnen, wie weit sich diese Vorgehensweise bereits ausgebreitet hat, sollten Sie lediglich einmal versuchen, einen zum Verkauf stehenden Chondro auf einer Anzeigenseite im Internet oder auf einer Tauschbörse ausfindig zu machen, der nicht mit einer Herkunftsangabe versehen ist. Und das alles obwohl die weitaus überwiegende Mehrheit der Verkäufer keinerlei Belege für ihre Behauptungen vorweisen können.

Das Problem liegt nicht an einem Mangel an Tieren mit Herkunftsnachweisen – jeder Chondro-Wildfang kommt von einem bestimmten Fundort. Die Schwierigkeiten liegen darin, an wirklich verläßliche Information darüber zu kommen und festzustellen, inwieweit sich Tiere von einem Fundort von denen eines anderen wirklich unterscheiden. Die im Kapitel „Lebensweise" bereits angesprochenen Betrachtungen zu möglichen taxonomischen Änderungen treten auch hier wieder zutage: es gibt zu viele Befürworter, die sich in die Debatte einmischen und sich bei der Ergebnisfindung von ihrer eigenen Meinung leiten lassen. Wir sollten diesen Punkt allen Argumenten offen und unvoreingenommen gegenüber stehen und unsere Schlußfolgerungen ausschließlich auf Fakten basieren lassen.

Ein paar Definitionen

Ich halte es für angebracht, vorab einige der hier verwendeten Begriffe zu definieren. Viele Mißverständnisse lassen sich vermeiden, wenn sich jeder bei einer Diskussion über Fundorte der gleichen Terminologie bedient. Dies betrifft vorallem zwei Begriffe, nämlich Fundort und Varietät („Rasse").

Fundort

Auf ein biologisches Exemplar bezogen, bezieht sich „Fundort" auf den genauen Ort, an dem dieses Exemplar gesammelt wurde. Die Bedeutung dieser Ortsangabe (sofern sie in Zusammenhang mit dem Ort als Lebensraum steht) ist somit darauf beschränkt, wie groß er ist und wie effektiv er begrenzt ist. Wenn es sich dabei um einen Sumpf inmitten einer Trockenlandschaft handelt, sind die darin lebenden Tiere viel repräsentativer für ihn als jene, die die umgebende Savanne bevölkern. Beide Gruppen stammen zwar von einem gewissen Fundort, jedoch ist nur bei den echten Sumpfbewohnern zu erwarten, daß sie hervorstechende Merkmale aufweisen. Die Savannenpopulation mag hingegen um ein Vielfaches größer sein und die unterschiedlichsten Farbschläge aufweisen, jedoch läßt die Größe des bewohnten Bereichs keine Beschränkung der einen oder anderen Form auf den einen oder anderen Teilabschnitt zu.

Als tatsächliches Beispiel kann ich hierzu die Populationen der Östlichen Strumpfbandnatter ***(Thamnophis s. sirtalis)*** anführen, die in meinem Heimatstaat Ohio leben. Es gibt eine herausragende Population dieser normalerweise braunen oder grünlichen Schlangen mit gelben Streifen, in der auch lackschwarze Exemplare vorkommen. Diese melanistischen Strumpfbandnattern findet man nur in einem an die Ufer des Erie-Sees angrenzenden Gebiet, einem Gletschersee, der die Nordgrenze von Ohio bildet. Die Östlichen Strumpfbandnattern im Rest von Ohio (und den größten Teilen der Osthälfte der USA bis nach Kanada hinein) sind recht variabel und umfassen braune bis deutlich grüne Exemplare, manche mit Rot an den Seiten, manche ohne, einige sind eher gesprenkelt, aber die meisten zeigen eine klare Grundfarbe und Streifen als Zeichnungselemente. Die schwarze Phase dieser Schlange ist jedoch eine Standortvarietät, die nur in einem kleinen Gebiet vorkommt. Es ist unmöglich, sich eine normal gefärbte Strumpfbandnatter anzuschauen und zu sagen, aus welchem Bezirk von Ohio oder selbst aus welchem Teil der USA sie stammt. Schwarze ***T. s. sirtalis*** können jedoch anhand ihres andersartigen Aussehens einem Fundort zugeordnet werden, weil sie eben **nur dort** vorkommen. Wenn die Tiere von Erie-See genau wie alle anderen aussähen, wäre eine solche Zuordnung unmöglich.

Das ganze Konzept fundortspezifischer Reptilien wurde von einigen Pflegern der Graugebänderten Königsnatter ***Lampropeltis alterna*** aufgebracht. Hierbei handelt es sich um eine wunderschöne und hochgradig variable Art aus dem Südwesten von Texas. Diese ***alterna***-Fans legen größten Wert auf Exemplare mit exakten Herkunftsangaben, da sie überzeugt sind, daß die einzelnen Lokalpopulationen einzigartige Merkmale aufweisen, die sie von anderen unterscheiden. Diese Wertlegung auf Fundorte führte schließlich zu einem völlig neuen Konzept beim Aufbau von Zuchtgruppen und folglich auch bei der Vermarktung von Reptilien. Läßt man einmal die Frage nach der Gültigkeit der Überzeugung beiseite, daß Exemplare von ***L. alterna*** mit Fundort wertvoller sind als solche ohne, so bleibt doch festzuhalten, daß diese Terrarianer die Möglichkeit haben, sich ihre Tiere selbst zu fangen und dadurch exakte Fundortangaben festzuhalten. Diese Pfleger bestehen darauf, daß je genauer eine Fundortangabe und größer die Glaubwürdigkeit des Fängers ist, desto wertvoller ist das entsprechende Exemplar. Hierbei ist unbedingt zu beachten, daß dieses Tier durch seine exakten geographischen Herkunftsangaben als Fundort-Exemplar definiert wird – und **nicht durch seine äußerliche Erscheinung**! Die meisten ernsthaften Halter von fundortspezifischen ***L. alterna*** sind sogar unbelegbaren Fundortangaben gegenüber überaus skeptisch, ganz zu schweigen von Zuordnungen aufgrund des Aussehens. Dies beruht einfach auf der Erkenntnis, daß diese Schlangen hochgradig variabel sind, daß Fundort-Exemplare einen höheren Verkaufswert haben und daß daher jederzeit mit erfundenen Fundortangaben zu rechnen ist.

Ich glaube, daß nach dem Überdenken der beiden gegebenen Beispiele jeder halbwegs vernünftig denkende Mensch die mit der Zuordnung von Grünen Baumpythons zu bestimmten Fundorten einhergehenden Probleme zu erkennen beginnt. Zusammengefaßt handelt es sich dabei um: das Fehlen von definierbaren Populationsgrenzen in den größten Teilen Papua-Neuguineas und Indonesiens, die Variabilität der Art und die Unmöglichkeit, uns unsere Tiere selbst zu fangen. Diese Punkte wollen wir noch genauer betrachten, jedoch zuerst noch eine andere bedeutsame Definition.

Varietät („Rasse“)

Das Terraristisch/Herpetologische Wörterbuch (Ulber et al. 1989) läßt „Rasse“ lediglich für „eine Zuchtform, die durch menschliche Zuchtauswahl entstanden ist“ gelten und weist ausdrücklich auf den fälschlichen Gebrauch für Unterarten und Ökotypen hin. Eine „Varietät“ ist hingegen der gleichen Quelle zufolge eine

„Farb- oder Zeichnungsspielart z.B., der kein taxonomischer Rang zusteht, da sie innerhalb der Variationsbreite der betreffenden Art liegt." Die Diskussion beim Grünen Baumpython dreht sich um erkennbare äußere Merkmale, die einzelnen Populationen in abgegrenzten geographischen Bereichen zueigen sind oder sein sollen. Zum Vergleich kann man hier unsere eigene Art, ***Homo sapiens***, heranziehen. Als Art bewohnen wir den Planeten Erde als fest umrissenes geographisches Gebiet. Die Art selbst setzt sich jedoch aus erkennbar verschiedenen Varietäten zusammen, die als verschiedene Populationen bestimmte Teile des Planeten bewohnen. Dies sind Asiaten, Afrikaner, Europäer und viele andere, die sich jeweils durch bestimmte Merkmale auszeichnen. Ein Europäer mag aber in Italien oder Dänemark zur Welt gekommen sein und bleibt trotzdem ein Europäer. Das Beispiel mag stark vereinfacht sein, jedoch zeigt es deutlich den Unterschied zwischen einer „Varietät" und einem „Fundort-Exemplar" auf. Erstere ist die definierbare Gruppe, welcher Sie angehören, zweitere der Ort, an dem Sie geboren wurden.

Morelia viridis ist eine Art. Innerhalb dieser Art gibt eine gewisse Variabilität in Form von erkennbaren Varietäten. Einige dieser sind deutlicher vom Rest verschieden als andere.

Auf die im ChondroForum gestellte Frage, ob zwischen Fundort und „Rasse" ein Unterschied bestünde, antwortete der Biologe Dr. Guido WESTHOFF wie folgt: „Selbstverständlich gibt es da einen Unterschied! Ein „Fundort" bezieht sich auf ein Tier, das von einem bestimmten geographischen Ort stammt … ein Fundort beschreibt daher kein bestimmtes Merkmal oder eine Eigenschaft dieses Tieres, sondern lediglich dessen geographische Herkunft … die geographische Herkunft ist ein Punkt, der keine morphologische Relevanz haben muß."

Dr. WESTHOFF führte weiterhin aus: „Eine ‚Rasse' zeichnet sich stets durch bestimmte Merkmale aus (z.B. bei Rassehunden: Deutscher Schäferhund, Pudel u.s.w.). Eine Rasse ist taxonomisch völlig ohne Belang, da hierunter lediglich eine Reihe von Eigenschaften und Merkmalen zusammengefaßt werden, die in menschgemachten oder natürlichen Populationen auftreten. Eine natürliche Rasse kann als Unterart angesehen werden, doch ist das nicht immer der Fall."

Wenn der Unterschied zwischen diesen beiden Begriffen verstanden und sie korrekt verwendet würden, ließen sich in der Tat viele Mißverständnisse vermeiden! Die meisten Pfleger von Grünen Baumpythons, die nach der Herkunft eines Tieres fragen, wollen eigentlich wirklich wissen, welcher geographischen Varietät dieses angehört, wenn überhaupt. Bei einigen Reptilienpopulationen (wie bei dem obigen Beispiel der schwarzen Strumpfbandnattern) sind Varietät und Fundort eng miteinander gekoppelt, da die betreffende Population optisch unterscheidbar und in ihrer Verbreitung auf ein kleines Gebiet beschränkt ist. Dies ist auch bei einigen Insel-Chondros der Fall. Jene vom Festland sind hingegen weit weniger konzentriert und erheblich variabler.

Unter dem Strich

Wendet man die beiden Begriffe korrekt auf das vorliegende Thema an, zeigt sich, daß es in Wirklichkeit nur sehr wenige Chondros mit exakten Herkunftsnachweisen in unseren Terrarien gibt. Zum Einen dürfen indonesische Exporteure keine

Wildfänge mehr ausführen. Auch wenn diese kleine Technikalität viele von diesen nicht besonders beeindruckt, so versehen sie ihre Exporte doch ganz sicherlich nicht mit verläßlichen Herkunftsangaben. Zweitens läßt die Abgelegenheit der natürlichen Lebensräume und die politische Ungewißheit in Teilen Indonesiens vorallem Möchtegern-Fänger aus den USA Abstand von Besuchen nehmen. Karl SWITAK berichtete mir, daß einheimische Fänger in Papua-Neuguinea genau wußten, wo und wie Grüne Baumpythons zu fangen wären, er selbst jedoch dabei große Mühe hatte. Drittens ist es wohlbekannt, daß einheimische Fänger ihre Tiere überall einsammeln und dann zu Auffangstationen bringen, von wo aus sie weitertransportiert werden. Diese Sammelstationen sind häufig kalt, schmutzig und überfüllt. Viele der am weitesten verbreiteten „Fundort-Nachweise" sind einfach indonesische Ortschaften in der Nähe von Sammelgebieten, die ein Flugfeld haben, von welchem aus der Weiterversand der Tiere erfolgen kann. Dieser Umstand ist vergleichbar mit einem „Fundort-Nachweis" „El Paso" für ein paar willkürlich eingesammelte Graugebänderte Königsnattern, nur weil El Paso die nächste Stadt mit einem Flughafen ist. SWITAK machte mir auch klar, wie schwierig es ist, von den Einheimischen wahrheitsgemäße Informationen zu erhalten. Die Fänger versuchen viel eher herauszufinden, was der Fragesteller wahrscheinlich hören möchte und sagen ihm dann genau das. Lesern, die noch nie in einem Drittweltland waren, kann ich sagen, daß die Dinge dort völlig anders laufen als in höher entwickelten Bereichen der Erde. Die meisten von dort stammenden Informationen sind wissenschaftlich nahezu völlig wertlos, es sei denn, der Informant selbst steht außer Zweifel.

Wieviele Chondro-Wildfänge kann es folglich in den Terrarienbeständen geben, die tatsächlich mit verläßlichen Herkunftsangaben versehen sind? Allein durch die korrekte Verwendung der Begriffe können Terrariennachzuchten keine Tiere mit „Fundort" sein, es sei denn beide Elterntiere verfügen belegbar über den einen solchen und dieser ist der selbe! In Wirklichkeit stammen aber nahezu alle Nachzucht-Chondros entweder von Eltern ohne Herkunftsnachweis oder von zwei Tieren mit unterschiedlichen Fundorten ab. Dies trifft sogar auf die meisten angeblichen fundortspezifischen Elterntiere zu!

Die Auswahl von Zuchttieren nach ihrem Aussehen ist durchaus sinnvoll, wenn man bestimmte Merkmale ihrer Erbmasse erhalten will. Wenn diese zwei Exemplare jedoch nicht über belegbare Herkunftsnachweise verfügen, dient deren Verpaarung lediglich der Auswahlzucht, wie es bei Morphen wie „High Yellow" und allen anderen der Fall ist. Ein solches Zuchtziel ist völlig legitim, hat jedoch nicht das Geringste mit Fundorten oder Varietäten zu tun, sondern ist eine Zucht von Rassen wie bei Haus- und Nutztieren.

Chondros mit echten Fundorten

Gibt es denn nun wirklich fundortspezifische Chondros in unseren Terrarien? Absolut! Ich selbst weiß von mehreren Zuchtstämmen, bei denen die verwendeten Tiere ununterbrochene Stammbäume bis zu den ursprünglichen Wildfängen von einem bestimmten Fundort vorweisen können. In einem Fall besitzt der Züchter sogar eine Landkarte, auf welcher der Pfad eingezeichnet ist, der zu dem entsprechenden Fundpunkt führt. In einem anderen kennt der Züchter den Missionar persönlich, der einen Chondro in seinem Handgepäck von Biak in die USA transportierte. Auch existiert hier ein sehr kleiner Bestand von australischen Chondros (dazu weiter unten mehr). An solche Tiere und die entsprechenden Unterlagen zu kommen, ist jedoch überaus schwierig. Um glaubwürdig zu sein, muß der entsprechende Anbieter einen wissenschaftlich akzeptablen Weg der Tatsachenfindung verwendet haben, völlig vollständige Aufzeichnungen vorlegen können und auch ansonsten einen absolut vertrauenswürdigen Ruf haben. Es bestehen gute Gründe, hierbei nicht gleich Jedermann zu trauen, denn schließlich stehen teilweise ganz erhebliche Beträge auf dem Spiel. Viele Händler werden deshalb genau das sagen, von dem sie meinen oder wissen, daß es der Interessent hören will, nur um einen Verkauf zu tätigen. Einige verfallen dabei sogar auf wissentlich falsche Aussagen. Die meisten geben jedoch lediglich die Informationen weiter, die ihnen von den Exporteuren zugekommen sind, auch wenn diese in keinster Weise belegbar sind. Geschäftsleute sind an Geschäften interessiert, nicht an wissenschaftlicher Genauigkeit.

Zuchtfarmen in Indonesien

1979 begann Indonesien mit der Regulierung des Handels mit Grüne Baumpythons indem nur noch in Gefangenschaft nachgezogene Tiere exportiert werden durften. Dieser Schritt zog zwei Entwicklungen nach sich, erstens, der Entstehung legaler indonesischer Zuchtfarmen und zweitens, die Ausfuhr von illegal als „Farm-Nachzuchten" deklarierten Wildfängen. Das Vorhandensein von Zuchtfarmen im natürlichen Verbreitungsgebiet des Grünen Baumpythons scheint dabei eine ideale Lösung für das Problem der Verfügbarkeit von fundortspezifischen Chondros zu sein und ist es auch, aber nur in gewisser Hinsicht. Hier sind aber einige Einschränkungen zu beachten. Man kann wiederum nicht alles glauben, was man gesagt oder zu lesen bekommt. Mir wurde von einer Person (die lieber ungenannt bleiben möchte) berichtet, daß sie mit Belustigung las, sie sei am Sammeln und Züchten von fundortspezifischen Chondros in Indonesien beteiligt, tatsächlich aber noch nie einen Grünen Baumpython in der Natur gefangen hat.

Die möglicherweise beste, sicherlich aber die am besten bekannte Zuchtfarm in Indonesien ist jene, die Bushmaster Reptiles Inc. in Boulder, Colorado, in den USA beliefert. Ihr Name ist Terraria Indonesia, und sie gehört Budiyanto TASMA, der sie 1996 gründete. Diese Farm wird von zwei erfahrenen russischen Züchtern geleitet, die zuvor im Moskauer Zoo beschäftigt waren. Bushmaster ist der Agent dieser Farm in den USA und besteht seinerseits seit fünfzehn Jahren. Die Firma gehört einem Amerikaner namens Kamuran TEPEDELEN. Kamuran ist ein sehr hilfsbereiter Mensch, mit dem zu sprechen immer wieder interessant ist. Er hat mir auch dankenswerterweise Fotos und Informationen über die Farm sowie einige Beschreibungen der dort vermehrten geographischen Varietäten für dieses Buch zur Verfügung gestellt. Auf der Farm werden ungefähr 300 Adulti gepflegt, bei denen es sich entweder um Wildfänge oder F1-Tiere (erste Generation) aus eigener Nachzucht handelt. Einige der dort schlüpfenden Tiere werden stets zurückbehalten, um Verluste im Zuchtbestand zu ersetzen. Der jährliche Vermehrungserfolg ist seit der Gründung stetig gestiegen und liegt heute zwischen 700 und 1000 roten und gelben Jungtieren pro Jahr. Kamuran zufolge arbeitet die Farm mit etwa elf fundortspezifischen Morphen.

Abb. 29 u. **30:** Die beiden oberen Fotos zeigen Ausschnitte der sauberen und gut durchorganisierten Zuchtfarmen in Indonesien, von denen Bushmaster Reptiles Baby-Chondros aus Farmnachzucht beziehen. K. TEPEDELEN

Es erschien mir angebracht zu hinterfragen, wie verläßlich die Fundortzuordnungen bei farmgezüchteten Chondros wirklich sind und welche Verfahren für diese Zuordnungen angewendet werden. Kamuran berichtete mir daraufhin, daß hierfür zwei Faktoren ausschlaggebend seien: zum Einen werden die Zuchttiere nach ihrem Aussehen sortiert, zum Anderen wird die geographische Lage des Zulieferers der Wildfänge berücksichtigt. „Genauer geht's nicht", sagte mir Kamuran, „aber es ist klar, daß wir von unseren Fängern auf Biak keine Aru-Tiere bekommen. Die Populationen von kleinen Inseln sind dabei aber noch das geringste Problem. Schwierig wird's bei solchen, die angeblich aus Sorong oder Jayapura kommen, denn dort können sich einzelne Lokalformen durchaus überlappen. Chondros von Biak, Kofiau oder selbst Aru lassen sich recht gut auseinanderhalten, und Übergangsformen gibt's dort nicht." Ich mag Kamuran und habe immer wieder festgestellt, daß er ehrlich ist und weiß, wovon er redet, so daß man seinen Worten glauben kann.

Nach diesen Angaben denke ich, daß sich jemand, der Biak-, Aru- oder Kofiau-Tiere von Bushmaster kauft, über deren Herkunft einigermaßen sicher sein kann. Bei vom Festland

Abb. 31 oben: Vladimir, einer der beiden russischen Pfleger, die die Farm leiten, füttert einige der Zucht-Chondros mit Ratten. K. TEPEDELEN

Abb. 32 unten: Ein auf dieser Farm produzierter Wurf. K. TEPEDELEN stammenden Chondros ist das schon etwas schwieriger, und die Ansicht einiger, daß sämtliche von Bushmaster kommenden Exemplare verläßliche Herkunftsangaben haben oder eine bestimmte Varietät verkörpern, halte ich in dieser Form für nicht tragbar. Leider scheinen jedoch die exotischsten Fundortangaben jene zu sein, die sich im Internet am schnellsten als angebliche Tatsachen verbreiten.

Eine indonesische Farm hat offenbar ihre Zuchttiere mit implantierten Mikrochips versehen. Dieses Verfahren wäre zum Verfolgen einzelner Tiere innerhalb eines großen Geheges von Vorteil und zum Identifizieren gestohlener Exemplare. Als Identifikationsmerkmal für einen bestimmten Fundort wären Mikrochips jedoch nur dann brauchbar, wenn sie direkt an diesem implantiert würden und die dortigen Koordinaten festhielten.

All das soll nicht besagen, daß es keine erkennbaren Unterschiede zwischen den einzelnen Festlandpopulationen gäbe. Neuguinea wird von einem Gebirgszug in eine nördliche und eine südliche Hälfte geteilt. Auch wenn sich diese Barriere nicht von Küste zu Küste erstreckt, so verhindert sie doch den Kontakt zwischen den südlich und nördlich davon lebenden Populationen. Auf bestehende genetische Unterschiede wurde bereits in Kapitel „Lebensweise" hingewiesen. Flüsse, Schluchten und Höhenlagen stellen weitere Grenzen dar, die einzelne Populationen voneinander getrennt zu halten vermögen. Zum Beispiel stellte Karl SWITAK fest, daß ohne Ausnahme alle papuanischen Chondros oberhalb 1.300 Metern nur eine einzelne Reihe weißer Rückenschuppen besaßen; dies entspräche der landläufigen Beschreibung des Merauke-Typs. Seiner Erfahrung nach ist die Höhenlage definitiv ein begrenzender Faktor bei der Ausbreitung von papuanischen Populationen und damit des Aussehens. Tiere aus dem Tiefland zeigten sich als viel variabler.

Der hieraus zu ziehende Schluß ist, daß es noch viel zu wenig an Beweisen oder nachprüfbaren Angaben gibt, um dogmatische oder schlußendliche Aussagen über importierte Chondros machen zu können, wenn diese nicht von einer der Inseln stammen. Dies trifft besonders auf Quellen zu, die nicht den guten Ruf von Bushmaster haben.

Es mag für meine Leser von Interesse sein, auch etwas über die Anforderungen zu erfahren, die zu erfüllen sind, um in Indonesien als staatlich anerkannte Zuchtfarm zu gelten. Ich habe entsprechende Orte in diesem Drittweltland oft genug besucht, um zu wissen, daß nahezu alles möglich ist, wenn man einen entsprechenden Preis zu bezahlen bereit ist oder die richtigen Leute kennt. Diese Praxis wird dabei nicht einmal als Korruption betrachtet, sondern ist Teil des alltäglichen Lebens. Der trotz offenbar bestehender gesetzlicher Einschränkungen und strikter Regeln für Zuchtfarmen stete Fluß von Wildfang-Chondros in die USA und andere Länder kann daher eigentlich niemanden mehr verwundern. Um in Indonesien eine staatlich anerkannte Reptilienzuchtfarm zu eröffnen, benötigt man zunächst einmal eine Genehmigung, die zur Zucht nötigen Tiere aus der Natur zu entnehmen. Auf diese Genehmigung muß man bis zu ein Jahr lang warten, und jegliches Fangen davor ist illegal. Jeder Zuchtbetrieb darf bis zu 350 Adulti besitzen, was durch unangemeldete Überprüfungen seitens der Behörden kontrolliert wird. Farmen, die hiergegen verstoßen, können Geldstrafen oder sogar eine Einziehung ihrer Genehmigung erwarten.

Zur Ausfuhr der Nachzuchten ist wiederum eine Genehmigung zu beantragen. Hierzu sind die Vorlage von Zuchtbüchern und beweiskräftigen Fotos erforderlich. Die entsprechenden Tiere können von der Indonesian Management Authority (MA) oder der Scientific Authority (SA) zur Prüfung der gemachten Angaben in Augenschein genommen werden. Gerüchten zufolge hat die SA hierbei inzwischen eine größere Rolle übernommen und setzt die Bestimmungen nun strikter durch als es die MA in den vergangenen Jahren getan hat. Einige der länger bestehenden Farmen werden weniger streng überwacht als die sich neu etablierenden. Gegenwärtig gibt es fünf lizensierte Farmen, die Chondros für den Export zu züchten angeben; der Antrag einer weiteren läuft zur Zeit. Daß eine Farm allerdings eine Lizenz besitzt, bedeutet nicht zwangsläufig, daß dort eine legale Zucht betrieben wird. Vor einigen Jahren wurde Eugene Bessette von Ophiological Services in Gainesville, Florida, im Auftrag eines indonesischen Exporteurs mit der Bitte angesprochen, Fotos seines Instituts als „Beweis" für dessen Anlage zur Verfügung zu stellen (Walsh 1997). Einer anderen Quelle zufolge besteht eine andere „Farm" praktisch aus einer umgestalteten Garage, die als Lager für junge Biak-Wildfänge dient. Diese werden dann an einen Wiederverkäufer an der Westküste der USA verschifft und dort als „Farm-Nachzuchten" angeboten.

Man mag sich fragen, wie die Naturschutzbehörden der USA (U.S. Fish and Wildlife) diesem Betrug einfach zusehen kann. Tatsächlich kommen derartige Lieferungen jedoch mit allem Anschein nach gültigen Begleitpapieren an, und die Behörde hat weder die Zeit noch die Möglichkeiten, die Dokumente im Einzelfall gründlich zu überprüfen oder gar indonesische Naturschutzgesetze durchzusetzen, wenn dies ganz offensichtlich im eigenen Land nicht für notwendig erachtet wird. Erschwerend hinzu kommt das geringe Wissen über Chondros bei den entsprechenden staatlichen Stellen. Der aus dem Fernsehen bekannte Herpetologe Mark O'Shea berichtete mir in einer amüsanten Geschichte von einem Beauftragten der Umwelt- und Naturschutzbehörde von Papua-Neuguinea, der ihn um Rat bei der Beurteilung einer Kooperative bat, die Chondros für den Export züchten wollte. Deren Plan bestand darin, soviele Chondros wie möglich einzufangen und in ein eingezäuntes Gehege zu verfrachten. Dieses wollten sie dann von Zeit zu Zeit betreten, um die Jungtiere einzusammeln. Anschließend wollten sie diese nach Geschlechtern sortieren und ausschließlich die Männchen verkaufen, um ihren Markt zu schützen! O'Shea konnte darüber natürlich nur noch lachen und die Unmöglichkeit eines solchen Vorhabens erklären. Zur Verteidigung des Beamten muß man sagen, daß er vermutlich eine schwierige Aufgabe zu bewältigen hat und sich dabei nicht auf eine bestimmte Art spezialisieren kann. Die Geschichte zeigt jedoch auch, wie ignorant staatliche Stellen gegenüber manchen Tieren sein können, und es verwundert nicht, daß ihnen so manche illegale Handlung und haarsträubende Behauptung gar nicht als solche auffällt.

Wen wundert es angesichts dieser und so mancher anderer Geschichte dann noch, daß viele von uns aus dem Ausland kommenden Informationen sehr skeptisch gegenüber stehen? Ich denke, daß jemand schon ziemlich blauäugig (oder absichtlich ignorant) sein muß, um vielen der angeblichen Herkunftsangaben von Import-Chondros größeres Gewicht beizumessen. Jeder, der ein sogenanntes „Tier mit Fundort" kauft und sich ganz auf das Wort des Importeurs oder Zwischenhändlers verläßt, daß es sich dabei um eine Nachzucht (oder ein Tier von einem bestimmten Fundort) handelt, ohne dies gründlich nachzuprüfen, darf sich dann nicht aufregen, wenn man ihn zu seinen darauf basierenden Behauptungen hinterfragt.

Nach Betrachtung aller verfügbaren Informationen wird deutlich, daß es einige Farmen gibt, die keinen Aufwand bei der Produktion von legalen und gesunden Chondros mehrerer geographischer Varietäten scheuen und andere, die lediglich als Fassade für die illegale Ausfuhr von Wildfängen dienen. Selbst die besten Farmen arbeiten jedoch nicht mit echten fundortspezifischen Tieren, sondern müssen sich näherungsweiser Herkunftsangaben bedienen. Bushmaster und einige andere Importeure liefern somit Tiere, die fundortspezifischen Exemplaren am nächsten kommen. Das selbe trifft auch auf einige Privatzüchter zu. Mit Sicherheit sind die mir von Kamuran TEPEDELEN zur Verfügung gestellten Beschreibungen und Fotos als Richtlinien geeignet, um das ***allgemeine*** Erscheinungsbild verschiedener Gruppen von Chondros darzustellen.

Indonesische Kleinvorkommen

Die meisten Chondro-Liebhaber erkennen ungefähr ein halbes Dutzend geographische Varietäten von ***Morelia viridis*** an. Darunter befinden sich die Inselformen von Biak und Aru sowie mehrere Festlandsformen, die in aller Regel weniger deutlich unterscheidbar sind als die von Inseln stammenden. Zu diesen gehören die als Sorong und Jayapura bezeichneten, aber auch einige andere. Desweiteren gibt es die Cape York-Population aus Australien, die mit jenen im Süden Papua-Neuguineas verwandt ist, sich in ihrem Erscheinungsbild jedoch abhebt. Eine erst jüngst in Erscheinung getretene Inselform ist die von Kofiau. Grundlegende Beschreibungen der einzelnen Morphen, in den USA als „Rassen“ („races“) bezeichnet, werden weiter unten in diesem Kapitel vorgelegt.

In den vergangenen Jahren sind immer wieder einige neue und exotische Herkunftsnamen aufgetaucht, vorallem in Form von Anzeigen im Internet. Einige dieser angeblichen fundortspezifischen Populationen sind von den meisten Züchtern mit viel Skepsis zur Kenntnis genommen und weitestgehend als Versuch einer unlauteren Vermarktung betrachtet worden. Dafür gibt es verschiedene Gründe. Zum Einen stammten einige dieser „neuen“ Fundorttiere von Händlern, die nicht gerade zu denen mit dem besten Ruf im Gewerbe gehörten. Zum Anderen scheiterten Versuche, an aussagekräftige Unterlagen zur Stützung dieser Behauptungen zu gelangen, an allen möglichen Reaktionen zwischen Desinteresse und unverblühmter Feindseligkeit. Diese angeblichen „Kleinvorkommen“ mit Namen wie Arfak, Wamena, Bokondini, Karubaga, Lereh, Cyclops, Manokwari, Nabire und anderen beziehen sich auf Ortschaften oder

Abb. 33: Ein typisches Lereh-Exemplar aus dem Zuchtbestand von Bushmaster Reptiles. K. TEPEDELEN

Berge, die angeblich von Schlangenfängern frequentiert werden. Es ist zwar durchaus möglich, daß im papuanischen Teil von Neuguinea einige noch unbekannte unterscheidbare Populationen existieren, jedoch liegen die oben angeführten Orte alle auf indonesischer Seite (West-Papua, Irian Jaya oder Papua Propensi). Dieser Umstand ist mit Sicherheit auf die dortige Konzentration von Farmen und Fängern zurückzuführen.

Wie in diesem Kapitel ausführlich erläutert, ist es nicht einfach, von einheimischen Fängern vertrauenswürdige Informationen zu erhalten. Zu viele Verfechter der populationsspezifischen Chondro-Zucht akzeptieren nahezu jede Fundortangabe als Tatsache, einfach weil ihnen das zugrunde liegende Konzept gefällt. Wie bereits dargestellt, besteht eines der Probleme bei der Bestimmung von Standortvarietäten bei Festland-Chondros darin, daß Neuguinea nur wenige geophysische Barrieren aufweist, die einzelne Populationen mit der gleichen Effektivität zu trennen vermögen wie das bei Inseln der Fall ist. Aus offensichtlichen Gründen müssen jedoch feste Ausbreitungsgrenzen vorhanden sein, damit sich einzigartige Merkmale überhaupt entwickeln können. Fehlen diese, so verhindert der Austausch von Genen und damit von Merkmalen bei sich überlappenden Populationen das Entstehen von unterscheidbaren Kleinpopulationen.

Hierzu möchte ich erneut Dr. WESTHOFF zitieren: „Phänotypen einer Art variieren gewöhnlich innerhalb ihres Verbreitungsgebietes. Je nach Art kann diese Variation mehr oder weniger deutlich ausfallen. Wie wir alle wissen, ist die Variabilität bei Chondros groß. Lokalformen oder Unterarten einer Art sind in der Regel durch besondere Merkmale oder Wesenszüge charakterisiert, die nur einem geographisch isolierten Bereich anzutreffen sind. Bei einer Betrachtung solcher Bereiche sind drei wichtige Punkte zu untersuchen:

1. Die Definition solcher Merkmale oder Wesenszüge (oder deren Kombination), die nirgendwo im Rest des Verbreitungsgebietes vorkommt. Um dies zu zeigen, müssen sämtliche „Typen" innerhalb wie außerhalb des vermuteten Lokalvorkommens definiert werden.
2. Die Definition der geographischen Verbreitung. Der Name einer naheliegenden Stadt reicht sicherlich nicht aus, um von einem „Verbreitungsgebiet" zu sprechen. Derartige Grenzen werden gewöhnlich in einer Landkarte verzeichnet, und ein solches Vorgehen ist unbedingt erforderlich, um Punkt 3 zu erfüllen.
3. Die Grenzen der Verbreitung der zu beschreibenden Lokalform müssen deren geographische Isolation belegen. Mit anderen Worten kann die selbe Art nicht als Nachbar an dieser Grenze leben. Wenn dies zutrifft und Punkt 1 wirklich erfüllt ist, haben wir es mit keinem Genfluß zu tun, und die angebliche Lokalform ist tatsächlich eine eigene Art. Da jedoch die Kreuzung von Tieren von verschiedenen Fundorten problemlos möglich ist, kann dies hier nicht der Fall sein. Lebt eine andere Lokalpopulation direkt neben unserer neuen Standortvarietät, so muß die Ausdehnung des Übergangsbereichs beschrieben werden. Ich will an dieser Stelle davon absehen, auf Hybridisations- und Bastardisierungszonen einzugehen; es sind Werkzeuge für Taxonomen und Evolutionsbiologen. Ist die Übergangszone zu groß, kann der obige Punkt 1 nicht gültig sein, vorallem dann nicht, wenn es sich um ein Kleinvorkommen handeln soll.

Ich weiß, daß im Fall der Festland-Chondros keiner dieser drei Punkte bewertet oder auch nur mit annehmbarer Genauigkeit in Betracht gezogen worden ist. Es ist jedoch wahrscheinlich, daß sie auf die Inselformen zutreffen. Die meisten Belege für Festlandspopulationen sind nur so brauchbar wie die Definition der Fundorte selbst. Wenn es keine Definition der Merkmale und keine Beschreibung der Verbreitungsgrenzen und der Verbreitung selbst gibt, dann hat man allenfalls einen Chondro, der vermutlich in der Nähe eines Ortes mit einem hübschen Namen gefangen worden ist.

Ich verstehe wohl die Argumente von Puristen, die um die Erhaltung der Variabilität von Chondros besorgt sind. Soweit es jedoch die sogenannten Kleinvorkommen betrifft, ob nun nachgewiesen oder nicht, sehe ich vorallem eine Erhaltung von Etiketten, die sich ein Händler oder Terrarianer ausgedacht hat, der einen Chondro haben wollte, den kein anderer besitzt."

Ich würde dem letzten Gedankengang Dr. WESTHOFFS hinzufügen wollen, „... und von dem kein anderer ein Tier zum Verkauf anbieten kann.".

Insgesamt gibt es Terrarianer und Züchter, die überzeugt sind, daß es nur lokal oder regional vorkommende Chondros gibt, die sich, wenn auch nur gering, von allen anderen unterscheiden. Es wird von einigen dieser Pfleger versucht, Zuchtgruppen aufzubauen, die dem Erhalt dieser Merkmale dienen. Verschiedene nicht-amerikanische Züchter konnten selbst Erfahrungen in den Lebensräumen ihrer Tiere sammeln und behaupten, die genaue Herkunft ihrer ursprünglichen Zuchttiere belegen zu können. Mir zugänglichen Informationen und Beschreibungen zufolge beziehen sich die Namen Wamena, Bokondini und Karubaga alle auf die selben Exemplare aus der gleichen Gegend. Es gibt also keinen Grund, diese als separate Fundorte anzusehen. Andererseits ist zumindest ein Züchter der Meinung, daß genügend Unterschiede in Färbung, Zeichnung, Physiologie und möglicherweise auch der Beschuppung vorliegen, um zwischen Wamena-Tieren und solchen aus Lereh einen Unterschied zu machen. Diese beiden Orte in den Bergen sind in der Tat nicht miteinander verbunden und liegen weit genug voneinander entfernt, um Grüne Baumpythons mit eigenen Merkmalen hervorgebracht zu haben (NUYT pers. Mitt.). Wie schon zuvor gesagt, können Höhenlagen einen begrenzenden Einfluß auf die Ausbreitung einzelner Populationen haben. Im vorliegenden Fall mag es sich somit tatsächlich um „Hochland"-Vorkommen handeln. Beobachtungen im Feld weisen darauf hin, daß sich diese von Tiefland-Tieren anhand morphologischer Merkmale wie der Form und Farbe des Schwanzes sowie dem Umriß und der Tönung der blauen Rückenflecken unterscheiden.

Abb. 34: Ein junger Hochland-Chondro der „Mite-Phase". Die Sprenkelung nimmt sowohl bei Farm- als auch bei Terrariennachzuchten meistens im Laufe des Alterns ab. K. TEPEDELEN

Einige der Hochland-Tiere durchlaufen eine Phase während ihrer ontogenetischen

Umfärbung, während der sie ausgesprochen gesprenkelt erscheinen. Einige wenige dieser Tiere behalten diese dunkle Pigmentierung in unterschiedlichem Ausmaß auch später bei, die meisten verlieren sie jedoch mit dem Älterwerden. Eine der dazu aufgestellten Vermutungen besagt, daß die dunklere Färbung der Aufnahme von Strahlungswärme dienlich ist, so daß sie zumindest theoretisch einen Vorteil für Reptilien in den kühleren Klimaten höherer Lagen darstellen könnte. Sie erklärt jedoch nicht, warum dann die meisten Exemplare das dunkle Pigment später verlieren – Chondros brauchen schließlich nicht nur als heranwachsende Jährlinge Wärme. Vielleicht ist die dunkle Pigmentierung lediglich ein Zufall und ein willkürlich auftretendes Merkmal, das vorallem bei Tieren aus diesen Bereichen zu finden ist. Das gleiche Merkmal kann nämlich auch bei Terrariennachzuchten beobachtet werden, die anscheinend keine Hochlandtiere unter ihren Vorfahren haben. Dessen ungeachtet sind auf aus den Hochlagen stammende Chondros spezialisierte Züchter von diesen begeistert, und vielleicht können sie im Laufe der Zeit einige der bestehenden Fragen beantworten.

Auch wenn einheimische Fänger und Exporteure mit ausreichender praktischer Erfahrung bestimmte Merkmale als besonders häufig bei Chondros aus bestimmten Gebieten in Zusammenhang bringen können, so bedarf es doch nachprüfbarer Belege, um fundortspezifische Tiere als solche zu bezeichnen. Festland-Chondros sind in ihrer Färbung und Zeichnung viel zu variabel, um allein anhand ihres Aussehens Schlußfolgerungen auf ihre Herkunft ziehen zu können. In Wirklichkeit sind viele der angeblichen Fundort-Zuordnungen nichts anderes als Spekulation und Wunschdenken, die auf Informationen aus einer Kette mit vielen schwachen Gliedern beruhen. Der Versuch, die Herkunft von Grünen Baumpythons ohne Herkunftsnachweis anhand ihres Aussehens zu erraten, ist nahezu völlig aussichtslos. Tiere mit Fundort werden durch entsprechende Daten zu solchen, nicht durch Vermutungen. Die Namen von Varietäten mögen nützlich sein, um auf bestimmte morphologische Merkmale hinzuweisen und damit eine Diskussionsgrundlage für entsprechende Pfleger und Züchter zu schaffen. Derartige Tiere sollten jedoch keinesfalls als „fundortspezifisch" ausgegeben werden. Ein solches Vorgehen ist nicht nur unzutreffend, sondern kann regelrecht unehrlich sein und jenen zum Schaden gereichen, die viel Zeit und Aufwand investiert haben, um die ursprüngliche Herkunft ihrer Zuchttiere wirklich nachzuweisen.

Chondro-Morphen

Wie wir gesehen haben, existieren mehrere Insel-, australische und Festlandsformen des Grünen Baumpythons, die jeweils bestimmte Erkennungsmerkmale aufweisen. Viele Pfleger wollen ihre Tiere daher zumindest ungefähr ihrer geographischen Herkunft zuordnen, was in manchen Fällen durchaus mit einiger Sicherheit möglich ist. Ein typischer Biak-Chondro sieht völlig anders aus als ein solcher von Aru. Nur allzu oft sehen einzelne Chondros nun aber überhaupt nicht „typisch" aus und verwirren ihre Besitzer mit einer Vielzahl an Farbschlägen und Zeichnungsmustern, die selbst innerhalb einer Morphengruppe enorm variieren können. Chondros mit Merkmalen, die gewöhnlich für eine bestimmte Varietätengruppe charakteristisch sind, stellen sich dann häufig als aus einer völlig anderen Gegend heraus. Ein sol-

Abb. 35: Angewandte Theorie: Dieses hübsche Weibchen stammt von zwei Wildfängen des Aru-Typus ab und schlüpfte bei mir im Jahre 2003. Es wäre einfach gewesen, es nun als „Aru"-Chondro auszugeben, jedoch unterließ ich dies geflissentlich, da mir keine Beweise für einen Fundort vorliegen.

cher Fall sind die Merauke-ähnlichen Tiere von SWITAK aus dem Hochland von Papua-Neuguinea, die im Kapitel „Lebensweise" angesprochen wurden. Rechnet man dieser Tatsache den Umstand hinzu, daß sich Festlandstiere noch viel weniger an feste Beschreibungen halten, hat man jede Menge Möglichkeiten für Verwirrung, Ratespiele und selbst Falschdarstellungen. Da sich an diesem Zustand nichts ändern wird, muß sich die Gemeinschaft der Chondro-Pfleger auf eine allseitig verwendete Nomenklatur für diese Formen festlegen.

Seit mehreren Jahren versuche ich hierzu den Begriff Typus („type") durchzusetzen, um Exemplare zu definieren, die einem bestimmten Erscheinungsbild entsprechen, jedoch keiner festen Definition unterliegen. Somit kann ein Exemplar als „Aru-Typus" bezeichnet werden, das in genügendem Umfang für von Aru stammende Tiere typische Merkmale aufweist, bei dem jedoch nicht zwangsläufig nachzuweisen ist, daß es tatsächlich von auf Aru gefangenen Vorfahren abstammt. Diese Begriffswahl hat sich recht schnell durchgesetzt, da sie für jene, denen dies wichtig erscheint, eine Möglichkeit bietet, zur Diskussion stehende Exemplare so zu benennen, daß jeder Eingeweihte sofort weiß, wovon die Rede ist. Durch einfaches Hinzufügen von „Typus" zum Namen einer Varietät oder geographischen Region kann auf bestimmte morphologische Merkmale hingewiesen werden, ohne daß der Eindruck erweckt wird, es handele sich um Chondros mit belegbarem Fundort. Ich selbst füge dem stets die Quelle meiner Informationen hinzu, damit meine Diskussionspartner selbst über deren Aussagekraft entscheiden können. Eine Angabe wie, „Das ist mein Männchen des Aru-Typus von Bushmaster", ist bedeutend glaubwürdiger als, „Schau Dir meinen neuen Manokwari an!".

Vor diesem Hintergrund wollen wir nun die am weitläufigsten anerkannten Varietäten und geographischen Gruppen in der Natur lebender Chondros betrachten.

Geographische Varietäten des Grünen Baumpythons

Die meisten Pfleger von Grünen Baumpythons erkennen wenigstens vier unterscheidbare Morphen an. Bei diesen handelt es sich um die beiden Inselformen von Biak und Aru, die vom Festland stammende Sorong-Morphe und jene von Cape York, die von Nicht-Australiern gewöhnlich als Merauke bezeichnet wird. Nahezu jeder Chondro-Pfleger wird mit diesen Namen vertraut sein und sie mit bestimmten Merkmalen in Verbindung bringen. Die Liste ist jedoch zu unvollständig und übersimplifiziert, um als akkurat gelten zu können.

Wie ein Blick auf die Verbreitungskarte (Seite 44/45) zeigt, liegt die Stadt Sorong an der Westspitze der Vogelkop-Halbinsel im Westen von Irian Jaya (West-Papua) und damit zu weit am Rande des Verbreitungsgebietes, um die Masse dieser Population zu versinnbildlichen. Die Cape York-Form und jene von Merauke in Papua-Neuguinea sind zwar miteinander verwandt, sollten jedoch trotzdem getrennt behandelt werden. Die Inselform von Kofiau (der sogenannte „Canary"-Chondro) verdient möglicherweise ebenfalls separate Anerkennung. Da derzeit neben Sorong eine Reihe anderer Bezeichnungen für Festlandstiere allgemein in Gebrauch sind, erscheint es sinnvoll, die zugrundeliegenden Merkmale hier zusammenzufassen.

Wie bereits erwähnt, dienen diese Namen zur Identifikation von damit verbundenen Farb- und morphologischen Merkmalen, erheben jedoch keinerlei wissenschaftlichen Anspruch. Sie schaffen eine bildhafte Sprache für Halter und Züchter, die jeden wissen läßt, wie ein in Rede stehendes Tier insgesamt ungefähr aussieht. Verschiedentlich wurde erwogen, die eine oder andere Form als Unterart anzuerkennen, jedoch werden derzeit keine solchen anerkannt. Die nachfolgende Beschreibung jeder einzelnen Form beschränkt sich weitgehend auf allgemein auftretende Farb- und Zeichnungsmerkmale.

Die Aru-Morphe

Die Gruppe der Aru-Inseln liegt vor der Südwestküste von Irian Jaya (West-Papua) und ist die Heimat einer Chondro-Form, die nach der Hauptinsel benannt wird. Diese Varietät weist einige konstante Merkmale auf, von denen die weiße Sprenkelung auf der tiefgrünen bis -blaugrünen Oberseite am augenscheinlichsten ist. Die entsprechenden weißen Schuppen sind gewöhnlich im Rückenbereich am dichtesten und können sowohl einzeln als auch in Gruppen angeordnet auftreten. Bisweilen reihen sie

Abb. 36: Ein seit langer Zeit im Bestand des Verfassers lebendes Wildfang-Männchen des Aru-Typus. Es zeigt alle für diese Morphe typischen Merkmale, d.h. weiße Rückenschuppen, blaue Flecken, den Stummelschwanz, den mittelgroßen Kopf und Blau auf Bauch und Lippenschildern.

Abb. 37: Typisches Wildfang-Weibchen des Aru-Typus.

sich aneinander und bilden dann Teile eines unterbrochenen Vertebralstreifens, der jedoch nie wie bei Merauke-Tieren als einreihige Kette erscheint. Es ist durchaus möglich, daß einige Tiere an die Südküste von Neuguinea gelangt und für die dort auftretenden weiß gesprenkelten Tiere verantwortlich sind. Da das Ausmaß der weißen Sprenkelung bei Exemplaren des Aru-Typus sehr variabel ausfallen kann, ist eine Unterscheidung zwischen echten Aru-Exemplaren und weiß gesprenkelten vom Festland lediglich spekulativ. Sie wird auch noch dadurch erschwert, daß einige europäische Züchter von rot gefärbten Aru-Schlüpflingen berichtet haben, obwohl es bei US- und indonesischen Züchter als feststehende Tatsache gilt, daß Aru-Babies stets gelb sind. Die naheliegendste Erklärung hierfür wäre, daß irgendwann in der Vergangenheit Tiere des „Aru-Typus" vom Festland in den Zuchtbestand gelangt sind.

Einige ältere Tiere können graue oder silberfarbene Schuppen zwischen den weißen aufweisen. Blaue Flecken, Flächen oder Balken sind bei einigen Exemplaren auf den Seiten und dem Rücken vorhanden, und ein wunderschönes Blau ziert die Flanken und Bauchseite der schönsten Tiere. Diese Färbung kann bei guter Vollspektrum-Beleuchtung atemberaubend sein. Das Blau kann sich bis auf die unteren und oberen Lippenschilder erstrecken.

Chondros von den Aru-Inseln haben einen kurzen, stumpfen Schwanz, der manchmal den Eindruck erweckt, als würden die letzten paar Zentimeter fehlen. Bei mir schlüpften im Jahre 2003 Jungtiere der ersten Generation von Wildfängen des Aru-Typus. Diese waren gelb und hatten alle einen stumpfen, pechschwarzen Schwanz. Überraschenderweise erwiesen sie sich bei der Aufzucht als völlig unproblematisch und akzeptierten gleich beim ersten Fütterungsversuch bereitwillig Mäusebabies. Die meisten Züchter berichten hingegen, daß Aru-Babies zu den am schwierigsten ans Futter zu bringenden Chondros gehören. Dies liegt vorallem daran, daß sie von Natur aus so stoisch ruhig sind, daß der übliche Trick mit dem Ärgern mit Futter wirkungslos bleibt.

Der typische Aru-Chondro hat einen gut proportionierten, mittelgroßen Kopf mit abgerundeten Hinterhauptwölbungen. Er wird oftmals größer als die vom Festland stammenden Tiere und erreicht im Durchschnitt etwa 150 cm, wenngleich der Verfasser auch schon ein Weibchen von mehr als 175 cm Länge gesehen hat (siehe die Abbildung im Kapitel „Lebensweise"). Vertreter dieser Form erweisen sich gewöhnlich als friedfertiger und einfacher zu handhaben, jedoch gibt es auch bemerkenswerte Ausnahmen, vorallem unter den Wildfängen. Ich betrachte Pfleger, die häufig gebissen werden, als in ihrem Umgang mit den Tieren unerfahren, und ich selbst bemühe mich immer, nicht gebissen zu werden. Allerdings stammte einer meiner ernsthafteren Chondro-Bisse von dem Aru-Wildfangweibchen, das die oben erwähnten

Abb. 38: Der stumpfe Schwanz des Aru-Typus.

Abb. 39: F1-Nachzuchten des Aru-Typus von Wildfang-Eltern mit kurzen schwarzen Stummelschwänzen.

Abb. 40: Porträt des Aru-Typus.

Jungtiere produzierte. Das Tier war bevor es zu mir gelangte angeblich bereits drei Jahre im Terrarium gehalten worden, und ich setzte einfach voraus, daß es als Aru-Varietät recht umgänglich wäre. Dies stellte sich jedoch als großer Irrtum heraus, als ich es sorglos aus seinen Transportsack herausnahm. Bevor es einige Monate nach seinem Gelege verstarb, gehörte es zu den aufgebrachtesten und am leichtesten reizbaren Adulti in meinem Bestand. Das Gleiche traf auf das dazugehörige Wildfang-Männchen zu, das auf dem obigen Foto dargestellt ist. Von den Schlüpflingen behielt ich ein Weibchen für mich selbst, und dieses gehört zu den umgänglichsten unter meinen Tieren. Der Unterschied zwischen unverträglichen Wildfängen und umgänglichen Terrariennachzuchten bei den meisten Formen überaus charakteristisch.

Aru-Exemplare sind unter als Jungtiere importierten Chondros weniger häufig zu finden. Dies hat zwei Gründe: erstens erschwert ihr dicht bewachsener Lebensraum das Auffinden und den Fang erheblich mehr als bei anderen Formen, und zweitens lassen sich die einheimischen Fänger seltsamerweise nicht davon überzeugen, daß die gelben Jungtiere die gleiche Art wie die grünen Adulti verkörpern und fangen sie daher einfach nicht (TEPEDELEN pers. Mitt.).

Die Biak-Morphe

Die zweite der hauptsächlichen Chondro-Inselformen kommt von der Insel Biak. Diese Chondros stellen die Aru-Tiere hinsichtlich ihrer Größe, Persönlichkeit, Häufigkeit und Variabilität deutlichen in den Schatten. Sie gelten landläufig als die größte der geographischen Varietäten, haben einen massiven Kopf mit einer an einen Drachen erinnernden Schnauze und wie aufgebläht wirkenden Nasenlöchern, einen massigen Körper und einen lang ausgezogenen, in einer Spitze endenden Schwanz. Sie sind ebenfalls dafür bekannt, daß sie leicht erregbar sind und schnell zubeißen. Einige Pfleger widersprechen jedoch der letzten Aussage. In der Tat hat nahezu jede Charakterisierung eines Chondros ihre Ausnahmen, und generell mögen Kreuzungen verschiedener Formen auch zu einer gesteigerten Umgänglichkeit führen. Derartige Aussagen aufgrund einer nur kleinen Auswahl an Tieren zu treffen, ist allerdings verfehlt. Die meisten Pfleger von typischen Biak-Tieren sind sich deren aufbrausenden Temperaments voll bewußt und grinsen meistens nur, wenn sie solche Mutmaßungen hören.

Abb. 41: Ein Nachzucht-Weibchen des Biak-Typus. Diese Form ist hochgradig variabel, und selbst Terrariennachzuchten sind gewöhnlich sehr reizbar.

Abb. 42: Biaks haben große Hinterhauptloben. K. TEPEDELEN

Abb. 43: Ein typischer Chondro des Biak-Typus mit dem großen, massigen Kopf, variablen flächigen Markierungen, Gelb im Gesicht und aufmerksamem Verhalten. D. SALCEIES

Abb. 44: Der typisch lange und spitze Schwanz der Biaks.

Abb. 45: Diese weibliche Farm-Nachzucht besitzt mehr Blau als es für die meisten Tiere des Biak-Typus typisch ist.

Abb. 46: Schlüpflinge des Biak-Typus sind oft rot oder orangefarben und haben eine kräftige Rückenzeichnung. Gelbe Schlüpflinge sind bei dieser Form jedoch nicht außergewöhnlich.

Die Färbung von Biak-Tieren ist variabel und bei Adulti sehr oft weniger leuchtend als bei Exemplaren aus anderen Bereichen. Die scheckige Zeichnung beinhaltet häufig einige gelbe Flächen. Das zugrundeliegende Grün ist oftmals blasser als bei anderen Morphen oder tendiert zu Oliv und überwiegt in den meisten Fällen. Die scheckige Zeichnung ist bei jedem Tier anders, und die Frau eines meiner Kunden bezeichnete es zutreffend als „wie Knotenbatik" aussehend (Leser, die alt genug sind, um sich an die T-Shirts in den Sechzigern zu erinnern, wissen was damit gemeint ist). Oft sind auch einige weiße Stellen vorhanden, die manchmal nur einzelne Schuppen umfassen, häufiger aber kleine „Rosetten" aus mehreren Schuppen bilden. Angeblich besitzen Tiere von der naheliegenden Insel Japen diese „Rosetten" im Überfluß und lassen oftmals die typischen gelben Flecken vermissen. Sehr weit verbreitet sind bei Biak-Tieren eine strahlend gelbe Fläche oder ein Balken auf dem Vorderkopf oder der Nase. Manche Exemplare können schwarz pigmentierte Schuppenränder oder eine schwarze Interstitialhaut aufweisen. Als Gruppe sind die Chondros von Biak am deutlichsten zu erkennen, und manch einer meint, ihnen würde wirklich Unterartstatus zustehen.

Beim Schlupf können Biak-Chondros gelb oder rot sein, wobei die roten oftmals eher orange erscheinen, stets aber sattgelbe Dreiecke auf dem Rücken aufweisen. Diese Exemplare färben sich mit dem Älterwerden in einer recht einzigartigen Weise um. Sie brauchen dafür zunächst gewöhnlich länger als andere und zeigen währenddessen oftmals wunderschöne bis spektakuläre, wenn auch nur vorübergehende Zwischenstadien. Dies ist besonders bei roten Jungtieren der Fall. Wer mit der Länge dieser Umfärbungsphase und den in deren Verlauf auftretenden ungewöhnlichen Farben nicht vertraut ist, kann dann schnell in verfrühte Begeisterung ausbrechen und meinen, er hätte einen ganz außergewöhnlichen Chondro erwischt. Dem folgt in aller Regel dann die große Ernüchterung, wenn das Tier letztlich dann doch das typische Aussehen erwachsener Chondros annimmt. Bis zu diesem Zeitpunkt können durchaus drei oder vier Jahre vergehen. Einige Pfleger von Biak-Chondros stellten sogar fest, daß sich die Färbung während des gesamten Lebens der Schlange verändert. Durch die Kreuzung von Biak-Tieren mit anderen sind inzwischen einige wunderschöne „High Yellow"-Morphen erzeugt worden. Hierzu wird im folgenden Kapitel noch mehr zu sagen sein.

Junge Biak-Chondros sind ohne Zweifel die am häufigsten illegal die USA erreichenden Grünen Baumpythons. Gewöhnlich werden sie als in Gefangenschaft oder auf Farmen gezüchtet deklariert. Ein Grund hierfür ist, daß sich diese Jungtiere so einfach in ihrem aus Buschbewuchs bestehenden, vergleichsweise gut zugänglichen Lebensraum auf Biak finden lassen. Darüber hinaus sind die freilebenden Schlangen anscheinend auch recht fortpflanzungsfreudig und vermehren sich einem Sammler zufolge „wie die Karnickel".

Die Merauke-Morphe

Merauke ist eine Stadt an der Südküste des neuguineischen Festlands knapp westlich der Grenze zwischen Papua und Irian Jaya. Diese Stelle liegt durch die Torres-Straße getrennt der Cape York-Halbinsel von Australien gegenüber. Vor etwa acht- bis zehntausend Jahren bestand hier eine Landbrücke zwischen den beiden Landmassen, was den Umstand erklärt, daß die süd-neuguineischen und die australischen Populationen genetisch miteinander verwandt sind. Die als „Aussie Greens" bezeichneten australischen Tiere sehen inzwischen jedoch etwas anders aus und sollten, einigen australischen Ökologen zufolge, als eigene Form aufgefaßt werden. Beide bringen jedoch gelbe Jungtiere hervor.

Merauke-Chondros sind gut aussehende, beeindruckend große Schlangen von tiefgrüner Farbe und mit einem weißen Vertebralstreifen, der überwiegend aus einzelnen weißen Schuppen besteht. Der dadurch entstehende scharfe Kontrast macht diese Tiere besonders attraktiv und bei Pflegern und Züchtern begehrt. Gegenwärtig sind Exemplare des Merauke-Typus in der Terraristik noch nicht sehr verbreitet, auch wenn bereits einige gute Gruppen in den USA und Europa existieren.

Nicht alle Merauke-Chondros besitzen einen durchgehenden Streifen, und gestreifte Eltern bringen nicht zwangsläufig gestreifte Jungtiere hervor. Ich habe zahlreiche Fotos von angeblich bei Merauke gefangenen Exemplaren gesehen, die überhaupt keinen Streifen aufwiesen. Mir wurde von einem indone-

Abb. 47: Dies ist ein Tier aus einer großen Gruppe Wildfänge, die als „Merauke"-Exemplare zum Verkauf standen und angeblich 250 km nördlich der Stadt gesammelt worden waren. Auffällig ist die Ähnlichkeit mit Aru-Tieren. Auch belegt das Foto, daß ein durchgehender Rückenstreifen nicht unbedingt ein Merauke-Merkmal sein muß.

Abb. 48: Ein wunderschönes Wildfang-Weibchen aus den Wäldern um Bade, einem Vorort von Merauke. R. CULVER

Abb. 48 u. **49:** Ein weiteres, seit langem im Bestand von CULVER lebendes Exemplar aus der Gegend um Bade bei Merauke, im indonesischen Teil von Neuguinea. Die meisten Pfleger denken bei Erwähnung dieser Form an vollständig gestreifte Tiere wie dieses. R. CULVER

Abb. 50: Ein trächtiges Wildfang-Weibchen brachte auf einer Zuchtfarm dieses F1-Tier hervor. Für viele Merauke-Nachzuchten sind ein blasseres Grün und ein reduzierter und unterbrochener Rückenstreifen typisch. R. CULVER

sischen Händler eine Gruppe von zwanzig dieser Tiere angeboten, von denen jeder mir bekannte Halter rund ein Drittel als „Arus“ klassifiziert hätte. Dieses Beispiel unterstreicht erneut die Schwierigkeit, Chondros anhand des Aussehens einzelnen Lokalpopulationen zuordnen zu wollen. Es zeigt aber auch, daß Chondros aus der Gegend um Merauke genauso variabel wie andere Festlandspopulationen sind.

Möglicherweise besteht ein Zusammenhang zwischen der Höhenlage und dem Aussehen der Tiere. Wie im Kapitel „Lebensweise“ angesprochen, waren alle von Karl SWITAK oberhalb von 1.300 Metern gefundenen papuanischen Grünen Baumpythons mit einem durchgehenden Streifen versehen, während sich solche aus niederen Lagen als weitaus variabler erwiesen. Eine Gruppe durchgehend gestreifter Exemplare, die Mitte der neunziger Jahre die USA erreichte und von Dave und Tracy BARKER erworben wurde, stammte nachweislich aus der Umgebung der Ortschaft Tanah Merak im Hochland nördlich von Merauke. Zwei dieser Wildfänge pflanzten sich durch die Bemühungen von Tracy BARKER 1996 erfolgreich fort, und deren Nachkommen sind heute in mehreren privaten Beständen vertreten. Eine dieser Zuchtgruppen gehört Damon SALCEIES, der seinerseits 2002 aus einer Verpaarung von Geschwistern Jungtiere erhielt. Damon berichtete mir, daß die meisten seiner F2-Tiere keinen Vertebralstreifen entwickelten, alle aber einige weiße Flecken auf dem Rücken hatten. Damons Erfolge bei der Vermehrung von fundortspezifischen Chondros fanden jedoch nur wenig Beachtung angesichts der Sensationsmeldung, daß aus diesem Gelege auch der Welt erster Albino-Chondro schlüpfte. Trooper WALSH erhielt ebenfalls ein Nachzuchtmännchen aus dem BARKER-Gelege von 1996, das in der Folge zusammen mit verschiedenen Weibchen einige überaus attraktive Designermorphen hervorbrachte. Keines der mir davon bekannten Tiere zeigt jedoch die klassischen Merauke-Merkmale. WALSH schloß sich dem Albino-Zuchtprojekt an, als bei im Frühjahr 2005 der zweite Albino das Licht der Welt erblickte. Daß die BARKER-Tiere tatsächlich Träger des entsprechenden Gens sind, ergibt sich aus der Tatsache, daß das WALSH-Männchen ein Geschwistertier der Eltern des ersten Albinos ist und der zweite aus der Verpaarung desselben mit einer Tochter hervorging. Einzelheiten und der letzte Stand des Albino-Zuchtprojekts sind in Kapitel „Auswahlzucht…“ zu finden.

Abb. 51: Einer der Merauke-Wildfänge im Besitz von Tracy BARKER.
D. SALCEIES

Seit dem Schlupf des ersten Albinos im Jahre 2001 ist um die Merauke-Chondros großer Wind gemacht worden. Sicherlich macht dieser Umstand neben der relativen Seltenheit dieses Typus in den Beständen und dem guten Aussehen gestreifter Exemplare Merauke-Chondros besonders interessant. Trotzdem sollte man festhalten, daß das Auftreten des Albinomerkmals bei Importtieren aus Tanah Merah zwar ein glückliches, aber dennoch nur ein zufälliges Ergebnis darstellt. Ich weiß von einigen Pflegern, die nun dringend nach Merauke-Tieren suchen, um dadurch an das Albino-Gen zu gelangen, doch gibt es keinerlei Beweis, daß dieses in der Erbmasse dieser Chondros fest verankert ist.

Die weitere Verbreitung von Merauke-Tieren in den Beständen ist wahrscheinlich, da deren Vermehrung im Terrarium zunehmen sollte. Es bleibt dann jedoch zu beobachten, ob sie auch weiterhin so begehrt sein werden, wenn nachfolgende Generationen den hervorstechenden Vertebralstreifen vielleicht nicht mehr aufweisen. Wie verschiedene andere Züchter und ich feststellen mußten, zeigen beinahe alle F1- und folgende Nachkommen von Aru-Eltern kaum noch die tiefe Grünfärbung der Wildfänge. Viele von diesen entwickeln auch nicht mehr soviel Weiß. Es wurde dazu verschiedentlich spekuliert, daß die Ernährung oder ein anderer biologischer Umstand hier eine

Rolle spielen könnten, die in der Natur vorhanden sind, im Terrarium aber fehlen. Ein ähnliche Entwicklung könnte auch bei Merauke-Chondros auftreten. Ich habe festgestellt, daß die weißen Schuppen bei Chondros häufig etwas größer und dicker sind als die umgebenden grünen oder blauen. Vielleicht sind also weiße Schuppen das Ergebnis einer physiologischen Anomalie, die durch die Vermehrung im Terrarium langsam verlorengeht.

Die Festlandsmorphen (Sorong, Jayapura und andere)
Insgesamt sind die auf dem neuguineischen Festland lebenden Morphen des Grünen Baumpythons schwieriger abzugrenzen und zu beschreiben. Mit Sicherheit unterscheiden sich die Festlandspopulationen weniger voneinander als von den zuvor besprochenen Inseltieren. Wie bereits angesprochen, wurden Chondros während der letzten zehn bis fünfzehn Jahre vorallem in der westlichen, zu Indonesien gehörenden Hälfte der Insel gefangen, die von der dort lebenden Bevölkerung West-Papua, von den Indonesiern aber Irian Jaya genannt wird. Die zahllosen Fundortdebatten drehen sich daher in der Hauptsache um diesen Bereich. Es ist davon auszugehen, daß sich die papuanischen Populationen in gleicher Weise je nach Vorkommen und Höhenlage unterscheiden. Da jedoch kaum Tiere von dort bekannt sind, gibt es auch kaum Informationen über sie. Die Hauptstadt von Papua-Neuguinea, Port Moresby, ist die einzige Ortsbezeichnung, die häufiger im Zusammenhang mit Chondro-Wildfängen auftaucht. Dies hängt sicherlich damit zusammen, daß die Stadt als Zentrum für den Export dient, so wie es ja auch auf viele der indonesischen Ortsangaben zutrifft. Tiere, von denen angenommen wird, daß sie ursprünglich aus der Gegend um Port Moresby stammen, werden von Züchtern als „PNG" bezeichnet. Angesichts der Größe des Landes ist das natürlich überaus allgemein.

Heute existieren etliche attraktive und verschiedenartige Zuchtstämme, die auf Tiere aus Papua zurückgehen. Einer davon wurde von Rico WALDER entwickelt und ist u.a. für seine blauen und grell gelben Exemplare bekannt. Auch der Zuchtstamm „Lemon Tree" soll aus PNG-Chondros entstanden sein. Tatsächlich stammten vermutlich die meisten der ersten Importe in die USA aus Papua, und auch SWITAK brachte sein trächtiges Weibchen 1973 aus diesem Bereich mit (siehe Kapitel „Übersicht über…").

Abb. 52: Ein Chondro aus der Umgebung von Sorong.

Die Chondro-Populationen in der Westhälfte der Landmasse können in etwa vier Bereichen zugesprochen werden. Dies sind das Gebiet um Sorong, welches die große Vogelkop-Halbinsel und die Berggebiete von Manokwari, Arfak und Nabire umfaßt, die Jayapura-Region im nördlich-zentralen Irian Jaya mit den Lereh- und Cyclops-Bergen, das Wamena-Hochland mit den

Städten Bokondini, Karubaga und Angguruk und schließlich das Gebiet, das man vermutlich am besten Merauke nennen sollte, auch wenn, wie wir gesehen haben, die mit diesem Namen bedachten Tiere mit dem Vertebralstreifen eigentlich aus den Hochlagen nördlich dieser Stadt kommen. Es ist wahrscheinlich, daß der gesamte Süden von Irian Jaya und Papua südlich der zentralen Gebirgskette zwischen Agat im Westen und dem nach Port Moresby reichenden „Arm" im Osten die Heimat einer variablen Gruppe von Chondros ist, die genetisch alle mit jenen auf der Cape York-Halbinsel in Australien verwandt sind. Obwohl sich diese vier Gruppen ungefähr charakterisieren lassen, muß klargestellt werden, daß es sich bei diesen Angaben um Generalisierungen handelt, die durch Überlappungen und Übergänge zwischen den Populationen verschleiert werden können.

Abb. 53: Chondros aus der Gegend um Sorong sind meistens nur mittelgroß, und Terrariennachzuchten erweisen sich oftmals als eher scheu.

Sorong-Chondros sind am besten an ihrem blauen Streifen und den dreieckigen Rückenflecken auf einem leuchtenden Untergrund zu erkennen, dessen Farbe jedoch weniger intensiv ist als bei typischen Aru- oder Merauke-Tieren. Umfang und Intensität der Blaufärbung sind hochgradig variabel, vorallem bei Terrariennachzuchten. Auf den Seiten des Körpers finden sich oftmals blaue Flecken, und gewöhnlich sind blaue Streifen auf dem Kopf vorhanden. Einige Exemplare zeigen einige wenige weiße Schuppen. Typisch für Sorong-Chondros ist ein kleinerer Kopf mit einer kürzeren Schnauze als bei den Inselformen. Auch ist der

Abb. 54: Sorongs haben einen kleineren Kopf und eine kürzere Schnauze als andere Formen.

Abb. 54a: Männchen des Sorong-Typus.
D. HASSELBERG

Abb. 54b: Vier Jahre altes Sorong High Yellow Blue Line Zuchtweibchen. T. RADEMACHER

Abb. 54c: Weibchen des Sorong-Typus.
D. HASSELBERG

Abb. 54d: Zweieinhalb Jahre altes Sorong High Yellow Weibchen. T. RADEMACHER

Abb. 54e: Vier Jahre altes Weibchen der Sorong High Yellow Blue Line. T. RADEMACHER

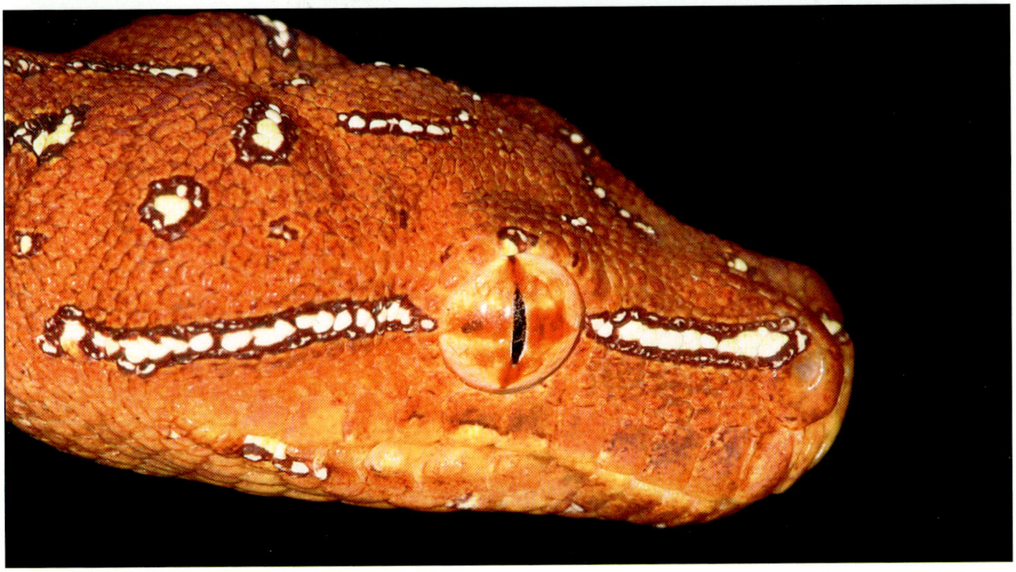

Abb. 54f: Portrait eines Jungtieres des Sorong-Typus. S. BAUS & S. ARTH

Abb. 55: Der Schwanz eines Sorong-Chondros ist stets gemustert. F. Nuyt

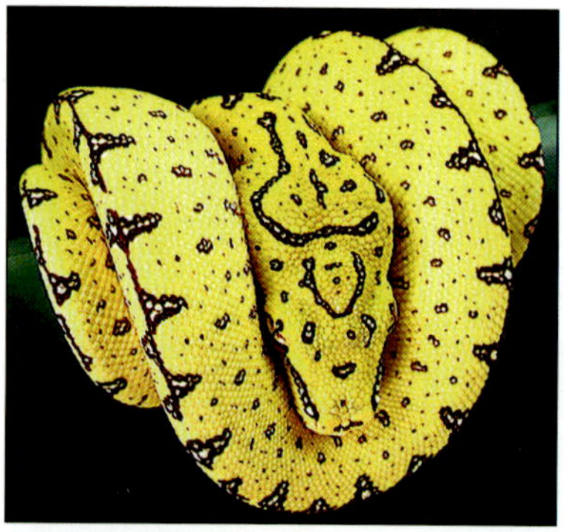

Abb. 56: Die kräftigen Markierungen auf dem Rücken dieses Schlüpflings sollten mit Einsetzen der Geschlechtsreife genauso blau werden wie auf **Abb. 58**.

Abb. 58: Ein klassischer Sorong-Chondro. F. Nuyt

Abb. 57: Die Schwänze von Sorong-Tieren sind mäßig lang und verjüngen sich, haben aber eine etwas abgestumpfte Spitze.

Schwanz länger und läuft spitzer zu als das bei Aru-Exemplaren der Fall ist, andererseits ist er aber kürzer und läuft nicht so dünn aus wie bei Tieren von Biak. Die Schwänze von Sorong-Chondros sind dem Züchter Freek Nuyt zufolge immer schwarz oder dunkelblau gefärbt. Diese Baumpythons scheinen insgesamt ein wenig kleiner als die anderen Morphen zu bleiben. Ihr Temperament kann sich zwischen beiden Extremen bewegen, jedoch sind die meisten Sorong-Tiere, ebenso wie die meisten Festlandsformen, im Terrarium recht umgänglich.

Die Gebirgsorte **Manokwari, Arfak** und **Nabire** liegen ebenfalls auf der Vogelkop-Halbinsel. Die von hier stammenden Exemplare sind einander und anderen aus Gebirgshabitaten stammenden sehr ähnlich. Beschreibungen sind unter den Hochlandformen weiter unten zu finden.

Jayapura ist eine weitere Stadt an der Küste und liegt im nördlich-zentralen Teil des Festlands unweit der Grenze zu Papua-Neuguinea. Diese Stadt wird häu-

Abb. 59: Erwachsenes Exemplar des Jaya-Typus aus dem Zuchtbestand von Bushmaster Reptiles.
K. TEPEDELEN

Abb. 60: Dieses Nachzucht-Männchen weist typische Jayapura-Merkmale auf: mittelgroß, schwache Dorsal- und Lateralzeichnung und ein nur mäßig großer Kopf.

Abb. 61: Kastanienfarbene Jungtiere des Jaya-Typus können sehr ansprechend aussehen, jedoch bleiben die kräftigen Markierungen bei den Adulti nur selten erhalten. Die meisten Tiere sehen dann eher einfarbig aus.

fig als Herkunft von Chondros angegeben, und wie im Fall von Sorong stammen die Exporte nach Europa und in die USA aus den umliegenden Gebieten. Jayapura-Chondros weisen typischerweise hellblaue Zeichnungselemente auf der Oberseite auf, und die grüne Grundfarbe tendiert mehr nach Oliv oder Gelblich als das Grasgrün von typischen Sorong- oder das tiefe Grün von Aru-Tieren. Einige „Jayas" zeigen gelbe Töne auf der Unterseite. Der Schwanz kann gelb, blau oder grünlich sein und ist weder richtig spitz noch stumpf. Die Bergzüge von **Lereh** und **Cyclops** liegen ebenfalls in diesem Gebiet. Grüne Baumpythons aus Lereh sind Wamena-Tieren ähnlich, haben jedoch eine Neigung zu weißen Flächen auf dem Rücken und nicht nur verstreuten, einzelnen Schuppen; ihre Schwänze sind gelb oder bläulich grün. Jayapura- und Lereh-Nachzuchten können kastanienfarben bis gelb ausfallen, am häufigsten sind aber dunkelrote. Untersuchungen der DNS haben gezeigt, daß die von nördlich der zentralen Bergkette stammenden Tiere einem anderen Entwicklungszweig als die südlich davon lebenden angehören.

Wamena und andere Gruppen aus dem zentralen Hochland

Wie bereits zuvor zu sehen war, spielt die Höhenlage offenbar eine Rolle beim Erscheinungsbild einzelner Populationen, und dieser Umstand wird durch verschiedene Gruppen von Hochland-Chondros demonstriert. Solche aus den zentralen Bereichen des Festlands sind am besten bekannt und mögen in der Tat die überwiegende Mehrheit bei den bestehenden Zuchtgruppen im Terrarium darstellen. Händlerlisten enthalten darüber hinaus auf das Hochland bezogene Namen wie **Arfak, Nabire, Lereh** und **Cyclops.** Hochlandtiere sind wie alle Chondros variabel, und einzelne Beschreibungen und Abbildungen sind anderen überaus ähnlich. Auf äußerlichen Merkmalen beruhende Zuordnungen sind daher bei diesen Exemplaren mit größter Vorsicht zu genießen, es sei denn sie werden durch belegbare Herkunftsangaben gestützt. Die einzelnen Population im Gebiet um **Wamena** liegen sehr dicht beieinander, und sie als separate „Fundorte" zu betrachten, ist vermutlich eher eine Vermarktungsstrategie als alles andere. Ein indonesischer Händler beichtete mir, daß er seine Schlüpflinge in Gruppen von gelben und roten Jungtiere aufteilt und diesen jeweils verschiedene „Fundorte" verpaßt. Ein Pfleger erzählte mir, daß sein Hochlandtier diese Bezeichnung vermutlich gar nicht verdienen würde, aber er benutzte den Namen, „einfach weil er sich cool anhört".

Hochlandtiere sämtlicher Gruppen lassen sich von solchen aus Sorong und Jayapura anhand kleiner, dabei aber einzigartiger Details in der Dorsalzeichnung unterscheiden. Wie

Abb. 62: Ich erwarb dieses Exemplar als Wamena-Jungtier mit Herkunftsnachweis von Freek Nuyt. Zu diesem Zeitpunkt war es der erste gelbe Wamena-Schlüpfling überhaupt. Es unterscheidet sich etwas von solchen Adulti, die als Babies rot waren.

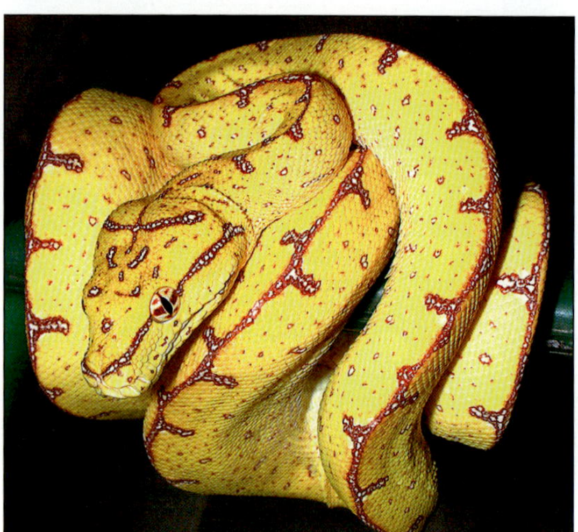

Abb. 63: Das gleiche Exemplar wie auf **Abb. 62** als Jungtier.

den Abbildungen zu entnehmen ist, sind die abwechselnden Sattelflecken von Hochland-Chondros kleiner und eher tropfenförmig. Diese Flecken können bei einigen Exemplaren grün mit blauen Rändern sein und manchmal kleine Ansammlungen gelber oder weißer Schuppen enthalten. Oft ist auch ein dünner Vertebralstreifen vorhanden. Tiere aus der Wamena-Population zeigen im Vergleich mit solchen aus Lereh eine Neigung zu einer reduzierten Zeichnung, jedoch verliert die Farbzeichnung aller Hochland-Formen durch Verblassen der blauen Zeichnungselemente an Kontrast je älter sie werden; sie erscheinen dann ausgeblichener als Sorong-Tiere. Die meisten Schlüpflinge von Hochland-Chondros sind dunkelrot gefärbt, jedoch kommen auch gelbe vor.

Abb. 64: Ein Wamena-Männchen aus dem Bestand von Freek NUYT.
F. NUYT

Einige Hochland-Exemplare zeigen eine schwarze Pigmentierung auf den Rändern der Schuppen oder der Interstitialhaut. Diese ist vorallem bei jungen Tieren zu finden und verblaßt gewöhnlich mit Erreichen der Geschlechtsreife. Es wurde verschiedentlich spekuliert, daß diese „Mite Phase"-Färbung im Hochland lebenden Chondros einen Vorteil bei der Aufnahme von Wärmestrahlung verschafft, da diese Populationen recht kühlen Nächten ausgesetzt sind, während derer die Temperaturen regelmäßig auf 10–15 °C sinken. Dies erscheint mir jedoch dadurch widerlegt, daß die dunkle Pigmentierung mit dem Älterwerden verschwindet. Auch ist eine solche melanistische Pigmentierung bei verschiedenen Zuchtstämmen in Gefangenschaft verbreitet, die keinerlei bekannte Verbindungen zu Hochland-Gruppen haben.

Süd-Irian Jaya und PNG

Die meisten auf diese Tiere zutreffenden Information wurden bereits angeführt. Zusammengefaßt sind das: das betreffende Gebiet ist groß und beinhaltet die Regionen um Merauke und Port Moresby. Die Grünen Baumpythons aus höheren Lagen dieses Bereichs zeigen oftmals eine dorsale Streifung. Durch eine vor acht- bis zehntausend Jahren bestehende Landbrücke mit der Cape York-Halbinsel sind die Populationen beiderseits der heu-

Abb. 65: Rico WALDER produzierte dieses sehr attraktive Weibchen aus seinem Papua Neuguinea-Zuchtstamm, dessen Ursprünge auf Wildfänge aus der Gegend um Port Moresby zurückgehen.

tigen Meerenge miteinander genetisch verwandt. Abgesehen von gestreiften Merauke-Tieren scheinen keine deutlichen Erkennungsmerkmale für süd-neuguineische Chondros zu existieren. Sie sind variabel und zeigen bisweilen eine Neigung zu blau gefärbten Exemplaren vorallem in Form von hormonell blauen Weibchen.

Die Cape York-Morphe

Die Cape York-Halbinsel im australischen Bundesstaat Queensland ragt in die Torres-Straße hinein und teilt dadurch die Korallensee (östlich der Halbinsel) vom Golf von Carpentaria im Westen. Es ist eines der letzten wirklich großen ursprünglichen Wildnisgebiete Australiens. Das dortige Gelände ist zerklüftet und im Wesentlichen nur von unbefestigten Straßen durchzogen, die während der Regenzeit nicht passierbar sind. Die Halbinsel wird von der Great Dividing Range zweigeteilt, wobei Grüne Baumpythons nur entlang des Ostrandes dieses Gebirgszugs vorkommen. Informationen von WILSON zufolge meiden sie dabei die bewaldeten Sumpfgebiete und können nur in den Tiefland-Regenwäldern und angrenzenden Neuaufwuchsgebieten angetroffen werden.

Es sind drei lokale Populationen von Chondros aus diesem Bereich bekannt: in der Iron Range, der McIlwraith Range und im Lockerbie Scrub. Die letztgenannte Gegend besitzt dabei die geringste Anzahl an Individuen, während die McIlwraith Range-Population vermutlich die größte ist. Obwohl sie möglicherweise mit jener in der Iron Range verbunden ist, sollte sie doch vorzugsweise als separate Population behandelt werden (WILSON pers. Mitt.).

Abb. 66: Ein ganz besonderes Exemplar. Dieses Weibchen ist eines der wenigen überlebenden F1-Nachzuchten aus dem BREDL-Gelege von Iron Range-Tieren von 1989. Foto: aufgenommen von Karl SWITAK im Reptilienzoo von Graeme Gow, der es auch zur Verfügung stellte.

Cape York-Chondros, von australischen Pflegern liebevoll „Aussie Greens" genannt, ähneln manchen Merauke-Tieren und sind genetisch mit jenen in Süd-Neuguinea verwandt. Es gibt jedoch einwandfrei erkennbare Unterscheidungsmerkmale, und gemäß der Aussagen von australischen Pflegern und Naturforschern sind australische Exemplare in ihrem Erscheinungsbild sehr konstant. Das offensichtlichste Merkmal ist dabei eine einzelne Reihe von eierschalenfarbenen bis gelben Schuppen in unregelmäßigen Abständen entlang der Wirbelsäule. Das Auftreten von blauen Flächen ist nicht außergewöhnlich, und die Bauchseite kann weiß oder gelb sein. SWITAK teilte mir mit, daß die Mehrheit der von ihm in Augenschein genommenen australischen Tiere gelbe Unterseiten aufwiesen. Die Jungtiere sind gelb, und es sind keine kastanienfarbenen aus der Natur oder aus Zuchten von nachweislich vom Cape York stammenden Exemplaren bekannt.

Wie in den USA ist die Bestimmung von Fundort-Tieren in Australien überaus kontrovers. Die meisten Pfleger, mit denen ich sprach, sind sich darüber einig, daß ein großer Prozentsatz der in Terrarien gehaltenen Tiere nicht aus Australien stammt, sondern illegal eingeschmuggelt wurde. Aufgrund der strengen australischen Naturschutzgesetze für die einheimische Tierwelt mußten diese eigentlich aus Indonesien oder Papua stammenden Chondros dann als echte „Aussies" ausgegeben werden, um im Zuge einer Amnestiephase in Neusüdwales legalisiert werden zu können. Es ist aber durchaus wahrscheinlich, daß sich einige illegal gefangene „Aussie Greens" unbemerkt in privaten Beständen befinden.

Unter dem Strich bedeutet das, daß australische Chondros selten und wertvoll sind. Ein paar von mir befragte Insider bezifferten den vermutlichen Gesamtbestand solcher Adulti in Australien auf vielleicht drei oder vier, die allesamt von einer legal in der Iron Range in den achtziger Jahren gefangenen Zuchtgruppe abstammen. Der entsprechende Fänger war der inzwischen verstorbene Joe Bredl, Vater des aus dem Fernsehen bekannten Rob Bredl, dem „Barfüßigen Buschmann", der eine Sammelgenehmigung von der Queensland Nationalparkverwaltung besaß. Die Wildfänge wurden dann auf mehrere Pfleger verteilt, von denen zweien die Nachzucht gelang. Rob Bredl war von diesen der erste, mit Gelegen 1987 und 1989, die er vom Muttertier ausbrüten ließ. Aus dem Gelege von 1987 schlüpften etwa zwanzig, aus dem von 1989 fünfundzwanzig Baby-Chondros. Ein Terrarianer namens Ray Fields erhielt bei seinem dritten Nachzuchtversuch zwei weitere. Zwei der F1-Nachzuchten von Rob Bredl gingen an einen weiteren australischen Terrarianer, Bob Withey, dem 1992 und 1994 seinerseits die Nachzucht von insgesamt zweiundzwanzig lebensfähigen Jungtieren gelang. Die Chondros von Withey wurden dann 1995 bei einer Razzia durch Naturschutzbeamte beschlagnahmt und dem Taronga Zoo zur Aufbewahrung übergeben. Dort verstarben bis auf ein Tier alle. Das überlebende Exemplar wurde dann 1997 an Withey zurückgegeben, wo es noch bis 2004 lebte.

Ein weitläufig bekannter australischer Terrarianer namens Graeme Gow erhielt ebenfalls F1-Nachzuchten von Rob Bredl, von denen zum Zeitpunkt der Abfassung dieses Manuskripts noch drei lebten. Eines davon ist ein inzwischen fünfzehn Jahre altes Weibchen, welches nach einem chirurgischen Eingriff 2003 zur Behebung von Legenot nicht mehr fortpflanzungsfähig ist. Die

Abb. 67: Diese F1-Nachzucht von „Aussie Greens" ist eines von zwei Bredl-Exemplaren, die sich heute im Besitz von Tim Mensforth befinden, der sie zu vermehren versucht. Sollte er damit Erfolg haben, wäre es ein Meilenstein und vermutlich auch die letzte Möglichkeit, diesen geschichtsträchtigen Stammbaum fortzusetzen.

anderen beiden bilden ein Pärchen, das sich heute im Besitz von Tim Mensforth von Ultimate Reptile Distributors in South Australia befindet. Das Weibchen produzierte dort 1996 und 2003 große unbefruchtete Gelege und war zum Zeitpunkt der Niederschrift dieser Zeilen möglicherweise erneut trächtig. Es wird angenommen, daß heute noch ein viertes F1-Tier von Bredl lebt, jedoch ist dessen Verbleib gegenwärtig ungeklärt.

Bis heute sind aus Australien nur wenige weitere Terrariennachzuchten bekannt. Wilson berichtete von einer erfolgreichen Paarung in 2004. Folglich sind Chondro-Nachzuchten dort extrem selten zu bekommen und erzielen angeblich Preise in der Größenordnung von 5.000 bis 8.000 Dollars. Unter diesen Umständen stellen Diebstähle und Wilderei Bedrohungen für Grüne Baumpython-Bestände in Terrarien bzw. in der Natur dar. So wurden 2004 zwei Adulti mit einem Schätzwert von 20.000 Australischen Dollars gestohlen. Vor ein paar Jahren wurden zwei Gruppen von Tierfängern in der Iron Range erwischt, die es auf Chondros abgesehen hatten. Eine große Nachfrage und hohe Preise führen wohl stets zur Entstehung eines Schwarzmarktes.

Australischen Terrarianer und mögliche Züchter sind verständlicherweise über die strengen Gesetze für die Haltung und Zucht von Reptilien frustriert. Andererseits verstehe ich aber auch die australischen Behörden in ihrem Bestreben, die australische Form dieses Pythons in seiner Reinheit zu erhalten. Würden die Einfuhrbestimmungen gelockert oder gar aufgehoben, wäre die Folge mit Sicherheit eine Schwemme von indonesischen Exemplaren, die als „Australier" ausgegeben würden. Das Fangverbot aufzuheben würde andererseits zur massenweisen Ausfuhr von „Aussie Greens" führen. Das Vorhandensein von indonesischen Chondros in Australien ist bereits jetzt ein Problem, das man durch DNS-Untersuchungen zur Identifikation von echten australischen Tieren zu lösen versucht. Da sich jedoch süd-neuguineische und australische Exemplare genetisch sehr ähnlich sind, wird das vermutlich nicht besonders gut funktionieren. Ich selbst habe stets einige Bedenken, wenn der Ausgang derartiger Untersuchungen wirtschaftliche oder politische Vorteile mit sich bringen kann.

Es bleibt für die hoffentlich nähere Zukunft zu hoffen, daß Chondro-Liebhaber in „Aussieland" in die Lage versetzt werden, legal Tiere zu erhalten. Ernsthafte Terrarianer sollten nicht durch Überregulierungen von einem gesetzmäßigen Erwerb, der Pflege und der Vermehrung dieser Tiere abgehalten werden. Mir erscheinen das Ausstellen einer begrenzten Anzahl von Fanggenehmigungen, das Markieren mit Mikrochips zur Identifikation und dem Verzeichnen der einzelnen Tiere und ihrer Besitzer nicht unbedingt als unüberwindbare Hindernisse. Innerhalb nur weniger Jahre ließe sich so wie in den USA ein legaler Zuchtbestand aufbauen. Eine Regierung sollte ihrer Bevölkerung nicht verbieten, einheimische Tierarten zu pflegen und zu vermehren, denn schließlich gehören diese allen. Die Aufsichtsbehörden erfüllen bei der Verwaltung dieser Resourcen einen notwendigen Zweck, allerdings kann das auch übertrieben werden. Es ist allgemein erwiesen, daß der sicherste Weg zur Erhaltung einer Art darin liegt, diese zu einem wertvollen Bestandteil des täglichen Lebens zu machen. Den australischen Terrarianern kann man daher nur viel Glück wünschen.

Die Kofiau-Morphe
Die Insel Kofiau liegt nördlich der Insel Misool vor der Westküste von Irian Jaya und südlich der Vogelkop-Halbinsel. Seit kurzem kommt von dieser Insel eine bis dato unbekannte Chondro-Form. Sie wurde zunächst als „Canary-Morphe“ bekannt, die durch bisweilen satt kanariengelbe Färbung die Aufmerksamkeit der Chondro-Pflegererregte. Ich behandle diese Form hier sowohl als Farbphase als auch als Varietät, und mehr dazu findet sich auch im Kapitel „Auswahlzucht...“. Auch wenn jede neue Farbphase oder Isolatpopulation Grund für ein verstärktes Interesse seitens Pflegern und Züchtern ist, so ist doch viel von der ganzen Aufregung (und die hohen Preise) meiner Meinung nach verfrüht.

Abb. 68: Die Canary-Morphe. M. Spataro

Fundortspezifische und reinrassige Zucht
Die Motivation zur Zucht von Chondros in Gefangenschaft kann für den Einzelnen verschiedenen Faktoren entstammen. Die Faszination neuen Lebens dank der eigenen Bemühungen, das Überwinden von Schwierigkeiten als Herausforderung oder die Aussicht auf finanziellen Gewinn durch etwas, das es wert ist, können allesamt eine Rolle spielen. Eigene Vorlieben und Wertsetzungen können unsere Entscheidungen als Züchter gleichermaßen beeinflußen. Es gab schon immer jene, die die Arbeit mit natürlich vorkommenden Farbmorphen einer Zucht von ungewöhnlichen Varietäten vorziehen, die wenig oder keine Ähnlichkeit mehr mit den in der Natur lebenden Tieren haben. Ich meine, es gibt genug Raum für beide Ziele. Tatsächlich habe ich mich selbst auf die Zucht von Auswahlmorphen spezialisiert, bin jedoch gleichzeitig ein Anhänger der Vermehrung von natürlichen Formen (vgl. hierzu die Definition des „Wild-Typus“ im Abschnitt Genetik). Wo ich jedoch die Grenze ziehe, ist bei der Behauptung, daß das eine Zuchtprogramm dem anderen moralisch überlegen sei.

In Wirklichkeit kann nur der Züchter von Tieren mit genauen und gleichen Herkunftsnachweisen behaupten, daß er eine reinerbige Zucht betreibt (wie bei den Merauke-Tieren von Barker/Salceies). Ansonsten wählt ein Züchter seine Zuchttiere gemäß der wünschenswerten Merkmale aus und bedient sich somit der gleichen Methoden wie jener, der eine Designer-Morphe entwickelt. Beide Zuchtziele spiegeln persönliche Geschmäcker und Einstellungen wider, und daher kann keine der anderen überlegen sein. Selbst der Züchter fundortspezifischer Formen mit Tieren genau bekannter Herkunft, seien dies nun ***Lampropeltis alterna*** oder ***Morelia viridis,*** wählt Zuchttiere aus, deren Verpaarung in der Natur höchst unwahrscheinlich wäre. Mit jeder folgenden Generation wird diese Diskrepanz immer größer. Wenn diese Form der Auswahlzucht dann Jungtiere hervorbringt, die dem Aussehen ihrer in der Natur lebenden Verwandten entsprechen, handelt es sich unter dem Strich um den legitimen Versuch, einen bestimmten Typus des (natürlichen) Aussehens fortbestehen zu lassen und zu erhalten. Mir erscheint es allerdings, daß diese Tiere aufgrund der züchterischen Eingriffe mit jeder Generation weniger fundortspezifisch werden. Ich denke, es gibt einen Unterschied zwischen der Auswahlzucht zur Erhaltung einer bestimmten natürlichen Erscheinungsform und der fundortspezifischen Zucht. Als Beispiel für die erstgenannte mag ein Züchter dienen, der „Sorongs" züchtet, indem er Exemplare mit blauer Dorsalzeichnung auswählt, deren Vorfahren jedoch unbekannt sind oder selbst aus Mischpaarungen hervorgegangen sind.

Ich vertrete nicht die extreme Ansicht, daß alles, was der Mensch anfaßt oder beeinflußt, irgendwie verdorben oder verpfuscht wird. Einige Befürworter der fundortspezifischen Zucht verhalten sich, als wären nur reine fundortspezifische Nachzuchten Zeugnisse der unbefleckten Natur, was in den meisten Fällen einfach nicht zutrifft. Zum Beispiel werden ***L. alterna*** mit Fundort oftmals auf geteerten Straßen gesucht und gefangen, und diese sind von Menschen gemacht. Ich gehe völlig mit jenen konform, die meinen, es wäre ein betrauernswerter Verlust, wenn einzelne natürliche Populationen durch natürliche oder andere Vorkommnisse ausgelöscht würden. Wir als Menschen haben eine Verpflichtung, Tierbestände und natürliche Lebensräume in verantwortungsvoller Weise zu verwalten und dadurch die in der Natur lebenden Populationen zu erhalten. Dazu ist eine ausgeglichene Vorgehensweise unter Betrachtung aller Umstände erforderlich. Ich habe kein Problem mit jemandem, der einen Zuchtbestand aufrecht zu erhalten versucht, dessen Tiere dem natürlichen Aussehen einer bestimmten Chondro-Population so nahe wie nur möglich kommen. Andererseits lehne ich die Aussage ab, daß alles andere unethisch, unmoralisch oder verantwortungslos sei. Es gibt zwei Schritte, die ein Pfleger tun kann, um freilebende Grüne Baumpythons zu bewahren zu helfen. Zum Einen sollte er auf den Kauf von importierten Wildfängen zu verzichten, da dies anderenfalls eine Industrie unterstützt, der weder der Kunde noch die freilebenden Population am Herzen liegen. Stattdessen sollte er jene unterstützen, die gegen die ZerstÖrung der Natur oder für ihren Wiederaufbau arbeiten.

Auch auf die Gefahr hin, mich zu wiederholen: ein Züchter von Chondros des Sorong-Typus (wie im obigen Beispiel), der seine Zuchttiere nach morphologischen Merkmalen auswählt, betreibt keine „fundortspezifische Zucht". Er ergeht sich in einer Fortsetzungszucht von ausgewählten Merkmalen in der gleichen Weise wie ein Züchter, der sattgelbe Tiere hervorbringen möchte. Beide befassen sich mit den Tieren, die ihnen am besten gefallen, und solange sie dabei anderen gegenüber ehrlich bleiben und die Tiere gut behandeln, kann man sie für ihren Einsatz nur loben.

Als Abschluß der Diskussion zu diesem kontroversen Thema lassen Sie mich die wichtigsten Punkte daraus noch einmal zusammenfassen:

„Fundort" bezeichnet einen geographischen Ort, an welchem ein Chondro gefangen wurde, ungeachtet dessen Aussehens.

„Varietät" („Rasse") bezieht sich auf eine Gruppe von Chondros, die in einem bestimmten Gebiet leben und Merkmale aufweisen, die für diese, nicht jedoch für andere charakteristisch sind.

„Fundort" und „Varietät" sind nicht das Selbe. Die meisten Chondros entsprechen eher der Beschreibung einer bestimmten Varietät als der viel enger eingegrenzten Definition eines „Fundort-Exemplars".

Inselformen sind als Varietät am einfachsten abzugrenzen, weil ihr Lebensraum von einer effektiven Barriere (dem Meer) umgeben ist. Hierdurch wird die Population von anderen isoliert und kann ihre eigenen Merkmale hervorbringen.

Damit ein Chondro einen fundortspezifischen Namen tragen kann, müssen für seine exakte Herkunft nachprüfbare Dokumente vorliegen. Dies ist keine Meinung, sondern basiert auf der Bedeutung des Begriffs.

Viele Chondros lassen sich aufgrund einer Reihe von Merkmalen einer bestimmten Form zuordnen, so daß sie einen bestimmten „Typus" verkörpern, auch wenn kein Nachweis ihrer genauen Herkunft vorliegt.

Je mehr Generationen der Nachzucht in Gefangenschaft entstehen, desto ungenauer werden fundortspezifische Zuordnungen, so daß die meisten im Terrarium vermehrten Chondros dann keinen exakten Fundort mehr oder selbst eine Varietät repräsentieren. Züchter in verschiedenen Ländern arbeiten gezielt an der Erhaltung des natürlichen Aussehens der einzelnen geographischen Varietäten.

Es bleibt für mich zu hoffen, daß die hier vorgelegten Informationen und Meinungsäußerungen bei der Beseitigung von Mißverständnissen und Streitpunkten helfen, die die Gemeinschaft der Chondro-Pfleger hinsichtlich der „Fundortfrage" plagen. Ich glaube nicht, daß ich hier übertriebene Forderungen gestellt habe. Jeder an der Wahrheit und den Tatsachen Interessierte sollte kein Problem damit haben, wenn er aufgefordert wird, seine Behauptungen und Annahmen mit Beweisen, wissenschaftlicher Ergebnisfindung und gesunder Logik zu untermauern. Es wird stets einige geben, die versteckte Ziele verfolgen und aggressiv reagieren, wenn man sie mit den hier besprochenen Themenbereichen und Fragestellungen konfrontiert. Durch Streiten mit jenen, die weniger an Fakten als an ihrer eigenen vorgefaßten Meinung interessiert sind, läßt sich nichts Konstruktives erreichen. Allen anderen sage ich, laßt uns zusammenarbeiten, laßt uns unsere Erkenntnisse teilen und laßt uns immer wieder etwas Neues lernen, so daß wir diese wunderschönen und mysteriösen Pythons noch mehr zu würdigen wissen. Solange wir alle unsere Ziele mit einer offenen Grundeinstellung verfolgen und uns auf Fakten und exakte Daten verlassen, werden wir zwangsläufig alle zum selben Ergebnis gelangen! Vielleicht stimmen wir nicht immer bei der Interpretation von Informationen überein, doch können wir unsere Standpunkte stets respektieren, wenn sie durch intelligente und integere Überlegungen zustandekommen und auch so ausgedrückt werden.

Abb. 69: Jungtier unbekannter Herkunft.

Genetik und Ontogenese der Farben

„Es gibt keine herausragende Schönheit, ohne daß damit eine Fremdheit der Proportionen verbunden wäre." Francis Bacon

Ich muß zugeben, daß ich mit dem Begriff „Designer" nicht ganz glücklich bin. Bei mir ruft das immer die Vorstellung von jemandem hervor, der mit einer bunten Palette von Farben auf einem Stapel Musterbögen so lange herummischt, bis er den genau richtigen Effekt erzielt hat und diesen dann seinen Tieren einpflanzt. Das Wort scheint auch anzudeuten, daß die entsprechenden Personen einen direkten und willentlichen Einfluß auf die Ergebnisse ihrer Zuchten hätten. Tatsächlich aber hat kein einziger von uns die Fähigkeit, den Lebensfunken in einem anderen Lebewesen zu entfachen oder die höchst komplizierte Genetik bei der Entstehung der wunderschönen und hochgradig variablen Farben beim Grünen Baumpython zu beeinflußen. Trotzdem trifft es zu, daß viele der Designer-Morphen das Ergebnis menschlicher Bemühungen und Eingriffe sind und die auf diese Weise hervorgebrachten Tiere in der Natur nicht entstanden wären, zumindest nicht unter normalen Umständen. Ganz sicher aber hätten solche Exemplare mit ihren auffälligen Farben keine besonders guten Aussichten, lange zu überleben.

Abb. 70: Eine der berühmten „Merauke-Kreuzungen" von Trooper Walsh von 2001 aus der Kreuzung seines F1 Merauke-Männchens von Barker und einem Mite Phase-Weibchen. Die schwarze Zeichnung hat sich bei meinem Männchen mit Erreichen der Geschlechtsreife vermindert.

Auch zögere ich, bestimmte Farbmorphen als „High-end" („Spitzen-") zu bezeichnen. Selbst wenn es zutrifft, daß manche Zuchtstämme besonders gefragt und besonders teuer sind und somit „ganz hoch" im Kurs stehen, befürchte ich, daß wenn man manche Tiere als „Spitzentiere" bezeichnet, alle anderen automatisch als „minderwertig" gelten müßten. Aus einem rein finanziellen Gesichtspunkt mag dies sogar zutreffen, doch klingt es auf jeden Fall arrogant und elitär. Obwohl es ganz sicher hinsichtlich Gesundheit und Vitalität bessere und schlechtere Chondros gibt, so ist doch jedes gesunde Exemplar aus Terrariennachzucht von großem Wert und wunderschön und erfüllt seinen Besitzer mit Stolz. Vielleicht ist „Spitzenexemplar" besser auf jedes herausragende Exemplar, egal welcher Färbung und Zeichnung und egal ob aus der Natur entnommen oder im Terrarium gezüchtet, anzuwenden und nicht nur auf Zuchtformen mit extremem Erscheinungsbild.

Da Begriffe wie „Spitzenexemplar", „High End" und „Designer-Morphe" inzwischen jedoch relativ weit verbreitet sind und so ziemlich jeder weiß, was damit gemeint ist, will ich sie auch in diesem Buch und diesem Kapitel verwenden. Vielleicht wird ja einmal ein besserer Begriff für diese durch Auswahlzucht hervorgebrachten Farbmorphen gefunden, der die negativen Interpretationsmöglichkeiten ausschließt. Eines ist jedoch sicher – die entsprechenden Tiere sind überaus beliebt!

Die extreme Vielfalt an Farben und Zeichnungen von Chondros hat zu Zuchtlinien geführt, bei denen versucht worden ist, die entsprechenden Merkmale mehr oder weniger verläßlich genetisch zu verankern. In dieser Hinsicht sind in den letzten Jahren große Fortschritte gemacht worden, und es gibt heute mehrere gänzlich unterschiedliche Farbformen mit vererbbaren Merkmalen, die hoch auf der Wunschliste vieler Pfleger stehen. Selbst natürliche Einzelheiten der Färbung und Zeichnung lassen sich durch das gezielte Verpaaren von überdurchschnittlichen Exemplaren einer bestimmten Varietät deutlicher hervorbringen. Ein Beleg hierfür sind die „High White Arus", um nur ein Beispiel zu geben, die daher von vielen ebenfalls als „High End" angesehen werden.

Bevor wir uns jedoch mit der Beschreibung der einzelnen Morphen und der Zukunftsaussichten für deren Zucht befassen, erscheint es sinnvoll, erst einmal die genetischen Grundlagen zu beleuchten. Dieses Wissen ist unabdingbare Voraussetzung, wenn man die Geheimnisse der Auswahlzucht und Morphenentwicklung ergründen will. Wir werden an dieser Stelle auch die ontogenetische Umfärbung und die verschiedenen Farbphasen von Chondro-Schlüpflingen besprechen.

Chondro-Genetik

Die erste Frage beim Anblick eines ungewöhnlich gefärbten oder gezeichneten Chondros ist gewöhnlich, „Denkst Du, das liegt an den Genen?" Was der Fragesteller eigentlich wissen will, ist ob dieses Merkmal vererbbar ist, und wenn ja, mit welcher Wahrscheinlichkeit es auch bei seinen Nachkommen auftreten wird. Grundsätzlich ist jedes natürliche Merkmal jedes lebenden Organismus „genetisch" bedingt. Daß sich nicht alle Merkmale zwangsläufig auch auf die Nachkommen übertragen, ist das Ergebnis des Zusammenspiels einfacher dominanter und rezessiver Gene. Verwirrt? Da sind Sie nicht der Einzige! Obwohl ich sofort zugeben will, daß ich wirklich kein Genetiker bin, so habe ich doch wie die meisten Züchter ein gewisses

Grundverständnis. Viel wichtiger für die hier anstehende Diskussion ist jedoch, daß ich einige praktische Erfahrungen dazu einbringen kann, wie sich die Genetik auf Farben und andere Merkmale bei der Zucht von Chondros auswirkt. Dieses Thema hat mich seit etlichen Jahren beschäftigt und stammt noch aus einer Zeit, bevor ich mich ausschließlich mit Chondros beschäftigte. Mein Ziel ist es daher hier nicht, aus uns allen Genetiker zu machen, sondern viel eher den Leser in die Lage zu versetzen, die wichtigsten Grundlagen zu verstehen und Mißverständnisse auszuräumen, die die Entwicklung und Verbesserung von Designer-Morphen noch immer umgeben. Lassen Sie uns daher einfach beginnen und sehen, ob wir nicht etwas Licht in dieses verwirrende Thema bringen können.

Terminologie der Genetik

Es erscheint sinnvoll, erst einmal einige Grundbegriffe der Vererbungslehre zu erklären. Die hier gegebenen Definition stammen ursprünglich und mit Genehmigung von der ausgezeichneten Webseite von Barry C. Nielsen, „The Advanced Genetics Wizard"; die entsprechende Adresse ist im Anhang B genannt.

Allele – Ein Gen eines Genpaares (eines vom Vater, eines von der Mutter), das ein erbliches Merkmal beeinflußt.

codominant – Eine Allele, die dafür sorgt, daß die homozygote Form anders als der natürliche Typus aussieht und die heterozygote Form Merkmale beider aufweist (alle drei sehen unterschiedlich aus).

dominant – Eine Allele, die dafür sorgt, daß die homozygote und heterozygote Form einander gleichen, jedoch anders als der natürliche Typus aussehen.

rezessiv – Eine Allele, die das Erscheinungsbild eines Lebewesens nur dann beeinflußt, wenn sie in homozygotem Zustand vorliegt; ein Tier, das für ein rezessives Mutationsgen heterozygot ist, sieht wie der natürliche Typus aus, kann dieses Gen jedoch an seine Nachkommen vererben.

heterozygot – Im Besitz von zwei verschiedenen Allelen für ein Merkmal sein.

homozygot – Im Besitz von zwei identischen Allelen für ein Merkmal sein.

natürlicher Typus – Das am häufigsten auftretende Aussehen eines in der Natur lebenden Tieres („normal").

Anwendung

Das Problem bei der Übertragung dieser Bedeutungen auf die Farbformen des Grünen Baumpythons ist, daß die bei erwachsenen Chondros auftretenden Färbungen nicht ein Ergebnis einfacher dominanter oder rezessiver Gene sind. Wäre dem so, könnte man ebenso einfach und verläßlich voraussagen, wie die Nachkommen bestimmter Elterntiere als adulte Exemplare einmal aussehen werden wie das bei anderen Zuchtlinien von Reptilien, etwa dem Königspython, möglich ist. Das ist aber nicht der Fall.

Lassen Sie uns dazu eine beliebte Farbform betrachten, die „High Yellow"-Morphe, von der der „Lemon Tree"-Zuchtstamm vermutlich der bekannteste ist. Das erste High Yellow Lemon Tree-Männchen ging aus der Paarung eines grünen Pärchens Wildfänge hervor. Wenn eine solche neue Farbform spontan auftritt, kann man ge-

Abb. 71: Ein Lemon Tree-Männchen, das von einem Pärchen F1-Eltern hervorgebracht wurde, welches seinerseits von importierten grünen Tieren abstammt.

wöhnlich davon ausgehen, daß dem ein rezessives Gen bei beiden Elterntieren zugrunde liegt, die jedoch ihrerseits für dieses Merkmal heterozygot sind und daher den natürlichen Typus verkörpern. Keines der beiden Elterntiere kann also dafür dominant oder homozygot sein, weil es ja ansonsten ebenfalls „High Yellow" aussehen müßte. Leider ist diese Erkenntnis nicht so ohne weiteres auf die Zucht von gelben Chondros anzuwenden. Erstens ist es ziemlich unwahrscheinlich, daß zwei beliebige und vermutlich nicht miteinander verwandte grüne Tiere jeweils Träger kompatibler Allelen für „Gelb" sind. Zweitens sollten sich eigentlich recht verläßliche statistische Ergebnisse für die Nachkommen von rezessiven Elterntieren voraussagen lassen. Wenn man dies jedoch bei ungewöhnlich gefärbten Chondros versucht, stellt man schnell fest, daß sich diese kaum an mathematische Gesetzmäßigkeiten halten wollen. Und drittens sind die Merkmale bei den Nachkommen oftmals unterschiedlich deutlich ausgeprägt und daher in ihrer weiteren Verwendbarkeit schwer einzuschätzen. Aus diesem Grunde sprechen wir auch von „High Yellow" („mit viel Gelb") und nicht einfach von „Yellow". Sechs Jungtiere von den selben Elterntiere können somit sechs verschiedene Stufen von Gelbanteilen besitzen, und es bleibt dem Betrachter überlassen zu entscheiden, welche davon „High Yellow" sind und welche nicht. Den Gegensatz dazu bilden wirkliche dominante oder rezessive Merkmale wie Albinismus, die bei einem entsprechenden Tier entweder ausgeprägt sind oder nicht. Es gibt keine „High Albinos".

Zwei Phänomene sind bei der Zucht von Chondros stets zu beobachten: erstens eine Neigung zu spontan auftretenden Farbmutationen und zweitens eine Tendenz zum Auftreten einzelner Merkmale in Abstufungen. Letzteres zeigt sich darin, daß Gelb (um bei unserem Beispiel zu bleiben) in unterschiedlicher Menge, Intensität und selbst Tönung bei den Nachkommen der selben Elterntiere zutage tritt. Im Laufe der Zeit führt die Auswahlzucht dann zwar häufig zu einer Stabilisierung vieler Färbungsmerkmale und der Verläßlichkeit, mit welcher sie bei den Jungtieren auftreten, jedoch nicht in einem Maße, daß man sie wie bei einer klar rezessiven Grundlage in relativ genauer prozentualer Verteilung vorausberechnen könnte. Es erscheint wichtig erneut zu betonen, daß dies nicht bedeutet, die entsprechenden

Merkmale wären nicht genetisch begründet oder nicht vererbbar. Es bedeutet hingegen lediglich, daß die Ergebnisse einer Verpaarung von bestimmten Elterntieren solange nicht mit einiger Sicherheit vorhergesagt werden können, bis hierfür ein statistisches Muster über mehrere Generationen erkennbar wird. Dies trifft auf die gelbe und die blaue Morphe zu, auf Calico, aber auch auf die meisten anderen Farbformen des Grünen Baumpythons. Erst durch die Kenntnis dieser Zusammenhänge ist man in der Lage, ein Auswahlzuchtprojekt ehrlich und richtig einzuschätzen.

Das gleiche Prinzip des graduellen Ausdrucks einzelner Merkmale trifft im Übrigen z.B. auch auf die Zucht von Rassehunden zu. Viele der erwünschten Charakteristika von Schau-, Arbeits- oder Jagdhunden entstehen erst im Laufe vieler Generationen durch das Verpaaren von Hunden, die diese Merkmale selbst aufweisen. Auch hier umfaßt jeder Wurf vermutlich eine Spannbreite von Ergebnissen, wobei das gewünschte Merkmal vermutlich nur bei einem Welpen besonders gut ausgeprägt ist. Dieses Merkmal mag z.B. die Größe sein – ein Welpe ist besonders groß, größer als alle anderen und wächst auch zu einem großen adulten Hund heran. Indem man dieses Tier dann mit einem weiteren großen Exemplar verpaart, festigt man die Größe als Wesenszug für die folgende Generation. Auch bei den nachfolgenden Würfen wird jedoch stets eine Spannbreite des Merkmals auftreten. Die Farben verschiedener Hunderassen sind natürlich Ausdruck dominanter oder rezessiver Gene und führen zu ziemlich voraussehbaren Ergebnissen, wenn man zwei entsprechende Erbträger miteinander verpaart. Das Temperament jedes einzelnen Welpen und auch diverse genetisch bedingte Gesundheitsprobleme (das bekannteste dürfte Hüftgelenksdysplasie sein) läßt sich jedoch schon weitaus weniger genau berechnen. In gleicher Weise haben sich auch die Färbungsmerkmale von Chondros als sehr variabel gezeigt, was darauf hinweist, daß sie nicht einfach durch dominante und rezessive Genkombinationen zutage treten. Aber auch sie werden natürlich durch den Stammbaum des betreffenden Tieres beeinflußt.

Für die Praxis bedeutet das, Sie können nicht zwangsläufig davon ausgehen, durch die Verpaarung von zwei beliebigen High Yellow-Exemplaren ausschließlich High Yellow-Jungtiere zu erhalten. Zunächst muß sich zeigen, inwieweit sich ein erwünschtes Merkmal bei einer bestimmten Kombination von Individuen, in geringerem Maße auch Vertretern bestimmter Zuchtstämme, durchzusetzen vermag. Erst dann kann man mit einiger Gewißheit Zuchtergebnisse vorhersagen. Zum Glück verstärken sich die meisten Merkmale durch die Auswahlzucht, wenn auch bei einigen Zuchtstämmen mehr als bei anderen. Zum Beispiel hat sich der von Tim TURMEZIE entwickelte Zuchtstamm „Lemon Tree" (LT) im Vergleich mit anderen Zuchtprojekten als überaus potent erwiesen. Eines meiner eigenen Lemon Tree-Weibchen produzierte so High Yellow-Jungtiere nach Paarungen mit zwei verschiedenen Männchen, die beide keine bekannte Verbindung zum LT-Zuchtstamm besaßen. Auch andere High Yellow-Zuchtstämme haben exquisit gefärbte Exemplare hervorgebracht, jedoch oftmals nur hin und wieder oder zumindest nicht ständig. Bei den meisten Zuchtstämmen von Designer-Morphen sind mehr oder weniger deutlich Erfolge beim Erhalt oder der Verbesserung bestimmter Merkmale erzielt worden.

Damit kommen wir zu einem weiteren wichtigen Aspekt der Chondro-Genetik, nämlich dem Umstand, daß ein wirklich toll aussehendes erwachsenes Exemplar egal

Abb. 72: „Blue Frost" (GM-01-30) ist ein Nachkomme eines ontogenetisch blauen Männchens und eines hormonell blauen Weibchens. Wie immer hat es sich gezeigt, daß es der richtigen Kombination elterlicher Gene bedarf, um zu den gewünschten Ergebnissen zu gelangen. Blaue Jungtiere sind jedoch in einem Wurf blauer Eltern meistens in der Minderheit. Ich hatte bei der Wahl der Elterntiere richtiges Glück, denn seine Geschwister sind auch blau.

welchen Geschlechts unterschiedlich aussehende Nachkommen hervorbringt, je nachdem mit welchem Partner es verpaart wird. Zum Beispiel kann ein blaues Männchen einen ansehnlichen Prozentsatz blauer Jungtiere zeugen, wenn es mit einem bestimmten Weibchen verpaart wird, mit einem anderen Weibchen aber ein eher enttäuschendes Ergebnis liefern. Ernsthafte Züchter suchen daher stets nach Männchen/Weibchen-Kombinationen, die die besten Ergebnisse produzieren.

Was ist nun aus all dem zu folgern, voralIem hinsichtlich der Preise für einige der Nachzuchten von Designer-Morphen? Der mit Sicherheit wichtigste Aspekt für den potentiellen Käufer ist die Berücksichtigung vorangegangener Nachzuchten von diesem Pärchen. Selbstverständlich haben die Jungtiere von Eltern mit wünschenswerten Merkmalen einen höheren Wert als solche von „normal" aussehenden, denn die Wahrscheinlichkeit, daß diese selbst wiederum außergewöhnliche Nachzuchten oder sogar ein spektakuläres Exemplar hervorbringen, ist natürlich größer. Der Kunde muß sich jedoch im Klaren sein, daß jeder Kauf eines solchen Jungtieres mit einem gewissen Risiko verbunden ist, und ehrliche Verkäufer berücksichtigen das bei ihrer Preisgestaltung. Je besser die Fortpflanzungsgeschichte der Elterntiere oder zumindest eines Elterntieres dokumentiert ist, desto eher kann sich der Käufer ein Bild davon machen, was er tatsächlich für sein Geld bekommt. Im Gegensatz dazu liegt das größte Risiko bei Elterntieren ohne Vorgeschichte oder solchen, die sich zum ersten Mal gemeinsam fortgepflanzt haben. Wie jedoch schon erklärt wurde, bedeutet der Umstand, daß ein Tier in der Vergangenheit bereits High End-Jungtiere produziert hat nicht, daß dies wieder passiert, wenn es mit einem anderen Partner verpaart wird. Der Nachwuchs weist oftmals verstärkt die Merkmale eines der beiden Elterntiere auf, und Chondro-Zuchttiere, die High End-Nachkommen auch mit wechselnden Partner hervorzubringen vermögen, sind in der Tat überaus wertvoll. Jungtiere von Eltern, die wiederholt die erwünschten Ergebnisse produziert haben, sind die sicherste Wahl, wenn man sich auf bestimmte Merkmale versteift hat.

Die Zucht von einzelnen Designer-Morphen bei Chondros ist ein noch relativ neues Gebiet, und viele der derzeit unternommenen Bemühungen sind experimentell oder Entwicklungsstufen. Die erzielten Fortschritte sind jedoch bereits zu erkennen, und die Erfolgsrate sollte stetig zunehmen.

Abb. 73: Wenngleich attraktiv, so hat doch das Aussehen dieses „Blaze"-Babys wenig mit dem letztendlichen Aussehen als erwachsenes Tier zu tun. Dieses ansprechende Jungtier wurde schließlich zu einem einfarbig grünen Erwachsenen.

Farbphasen bei Schlüpflingen

Baby-Chondros schlüpfen mit zwei Grundphasen – goldgelb und kastanienrot. „Phase" ist hierbei ein wenig verwirrend, da sich der Begriff sowohl auf einen vorübergehenden Zeitabschnitt als auch in seiner biologischen Bedeutung auf einen „Schlag" (= Farbschlag) beziehen kann. Der Umfang der Variation bei diesen Färbungen ist groß und bisweilen extrem, vorallem bei kastanienroten Jungtieren. Diese auch als „dunkel" bezeichneten Tiere (Züchter nennen oft alles dunkel, das nicht gelb ist) können somit rot, orange, braun oder fast schwarz mit allen denkbaren Abstufungen dazwischen sein; natürlich können sie auch wirklich kastanienrot sein. Gelbe Babies scheinen auf den ersten Blick eine gerin-

Abb. 74: Ein prächtiger goldgelber Schlüpfling, vom Verfasser 1998.

Abb. 75: Ein typisches kastanienrotes Baby von Eltern des Jayapura-Typus.

Abb. 76: Dieses dunkelbraune Jungtier stammt aus der Nachzucht des Verfassers im Rahmen des Calico-Zuchtprojekts von 2005 und verdeutlicht das wunderhübsche Aussehen dieser Jungtiere.

Abb. 77: Ein Calico-Baby von 2004. Wen kann es da noch verwundern, daß die meisten Züchter dunklen Babies den Vorzug geben?

gere Variationsbreite zu haben. Sie weisen meistens eine Zeichnung in Form roter oder brauner Sprenkel, Balken, Flecken oder geometrischen Figuren auf der leuchtend gelben Grundfarbe auf. Es können auch ein paar weiße Markierungen vorhanden sein, die dann meistens im Zentrum der anderen Zeichnungselemente liegen. Aber auch wenn die Unterschiede zwischen einzelnen gelben Schlüpflingen weniger auffällig als bei dunklen sind, so sind sie doch auch individuell verschieden. Manche haben kräftige Muster, andere erscheinen fein gesprenkelt, und manche High Yellow-Zuchtstämme bringen Jungtiere hervor, der heller als normal gelb sind und eine verminderte Zeichnung zeigen. Eine erst seit wenigen Jahren bekannte und sehr beliebte Phase von gelben Babies ist „Blaze" („Blesse"). Diese Tiere zeichnen sich durch einen rötlichen Anflug im Wirbelsäulenbereich aus, der in Breite und Intensität individuell variieren kann. Obwohl diese Jungtiere überaus attraktiv aussehen, ist das Merkmal nachweislich kein Anzeiger dafür, wie das Tier einmal aussehen wird, wenn es erwachsen ist. Gelbe Chondro-Babies fallen sehr angenehm ins Auge, und viele Chondro-Fans wurden zu solchen, nachdem sie zum ersten Mal einen gelben Schlüpfling zu Gesicht bekamen.

Dunkle Schlüpflinge zeigen so tiefe, herrliche Farben, daß es kein Wunder ist, daß sie bei vielen so überaus beliebt sind und gewöhnlich höhere Preise als gelbe Babies erzielen. Die häufigste dunkle Färbung ist ein sattes Kastanienrot, jedoch sind Variationen von Tomatenrot bis fast schwarz möglich. Einige Designer-Zuchtstämme bringen Jungtiere hervor, die in ihren Farben beinahe surrealistisch anmuten. Normalerweise zeigen dunkle Jungtiere eine Zeichnung aus gelben oder weißen Querbalken oder Dreiecken auf dem Rücken. Diese Elemente können großflächig und kräftig oder auch in Größe und Anzahl reduziert sein, haben jedoch in aller Regel dunkle Einfassungen. Bei manchen Jungtieren sind die Zeichnungselemente der Oberseite in kleinere Fragmente aufgelöst. Dunkle oder hellere Flecken und

Abb. 78: Dieses sehr rote Baby aus einem Calico-Gelege von 2004 entwickelte sich zu einem herausragenden Männchen.

Abb. 79: Ein 2005 geschlüpftes rotes Jungtier von Damon SALCEIES. D. SALCEIES

Striche zwischen den größeren Markierungen können vorhanden sein. Braune Babies mit schwarzem Kopf und Streifen auf dem Körper sind bei vielen Liebhabern sehr gefragt.

Dunkle Jungtiere können in Färbung und Zeichnung hochgradig variabel sein und gelbe darin sogar noch übertreffen. Einige Auswahlzuchtstämmen bringen Babies mit stark reduzierter Zeichnung hervor, die sich sehr oft zu High End-Adulti weiterentwickeln. Sie sind daher bei Züchtern und Pflegern sehr begehrt. „Calico Junior" (GM-99-09) ist ein Beispiel für dieses sehr dunkle, zeichnungslose Jugendkleid.

Eine neuere Entwicklung sind Jungtiere mit kräftig roter Färbung. Mein erstes „Super Red"-Baby schlüpfte 2001 aus einem Calico-Gelege. Inzwischen sind aus diesem Zuchtstamm weitere solche Exemplare hervorgegangen. Interessant dabei ist, daß meine Calico-Reds nach der ersten Häutung dann eine eher rötlich braune Färbung zeigen, wohingegen die roten Babies meines „Pepper"-Geleges von 2004 bis zum Beginn ihrer ontogenetischen Umfärbung ihr Rot beibehielten.

Genetik der Jungtierfarben

Ein interessanter Umstand ist, daß die Jungtierfärbung bei Chondros in hohem Maße davon abhängig zu sein scheint, wie die entsprechenden Elterntiere bei deren Schlupf aussahen. Es ist oftmals einfacher vorherzusagen, wie die Jungtiere eines bestimmten Zuchtpärchens aussehen werden, als zu was sich diese dann später entwickeln werden. Damit soll gesagt sein, daß Elterntiere Nachwuchs hervorbringen, der mehr oder weniger genauso aussieht wie sie selbst bei ihrem Schlupf. Gelege von Eltern, die beide Baby-Färbungen repräsentierten (eines gelb und eines dunkel), bringen oftmals Jungtiere beider Färbungstypen hervor. Die prozentuale Verteilung dieser Farben scheint wiederum von der relativen Stärke abzuhängen, mit der sich die jeweilige Babyfärbung im Stammbaum der Elterntiere durchsetzen konnte. Gelbe Jungtiere waren einmal in der überwiegenden Mehrheit, und der Schlupf von kastanienroten Tieren wurde über lange Jahre als ungewöhnlich angesehen (WALSH pers. Mitt. 1997). Der Grund dafür war sicherlich, daß die Ursprungsbestände von Züchtern in den

USA hauptsächlich aus gelben Babies entstanden. Nachdem dann in den Zuchten immer mehr Adulti verwendet wurden, die als Jungtiere kastanienrot waren, erhöhte sich folglich auch der Anteil an dunklen Babies. Wie inzwischen vielfach belegt werden konnte, sind Würfe, die nur dunkle Jungtiere enthalten, in aller Regel Elterntieren zuzuschreiben, die beide als Jungtiere ebenfalls dunkel waren. Beide Jungtierfarbphasen lassen sich also gezielt produzieren und in einem Zuchtstamm verankern, indem man Zuchtpaare zusammenstellt, die als Jungtiere selbst die entsprechende Färbung zeigten. Es gibt jedoch keinerlei Hinweis auf eine Verbindung zwischen Jungtierfärbung und Geschlecht, also keinen sexuellen Dichromatismus.

Eine der häufigsten Fragen, die mir von Interessenten gestellt wird, ist nach der Verbindung zwischen der Jungtierfärbung und dem späteren Aussehen der Adulti. Ich kann dazu mit Gewißheit sagen, daß die Erbmasse der Eltern im Besonderen und deren Stammbaum im Allgemeinen wesentlich mehr Einfluß auf das Erscheinungsbild der erwachsenen Tiere als die Färbung der Jungtiere hat.

Es gibt eine Reihe von weitverbreiteten Generalisierungen über den Zusammenhang von Jungtier- und Adultfärbungen. So wird zum Beispiel oftmals angenommen, daß sich nur gelbe Babies zu High Yellow-Adulti entwickeln und daß kastanienrote oder braune Nachkommen häufiger zu ungewöhnlich aussehenden Erwachsenen werden. Beide Hypothesen enthalten ein Fünkchen Wahrheit, besonders im Fall von eini-

Abb. 80: Dieses außergewöhnliche Männchen aus einer Biak-Kreuzung („Goldenrod", GM-02-04) schlüpfte als kastanienbraunes Baby. Nicht alle High Yellow-Adulti entwickeln sich aus gelben Jungtieren. Nur der Lemon Tree-Zuchtstamm bringt stets auch gelbe Nachkommen hervor.

Abb. 81: Dies war das einzige gelbe Jungtier in einem Wurf ansonsten brauner Babies. Beide Eltern waren ontogenetisch blaue Exemplare, die ihrerseits als Jungtiere ebenfalls braun waren.

Abb. 82: Ein High Yellow Lemon x OS-Schlüpfling. Das blasse Gelb und die reduzierte Zeichnung sind für diese Schlüpflinge typisch.

Abb. 83: Eine meiner beliebtesten Baby-Farbphasen: schokoladenbraun mit orangefarbener Zeichnung. Die roten Augen tragen noch zum Fest der Sinne bei.

gen Zuchtstämmen von High Yellows. Zum Beispiel ist der Lemon Tree-Stamm dafür bekannt, daß er nur gelbe Jungtiere hervorbringt. Andererseits befinden sich High Yellow-Adulti in meinem Bestand, die sich aus kastanienroten Jungtieren entwickelt haben. Auch trifft es zu, daß viele der heutigen High End-Morphen aus braunen Jungtieren hervorgegangen sind, was insbesondere auf ontogenetisch blaue Adulti zutrifft (die blauen Morphen und der Unterschied zwischen hormonell blauen Weibchen und ontogenetisch blauen Adulti soll separat weiter unten in diesem Kapitel besprochen werden). Der Umstand, daß viele High End-Züchter in den USA gezielt dunkle Jungtiere hervorbringen wollen, hat dazu beigetragen, daß viele der heutigen Spitzenstämme aus dunklen Jungtieren entstanden sind. In Würfen von High End-Tieren, in denen beide Babyfärbungen vertreten sind, bestehen bei den dunklen Jungtieren die größten Chancen für das Erreichen des Zuchtziels. Ich habe dazu beobachten können, daß sich die gelben Geschwister meistens zu eher „normal“ aussehenden Erwachsenen entwickeln. Das ist jedoch eben nicht immer der Fall, und man sollte daher davon absehen, dogmatische Aussagen über Chondro-Farben zu treffen, da es stets irgendwo eine Ausnahme zu geben scheint. Chondros lieben es offenbar, Chondro-Liebhaber Lügen zu strafen!

Es wurde verschiedentlich über eine mögliche Deutung der Babyfärbung und -zeichnung als Ausdruck einer unverfälschten Zugehörigkeit der Elterntiere zu einer bestimmten Varietät spekuliert. Züchter in Europa, die sich schon immer mehr auf Varietät als auf „fundortspezifisch“ konzentriert haben, nei-

Abb. 84: Dieses Jungtier des Sorong-Typus zeichnet sich durch eine sehr unruhige Zeichnung aus. Die kräftigen Zeichnungselemente werden später purpurn, bevor sie das Blau der Erwachsenenfärbung annehmen.

Abb. 85: Designer-Baby aus dem High Yellow-Zuchtstamm.

gen zu der Ansicht, daß jede Varietät Jungtiere hervorbringt, deren Aussehen für diese Form charakteristisch ist (siehe hierzu die Diskussion in Kapitel „Geographische…"). Auch wenn ich zugeben muß, nicht über die Erfahrung mancher europäischer Züchter von Varietäten zu verfügen, so habe ich doch bislang keinen klaren Unterschied zwischen den gelben Jungtieren von Aru und solchen vom Festland erkennen können. Was ich hingegen festgestellt habe, ist eine große Variabilität im Aussehen aller Nachkommen, einschließlich der Jungtiere, deren Färbung und Zeichnung denen von angeblich unverfälschten Varietäten entspricht, die jedoch keinerlei bekannte Verbindung zu dieser Form haben. In einigen Fällen zeigen bei mir geschlüpfte Tiere Merkmale, die angeblich für eine bestimmte Varietät typisch sind, und doch stammen sie von Eltern ab, deren Aussehen sie als Vertreter einer ganz anderen Morphe ausweisen würde. In der Tat scheint es, daß die Erfahrungen mancher Züchter von bestimmten Formen genau das Gegenteil von denen anderer zu belegen scheinen. Zum Beispiel sind sich offenbar die meisten Züchter in den USA einig, daß reinrassige Exemplare der Aru-Form ausschließlich gelbe Jungtiere hervorbringen. Züchter in Europa haben jedoch nicht nur von dunklen Aru-Nachzuchten berichtet, sondern sind auch der Ansicht, daß diese ein einzigartiges aufgelöstes Zeichnungsmuster aufweisen. Ich selbst habe viele Babies mit aufgelöster Rückenzeichnung von Elterntieren produziert, die keine bekannten Vorfahren von Aru in ihrem Stammbaum hatten. Für diesen augenscheinlichen Widerspruch mag es verschiedene Erklärungen geben, jedoch ist im Grunde nur die Erkenntnis wichtig, daß man bei einer Zuordnung von bestimmten Jungtiermerkmalen zu einer bestimmten Varietät oder Fundortmorphe besser sehr vorsichtig sein sollte.

Abb. 86: Ein typisches Biak-Jungtier mit kräftiger Gelbzeichnung auf orangefarbenem Grund.

Eine häufige Ausnahme von all dem sind bestimmte Nachkommen der Biak-Form. Während ich keine Gesetzmäßigkeiten unter den gelben Babies dieser Morphe feststellen konnte, haben die kastanienroten Schlüpflinge oftmals ein ganz eigenes Aussehen – sie zeigen große, rundliche, gelbe oder orangefarbene Markierungen auf dem Rücken und brauchen stets einen langen Zeitraum für ihre Umfärbung. Es gibt auch etliche Belege dafür, daß die Nachkommen von Eltern einer bestimmten Varietät eine bestimmte Schwanzfärbung zeigen. 2003 schlüpften zum Beispiel bei mir Jungtiere von Wildfängen des Aru-Typus, die allesamt den typischen schwarzen Stummelschwanz besaßen.

Ontogenetische Umfärbung

Der vielleicht faszinierendste Aspekt bei der Aufzucht von jungen Chondros ist zu beobachten, wie Jährlinge ihre Färbung und Zeichnung verändern. Auch hier gibt es

Abb. 87: Bei diesem gelben Jungtier beginnt gerade ein ganz typischer Veränderungsprozeß der Färbung. Der Kopf zeigt einen Anflug von Grün, willkürlich verteilte Körperschuppen verfärben sich, und die Rückenzeichnung dunkelt ein und wird bald lavendelfarben aussehen.

keine Regeln, und alles Mögliche kann passieren. Einige Tiere wandeln sich schnell um, praktisch über Nacht. Andere benötigen mehrere Jahre, bis sie schließlich wie adulte Grüne Baumpythons aussehen. Manche erscheinen während des Austauschs des Jugendkleids gegen das der Erwachsenen ziemlich unscheinbar, andere wiederum erinnern währenddessen an das Feuerwerk der Farben eines Herbstwaldes. Wie zu erwarten, verläuft diese Umfärbung bei gelben Jungtieren anders als bei dunklen. Man kann jedoch einige allgemeine Angaben machen, die auf die meisten Exemplare zutreffen.

In der Regel beginnen junge Chondros im Alter von sechs Monaten bis einem Jahr, Veränderungen in ihrer Färbung zu zeigen. Bei gelben Jungtieren erscheinen zunächst vereinzelte grüne Flecken auf dem Körper und manchmal auch um die Nasenlöcher herum. Diese grünen Schuppen scheinen sich dann zu vermehren und auszuweiten, so daß das Tier schon bald insgesamt grün angehaucht erscheint. Dieser Übergang kann sehr schnell vonstatten gehen, benötigt jedoch sehr oft mehrere Wochen oder selbst ein paar Monate. Das hervortretende Grün kann dabei leuchtend oder gedämpft sein und sogar eher gräulich ausfallen. Sofern das Tier zum Tragen von weißen Rückenmarkierungen bestimmt ist, wie zum Beispiel die Aru-Form, entwickeln sich diese zuerst, manchmal sogar noch bevor das Grün zum Vorschein kommt. Die weißen Zeichnungselemente heben sich nicht besonders gut von der gelben Grundfarbe ab, so daß sie anfangs bisweilen leicht zu übersehen sind. Einige Pfleger haben beobachtet, daß sich diese weißen Markierungen bis ins zweite oder sogar dritte Lebensjahr weiterentwickeln können. Einige wenige gelbe Jungtiere werden in dieser Umfärbungsphase vorübergehend sehr dunkel, nahezu schwarz, bevor sie in den meisten Fällen eine grüne Färbung annehmen.

Viele gelbe Jungtiere des Sorong-Typus besitzen beim Schlupf rote Zeichnungselemente auf der Oberseite, die während des Umfärbungsprozesses zu Graublau verblassen. Diese werden aber in der Folge oftmals zu sehr hübschen blauen Markierungen, nachdem sie häufig zuvor vorübergehend eine purpurfarbene Tönung angenommen haben. Es kann zwei oder drei Jahre dauern, bis das Blau völlig ausgefärbt ist, und selbst dann kann es bei schlechten Lichtverhältnissen, z.B. normalen Leuchtstoffröhren, noch immer eher purpurn oder grau erscheinen. Tatsächlich sehen alle Chondros in natürlichem Sonnenlicht am besten aus. Dies ist die ultimative „Vollspektrum-Beleuchtung", die sich selbst mit dem größten Aufwand im Terrarium nur näherungsweise erreichen läßt. Im Licht von normalen Glühlampen kann das Blau fast völlig verschwinden und selbst wirklich schöne Chondros wie graue Mäuse erscheinen lassen. Halogenleuchten oder Vollspektrum-Leuchtstoffröhren sind daher besser geeignet.

Fig. **88:** Bei diesem etwa 8 Monate altem Weibchen (Sorong-Typus) ist die Umfärbung bereits weit fortgeschritten. M. Mense

Abb. 89: Merauke-Kreuzung x Pepper-Jährling, eine Schwester von „Ella-Diablo" (GM-04-47).

Abb. 90: Gleiches Exemplar wie auf der oberen **Abb.** in der Umfärbung.

Dunkle Jungtiere beginnen ihre Umfärbung meistens mit einem Aufhellen ihrer Körperfärbung. Kastanienrote Babies können dabei zunächst entweder rötlich oder grünlich erscheinen, und solche von Biak durchlaufen meistens eine orange Phase. Dunkelbraune Jungtiere sind weniger gut einzuschätzen, beginnen ihre Umfärbung aber meistens ebenfalls mit einem Aufhellen. Einige Tiere bringen zuerst die blauen oder gelben Markierungen hervor, die sie als Erwachsene tragen werden, ohne daß sich zunächst viel an der Grundfarbe ändert. Die dunklen Streifen und Ränder der Rautenflecken nehmen oftmals eine blaue Farbe an, während die gelben Markierungen auf dem Rücken ihre Leuchtkraft einbüßen und sich mit Blau oder Grau füllen; einige Tiere behalten jedoch das leuchtende Gelb auch als Erwachsene bei. Manche kastanienrote oder braune Jungtiere nehmen allmählich eine heller oder dunkler grüne Färbung an, andere durchlaufen hingegen einen Zeitraum mit intensiven Farben, den zu verfolgen besonders aufregend ist. Dies ist einer der Gründe, warum manche Pfleger kastanienrote Jungtiere bevorzugen. Meiner Erfahrung nach brauchen dunkle Jungtiere bis zum Abschluß ihrer Umfärbung im Durchschnitt länger als gelbe. Rote oder orangefarbene Exemplare der Biak-Form benötigen oftmals sogar viel länger als die meisten anderen Chondros und zwar unabhängig davon, ob es sich dabei um den natürlichen Biak-Typus oder daraus entwickelte Designer-Morphen handelt. Wie zuvor gesagt, können diese Veränderungen vorübergehend dramatisch sein, was den Betrachter schließen läßt, daß wirklich etwas ganz Besonderes vor seinen Augen abläuft. In den meisten Fällen entwickeln sich diese Exemplare aber zu ganz typischen Biak-Tieren weiter, deren Merkmale im vorangegangenen Kapitel beschrieben wurden. Viele Pfleger und Züchter von Biaks sagen, der Umfärbungsprozeß kann bis zu seinem Abschluß vier bis fünf Jahre in Anspruch nehmen.

Eine häufige Frage hinsichtlich der Umfärbung ist, wie man erkennen kann, wann dieser Prozeß abgeschlossen ist. Dieser Punkt beschäftigt naturgemäß jeden,

Abb. 91 u. 92: Biak-Chondros und Biak-Kreuzungen brauchen fast immer viel Zeit, um ihre Umfärbung abzuschließen. Die Abbildungen rechts zeigen dasselbe Tier im Alter von drei Jahren (Mitte) und als Jährling (oben). Glücklicherweise behalten Biak-Kreuzungen ihre ungewöhnliche Färbung oftmals bei, was bei Nachkommen von normalen Biak-Eltern meistens nicht der Fall ist.

der die Entwicklung von Jungtieren von Designer-Morphen beobachtet. Ich werde noch auf die Besonderheiten der Umfärbung bei Designer-Morphen eingehen, jedoch läßt sich generell sagen, daß die meisten heranwachsenden Chondros einen Zeitraum durchlaufen, während dessen die Veränderungen sehr rasch aufeinander folgen und dem dann eine Verlangsamung der Entwicklung folgt, die schließlich ein Ende nimmt. Gewöhnlich ist der Umfärbungsprozeß als abgeschlossen zu betrachten, wenn nach den anfänglichen und kontinuierlichen Veränderungen über einen Zeitraum von drei Monaten keine bedeutenden Änderungen mehr zu verzeichnen waren. Mir ist ein loser Zusammenhang zwischen der Geschwindigkeit, mit der die Umfärbung einsetzt und der zu erwarten Dauer des Prozesses aufgefallen. Tiere, bei denen sich die Farben anfangs schnell verändern,

Abb. 93: Ein Geschwistertier von jenem auf **Abb. 91** im Alter von einem Jahr.

Abb. 94: Gleiches Exemplar wie auf **Abb. 93** im Alter von zwei Jahren, das auch noch als junges erwachsenes Tier viel von seiner jugendlichen Gelbfärbung beibehalten hat. Auf **Abb. 80** ist es dreieinhalb Jahre alt.

Abb. 95: Eine „Oz x Angel"-Kreuzung von 2004 als Jährling.

Abb. 96: „Hat Trick" (GM-04-20) ist ein Calico-Männchen in dritter Generation und hier zu Beginn seiner Umfärbung abgebildet. Solche Tiere gehören sicherlich zu den schönsten Reptilien überhaupt.

brauchen oftmals auch nicht lange, um die Umfärbung vollständig hinter sich zu bringen. Wenn die Umfärbung jedoch nur allmählich beginnt, dauert es auch entsprechend lange, bis sie abgeschlossen ist. Die meisten Chondros zeigen viele unauffällige Veränderungen, während sie sich von Jungtieren zu Erwachsenen weiterentwickeln. Meiner Erfahrung mit Hunderten von Chondros nach ist es recht einfach abzuschätzen, wie ein adultes Tier einmal aussehen wird, wenn sich die Veränderungen schließlich verlangsamen. Die Ausnahme von der Regel sind wiederum die Biak-Tiere. Auch ontogenetisch blaue Exemplare und der Sorong-Typus mit blauen Markierungen benötigen häufig mehrere Jahre, bis sie ihr endgültiges Aussehen erreicht haben.

Die Umfärbung steht nach meinen Beobachtungen in keinem Zusammenhang mit der Umwelt, ist aber sehr wohl mit dem Wachstum gekoppelt. „Spätzünder", die nach dem Schlupf nur zögerlich zu fressen beginnen und sich langsam an das Leben im Terrarium gewöhnen, beginnen sich später als ihre bereitwilliger Nahrung aufnehmenden Geschwister umzufärben, tun dies jedoch bei Erreichen der gleichen Größe. Aus diesem Grunde beziehen sich die oben genannten Zeiträume auf durchschnittlich fressende und wachsende Exemplare. Ich glaube auch nicht, daß Zeitpunkt und Dauer der Umfärbung und das letztendliche Aussehen durch die Temperaturen, das Terrarium oder andere äußere Stimuli beeinflußt werden, es sei denn, sie haben auch Auswirkungen auf das Wachstum. Ich denke zum Beispiel nicht, daß der Umfärbungsprozeß in irgendeiner Weise manipuliert werden kann, indem man ein Tier bestimmten äußeren Faktoren aussetzt. Stattdessen gehe ich davon aus, daß einzig die genetische Zusammensetzung bestimmt, wie ein Tier einmal aussehen wird und wie es zu diesem Ergebnis gelangt. Diese Aussagen treffen ganz besonders auf Nachzucht-Chondros zu. Verschiedentlich wurde diskutiert, inwiefern Umwelteinflüsse das Erscheinungsbild von Wildfängen bestimmter geographischer Morphen beeinflußen könnten. Diese Überlegung könnte durchaus einen realen Hintergrund haben, denn es gibt nachweisbar Fälle, wo Terrariennachzuchten von Reptilien und Amphibien aufgrund von Unterschieden in Lebensraum und Nahrung ein anderes Erscheinungsbild als ihre in der Natur lebenden Artgenossen annehmen.

Bis hierher habe ich mich Spekulationen über die eigentliche Wirkungsweise der Umfärbung beim Grüner Baumpython

Abb. 97: Exquisite Designer-Chondros wie „Ella-Diablo" (GM-04-47): die Fotos auf dieser Seite zeigen zwei der schönsten vom Verfasser produzierten Nachzuchten während ihrer ontogenetischen Umfärbung.

Abb. 98: Der unvergleichliche „Darth Maul" (GM-02-12).

Abb. 99: Ein männlicher Jährling aus der Calico-Zucht während seiner Umfärbung.

enthalten. Hierzu gibt es zahlreiche Theorien, von denen einige einen Sinn ergeben und andere eher weit hergeholt erscheinen. Ich glaube, niemand weiß wirklich wie und warum sich Chondros zu einem gewissen Zeitpunkt umfärben. Warum die Jungtiere so auffällig gefärbt sind, ist durch verschiedene Theorien zu erklären versucht worden, ebenso warum es goldgelbe und kastanienrote gibt. Tatsächlich sind Farbveränderungen nicht auf Jungtiere beschränkt – auch trächtige Chondro-Weibchen verändern oftmals ihre Farbtracht, vorübergehend oder permanent.

Einige Farbmorphen lassen sich durch das Fehlen von normalem Pigment erklären. Zum Beispiel fehlt es High Yellow-Exemplaren offensichtlich weitgehend an dem Pigment, welches für Blau verantwortlich ist. Wird dieses Blaupigment mit Gelb kombiniert, entsteht daraus die grüne Färbung der meisten adulten Chondros. Diese Annahme wird dadurch gestützt, daß trächtige High Yellow-Weibchen oftmals blasser oder sogar weiß werden und nicht blau wie viele der normal gefärbten Weibchen während einer Trächtigkeit. Es gibt jedoch viel zu viele Variablen, Farbkombinationen und merkwürdige Farbentwicklungen, um alle so einfach erklären zu können. Es ist wahrscheinlich, daß das Vorhandensein bzw. Fehlen verschiedener Arten von Pigment enthaltenden Zellen in der Haut und die dadurch entstehenden Mischfarben für das phantastische Aussehen dieser Tiere verantwortlich sind.

Eine weitere Überlegung zu den Farben bei Designer-Zuchtstämmen ist das „Anhalten" der Farbentwicklung. In aller Kürze zusammengefaßt wird hier vermutet, daß ein bestimmter Umstand die normale Entwicklung der Färbung zu einem gewissen Zeitpunkt vorzeitig beendet, wodurch ein verändertes Aussehen entsteht. Als Beispiel können wiederum die Biaks gelten, die bei ihrer Umfärbung wie erwähnt gelbe und orangefarbene Stadien durchlaufen. Kreuzt man nun Biaks mit nicht-Biaks, entstehen häufig High Yellow-Nachkommen. Es ist daher möglich, daß das Mischen der beiden genetisch verankerten Farbmerkmale zu einem Beibehalten der jugendlichen Gelbfärbung auch bei den Erwachsenen führt, der Umfärbungsprozeß also frühzeitig angehalten wird.

Auswahlzucht von Farbmorphen

Designer-Farbmorphen

Nachdem wir nun die genetischen Grundlagen, die Farbphasen von Jungtieren und die ontogenetische Umfärbung besprochen haben, können wir zu Beschreibungen einiger der im Terrarium gezüchteten Farbmorphen übergehen. Das Ausmaß der Farbvariation bei den in der Natur lebenden und damit auch in der Terraristik vertretenden Chondros macht den Grünen Baumpython zu einem idealen Kandidaten für die Auswahlzucht von einigen besonders schönen und ungewöhnlichen Farbschlägen. Auch wenn einige Liebhaber moralische Bedenken gegenüber der Verkreuzung von Tieren haben, die nicht der gleichen Varietät anzugehören scheinen und zum Teil sogar soweit gehen, die Nachkommen solcher Elterntiere „Hybriden" zu nennen, kann ich doch so manches Exemplar nur als atemberaubend bezeichnen. Es muß schon als einigermaßen arrogant gelten, wenn Exemplaren auf diese Weise ein Etikett der Zweitklassigkeit angehängt wird, obwohl die genaue Zugehörigkeit der entsprechenden Elterntiere zu einer bestimmten Form in den meisten Fällen nicht mehr nachvollzogen werden kann. Eine derartige Voreingenommenheit ist typisch menschlich und persönlich. Es gibt kein moralisches Diktat, welche Farbform oder welcher Typus von Chondro besser als ein anderer ist. Zu weiteren Ausführungen über die Zucht von reinrassigen Tieren siehe das vorangegangene Kapitel.

High Yellow

High Yellow („Viel Gelb") ist möglicherweise die ursprünglichste „Designer-Morphe". Das Betrachten eines in leuchtend gelbe Schuppen gekleideten, erwachsenen Chondros hat etwas Großartiges und Atemberaubendes an sich. Viele Tiere zeigen ein wenig Gelb auf dem Körper, mit einer bemerkenswerten Ausnahme: typische Aru-Exemplare. Es war daher nur eine Frage der Zeit, bis Züchter versuchen würden, dieses Merkmal durch Auswahlzucht zu verstärken. Seltsamerweise sind einige der spektakulärsten High Yellow-Tiere in Zuchtstämmen entstanden, bei denen spon-

Abb. 100: „Happy Jack" (TT-97) ist ein klassisches Lemon-Männchen im Bestand des Verfassers.

Abb. 101: Das ursprüngliche Zuchtmännchen war eine 1992 von Tim TURMEZIE angekaufte F1-Nachzucht, die sich heute im Besitz von Alex MEDRANO befindet. A. MEDRANO

tan gelbe Adulti aus Würfen von grünen Elterntieren hervorgingen und nicht durch sorgsames Aussuchen von Zuchttieren mit immer mehr zunehmendem Gelbanteil.

Es gibt eine Reihe von wohlbekannten Zuchtstämmen, die bewiesen haben, daß sie High Yellow-Nachkommen zu produzieren vermögen. Unter diesen ist vermutlich „Lemon Tree" (LT) die allgemein bekannteste. Sie stammt ursprünglich von einem Züchter in Kalifornien, Tim TURMEZIE. Vielfach wird die Bezeichnung Lemon Tree auf alle High Yellow Chondros angewandt, jedoch bezieht sie sich im Grunde nur auf diesen besonderen Zuchtstamm. Mit anderen Worten sind nicht alle gelben Adulti gleichzeitig „Lemons", auch wenn man das immer wieder so hört.

TURMEZIE ist eigentlich auf die Zucht von Colubriden spezialisiert, kaufte sich aber Anfang der neunziger Jahre eine Gruppe von drei jungen Chondros aus der Nachzucht von Doug PRICE. Letzterer hatte diese Tiere aus Gelegen von Wildfängen erhalten, die angeblich aus Papua-Neuguinea stammen sollten. Die drei Nachzuchten waren nicht miteinander verwandt (keine Geschwister), allerdings ist das Verwandtschaftsverhält nis zwischen den einzelnen Elterntieren naturgemäß nicht bekannt. Eines der von TURMEZIE erworbenen Exemplare wuchs dann zu einem prächtigen gelben Männchen mit eingestreuten dunkelgrünen Schuppen heran. Etwa drei Viertel der Oberseite dieses Tieres waren gelb,

Abb. 102 bis 104: „Lilly" (TT-95, oben) stammt aus der ersten Lemon-Nachzucht von TURMEZIE. Sie brachte bei mir 1999 „Grace" (GM-99-04, Mitte) und „Chiquita" (GM-99-01, unten) hervor. Im Frühjahr 2005 machte Grace Lilly mit einen Wurf von 14 Jungtieren zur Großmutter. Chiquita konnte sich bislang nicht fortpflanzen.

der Hinterkopf grün, und den Körper zierten einige willkürlich verteilte weiße Rosetten. Dieses Männchen wurde dann der Stammvater der Lemon Tree-Zucht. Die anderen beiden Tiere erwiesen sich als Weibchen, eines mit einigen gelben Sprenkeln, das andere blau. TURMEZIE verpaarte das Männchen dann mit beiden Weibchen und produzierte dadurch zwischen 1995 und 2000 mehrere Würfe. Einige dieser Nachkommen wurden zu prachtvollen High Yellow-Adulti, darunter ein paar, die nahezu vollständig gelb waren. Andere Geschwister zeigten Anteile von Gelb in unterschiedlichem Ausmaß, und einige waren hauptsächlich grün. Diese Nachkommen in der zweiten Generation zeigten dadurch das Durchsetzungsvermögen des Lemon Tree-Zuchtstammes und spielten bei der Definition seiner Eigenschaften eine große Rolle. Hierzu gehören eine leuchtend zitronengelbe Färbung, ein oftmals eine kontrastierende Färbung aufweisender Hinterkopf, Jungtiere, die bereits zu einem frühen Zeitpunkt der Umfärbung kein Grün mehr hervorbringen, stets gelbe Jungtiere und ein schönes Waldgrün in allen Körperbereichen, die nicht gelb sind. Eine unerwünschte Nebenerscheinung bei diesem Zuchtstamm ist das häufige Auftreten von Unfruchtbarkeit, vorallem bei der Verkreuzung von miteinander verwandten Tieren. Aus diesem Grunde gibt es auch nur sehr wenige Lemon × Lemon-Exemplare.

Abb. 105: Ein Trio von Lemons mit dem Zuchtweibchen (rechts), dem -männchen (Mitte) und einer seltenen Lemon x Lemon-Nachzucht. Das Weibchen ist ein extremes Beispiel für die Neigung von High Yellow-Weibchen, nach einer Fortpflanzung die Farbe zu verlieren. Diese Zucht gelang bei Greg SCHROEDER. G. SCHROEDER

Ophiological Services (OS), die bereits im Kapitel über die Geschichte der Chondros in den USA Erwähnung fanden, sind ebenfalls Begründer eines High Yellow-Zuchtstammes, der ihren Namen trägt. OS haben einige ausnehmend schöne High Yellow-Tiere hervorgebracht. Der Stamm selbst scheint variabler und weniger potent als der Lemon Tree zu sein, was möglicherweise in einem größeren Genpool unter den Ursprungstieren begründet ist. Einige OS-High Yellows zeigen leuchtende Gelb- und Grüntöne, andere hingegen weisen zarte Pastelltöne auf und sind von Lemon Trees völlig verschieden. Wie diese Zucht hat der OS-Stamm einige herausragende Exemplare mit hohem Gelbanteil hervorgebracht. Im Gegensatz zu den Lemons sind Tiere des OS-Stammes erheblich fruchtbarer, und folglich gibt es etliche OS × Lemon-Kreuzungen.

Tony NICOLI ist ein weiterer Züchter dieser Baumbewohner aus dem Süden der USA, der einige High Yellow-Exemplare produziert hat. Sein Ursprungsbestand stammte nach Aussage von Gene BESSETTE von OS, was dazu führt, daß einige Liebhaber zwischen den beiden Zuchten keinen Unterschied machen. Anderen Quellen zufolge

Abb. 106: „Oz" (EB-98) ist ein herausragendes OS-High Yellow-Männchen im Besitz des Verfassers, das sich als ausgezeichnetes Zuchttier erwiesen hat. Die **Abb. 106** u. **107** belegen die deutlichen Unterschiede zwischen diesem Zuchtstamm und den Lemon Tree-Exemplaren auf den **Abb. 100-105**.

Abb. 107: Dieses spektakuläre OS-High Yellow-Exemplar fand seinen Weg in den Bestand von Nicoli, nachdem ein Pfleger es in einer Zoohandlung in New Jersey gekauft hatte!

stammten einige der ursprünglichen Tiere jedoch nicht von OS. Nicoli verkaufte seinen Bestand im Jahr 2000 und arbeitet heute nicht mehr mit dieser Art, sondern befaßt sich stattdessen mit dem Hundskopfschlinger. Er ist inzwischen für seine Erfolge mit dieser sehr ähnlichen, aber nur entfernt verwandten Art aus Südamerika bekannt. „Nicoli High Yellows" liefern aber auch heute noch Gesprächsstoff unter Chondro-Liebhabern. Alle Tiere, die ich bisher aus diesem Stamm gesehen habe, ähneln den OS-Exemplaren. Die Bezeichnung ist daher vermutlich eher als Abstammungsangabe

Abb. 108: Yellow „Matrix" schlüpfte bei Jeff Hudson und befindet sich heute im Bestand des Verfassers.

Abb. 109: Yellow „Summer" ist ein Tier aus dem SCZ-Zuchtstamm von Brandon Osborne und gehört heute Julian Garcia. J. Garcia

von Wert, denn als Beschreibung für einzigartige Merkmale.

Auch andere Züchter konnten das spontane Auftreten von High Yellows unter den Nachkommen von nicht-gelben Elterntieren beobachten. Unter diesen befinden sich Jeff HUDSON (der zwar den Bestand von NICOLI aufkaufte, aber High Yellows auch von nicht damit verwandten Tieren erhielt) und Jack SADOVNIK, ein privater Züchter aus Maryland. Letzterer ist der Initiator des Projekts „Golden Sky", dessen Zielsetzungen etc. auf seiner Webseite nachzulesen sind (siehe Anhang B). Ich selbst erhielt 2003 mehrere Jungtiere aus einer Biak-Kreuzung mit einem 25 % Biak-Männchen X Biak-Typus-Weibchen. Drei der kastanienroten Jungtiere entwickelten sich dann zu herausragenden Adulti, von denen ein Männchen zu 90 % gelb ist. Es wurde behauptet, daß weder die LT- noch OS-Stämme (einschließlich der NICOLI-Tiere) Verbindungen zu Biak-Tieren hätten. Dem scheint jedoch meine Beobachtung zu widersprechen, daß viele von mir in Augenschein genommenen Exemplare aus beiden Zuchtstämmen den typischen Biak-Kopf mit der langen Nase und den langen, spitz auslaufenden Schwanz besaßen. Einige Exemplare entsprechen allerdings wirklich eher den Beschreibungen von Kopf und Schwanz bei Papua-Tieren. Da die ursprünglichen Tiere dieser Zuchten über keine genauen Herkunftsangaben verfügten, läßt sich heute nicht mehr mit Sicherheit sagen, ob Biak-Material beteiligt war oder nicht.

Mehr als einmal ist die Frage gestellt worden, ob die einzelnen High Yellow-Zuchtstämme miteinander kompatibel seien und ihr Verkreuzen gute Ergebnisse in Aussicht stellen würde. Zur Erklärung sei hier gesagt, daß die für High Yellow verantwortlichen Allelen eines Stammes nicht unbedingt denen eines anderen entsprechen müssen, auch wenn beide die gelbe Adultfärbung verursachen (siehe die Diskussion über die genetischen Grundlagen im vorangegangenen Kapitel). Nun, Buddy GOETZGER gelang die erfolgreiche Verpaarung eines LT-Männchens mit einem OS High Yellow-Weibchen im Jahre 2001. Der für einen Erstlingszüchter bemerkenswerte

Abb. 110: Yellow „Pele" stammt von WALSH und ist jetzt im Besitz von Cathy MAYNARD.

C. MAYNARD

Abb. 111: „Rusty" (BG-01-04) stammt aus einem Lemon x OS-Gelege von 2001 bei GOETZGER. Als rotes Jungtier diente dieses Männchen (heute im Bestand von Tim GRAICHEN) als Vorlage für das Logo von ChondroWeb.

Abb. 112: Dieses Tier ist zwar hübsch, aber kein „High Yellow". Trotzdem werden Chondros wie dieser von Händlern im Internet und auf Börsen oft als solche ausgegeben.

Erfolg brachte einen Wurf hervor, der sich zu ganz großartig aussehenden Adulti entwickelte. Ich selbst besitze ein Weibchen davon, das mehr blau als gelb ist, aber gelbe Zeichnungselementebeibehaltenhat, was mir persönlich besonders gut gefällt. Ein zweites Exemplar mit etwa 70 % Gelbfärbung verkaufte ich als zweijähriges Tier, und es hat inzwischen zunehmend blaue Highlights entwickelt. Im Frühjahr 2005 gelang auch mir eine erfolgreiche OS X LT-Kreuzung, und ich sehe schon gespannt einem Vergleich mit anderen High Yellow-Kreuzungen entgegen. Bisher hat die Kombination von Lemon Trees mit unverwandten gelben Zuchtstämmen meines Wissens noch keine „Super Yellows" erbracht. Kreuzungen mit Biak-Tieren scheinen diesem Zuchtziel noch am nähesten zu kommen, und auch das Weibchen bei meiner Kreuzung von 2005 ist ein 50 % Lemon/50 % Biak-Kreuzungsprodukt.

Verschiedentlich ist die Bezeichnung „High Yellow" von einigen Händlern und Privatanbietern mißbraucht worden. Die Frage stellt sich natürlich, wieviel Gelb vorhanden sein muß, damit ein Tier in aller Ehrlichkeit als „High" Yellow bezeichnet werden kann. Ich selbst habe viele zum Angebot stehende und als „High Yellow" deklarierte Tiere gesehen, die in keinster Weise auch nur annähernd dem typischen Aussehen dieser Farbform entsprachen. Besonders häufig scheinen für derartige Übertreibungen (oder Betrugsversuche) halbwegs umgefärbte Biaks verwendet zu werden, also Tiere, die noch für lange Zeit einen gewissen Gelbanteil mit sich tragen, bevor sie schließlich langsam die in den meisten Fällen grüne Adultfärbung völlig annehmen. Während man noch vor Jahren Unwissenheit als Entschuldigung verwenden konnte, ist die Wahrheit über die „gelben Biaks" heute jedoch hinreichend bekannt. Trotzdem versuchen es einige immer wieder. Echte High Yellow-Chondros sind ziemlich wertvoll, und Spitzenexemplare können für Preise deutlich über 10.000 US-Dollar den Besitzer wechseln. Man sollte sich auch darüber bewußt sein, daß je mehr Spitzentiere durch gezielte Auswahlzucht entstehen, desto strenger werden die Beurteilungskriterien hinsichtlich der Merkmale, die einen High Yellow-Chondro auszeichnen müssen. Tiere, bei deren Anblick wir vor zwölf oder fünfzehn Jahren noch zu sabbern angefangen hätten, sind heute bei weitem nicht mehr so aufregend, obwohl sie natürlich noch immer überaus hübsche Chondros sind!

Canary-Chondros

Die sogenannte Canary-Morphe (nach dem Kanarienvogel) ist eine relativ neue Erscheinung auf dem Markt für High Yellows. Das Interesse daran ist ziemlich beträchtlich und hat zu Kontroversen in ansehnlichem Umfang geführt. Auch als Kofiau-Chondros bezeichnet, nachdem jemand feststellte, daß die Kanarischen Inseln eigentlich auf der anderen Seite der Welt von Neuguinea liegen, weisen diese Tiere eine ebenso lebhafte wie ungewöhnliche Gelbfärbung auf und besitzen eine blasse Rückenzeichnung mit einer Sprenkelung aus einzelnen grünen und/oder weißen Schuppen. Die schwachen Dreiecke auf dem Rücken können weiß oder ganz leicht lavendelfarben sein. Die Iris des Auges ist ebenfalls gelb, die Pupille hat aber die normale schwarze Farbe.

Natürlich ist die erste Frage beim Anblick einer solchen Neuerung, „Behalten diese Tiere ihre Färbung auch als Erwachsene?“. Meinen Nachforschungen und den mir zugänglich gemachten Informationen zufolge, ist die Antwort darauf ein klares „Ja und Nein“. Zu Beispiel gibt es da ein Weibchen, das eines der ersten in die USA importierten Canary-Tiere sein soll. Es ist etwa fünf Jahre alt und wog zum Zeitpunkt dieser Niederschrift 1480 Gramm. Beau Lewis teilte mir dazu mit, daß es in Indonesien entweder gefangen oder gezüchtet worden war und in den Bestand eines Terrarianers in Asien aufgenommen wurde, nachdem man feststellte, daß es irgendwie ungewöhnlich war. Dort blieb es die nächsten zwei Jahre und durchlief währenddessen seine Umfärbungsphase. Im August 2003 gelangte es dann als 400 Gramm schweres Tier in die USA und in den Bestand von Beau Lewis, der es Ende 2004 als etwa 1000 Gramm schweres Tier an Marc Spataro weiterverkaufte. Auch wenn

Abb. 113: Ein junges importiertes Canary-Männchen von ungefähr 215 Gramm. Die meisten Canaries kommen in dieser Größe und mit diesem Gewicht an, aber viele behalten ihre Farbe als Erwachsene nicht bei. R. Culver

Abb. 114: Erwachsenes Canary-Weibchen aus einem Import von Beau Lewis und nun im Besitz von Marc Spataro. Es bleibt abzuwarten, wieviele der dutzendweise importierten Jungtiere letztendlich auf diese Größe heranwachsen und dabei die ungewöhnliche Färbung beibehalten. M. Spataro

Abb. 115: Kopf eines großen Weibchens mit normal gelber Iris und schwarzer Pupille. M. SPATARO

man wissen sollte, daß Chondros nicht vor Erreichen eines Alters von vier oder fünf Jahren als völlig ausgefärbt angesehen werden können, so ist dieses Weibchen doch sowohl gemäß seines Alters als auch dem Gewicht nach völlig adult. Es ist meines Wissens der größte und älteste „Canary" in den USA. Marc teilte mir mit, daß das Weibchen seine Färbung nach einer Fütterung etwas verändert. Es kann dann lediglich etwa 20 grüne Schuppen haben, aus denen viele mehr werden und dann wieder weniger. Dieser Umstand ließ Marc vermuten, daß es eigentlich ein grüner Chondro ist.

Andererseits sind mehr als nur ein paar Canary-Exemplare bekannt, die mit Erreichen der Geschlechtsreife grün geworden sind. Die meisten veröffentlichten Fotos scheinen auch jüngere Tiere von zwei bis drei Jahren zu zeigen. Eine überaus vertrauenswürdige Quelle berichtete mir auf der Florida Reptile Breeders Expo 2003 in Daytona, daß sich einige sehr teure Vertreter dieser Morphe urplötzlich grün gefärbt hätten, darunter Tiere, die bereits bezahlt, aber noch nicht von ihren neuen Besitzern abgeholt worden waren. Wie peinlich! Marc SPATARO erzählte mir ebenfalls von einem Canary-Weibchen, das sich über Nacht ein leuchtend grünes Kleid zulegte, bevor er es erhielt. Derartige Fälle häufen sich proportional zu der Menge der importierten Canaries. SPATARO gab mir gegenüber an, er wisse von wenigstens zweihundert Canary-Chondros, die sich allein in den USA befänden. Das dadurch verbreitete Wissen, daß viele der Tiere offenbar dann doch grün werden, hat zu einem Preisverfall geführt, und Investitionen in diese Morphe müssen gegenwärtig als überaus spekulativ gelten.

Die kursierenden Informationen sind teilweise recht widersprüchlich, einschließlich der Warnung vor „falschen Canaries" und den Behauptungen einiger, daß sie Tiere aus verschiedenen Quellen besäßen. Eine vertrauenswürdige Person bestätigte SPATARO gegenüber, daß zumindest einige dieser Tiere von der Insel Kofiau stammen. Es wurde auch behauptet, daß diese Insel derzeit abgeholzt und die natürlichen Lebensräume zerstört würden. Keiner, mit dem ich über diese Angabe sprach, hatte dafür handfeste Beweise, und ein Gesprächspartner äußerte die Vermutung, daß es sich möglicherweise um ein von Exporteuren in Umlauf gebrachtes Gerücht handelt, das den Verkauf dieser Tiere ankurbeln soll. Ich konnte Bestätigung finden, daß viele der Exemplare in den USA durch einen Händler in Florida ins Land kommen und muß an dieser Stelle wiederholen, daß die Einfuhr von Chondro-Wildfängen aus Indonesien ungesetzlich ist. Ich bin sogar von einem in Jakarta ansässigen Kenner der Industrie gewarnt worden, bei öffentlichen Diskussionen über importierte Wildfänge besser vorsichtig zu sein. Ich berichte jedoch hier lediglich über die

Tatsachen, die diese interessante Farbmorphe umgeben und unterstütze keinerlei ungesetzliches Vorgehen.

Angesichts der steigenden Anzahl von Importen von Canaries in die USA und andere Länder nehmen auch die Debatten in den Internet-Foren über den Wert und die Echtheit der Canary Chondro-Morphe an Umfang zu. Viele der Beiträge und Fotos sind informativ und hilfreich, jedoch findet man auch Übertreibungen, Panikmache und übertriebene Preise für angeblich aus neuen Quellen stammende Tiere oder neue Abarten.

Einige der gemachten dogmatischen Aussagen unterstreichen das klassische Problem, unter dem viele neue und noch nicht feststehende Zuchtprojekte mit dem Grünen Baumpython zu leiden haben, nämlich zuviel Aufregung und Preise (noch) ohne belegbare Ergebnisse. Dies trifft sowohl auf Designer-Zuchten als auch auf neue Wildfang-Formen zu. Die meisten Chondro-Freunde, mich eingeschlossen, sind von dem Potential der Canary-Zucht begeistert und sehen gespannt den ersten Nachzuchten entgegen, die zeigen werden, inwiefern sich das Gelb dieser Form weitervererbt. Bis es jedoch soweit ist, kann man wirklich kein Urteil fällen, und diese Tiere sollten entsprechend betrachtet und preislich bewertet werden. Zum Beispiel – zum Zeitpunkt der Niederschrift dieses Manuskripts sind es neun Jahre und drei Generationen, die ich aufwenden mußte, um mein Calico-Projekt dahin zu bringen, wo es heute ist. Es erfordert eben Zeit, Investitionen, Geduld ***und Ergebnisse***, um eine Zucht voranzutreiben. Man kann nur hoffen, daß sich die Canary-Morphe als wertvolle Erweiterung der High Yellow-Morphengruppe erweisen wird, von der viele Zuchtprojekte auf ganzen Welt profitieren können. Mittlerweile gibt es davon etliche in den Beständen, und selbst wenn man die großen Verluste und Schwierigkeiten bei der Vermehrung in Betracht zieht, die bei importierten Wildfängen immer zu erwarten stehen, sollten wir doch bald schlauer sein.

Abb. 116: „My Song" (TW-98-25) ist eines der besten ontogenetisch (nicht hormonell) blauen Weibchen in den USA und ein Favorit bei den Besuchern des Verfassers.

High Blue

Diese wunderschöne Farbform wird von vielen Pflegern als der Rolls Royce unter den High End-Chondros angesehen. Auch wenn blaue Adulti vielleicht nicht den gleichen „Schockeffekt" auf einen Betrachter wie einige andere, greller gefärbte Chondros haben mögen, so haben diese himmelblauen Schönheiten doch etwas von Klasse und Vornehmheit an sich. Vielleicht liegt es daran, daß die blaue Farbe irgendwie perfekt zu diesen baumbewohnenden Pythons paßt. Selbst in der Natur werden hin und wieder blaue Exemplare gefunden, und die Färbung hat auch nichts von dem „Künstlichen" an sich, das manchen Liebhaber vor Designer-Morphen zurückschrecken läßt.

Das Blau von erwachsenen Chondros kann von Graublau bis hin zu einem strahlenden Türkis reichen. Die herausragendsten Exemplare scheinen von innen zu leuchten und sind selbst vom entferntesten Punkt eines großen Raumes deutlich zu erkennen, wenn sie auf ihrem Ruheast liegen. Der erste blaue Chondro, der mir begegnete, befand sich in einem Schauterrarium im National Zoo. Das war 1994, und selbst wenn ich mir ein wenig Übertreibung in der Erinnerung zugestehe, war das einfach nur ein spektakulärer Anblick.

Auch bei dieser Morphe gibt es ein verwirrendes Element, das von vielen Chondro-Liebhabern mißverstanden wird. In Wirklichkeit existieren nämlich zwei Typen von High Blue-Chondros – Weibchen, die während ihrer Trächtigkeit und des Bebrütens der Eier eine blaue Färbung angenommen haben und Chondros beiderlei Geschlechts, die einen hohen Anteil blauen Pigments in weiten Bereichen des Körpers besitzen. Auch wenn beide als High Blue bezeichnet werden mögen, so sind sie doch nicht identisch. Tatsächlich mögen sie sogar genetisch inkompatibel sein und keine blauen Nachkommen hervorbringen. Lassen Sie uns zunächst die vorübergehend blau gefärbten Weibchen betrachten.

Wenn sich Chondro-Weibchen auf die Fortpflanzung vorzubereiten und Eizellen zu entwickeln beginnen, nehmen sie oftmals eine andere Färbung an, die darauf hinweist, daß ein Eisprung bevorsteht. Dies ist jedoch nicht bei allen Weibchen der Fall, und nicht alle Weibchen werden währenddessen blau. Der Beginn dieser Umfärbung geht normalerweise mit Einsetzen der Futterverweigerung einher und einem etwas verdickten Aussehen, das durch das Reifen der Eizellen in den Eileitern verursacht wird. Die Tönung und Sättigung der Farbe kann dabei von einem schwachen

Abb. 117: Wer sagt, daß hormonell blau nicht wunderschön ist? „Aquagirl" (TW-93-12) blieb nach seiner dritten Fortpflanzung permanent blau. Einige ihrer Nachkommen sind in Designerzüchtern-Kreisen wohlbekannt.

Abb. 118: „Angel" soll ein OS-Exemplar sein und nimmt während der Fortpflanzung einen deutlichen Blauton an, behält diesen dann aber nicht bei. Das Foto zeigt es eine Woche nach Ablage seiner Eier in 2003.

Hauch bis zu einer völligen Umfärbung reichen. Manche Weibchen nehmen einfach einen deutlich grauen Ton an, andere zeigen Aquamarin, und wieder andere können himmelblau aussehen. Diese Farbumstellung wird seit langem auf eine hormonelle Umstellung zurückgeführt, und entsprechend umgefärbte Weibchen werden daher häufig als „hormon-blau" („hormonal blue") bezeichnet. Diese Blaufärbung ist allerdings nicht auf Weibchen mit sich entwickelnden Eizellen beschränkt – sie kann auch bei solchen mit einem Tumor in den Nieren oder Eierstöcken auftreten (BARKER pers. Mitt.).

Einige Weibchen kehren nach der Eiablage (und ggf. Brutpflege) wieder zu ihrer normalen grünen Färbung zurück, andere behalten eine wäßrig blaugrüne Tönung bei, und wieder andere sind von nun an ständig blau gefärbt. Die meisten Weibchen, die nach ihrer ersten Eiablage etwas Blau beibehalten, erhalten sich mehr davon nach der zweiten und tragen nach der dritten schließlich nur noch ein blaues Kleid. Diese Farbveränderung scheint bei aus Papua-Neuguinea stammenden Weibchen besonders weit verbreitet zu sein, jedoch sind auch blaue Aru-Weibchen recht häufig. Hingegen sind blaue Biak-Weibchen meiner Erfahrung nach ziemlich selten. Ich habe noch nie ein Männchen gesehen, das seine Farbe in dieser Weise hin und her verändert hätte und auch noch keines, das während der Fortpflanzungszeit „blau angelaufen" wäre. Nach meiner Erfahrung ist diese Blauumfärbung ausschließlich bei Weibchen während bestimmter Abschnitte der Fortpflanzung zu beobachten. Dazu muß nicht einmal eine Paarung stattgefunden haben oder sich auch nur ein Männchen im gleichen Terrarium befinden.

Diesen hormonell umgefärbten Weibchen stehen die wirklich blauen Chondros beiderlei Geschlechts gegenüber. Selbige nehmen die blaue Färbung während ihrer ontogenetischen Umfärbungsphase an und werden auch nach deren Abschluß nicht grün. Es kann mehrere Jahre dauern, bis sich die Farbe vollständig etabliert hat, oder sie kann schon bei einem jungen erwachsenen Tier vorhanden sein, in einzelnen Fällen sogar schon bei einem Jährling. Viele von diesen Exemplaren sind wahrhaftig spektakuläre Tiere. Sie sind allerdings nicht häufig zu finden und stets überaus wertvoll. Bläulinge lassen sich nicht so einfach wie z.B. High Yellows vermehren und werden folglich auch nicht häufig angeboten.

Abb. 119: Dieses attraktive Tier vom Sorong-Typus (GM-00-21) hat die typische blaue Rücken- und Seitenzeichnung. Es ist kein „High Blue"-Chondro und sollte auch nicht als solcher vermarktet werden.

Viele Chondros haben etwas Blau in ihrer Zeichnung, vorallem die typischen Tiere des Sorong-Typus, die sich durch blaue Rückenstreifen und dreieckige Zeichnungselemente auszeichnen. Auch wenn diese sehr attraktiv aussehen können, so sind es doch keine Vertreter der blauen Morphe. Echte High Blue-Chondros sind auf der Oberseite weitestgehend oder vollständig blau gefärbt und haben nicht nur blaue Markierungen. Die blaue Farbe ist dabei

Abb. 120: Das Morris-Männchen schlüpfte 1996.

nicht nur auf den Schuppen, sondern auch auf der darunter und dazwischen liegenden Haut, der Interstitialhaut, sowie bisweilen auch auf den Ober- und Unterlippenschildern zu finden. Selbst die vorzüglichsten Exemplare haben jedoch auch immer noch hier und da einige Spuren von Grün, gewöhnlich hell und verblaßt, an den Stellen, an denen sie als Jungtiere Zeichnungselemente wie Dreiecke oder Kopfstreifen aufwiesen.

Blaue Grüne Baumpythons haben schon seit Beginn der Nachzuchtversuche im Terrarium einen besonderen Platz gehabt, zumindest in den USA. Al ZULICH begann seine beste Zucht 1984 mit einem blauen Wildfang-Weibchen und verwendete ein weiteres großes, nachgezogenes Weibchen in seinem Zuchtprogramm. Es ist nicht bekannt, ob eines dieser Weibchen oder beide hormonell oder ontogenetisch blau waren, obwohl man annehmen könnte, daß ersteres der Fall war. Tim MORRIS aus Maryland produzierte dann das erste ontogenetisch blaue Männchen und sorgte damit für Furore. Tim hatte zuvor ein etwas im Wachstum zurückgebliebenes männliches Jungtier aus einem Zwillingsei geschenkt bekommen. Später befruchtete dieses Tier dann ein Gelege, aus dem das besagte blaue Männchen hervorging (WALSH pers. Mitt.). Auch wenn der Zuchtstamm heute nicht mehr im Besitz von Tim MORRIS ist, wird sein Name noch immer mit diesem Tier und dem Zuchtstamm in Verbindung gebracht. Dieser gehört heute John HOLLAND, der das Männchen mehrfach mit verschiedenen Weibchen verpaart hat, darunter auch dessen (vermutlich) hormonell blauen Muttertier. Hieraus entstanden einige sehr ansprechende Exemplare einschließlich einiger blauer und halb-blauer. Es bedurfte dann jedoch erst einer Ausleihe des Männchens an Trooper WALSH in 2002, um auf die richtige genetische Kombination zu stoßen, die nun endlich die gewünschten Ergebnisse hervorbrachte. Die Verpaarung mit einem Weibchen namens „Carolina" (TW-98-02) führte zu einem Wurf brauner Jungtiere, von denen sich etliche zu blauen Jährlingen entwickelten, die offensichtlich auch als Adulti noch blau sein würden. Diese jungen Exemplare rangierten zwischen überdurchschnittlich und herausragend. Ein mit mir befreundeter Chondro-Fan, Matt MURPHY, erwarb eines dieser Jungtiere, und dieses stellte sich als eines der besten aus dem ganzen Wurf heraus. Matt taufte dieses Tier „Mojo" und war schließ-

Abb. 121: „Mojo" (TW-02-21) ist einer der spektakulären ontogenetisch blauen Nachkommen aus der Verkreuzung Morris x Carolina von 2002.

Abb. 122: Der Verfasser erwarb „Aquaman" (TW-95-05) als Schlüpfling, und dieser entwikkelte sich dann zu einem prächtigen ontogenetisch blauen Männchen, das einige großartige Nachkommen zeugte. Dieses Tier zeigte seine vollständige Blaufärbung erst im Alter von etwa fünf Jahren, als es bereits fortpflanzungsaktiv war.

lich bereit, den Inhalt meines Bankkontos im Tausch gegen dieses exquisite Männchen anzunehmen. Leider verstarb das Muttertier kurz nach dem Schlüpfen der Eier, so daß das legendäre Pärchen nur dieses eine Gelege produzieren konnte. Es bleibt daher nur zu hoffen, daß Mojo und seine Geschwister ihr genetisches Potential für weitere blaue Nachkommen nutzen können.

Meine eigene Arbeit mit High Blues begann mit einem blauen Männchen, das ich 1995 als Jungtier erwarb. „Aquaman" (TW-95-05) war der Vater von vier Gelegen in einem Zeitraum von sechs Jahren. Seine Partner bestanden aus einem Weibchen des Sorong-Typus, zwei hormonell blauen Weibchen und einem ontogenetisch blauen Weibchen. Während ich diesem Chondro beim Wachsen zusah, begriff ich, daß man bei blauen Tieren Geduld aufbringen muß. Aquaman begann in seinem dritten Lebensjahr, ein Potential für Blau zu zeigen, war aber erst in seinem fünften voll ausgefärbt. „Blue Max" (GM-00-18), ein heute im Besitz von Greg und Michelle Gibbs befindliches blaues Männchen, und „Alice" (GM-99-42), ein hormonell blaues Weibchen, das ich selbst behalten habe, sind Nachkommen der beiden ersten von Aquaman gezeugten Würfe. Ein weiterer Meilenstein bei der Zucht von High Blues kam 2001, als eine Verpaarung mit einem hormonell blauen Weibchen ein Tier hervorbrachte, das sich als Jährling direkt zu einem Bläuling umwandelte, ohne zuvor eine grüne Zwischenphase zu durchlaufen. Ich taufte dieses junge Exemplar „Blue Frost" (GM-01-30), nachdem es wie mit blauen Schuppen gepudert aussah. Aquamans letz-

Abb. 123 u. 124: Nachkommen von „Aquaman": „Blue Max" (GM-00-18) Mitte und „Blue Frost" (GM-01-30) unten, sind zwei der ontogenetisch blauen Männchen mit diesem Stammbaum.

tes Gelege wurde mit einem ontogenetischen blauen Weibchen (namens „My Song", TW-98-25, oben abgebildet) gezeugt. Aus dieser Paarung behielt ich ein Männchen zurück („Blues Brother", GM-04-02), das sich zu einem wunderschönen Chondro entwickelt, der noch mehr Blau zeigt als sein Vater im selben Alter. Aquaman starb im Frühjahr 2005. Wir werden ihn vermissen, aber seine Gene leben weiter!

Ein weiteres blaues Weibchen in meinem Bestand ist „Pepper" (AZ-96-14) aus einem Gelege von 1996 in der Zucht von Al Zulich. Dieses wies bereits vor seinem ersten Gelege einen ungewöhnlich hohen Blauanteil auf und verstärkte diesen noch, nachdem es zum ersten Mutter geworden war (siehe das Foto im Abschnitt „Mite Phase"). Pepper stammt von Al Zulichs großem, blauen Nachzucht-Weibchen (inzwischen verstorben) ab und ist seinerseits die Mutter von zwei der attraktivsten und ungewöhnlichsten Chondros, die je bei mir geschlüpft sind – und das bei zwei verschiedenen Vätern! Der erste davon ist „Darth Maul" (GM-02-12), der seinen Namen schon als Baby von einem Teilnehmer im ChondroForum erhielt, dem die Ähnlichkeit der dunklen Streifen auf dem roten Kopf mit der Figur gleichen Namens in „Star Wars" auffiel. Darth ist auf dem Umschlag dieses Buches abgebildet, und wenngleich er nicht unbedingt ein wirklicher High Blue-Chondro ist, so hat er doch eine ganze Menge Blau vorzuweisen. Das zweite Tier stammt aus einem einzigartigen Gelege der Brutsaison von 2004. Es wurde von meinem Merauke-Kreuzungsmännchen ge-

Abb. 125: „Darth Maul" (GM-02-12) ist – nach Auffassung des Verfassers – einer der schönsten Designer-Chondros, die jemals produziert worden sind. Dieses Exemplar geht auf die „Blue"-Zucht von Al Zulich Anfang der achtziger Jahre zurück.

zeugt und ist mit Sicherheit einer der extremsten Designer-Chondros, die überhaupt jemals produziert worden sind. „Ella-Diablo“ (GM-04-47) hat Verbindungen zum Albino-Zuchtprojekt, und unter dieser Überschrift können Sie dann in diesem Kapitel auch mehr über dieses Weibchen erfahren.

Abb. 126: Dieser hervorragende Jährling stammt aus meiner Verpaarung von „Aquaman“ und „My Song“ in 2004 und zeigt bereits jetzt eine hübsche Blaufärbung, die mit zunehmendem Alter sicher noch intensiver werden wird.

Ich arbeite gerne mit beiden Typen von blauen Weibchen, auch wenn viele andere Pfleger der Auffassung sind, daß bei ontogenetisch blauen Weibchen bessere Chancen für ebenfalls blaue Nachzuchten bestehen, wenn diese mit einem blauen Männchen verpaart werden. Ich war ebenfalls dieser Annahme und werde auch fortfahren, blaue Männchen mit ontogenetisch blauen Weibchen zu verpaaren, doch sind die herausragendsten Männchen, die ich bislang gesehen habe und die bei mir geschlüpft sind, allesamt aus Gelegen von grünen, bzw. hormonell blauen Muttertieren hervorgegangen. Ich finde hormonell blaue Weibchen außergewöhnlich schön, und es ist wahrscheinlich, daß sie weiblichen Nachwuchs produzieren, der im Laufe von einer oder mehr Trächtigkeiten ebenfalls hormonell blau wird (siehe dazu **Abb.** 18 von „Alice“, GM-99-42). Andererseits habe ich noch keine schlüssigen Beweise dafür gesehen, daß eine Verpaarung eines blauen Männchens mit einem hormonell blauen Weibchen bessere Ergebnisse erbringt, als die Verpaarung eines solchen mit einem „normalen“ Weibchen. Ich habe beides probiert, und aus beiden Kreuzungen sind exquisite blaue Nachkommen hervorgegangen. Auch sind in vielen Beständen jede Menge grüne Adulti das Ergebnis von Paarungen zwischen blauen Elterntieren gewesen – ungeachtet der zum Teil übertriebenen Verkaufserfolge. Diese Sachlage weist darauf hin, daß ideale Partnerkombinationen noch immer am besten durch versuchsweise Verpaarungen ermittelt werden und nur dann verläßliche Ergebnisse produzieren. Fest steht in jedem Fall, daß diese Morphe noch nicht im gleichen Maße wie High Yellow etabliert ist, auch wenn Fortschritte durchaus zu erkennen sind.

Noch vor wenigen Jahren galten blaue Chondros als überaus selten, und vielfach wurde der Unterschied zwischen den beiden Typen nicht verstanden. Heute weiß man, daß hormonell blaue Weibchen in all ihrer Schönheit und Begehrtheit gar nicht so selten sind. Echte High Blues des zweiten Typs gehören andererseits zu den gesuchtesten Designer-Chondros und können daher zum Teil ganz erhebliche finanzielle Investitionen erfordern. Wie nicht anders zu erwarten, hat dies zur gleichen Art von Mißbrauch, Übertreibung etc. geführt, die auch im Falle von Verkaufsanzeigen für High Yellows zu finden sind. Auch wenn auch hier der persönliche Geschmack und die eigene Meinung bei der Beurteilung, was wirklich „High" Blue ist, eine große Rolle spielen, ist es doch erstaunlich, was so alles auf manchen Anzeigenseiten im Internet oder an den Verkaufstischen auf Reptilienbörsen unter dieser Bezeichnung angeboten wird. Einmal begegnete mir ein völlig grüner Chondro mit dem Schild „True Blue" auf einer Börse in Pottstown in Pennsylvania. Das amüsierte mich besonders in der Hinsicht, daß diese Bezeichnung von mir selbst aufgebracht worden war, eben um wirkliche High Blues von Verkaufsenten zu unterscheiden. Man kann gar nicht oft genug wiederholen, daß die normalen blauen Streifen, Dreiecke und Flecken auf den Flanken, die bei vielen Chondros zu finden sind, nichts mit einem „High Blue" zu tun haben.

Nach meiner Erfahrung brauchen, wie bereits erwähnt, sowohl Exemplare des Sorong-Typus als auch echte ontogenetisch blaue oftmals mehrere Jahre zur vollständigen Ausbildung ihrer blauen Färbung. Alle Chondros mit blauer Färbung sehen unter natürlichem Sonnenlicht, bzw. bei einer guten Vollspektrumbeleuchtung am besten aus. Normale weiße oder gelbe Innenbeleuchtung ruinieren hingegen die Blaufärbung.

Kurioserweise gibt es anscheinend keinen Nachweis eines blauen Schlüpflings. Auch ist es unmöglich, durch Betrachten eines Jungtieres festzustellen, ob daraus einmal ein blaues erwachsenes Tier werden wird. Wie immer sind es die Elterntiere, die weitgehendst das spätere Aussehen ihrer Nachkommen bestimmen. Aus diesem Grunde sind Elternpaare mit nachweisbaren Zuchtergebnissen aus der Vergangenheit noch die sicherste Möglichkeit, noch nicht umfärbende Babies zu erwerben, bei denen die Chance besteht, daß sie einmal blau werden. Einige Aufzeichnungen deuten darauf hin, daß die größte Wahrscheinlichkeit hierfür bei zeichnungslosen braunen Jungtieren mit einem blauen Vatertier besteht.

Abb. 127: Der „Computer Chondro" (TW-93-05) ist das Begründermännchen des Calico-Zuchtprojekts und bestimmt einer der schönsten Designer-Chondros.

Calico

Calico-Chondros zeigen eine wunderschöne individuelle Mischung von Farben sowie gesprenkelte und gefleckte Zeichnungsmuster. Obwohl hieraus zwei verschiedene Farbmorphen, nämlich „Yellow" und „Chocolate" hervorgegangen sind, zeichnet sich diese Morphe eigentlich durch eine Sprenkelzeichnung aus vielen verschiedenen Farben aus. Der dadurch erzeugte optische Effekt der vielen individuell gefärbten Schuppen ist der Betrachtung von Pixeln auf einem Computer-Bildschirm bei großer Vergrößerung nicht unähnlich. Calicos haben bis zu neun gut zu unterscheidende Farben, darunter Orange und Gelborange, Hellgelb, Dunkel-

und Limonengrün, dunkel Schokoladenfarben und rötlich Braun, Schwarz, Weiß, Aquamarin, Blau und Senffarben. Diese Zucht hat darüber hinaus einen starken Hang zu Tieren, bei denen Kopf und Hals scharf in einer anderen Farbe vom Körper abgegrenzt sind.

Die Zuchtform Calico liegt mir besonders am Herzen, weil ich sie entwickelt habe. Um es jedoch gleich klarzustellen – ich bin nicht der Erfinder des Begriffs „Calico" („Kattun") und auch nicht der erste, der ihn für eine Farbzuchtform eines Reptiles verwendet. Vermutlich ist die Calico-Hauskatze am weitesten bekannt, jedoch ist die Verwendung des Namens bei Reptilien nicht an bestimmte Farben und das Geschlecht gebunden (alle Calico-Katzen haben die gleichen drei Farben und sind alle weiblich). Calico-Morphen sind unter anderem auch von Tiger-, Netz- und Königspython bekannt. Diese Calico-Pythons entsprechen jedoch keineswegs dem Calico-Chondro, sondern haben ganz andere Merkmale.

Das Ursprungstier dieser Zucht schlüpfte 1993 als braunes Baby aus einem Januar-Gelege bei Trooper Walsh von ganz normal gefärbten Elterntieren. Mit Beginn der Umfärbung war schon bald zu erkennen, daß mit diesem Exemplar etwas Ungewöhnliches vor sich ging. Es begann eine gelbe Körperfarbe zu zeigen, hatte jedoch eine dichte Sprenkelung mit anderen Farben, darunter Hellgrün, Dunkelgrün, Schwarz, Gelb, Gelborange, Hellblau, Aquamarin und Weiß. Zu dieser interessanten und attraktiven Farbzeichnung kam hinzu, daß sich die Sprenkelung und Fleckung sehr gleichmäßig über das gesamte Tier von Kopf bis Schwanz verteilte. Die einzige Ausnahme von dieser Regelmäßigkeit

Abb. 128–130: Einzigartige Calico-Merkmale: Diese Fotos zeigen die Vielfalt der Farben, das „verpixelte" Aussehen verschiedenfarbiger Schuppen und den mit dem Körper kontrastierenden Kopf und Hals. Dies sind mehr als nur gesprenkelte oder Mite Phase-Chondros.

Abb. 131: Das Ursprungsmännchen: gut zu erkennen sind Kopf, Hals und das „verpixelte" Aussehen der Körperzeichnung.

war der Kopf, der mehr oder weniger grün war, bevor direkt hinter dem Hinterkopf eine gelborange Färbung begann. An einigen Stellen lagen einzelne Schuppen mit verschiedenen Farben direkt nebeneinander, an anderen bildeten solche mit ähnlichen Farben kleine Inseln. Der dadurch erzeugte Gesamteindruck war ähnlich der körnigen Auflösung eines Computer-Bildschirm bei ganz naher Betrachtung. Ich kaufte dieses männliche Tier dann im Alter von zwanzig Monaten. Zu diesem Zeitpunkt war die „Designer"-Zucht noch keine weitläufig praktizierte Freizeitbeschäftigung, und ich vermute, jeder nahm an, daß dies ein einmaliger „Freak" war. Gene BESSETTE nannte das Männchen den „Popcorn-Chondro", aber ich gab ihm wegen des pixel-ähnlichen Musters den Spitznamen „Der Computer-Chondro".

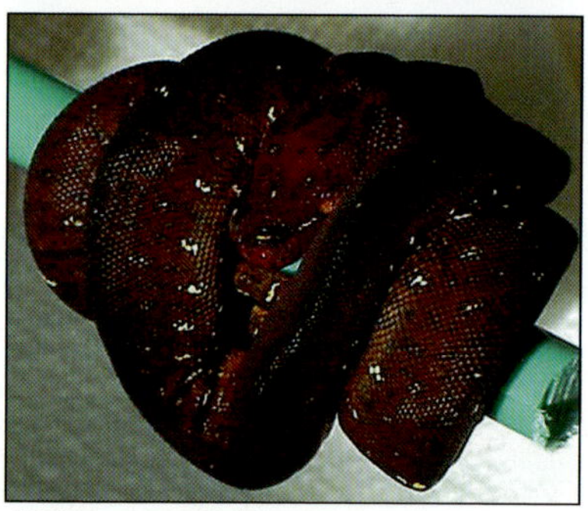

Abb. 132: „Calico Junior" (GM-99-09) war als Baby sehr dunkel und nahezu zeichnungslos

Rein zufällig hatte ich ein halbes Jahr vor diesem Männchen auch ein normal aussehendes Weibchen aus dem gleichen Wurf erworben. Ich beschloß daher, die beiden zu verpaaren und so möglicherweise ein weiteres Calico-Tier hervorzubringen. Nach drei gescheiterten Versuchen erhielt ich dann 1999 das erste sich entwickelnde Gelege von den beiden. Von den Schlüpflingen überlebten nur drei Tiere (die Hintergründe sind eine eigene Geschichte), von denen eines, ein völlig ungewöhnliches, dunkles Tier mit ganz wenig Zeichnung, im Alter von einem Jahr eine abnormale Zeichnung zu produzieren begann und schließlich zum zweiten Calico-Männchen, „Calico Junior" (GM-99-09), heranwuchs. Junior hat das gleiche verpixelte Aussehen wie sein Vater, jedoch scheinen die Farben diesem gegenüber umgedreht zu sein. Wo „Der Computer-Chondro" Gelb als Grundfarbe zeigt, besitzt Junior Schokoladenbraun, und darauf finden sich Farben wie Grün, Gelb, Rotorange,

Abb. 133: „Calico Junior" (GM-99-09) ist einer der ungewöhnlichsten Designer-Chondros. Sein Schlupf bestätigte, daß die Calico-Merkmale erblich waren.

Gelborange, Aquamarin, Hellblau und Erbsengrün. Junior sieht damit beinahe wie ein Fotonegativ seines Vaters aus. War ich schon über die Produktion eines solch wunderschönen und einzigartigen Tieres aus dem Häuschen, so war ich doch gleichermaßen darüber begeistert, daß ich nun nachgewiesen hatte, daß Calico ein vererbbares Merkmal war. Letzteres war natürlich die Antwort auf eine immer wiederkehrende Frage. Das verpixelte, vielfarbige Calico-Muster war definitiv eine genetisch fixierte Eigenschaft. Die zwei überlebenden Geschwister von Junior waren hübsche Tiere, jedoch ohne jedwede Ähnlichkeit mit ihm oder dem Vater.

Abb: **134:** „Delilah" (GM-01-15) ist ein herausragendes Weibchen aus dem Calico-Gelege von 2001. T. PHILLIPS

Im Herbst 2000 verpaarte ich das ursprüngliche Männchen mit einem exquisiten, nur entfernt verwandten, gelben, grünen und blauen Weibchen. Das daraus resultierende Gelege begann, praktisch als Aprilscherz, am 1. April 2001 zu schlüpfen. Insgesamt erbrachte es achtzehn Jungtiere, von denen jedoch einige im Alter von wenigen Wochen einer bakteriellen Infektion erlagen, die das Eidotter befallen hatte. Etwa ein Dutzend Tiere überlebten diese Episode, und einige von diesen wuchsen zu herausragenden Exemplaren heran. Eines davon, das Weibchen „Delilah" (GM-01-15), erwies sich schließlich als geradezu spektakulär. Es ist heute im Besitz von Tomm PHILLIPS und wird hoffentlich einen großen Beitrag zur Zucht der gelben Form dieser Morphe leisten können. Ein anderes großartiges Weibchen aus diesem Gelege ging zu Andrew KELLEY, und andere befinden sich nunmehr bei diversen anderen Pflegern. Die von mir zurückbehaltenen Tiere erwiesen sich als weniger aufregend und sollten damit jene beruhigen, die glauben, ich hätte magische Kräfte und könnte die jeweils besten Jungtiere aus einem Wurf herauspicken. Eines dieser Weibchen zeigte anfangs eine nette Färbung und Sprenkelung, wurde dann aber zu einem grünen Tier, bei dem nur noch Andeutungen der ehemaligen Farben zurückgeblieben sind. Natürlich besitzt es aber die genetische Veranlagung für das Calico-Muster und könnte sich als kostbares Zuchttier erweisen. Ein zweites

Abb. 135: Ein weiteres schönes Calico-Weibchen aus 2001. J. HICKNER

Abb. 136: „Lemongirl" (TW-94-144) ist die Mutter von zwei großen Würfen von Calico-Babies.

Abb. 137: „Hat Trick" (GM-04-20) ist ein Calico-Männchen in dritter Generation und ein Ausnahmetier aus dem Gelege von 2004.

und besser aussehendes Weibchen bekam dann Gesundheitsprobleme und wurde letztlich eingeschläfert, um den Zuchtstamm nicht zu schwächen. Insgesamt war ich mit den Ergebnissen dieser Paarung durchaus zufrieden, und derzeit wird geplant, Delilah für eine Paarung im Jahr 2006 auszuleihen.

In 2004 wurden beide Calico-Männchen mit jeweils einem Weibchen verpaart. Die Verabredung des Computer-Chondros wurde nicht trächtig, Calico Junior stellte jedoch unter Beweis, daß er ein ebenso nachdrücklicher wie genetisch potenter Liebhaber ist. Seine Partnerin war das gleiche Weibchen wie für das oben erwähnte Calico-Gelege von 2001, und es produzierte ein Gelege, aus dem im Mai 22 Jungtiere schlüpften. Das Ergebnis übertraf dann alle vorangegangenen Bemühungen, und gegenwärtig wachsen mehrere stark gesprenkelte Jährlinge heran. Ein rotes Jungtier davon repräsentiert somit die dritte Generation von Calico-Männchen und zeigt eine völlige Verpixelung in allen Farben seines Vaters und Großvaters. Dieses Mal scheint es jedoch so, daß der Wurf davon mehrere Exemplare enthält. Darunter ist auch ein geradezu phantastisch aussehender grüner, blauer und schwarzer Jährling, und es scheint sich ein männliches Ebenbild des Muttertieres herauszubilden. „Lemongirl" (TW-94-144) nimmt für ihren Beitrag zur Calico-Zucht in meinem Herzen einen besonderen Platz ein; sie ist inzwischen in Rente gegangen und hat einen Ehrenplatz in meinem Bestand.

Der Computer-Chondro konnte 2005 ein weiteres Weibchen („Hershey", BG-01-10) schwängern, jedoch erwiesen sich nur fünf der gelegten Eier als befruchtet und schlupffähig. Eines dieser Jungtiere ist sehr dunkel und hat kaum Zeichnung …

Abb. 138: Ich bin stets auf der Suche nach ungewöhnlichen Weibchen, die ich mit meinen Calico-Männchen verpaaren kann. Dieses atemberaubende Tier stammt aus dem „Dream"-Zuchtstamm von HUDSON, und ich konnte es mir für die Saison 2006 von Brett MAZIMANN ausleihen.

Wie bei anderen kostbaren Morphen kamen auch hier jene ans Tageslicht, die von der bestehenden Nachfrage durch Tiere profitieren wollen, die keinerlei Ähnlichkeit mit echten Calicos haben. Dazu werden vorallem halb umgefärbte Biaks als „Calico" in Verkaufsanzeigen angeboten. Auch sind schokoladenfarbene Calicos, entgegen einiger Behauptungen, keine melanistischen Hochlandtiere. Hin und wieder werden auch andere ungewöhnliche Exemplare als Calicos bezeichnet, jedoch ist der Name eigentlich kein Sammelbegriff für jeden x-beliebigen abnormal aussehenden Chondro. Auch wenn ich kein Patent auf den Namen für diese Zuchtform habe, halte ich es für professionell und ethisch, seinen Gebrauch auf Fälle zu beschränken, die wirklich den damit bezeichneten Merkmalen gemäß der Definition des Schöpfers der Morphe entsprechen. Beispielsweise gibt es auch eine ganze Menge gelber Chondros, doch die ernsthaften Chondro-Pfleger respektieren die Tatsache, daß sich „Lemon Tree" auf einen ganz bestimmten Zuchtstamm beziehen, nämlich den von Tim TURMEZIE begründeten.

Abb. 139: „Pepper" (AZ-96) ist ein großes blaues Mite Phase-Weibchen, das einige extreme High End-Nachkommen hervorgebracht hat.

Abb. 140: Dieser stark pigmentierte Calico-Jährling von 2004 wird vielleicht sein Schwarz auch als erwachsenes Tier beibehalten, vielleicht aber auch nicht. Sein Vater ist Calico Junior, so daß die Aussichten hierfür gut stehen. Mit solchen Tieren muß man jedoch Geduld haben.

Mite Phase

Dieser Name wurde von einem jungen Pfleger namens John ROMANO für Chondros mit schwarzer Sprenkelung geprägt. Die Bezeichnung findet nicht allseitigen Zuspruch, vermutlich weil dadurch stets eine Erinnerung an die Plage aller Schlangenpfleger wach wird – den Befall mit Milben (engl. „mites"). Auch mag man „Phase" in der Bedeutung eines vorübergehenden Zeitraums in diesem Zusammenhang mißverstehen. Viele der so gezeichneten Exemplare behalten nämlich ihre fetten schwarzen Zeichnungselemente auch als Adulti bei. Der Name hat sich inzwischen eingebürgert, und wer ihn nicht mag, wird sich wohl trotzdem damit abfinden müssen.

Mite Phase-Chondros können dicht mit schwarzen Punkten gesprenkelt sein; die Sprenkelung kann aber auch stark aufgelöst sein oder sich lediglich auf die Interstitialhaut beschränken. Nicht selten verschwindet die schwarze Sprenkelung mit zunehmendem Alter völlig. Da dies recht häufig vorkommt, sind Mite Phase-Exemplare solange zweifelhaft, bis sie wirklich erwachsen sind. Selbst stark gefleckte Jährlinge können noch sämtliches Schwarz verloren haben, wenn sie zwei oder drei Jahre alt sind. Sie können das Merkmal jedoch an ihre Nachkommen weitergeben. Nach meiner Erfahrung läßt sich diese Morphe gut vermehren, und das Aussehen sollte sich durch Auswahlzucht stabilisieren lassen. Ich selbst besitze ein grünes Männchen, das selbst niemals eine Mite Phase-Zeichnung aufwies, auch nicht während seiner Umfärbung, jedoch mit mehreren Weibchen etliche gut aussehende Mite Phase-Nachkommen produziert hat. Das Merkmal scheint genetisch dominant zu sein, so daß es bei einer Reihe von Nachkommen bereits auftritt, wenn es nur bei einem der Elterntiere vorhanden ist. Extrem gezeichnete Exemplare sind ausgesprochen attraktiv – vor allem bei einer blauen Grundfarbe – und folglich sehr gesucht. Interessanterweise habe ich noch nie einen High Yellow-Mite Phase-Chondro gesehen.

Ein Gerücht besagt, daß Hochlandtiere ihre Schwarzfärbung verlieren, echte Mite Phase-Exemplare sie jedoch behalten. Auch wenn ich mir nicht sicher bin, ob Hochland-Chondros tatsächlich eine größere Neigung zu Melanismus haben, kann ich mit Sicherheit angeben, daß sowohl Hochland-Zuchtstämme als auch Mite Phase-Tiere aus Auswahlzucht das schwarze Pigment im Laufe ihrer Entwicklung entweder verlieren oder beibehalten.

Einige Designer-Zuchten haben Tiere hervorgebracht, die derart dicht schwarz oder dunkelbraun pigmentiert sind, daß sie nicht mehr dem Erscheinungsbild regulärer Mite Phase-Exemplare entsprechen. Letztere zeichnen sich durch einzelne schwarze Schuppen oder Schuppenspitzen aus und nicht durch großflächigen Melanismus aus. Derartige Chondros sollten folglich auch nicht als Mite Phase bezeichnet werden.

Abb. 141: Ein „Mustard"-Chondro aus der Zucht von Jim DEVOLDER mit NICOLI-Tieren. S. GORDON

Andere Farbformen

Angesichts der großen Vielfältigkeit des Grünen Baumpythons ist die Aussicht auf weitere Farbmorphen umso wahrscheinlicher, je mehr Tiere nachgezogen werden. Zur Zeit gibt es mehrere Morphen, die allgemeine Anerkennung finden, und einige Züchter versuchen Merkmale zu stabilisieren, die ihnen besonders zusagen. Dies ist jedoch bis zum gegenwärtigen Zeitpunkt noch nicht ausreichend gelungen, so daß man nicht von einzelnen Morphen mit bestimmten vererbbaren Merkmalen reden kann. Bei einigen sollte dies jedoch in der Zukunft der Fall sein. Dazu gehören:

Abb. 142: Ein „Mustard"-Weibchen aus der Kreuzung von Biak-Tieren beim Verfasser. Die kastanienbraunen Jungtiere färbten sich zu High Yellow-Tieren um; dies war jedoch ein gelber Schlüpfling.

„Mustard" („Mostrich") – Derartige Chondros zeigen ungefähr die Färbung des braunen Senfs für amerikanische Hot Dogs mit einer Schwankungsbreite von gedämpftem Gelb bis zu einem olivgelblichen Grün. Obwohl nicht bei vielen Pflegern beliebt, haben Mustard-Chondros doch ihre Anhänger, und es gab verschiedene Ansätze für Farbzuchten. Jim DEVOLDER produzierte einen Wurf mit guten Ergebnissen, und der kanadische Züchter Craig STEWART erhielt im Juli 2004 ein Gelege von Mustard-Eltern. Ich habe seit

Abb. 143: „High Contrast"-Männchen „Kermit" aus der Zucht von Winslow MURDOCH und heute im Bestand von Tomm PHILLIPS.

Abb. 144: Ein prächtiger High Contrast-Chondro aus der Zucht von Helmut SOMMERAUER. Eltern: ein Sorong-Weibchen und ein „White Flower" Yapen-Typus-Männchen. M. VAN EIJNSBERGEN

dem Schlupf keine Fotos mehr von den Jungtieren gesehen. Es ist vermutlich nur eine Frage der Zeit, bis diese Farbform besser etabliert ist.

„High Contrast" („Hochkontrast-") – Hierunter fallen mehrfarbige Chondros mit leuchtenden Grün-, Gelb- und Blautönen. Die meisten dieser Tiere sind anscheinend durch Auswahlzucht entstanden und nicht durch spontane Mutation oder durch die Verpaarung unähnlicher Elterntiere. Mein Freund und Züchterkollege Tomm PHILLIPS hat High Contrast-Chondros zu einem Schwerpunkt seiner Zuchtbemühungen gemacht und kann inzwischen einige wirklich sehr schöne Exemplare vorweisen. Häufig können sehr ansprechende Tiere, die keiner anderen Morphe richtig entsprechen, ganz zutreffend als High Contrast bezeichnet werden. Hierunter fallen auch Chondros mit überdurchschnittlichem Gelbanteil, die keine wirklichen High Yellows sind.

„High White" („Viel Weiß") – Wie zu vermuten, handelt es sich dabei um High End-Chondros des Aru-Typus. Es ist merkwürdig, daß sich der Weißanteil bei diesen Tieren weit weniger durch Auswahlzucht verstärken zu lassen scheint als alle anderen Farben. Ich weiß von einigen Züchtern, die sich mit der Weiterentwicklung von High Whites des Aru-Typus beschäftigen, um dadurch zu einem stetigen Anteil von neuen Tieren in jedem Wurf zu gelangen. Einer von diesen kann auf etliche Generationen in Auswahlzucht zurückblicken und schätzt, daß nunmehr bei 15 bis 30 % der Jungtiere jedes Wurfes das High White-Merkmal zum Tragen kommt (ROUILLE pers. Mitt.). Allem Anschein nach sind Männchen häufiger mit mehr weißer Zeichnung versehen als Weibchen, jedoch trifft das nicht auf alle Fälle zu.

Die High White Japen-Form des Biak-Typus scheint in den Terrarien weniger weit als die Aru-Form verbreitet zu sein. Diese Tiere zeichnen sich durch große weiße Rosetten aus mehreren entsprechend angeordneten Schuppen aus. Wenigstens in einem Fall sind zwei Elterntiere mit diesem Merkmal verpaart worden, und es wurde mir berichtet, daß beinahe alle Nachkommen dieses Merkmal ebenfalls aufwiesen.

„Key Lime" ist eine relativ neue Farbmorphe mit durchgehend grüner Oberseite und kaum einer oder keiner anderen Farbe dazwischen. Einige Züchter haben die tatsächliche Tönung und Brillanz des Grün als konstantes Unterscheidungsmerkmal für diese Morphe in Frage gestellt. Die Ursachen hierfür mögen einige offensichtlich überbelichtete Digitalfotos von ganz normalen grünen Chondros sein, die als „Key Limes" vorgestellt wurden. Exemplare des Aru-Typus mit wenigen weißen Schuppen und solche aus dem Süden des Festlands mit wenigen oder keinen weißen Schuppen könnten bei Bedarf sämtlich als Key Lime bezeichnet werden. Trotzdem gibt es einige Züchter, darunter Rico WALDER von Signal Herpetoculture, die an einer Weiterentwicklung der Morphe interessiert sind, und es könnte sich durchaus herausstellen, daß sich das Merkmal durch Auswahlzucht verstärken läßt. Angesichts der großen Variabilität von Chondros ist aber die Zucht von einfarbig grünen Exemplaren ohne jedwede andere Färbung einzelner Schuppen vermutlich nur sehr schwer zu erreichen.

„Paradox" ist ein neues Zuchtprojekt von Damon SALCEIES, der wie zuvor erwähnt einer der Züchter von fundortspezifischen Merauke-Chondros ist und bei dem als ersten ein Albino schlüpfte (siehe unten). Die ursprünglichen Paradox-Tiere stammten aus dem Bestand des Zoos von Houston und fielen durch ihre willkürlich und unlogisch verteilten, also „paradoxen" Kleckse von Grün, High Yellow und Blau auf. Es sind im Grunde extreme Abarten von natürlich auftretenden Morphen, aber sie sehen einfach phantastisch aus, und es gibt Anzeichen, daß diese Merkmale vererbbar sind.

Abb. 145: Paradox-Chondro aus der Zucht mit Tieren aus dem Houston Zoo. D. SALCEIES

Albino-Chondros

Als ich mit dem Schreiben dieses Buches begann, war noch bei niemandem ein lebensfähiger Albino-Chondro geschlüpft, noch gab es nachprüfbare Berichte, daß ein sol-

Abb. 146: Der erste Albino-Chondro schlüpfte 2002 bei Damon SALCEIES. Die rote Pupille ist deutlich zu sehen. D. SALCEIES

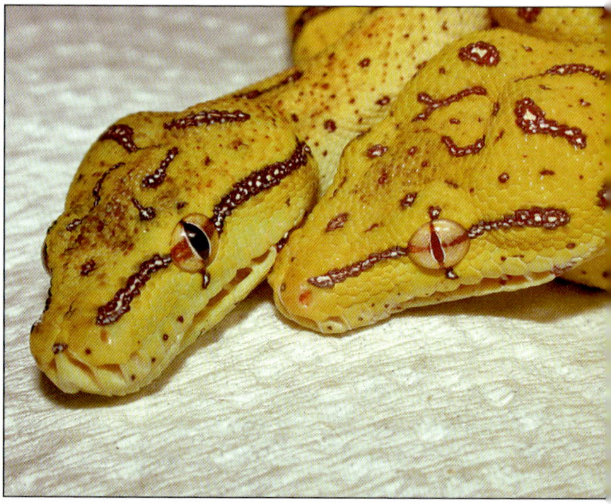

Abb. 147: Die rote Pupille des Albino-Chondro im Vergleich zu einem normal gefärbten Geschwistertier. D. SALCEIES

cher in der Natur gefunden oder gar gefangen worden wäre. Unter den Liebhabern von Chondros waren daher die Möglichkeiten für einen ersten in Gefangenschaft schlüpfenden Albino lange Zeit ein für die meisten Pfleger interessantes Diskussionsthema.

Vor 2002 gab es eine Reihe von fragwürdigen Berichten über geschlüpfte Albinos, und einer von diesen sorgte für besonders große Aufregung. Es handelte sich um ein Foto auf der VPI Webseite von Dave BARKER, das einen unterpigmentierten Embryo zeigte, der kurz vor dem Schlupf abgestorben war. Das Bild war Bestandteil eines Suchspiels auf dieser Webseite, und wie BARKER später zugab, war das Tier kein Albino, sondern eine digitale Fälschung, bei der BARKER sogar die Augenfarbe verändert hatte, um es noch mehr nach einem Albino aussehen zu lassen. Das Fotos löste jedoch eine Flut von Fragen aus und schürte das Interesse an albinotischen Grünen Baumpythons.

In der Folge tauchten noch weitere Fotos auf, die alle als Belege für albinotische Schlüpflinge gelten sollten. In allen Fällen handelte es sich offenbar um unterpigmentierte, kurz vor dem Schlupf abgestorbene Exemplare. Da sich die Pigmentierung jedoch erst während der letzten Tage der Embryonalentwicklung ausbildet, sind Embryos, die in dieser Zeit absterben, naturgemäß sehr blaß und leicht mit einem Albino zu verwechseln. Tiere in diesem Entwicklungsstadium versuchen in keinem Fall, das Ei zu verlassen, und ich betrachte gegenteilige Aussage mit größter Skepsis.

Trooper WALSH berichtete vom Schlupf eines echten Albinos mit roten Augen und roter Zunge, der jedoch keine 24 Stunden überlebte. Leider gibt es von diesem Tier kein Foto (WALSH pers. Mitt. 1999).

Es ist beinahe ironisch, daß dem „Albino"-Foto von Dave BARKER dann 1996 zwei echte Albino-Schlüpflinge von Tracy BARKER folgten. Diese stammten aus einem Gelege von einem Merauke-Pärchen mit Fundort und gingen damit als erste lebensfähige Albino-Schlüpflinge in die Chondro-Geschichte ein. Damon SALCEIES, ein Züchter von fundortspezifischen ***Lampropeltis alterna,*** erwarb einige Jungtiere aus dem BARKER-Gelege von 1996, um mit Chondros mit nachgewiesenem Fundort zu arbeiten. Ein Pärchen von diesen Geschwistertieren bescherte ihm dann im Januar 2002 ein Gelege, aus dem schließlich zwei albinotische Gelblinge schlüpften. Eines dieser Tiere erlag leider einer bakteriellen Hautinfektion, doch das andere gedieh, und SALCEIES verkündete das freudige Ereignis auf der National Breeders Expo in Daytona in Florida im August 2002. Er rief mich dankbarerweise vorher an, um mir die bevorstehende Ankündigung mitzuteilen, und seine Notiz im ChondroForum stellte einen neuen Rekord für Hits zu einem einzelnen Beitrag auf. Seine Fotos des Tieres in der ersten Auflage dieses Buchs waren die ersten in einem Druckwerk veröffentlichten.

Das Jungtier war anfangs nur schwer von seinen normal gefärbten Geschwistern zu unterscheiden. Es wies lediglich unscheinbare Unterschiede in der Färbung seiner Rückenzeichnung auf, die nur bei genauem Hinsehen auffielen. Die rote Pupille ließ allerdings keinen Zweifel offen, daß es sich wirklich und wahrhaftig um einen Albino des Grünen Baumpythons handelte. Von seinem Besitzer auf den Namen „Floyd" getauft, hat er sich inzwischen zu einem prächtigen und einzigartigen Tier von orangegelber Färbung mit verstreuten weißen Schuppen entwickelt, die das für Merauke-Tiere typische Kettenmuster bilden.

Ein paar Leute waren enttäuscht, daß der erste Albino nicht weiß ist oder zumindest nicht so aussieht, wie sie sich das vorgestellt hatten. Anfänglich gab es eine Menge Skepsis darüber, wie sich das Tier angesichts des geringen Unterscheidungsgrades zu seinen Geschwistern entwickeln würde. Die Bedenken waren jedoch unbegründet, wie die Abbildung des nunmehr erwachsenen Männchens zeigt. Trotzdem ist die Bedeutung dieses Exemplar von jenen abwertend beurteilt worden, die meinen, das Tiere wäre nicht das, was sie erwartet hätten. Diese Meinung ist aber sehr kurz-

Abb. 148: „Floyd", der Albino-Chondro, ist ein wirklich spektakuläres Tier. D. SALCEIES

Abb. 149: Ein Familienfoto von Floyd, seiner Mutter (links außen) und seinem Vater (Mitte), die beide F1-Nachkommen der Merauke-Gruppe von BARKER sind.
D. SALCEIES

sichtig und berücksichtigt in keiner Weise die Bedeutung des ersten Albinos für die Designer-Zucht. Es steht zu vermuten, daß dieses Männchen beim Verkreuzen mit allen anderen Morphen und Varietäten wiederum albinotische Nachkommen hervorbringen kann. Eine reine Albino-Zucht zu etablieren, kann Jahre dauern, jedoch wird währenddessen jeder neue Albino ein Grund zum Feiern sein! Berücksichtigt man, daß Albinos anderer, weitaus weniger gefragter Pythonarten bereits für Tausende von Dollars den Besitzer wechseln, so stellen Albino-Chondros eine erhebliche und langfristige Investition dar.

Als Besitzer eines der Tiere aus dem Barker-Gelege von 1996 war Trooper Walsh verständlicherweise von der Möglichkeit begeistert, daß sein Männchen für das Albino-Gen heterozygot sein könnte. Die meisten Leute hielten diese Erscheinung für das Ergebnis eines rezessiven Gens, auch wenn das noch zu beweisen wäre. Wäre dem wirklich so, bestünde eine 50 % Wahrscheinlichkeit für eine Heterozygotie bei sämtlichen Geschwistertieren des Albinos. Zur Erklärung: wenn ein heterozygotes Tier gemeinsam mit einem nicht-heterozygoten Partner einen Wurf produziert, sind statistisch ungefähr die Hälfte aller Nachkommen ebenfalls heterozygot. Im Frühjahr 2005 konnte Walsh diesen Umstand unter Beweis stellen, als aus einer Paarung dieses Männchens zwei Albinos hervorgingen, von denen einer leider noch im Ei abstarb. Das Weibchen war eine Nachzucht von 2001, die ebenfalls von diesem Männchen stammte. Damit war klar, daß beide Elterntiere heterozygote Träger des Gens waren, was wiederum bewies, daß das Albino-Gen rezessiv ist.

Abb. 150: „Ella-Diablo" (GM-04-47) ist ein ganz besonderes Tier, selbst wenn man die Möglichkeit außer Acht läßt, daß es von Seiten seines Vaters Träger des Albino-Gens sein könnte.

Bis zu diesem Zeitpunkt hat Walsh mit diesem Barker-Männchen zwei Gelege produziert. Da ich ein Männchen aus der Nachzucht von 2001 besitze, war ich natürlich ziemlich begeistert, als ich von dem Albino bei Walsh erfuhr! Immerhin besteht damit eine 50 % Wahrscheinlichkeit, daß auch dieses Tier heterozygot für das Albino-Gen ist. Es wurde 2004 mit „Pepper" (AZ-96-14) verpaart und wurde dadurch Vater eines großen Geleges, aus dem dann die unglaublichsten Mite Phase-Jungtiere schlüpften. Diese sind inzwischen zu nur als spektakulär zu beschreibenden Jährlingen herangewachsen. Ein Weibchen aus diesem Wurf erhielt den Namen „Ella-Diablo" (GM-04-

47) und ist wahrhaftig einzigartig und unglaublich schön. Wenn ich darüber nachdenke, dieses Weibchen in den Albino-Zuchtstamm einzukreuzen, dreht sich mir der Kopf! Wenn mein Männchen wirklich heterozygot sein sollte und mit Ella-Diablo verpaart wird, sollten weitere heterozygote Nachkommen und vielleicht sogar ein paar Albinos entstehen, falls dieses Weibchen ebenfalls Träger des Gens ist. Andere Besitzer von Merauke-Kreuzungen wie Tomm PHILLIPS, Marcial MENDEZ, und Cathy MAYNARD schmieden ihre eigenen Pläne, und die glücklichen Käufer meiner Merauke-Schlüpflingen von 2005 haben die gleichen Chancen, sich daran zu beteiligen. Diese Babies schlüpften Anfang des Jahres, bevor das Erbpotential des WALSH-Männchens bekannt war.

Ich teile die Hoffnung von Damon SALCEIES, daß die Gemeinschaft der Chondro-Liebhaber diese wunderbaren und einzigartigen Tiere um ihrer selbst willen zu würdigen lernen und den wirtschaftlichen Wert nur zweitrangig betrachten wird. Jeder verantwortungsvolle Züchter wird versuchen, den hohen monetären Wert aufrecht zu erhalten, und Damon und ich haben diesen Aspekt der Zucht eingehend diskutiert. Er wird uns die üblichen tadelnden Vorwürfe von anderen Züchtern mit teuren Projekten einbringen, jedoch basieren diese lediglich auf der Ignoranz der Grundelemente der Geschäftswelt und der freien Marktwirtschaft. Die eigentliche Begeisterung über die Albinozucht sollte jedoch in jedem Falle dem prächtigen Aussehen dieser ganz besonderen Tiere gelten.

Baumpython – Vorurteile und Fakten

„Ich werde Irrtümer zu beseitigen versuchen, wenn sie sich als Irrtümer erweisen, und ich werde neue Ansichten schnell annehmen, wenn sie als wahre Ansichten zeigen." Abraham Lincoln

Grüne Baumpythons sind geheimnisvolle Geschöpfe und können in ihrem Verhalten, ihrer Persönlichkeit und ihren Gewohnheiten überaus unbeständig sein. Aus diesem Grunde und der Neigung von Menschen, Schlüsse aus unvollständigem Wissen zu ziehen, haben sich einige Mißverständnisse unter vielen Terrarianern und Chondro-Interessenten breitgemacht. Je häufiger falsche Vorstellungen Wiederholung finden, desto schneller werden sie zu einer allgemeinen Ansicht und damit zu Mythen. Hinsichtlich der weltweiten Verbreitung von Fehlinformationen ist das Internet besonders problematisch – andererseits macht es aber auch die Berichtigung von Mißverständnissen einfacher. Einige der folgenden Mythen sind von Terrarianern verbreitet worden, die Beobachtungen an einigen wenigen Chondros als auf alle zutreffend interpretiert haben. Man muß jedoch dazu wissen, daß zur Tatsachenfindung bei Chondros große Datenmengen von vielen Exemplaren erforderlich sind. Nur allzu oft werden Schlüsse von Pflegern mit begrenztem Erfahrungsschatz gezogen oder aus der Beobachtung einer geringen Anzahl von Tieren. Alle Regeln haben ihre Ausnahmen, und das trifft ganz besonders auf diese Schlangen zu. Irrtümer ergeben sich, wenn Ausnahmen als Regeln interpretiert werden.

Die folgenden Aussagen sind zwar häufig zu hören, aber trotzdem nicht zutreffend, wie aus den kurzen Gegenüberstellungen der Fakten ersichtlich wird. Die meisten hier angesprochenen Punkte werden an anderen Stellen in diesem Buch ausführlicher behandelt. Die Liste ist keinesfalls erschöpfend, deckt aber die am häufigsten zu hörenden Aussagen ab. Wir wollen daher hier einige biologische, terraristische und die Gesundheit betreffende sowie finanzielle Aspekte betrachten.

Nr. 1: „Grüne Baumpythons sind reizbar und schnappen schnell zu, und man kann sie nicht handhaben ohne Gefahr zu laufen, gebissen zu werden."

Dieser Glaube stammt aus den Tagen, als die meisten Chondros Wildfänge waren. Solche Exemplare sind gewöhnlich überaus reizbar. Tatsache ist jedoch, daß die meisten Terrariennachzuchten relativ ruhige Tiere sind, die man während des Tages gut handhaben kann. Es gibt Ausnahmen, und hin und wieder begegnet man einmal einem wirklich psychotischen Exemplar. Andere sind schon in einem jungen Alter so zahm wie ein Haushund. Meinen Erfahrungen nach fallen die meisten Chondros irgendwo zwischen diese Extreme. Sie wollen am liebsten in Ruhe gelassen werden, tolerieren es aber, angefaßt zu werden. Ich selbst beschränke den direkten Umgang auf das Nötigste, jedoch gibt es viele Pfleger, die diesen Körperkontakt genießen und die berichten, daß die meisten Exemplare allmählich immer friedfertiger werden, wenn man sie langsam daran gewöhnt. Tomm PHILLIPS beginnt diese Gewöhnung routinemäßig bei seinen Jährlingen, die er anfangs sanft am Bauch berührt, wenn sie auf ihren Ruheästen liegen. Er ist der Auffassung, daß man hierdurch einer Entwicklung zu aggressiven Adulti entgegenwirken kann. Jungtiere sind gewöhnlich recht beißfreudig, aber auch wenn das nicht der Fall ist, sollte man sie aufgrund der noch sehr empfindlichen Wirbelsäule nicht unnötig handhaben, bevor sie nicht wenigstens ein Jahr alt sind. Die meisten im Terrarium nachgezogenen Chondros werden mit einem Alter von zwölf bis achtzehn Monaten mehr oder weniger von ganz allein umgänglicher. Man sollte wissen, daß manche Exemplare niemals „zahm" werden, und ich halte es für grausam, ihnen den Körperkontakt mit einem Menschen aufzuzwingen. Der Versuch, das Temperament eines Chondros z.B. auf einer Tauschbörse zu beurteilen, führt oftmals zu unschlüssigen Ergebnissen. Selbst normalerweise recht bissige Tiere sind durch den Transport und die Ausstellung selbst oft so gestreßt, daß sie viel ruhiger erscheinen, als sie in ihrer gewohnten Umgebung eigentlich sind. Nachzuchten der Aru-Varietät werden als durchgehend umgänglich beschrieben; solche der Biak-Form sind selbst als Nachzuchten oftmals recht reizbar.

Abb. 151: Gehäuteter Zahn von *Morelia viridis.* Alle Schlangen häuten und ersetzen ihre Zähne regelmäßig.

Nr. 2: „Grüne Baumpythons haben enorme Zähne."

Auch wenn Chondros recht beeindruckende Beißerchen haben, so sind diese doch nichts im Vergleich zu den riesigen Fangzähnen des Hundskopfschlingers. Der Biß eines Chondros führt normalerweise zu zwei

Reihen winziger Einstiche durch die nadelspitzen Zähne, die möglicherweise für ein paar Minuten bluten. Die meisten Bisse sind völlig bedeutungslos und tun meines Erachtens weniger weh, als wenn man sich an Rosendornen sticht. Trotzdem sollte man es vermeiden, gebissen zu werden, und bei einem umsichtigen Umgang und der richtigen Fütterungstechnik sollten Bißunfälle selten sein. Die meisten Bisse erfolgen während des Fütterns und sind keine Aggressionshandlungen, sondern eine Reaktion auf das Futter. Naturgemäß sind Bisse ins Gesicht am gefährlichsten und sollten daher auf jeden Fall vermieden werden.

Nr. 3: „In der Natur fressen Grüne Baumpythons hauptsächlich Vögel."
Die überdurchschnittlich langen Zähne und eine baumbewohnende Lebensweise haben zu der Annahme geführt, daß Vögel einen maßgeblichen Bestandteil der Nahrung freilebender Chondros darstellen. Einige Freilanduntersuchungen scheinen das aber nicht zu bestätigen, denn die untersuchten Kotproben enthielten kaum Überreste von Vögeln (siehe Kapitel „Lebensweise"). Es ist mit Sicherheit anzunehmen, daß hin und wieder ein Vogel erbeutet wird, und es ist sehr wahrscheinlich, daß aus Nestern geraubte Küken die häufigsten Opfer aus der Vogelwelt sind. Dies mag der Grund sein, warum sich Jungtiere oftmals mit an Küken geriebenen Mäusen zum Fressen „überreden" lassen. Das Schwanzködern mag bisweilen auch einen Vogel anlocken, der sich dann zu dicht heranwagt und ergriffen werden kann. Die typische Jagdstellung eines erwachsenen Chondros besteht aus einem nach unten gerichteten Kopf, und das hat seinen Grund. Die Vorstellung eines im Baum liegenden und Vögel aus der Luft schnappenden Chondros ist allem Anschein nach verkehrt.

Nr. 4: „Man kann den Fundort eines Chondros nach seinem Aussehen ermitteln."
Kann man nicht! Mir wurde zwar entgegengehalten, daß das lediglich meine Meinung sei, aber es ist tatsächlich so. Der Grund, der es mir gestattet, eine derart dogmatische Aussage zu treffen, ist einfach der, daß ein Tier von einem bestimmten Fundort durch die Aufzeichnung der Fundortdaten zu einem solchen wird und nicht durch sein Erscheinungsbild. Dies trifft im Übrigen auf jede Tierart zu. Einzelheiten zur Fundorttypisierung können in Kapitel „Geographische…" nachgelesen werden. **Einige** Chondros lassen sich aufgrund ihres Aussehens als typische Vertreter einer bestimmten geographischen Varietät ansprechen, jedoch ist das nicht dasselbe wie ein Tier mit dokumentierter Herkunft. Angesichts der extremen Variabilität in der Färbung und Zeichnung und dem beinahe völligen Fehlen von nachprüfbaren Fundortangaben für ursprüngliche Zuchttiere ist es einigermaßen naiv anzunehmen, man könne den Ursprung eines Chondros anhand seines Aussehens rekonstruieren und das dann auch noch als einigermaßen wissenschaftliche Methode ansehen.

Nr. 5: „Wenn man einen Wildfang-Chondro gegen Parasiten behandelt, ist er genauso gut wie eine Nachzucht."
Speziell hinsichtlich der Gesundheit sind Nachzuchten Wildfängen bei weitem überlegen. Selbst wenn man einen Wildfang gegen Innenparasiten behandelt, wird

er niemals so robust und vital wie eine Terrariennachzucht sein. Der Natur entnommene Grüne Baumpythons zeigen nur selten die Vitalität, Muskelbildung, Fortpflanzungsfähigkeit, Umgänglichkeit oder auch nur die gleiche Lebenserwartung wie ihre in Gefangenschaft geschlüpften Artgenossen. Sie sind bei weitem anfälliger für Streßerscheinungen und Erkrankungen. Das durch den Kauf billig angebotener Wildfänge gesparte Geld muß oftmals umgehend für Tierarztrechnungen aufgewendet werden und reicht dann meistens nicht einmal; hinzu kommt die Enttäuschung. Darüber hinaus unterstützt man hierdurch eine Industrie, die mit skrupellosen Händlern und minderwertigen Tieren gespickt ist, verstößt wahrscheinlich gegen ein Gesetz und fördert das illegale Handeln anderer. Die Ausfuhr von Chondro-Wildfängen ist ungesetzlich. Wirklich auf Farmen produzierte Tiere sind besser als Wildfänge, haben allerdings oftmals ebenfalls Parasiten und sind dem Streß eines langen Transports und häufig unzureichenden Bedingungen während des Zwischenaufenthalts bei Händlern etc. ausgesetzt gewesen. Manche dieser Tiere überleben die Strapazen und wachsen zu gesunden Erwachsenen heran, doch kommt kein Import jemals einem im eigenen Land nachgezogenen Exemplar gesundheitlich auch nur nahe.

Nr. 6: „Grüne Baumpythons sind viel zu teuer."
Diese Aussage führt zwangsläufig zu der Frage, „Zu teuer im Vergleich mit was?". Die Preise für Chondros richten sich nach den Prinzipien von Angebot und Nachfrage der freien Marktwirtschaft. Genau wie bei Briefmarken. Eine Blaue Mauritius ist nur deshalb so wertvoll, weil ein hoher Bedarf und ein geringes Angebot besteht. Gut fressende Jungtiere erfordern mehr Aufwand und Kosten als nichtfressende und werden nicht in so großer Stückzahl wie zum Beispiel Colubriden produziert. Etliche Designermorphen sind besonders gefragt und werden selten angeboten. Es ist schon erstaunlich, wie viele Halter von den Züchtern erwarten, daß sie ihre besten Tiere praktisch verschenken und abwertende Bemerkungen über Geldgier und Selbstsucht machen, wenn Züchter für Tiere aus herausragenden Zuchtstämmen entsprechend hohe Preise verlangen oder besondere Exemplare für sich selbst behalten. Man bekommt keinen Porsche für den Preis eines Golfs, und dafür gibt es Gründe. Ich selbst werde mir wohl nie einen Porsche kaufen, denn mein persönliches Wertgefühl wird es mir nicht erlauben, soviel Geld für ein Auto auszugeben. Aber ich werde auch nicht zu einem Porsche-Händler gehen und verlangen, daß seine Autos die gleichen Preise wie Golfs haben sollten, damit ich mir eines leisten kann. Auch werde ich ihm nicht an den Kopf werfen, daß ich „Qualität hat ihren Preis" nicht mehr hören kann! Gesunde Chondros aus Auswahlzucht und insbesondere Designermorphen gehören zu den begehrtesten und wertvollsten Reptilien, die gehandelt werden. Egal ob High End- oder Einsteigertiere, sie alle sind das Ergebnis von harter Arbeit und großem Engagement von Züchtern, die den Tieren und ihren Kunden verpflichtet sind.

Selbstverständlich müssen wir alle bereit sein, uns an einem gewissen Punkt einzugestehen, daß etwas, das wir haben wollen, außerhalb unserer finanziellen Möglichkeiten liegt. Doch wenn dieses Objekt nicht krass außerhalb des Marktwerts für vergleichbare Objekte liegt, besteht keine Rechtfertigung für die Behauptung, dieses Objekt wäre überteuert.

Nr. 7: „Chondros sind schwer zu halten und nur für erfahrene Terrarianer geeignet."
Die Wahrheit ist, daß Chondros zwar empfindlicher als andere Riesenschlangen sind, aber trotzdem nicht besonders schwierig zu halten sind. Sie stellen einige besondere Anforderungen, die man kennen und erfüllen muß, damit sie gedeihen, und sie sind Haltungsfehlern gegenüber weniger tolerant als manche andere Art. Aus diesem Grunde sollte man schon einige Erfahrungen bei der Pflege von Reptilien gesammelt haben, bevor man sich den ersten Chondro anschafft. Teppichpythons sind z.B. bestens für den Anfänger geeignet. Sie gehören der gleichen Gattung, ***Morelia***, an, sind aber widerstandsfähiger als Chondros. Die erfolgreiche Haltung solch einer weniger empfindlichen Schlange schafft eine gewisse Vertrautheit mit den täglichen Pflegemaßnahmen, fördert das Beobachtungsvermögen und schärft den Instinkt, der bei der Haltung von Chondros wichtig ist. Auch auf die Gefahr hin, mich zu wiederholen: Grüne Baumpythons sind nicht schwierig zu halten, wenn man ihre Bedürfnisse versteht und erfüllt, und sie sind von jedem erfolgreich zu halten, der zuzuhören und zu lernen bereit ist. Natürlich wird es immer Halter geben, deren Lernfähigkeit und -willigkeit Chondros zu einer Art werden läßt, die für sie nicht besonders gut geeignet ist. Kein Ausspruch trifft daher mehr die Wahrheit als der von Chondro-Pionier Trooper WALSH: „Chondros sind nichts für Jedermann."

Nr. 8: „Grüne Baumpythons brauchen 100 % relative Luftfeuchte."
Als Bewohner der Tropen benötigen Chondros für eine saubere Häutung eine höhere Luftfeuchtigkeit als viele andere Schlangen. Ich werde häufig gefragt, wie genau ein bestimmter Grad an relativer Luftfeuchte eingehalten werden muß. Neue Pfleger sind oftmals der Auffassung, die Tiere würden nahezu 100 % rel. Luftfeuchtigkeit benötigen. Manchmal habe ich dann wirklich Terrarien gesehen, die triefend naß waren. In Wirklichkeit profitieren die Tiere von einem Zyklus, der eine Zeit des Abtrocknens enthält. Auf der anderen Seite können sich eine Menge Gesundheitsprobleme aus einer Haltung in einer ständig nassen Umgebung ergeben. Der Grad der relativen Luftfeuchtigkeit ist außer zu Zeiten einer Häutung solange kein kritischer Faktor, als er sich in einem akzeptablen Rahmen bewegt. Dieser wird im Kapitel „... Terrarieneinrichtung" eingehend behandelt.

Nr. 9: „Grüne Baumpythons sind für einen Darmvorfall anfällig."
Es trifft schon zu, daß jeder mit einem größeren Bestand an Chondros früher oder später mit einem Darmvorfall konfrontiert wird, und selbst der Halter nur eines Tieres mag diesem Problem begegnen. Daraus jedoch zu schließen, daß ein Darmvorfall beim Chondros eine ebensolche Plage wie das chronische Futtererbrechen bei Hundskopfschlingern wäre, ist einfach nicht wahr. Ein Darmvorfall läßt sich gut behandeln, und in Anlagen mit guten Pflege- und Terrarienbedingungen tritt das Problem wirklich nicht häufig auf. Andererseits kann es selbst unter den besten Bedingungen und bei den erfahrensten Pflegern zum Tragen kommen, denn es scheint nicht zwangsläufig von Haltungsfehlern ausgelöst zu werden. Die Angst vor einem Darmvorfall sollte niemanden von der Pflege dieser Art abhalten. Es ist lediglich eine weitere Herausforderung, der man sich stellen muß, wenn es dazu kommt. Wenn die Möglichkeit des Auftretens

von Problemen und Herausforderungen allerdings grundsätzlich nichts für Sie ist, sollten Sie es vielleicht doch eher mit einer anderen Schlange versuchen. Zur Behandlung eines Darmvorfalls siehe Anhang A.

Nr. 10: „Grüne Baumpythons sollten nur nachdem sie gekotet haben gefüttert werden."
Außer im Fall eines Chondros mit Verstopfung führt dieser oft zu hörende Ratschlag zu Unterernährung und vermindertem Wachstum. Der Hintergrund dieser Aussage ist die Angst vor einem Darmvorfall. Siehe Kapitel „Fütterung..." für eine Zusammenfassung über Fütterungs- und Verdauungszyklen.

Nr. 11: „Beim Verpaaren von zwei blauen Elterntieren bekommt man blaue Jungtiere."
Man kann das „Blau" in dieser Aussage auch mit jeder anderen Farbe ersetzen, und sie wird in jedem Fall falsch bleiben. Tatsache ist, daß die Chondro-Genetik kompliziert ist. Adultfärbungen sind nicht das Ergebnis einfacher dominanter oder rezessiver oder co-dominanter Gene, wie das bei vielen anderen Reptilien der Fall ist. Die Aussichten auf Jungtiere mit Blauanteil sind sicherlich höher, wenn die Eltern dieses Merkmal ebenfalls aufweisen. Wofür man jedoch beim Kauf von noch nicht umgefärbten Jungtieren bezahlt, ist die höhere Chance, daß daraus einmal blaue Adulti werden. Je häufiger dies bei einem Paar bei vorangegangen Nachzuchten der Fall war, desto höher ist die Wahrscheinlichkeit, daß dies auch bei den gegenwärtigen Jungtieren der Fall sein wird. Wäre die Genetik von Chondros durchschaubarer, wären die Preise für manche Nachzuchten erheblich höher. Wenn das endgültige Aussehen eines Tieres für Sie von großer Bedeutung ist, bleibt Ihnen nur der Erwerb von bereits umgefärbten älteren Tieren (zu erheblich höheren Preisen versteht sich). Für die meisten Pfleger ist jedoch das Mitverfolgen der Umfärbung von einem Baby zu einem prächtigen erwachsenen Tier ein großer Teil der Faszination bei der Chondro-Pflege.

Nr. 12: „Durchschnittlich aussehende Eltertiere können High End Designer-Chondros produzieren."
Diese im Prinzip unrichtige Aussage enthält ein Körnchen Wahrheit. Es trifft zu, daß einige wenige ungewöhnliche Chondros von durchschnittlichen Elterntieren oder solchen mit unbekanntem Hintergrund hervorgebracht worden sind. Der Mythos selbst wird aber vorallem von jenen aufrecht erhalten, die über die oftmals hohen Marktpreise von High End Designer-Chondros sauer sind. Diesen zufolge kann jedes Nachzuchttier durchschnittlicher grüner Eltern mit der gleichen Wahrscheinlichkeit zu einem herausragend gefärbten Tier werden wie zu einem, das seinen Eltern völlig ähnlich sieht, genauso wie es gleichermaßen wahrscheinlich ist, daß ein Baby eines Designer-Zuchtstamms zu einem gewöhnlichen grünen oder zu etwas Besonderem wird. Natürlich zeigt sich in der Geschichte der Zucht beider über viele Generationen die Unwahrheit solcher Äußerungen, und der damit verfolgte Zweck ist ziemlich offensichtlich. Die Aussichten, irgendetwas anderes als grüne Nachkommen von grünen Eltern zu bekommen, ist verschwindend gering. Trotzdem ist am Besitz oder der Zucht von grünen Chondros überhaupt nichts auszusetzen! Unrichtige oder in die Irre führende Gerüchte im Umlauf zu halten, hat

jedoch etwas Unehrliches an sich und dient nur dazu, die harte Arbeit anderer in Mißkredit zu bringen.

Nr. 13: „Chondros sind eine gute Investition."
Nun, das kommt darauf an, was mit Investition gemeint ist. Wenn das Ziel darin besteht, Kapital für etwas auszugeben, das sich schnell vervielfältigt, damit man sich zur Ruhe setzen kann, dann sind Chondros keine gute Anlagemöglichkeit. Die regelmäßige Zucht von Chondros ist eine wahre Herausforderung, und die Ergebnisse sind jedes Jahr andere. Um langfristig Profite einzufahren, muß man über Jahre hinweg die meisten, wenn nicht alle Erträge in das Unternehmen zurückfließen lassen. Terrarien, Technik und Verbrauchsartikel addieren sich beim Aufbau einer Zucht zu beträchtlichen Kostenfaktoren. Verbesserungen kosten Geld, und man kommt nicht ohne den Ankauf neuer Tiere herum. Jungtiere ans Fressen zu bringen ist etwas, das man erlebt haben muß, um es zu verstehen, und allein die damit verbundenen Schwierigkeit sieben bereits die meisten Möchtegern-Züchter aus. Die Vorstellung vom „schnellen Euro" ist darüber hinaus nicht die richtige Motivation auf längere Sicht – dafür bedarf es der Leidenschaft.

Wenn jedoch Investition bedeutet, daß man hofft, hierdurch eine Freizeitbeschäftigung zu finden, die sich irgendwann einmal selbst zu tragen oder ein gewisses Zubrot zu erzeugen vermag, dann würde ich schon sagen, Ja, Chondros sind wohl eine der besten Investitionsmöglichkeiten für Geld, Zeit und Anstrengungen, die man tätigen kann. Chondros behalten nicht nur ihren kommerziellen Wert, sie werden mit zunehmendem Alter auch wertvoller, was im Handel mit Reptilien überaus selten ist. Die größten Erträge aus der Arbeit mit Chondros sind jedoch nicht finanzieller Natur, sondern die Genugtuung und Befriedigung, die sich aus dem persönlichen Erfolg ergibt.

Abb. 152: Ein besonders spektakulär gefärbtes Jungtier. Solche Exemplare werden oft von Züchtern für weitere Zuchtversuche zurückbehalten.

Terrarienhaltung

Sind Baumpythons das Richtige für Sie?

„Das ganze Geheimnis eines erfolgreichen Lebens ist herauszufinden, was man zu tun bestimmt ist und es dann zu tun." Henry Ford

Chondros sind ganz bestimmt nichts für Jedermann, und vielleicht wäre „Sind Sie der Richtige für Chondros?" eine bessere Überschrift für dieses Kapitel. Möglicherweise fühlt sich durch diese Feststellung jemand beleidigt, jedoch ist es nicht als Beleidigung gemeint. Obwohl ich der Auffassung bin, daß Grüne Baumpythons nicht schwierig im Terrarium zu halten sind, so haben sie doch spezielle Bedürfnisse, die es zu verstehen und zu erfüllen gilt. Es sind Begabungen und Fähigkeiten auf Seiten des zukünftigen Pflegers erforderlich, wenn die Schlangen in seinen Händen gedeihen sollen. Gleich am Anfang des Kapitels mit einer solchen Aussage zu kommen, ist weder als Entmutigung gemeint noch als hochnäsiger Ausdruck der Überlegenheit: Es ist eine Tatsache, die zu akzeptieren ist. Jeder Mensch hat Stärken und Schwächen, Gaben und Fehler, und ein bedeutender Bestandteil des Erwachsenwerdens ist es, die Bereiche persönlicher Stärken zu erkennen und auszuschöpfen, aber auch zu akzeptieren, daß es Dinge gibt, die uns einfach nicht liegen. Ich bin zum Beispiel ein großer Fan von Lance ARMSTRONG, dem amerikanischen sechsfachen Gewinner der Tour de France, und ich fahre selbst sehr gerne Fahrrad. Ich habe mich jedoch völlig damit abgefunden, daß ich nie ein professioneller Radrennfahrer werden werde. Von Lance wird erwartet, daß er sein siebentes und letztes Rennen im Juli 2005 gewinnt, und von mir wird erwartet, daß ich ohnmächtig umfalle, wenn ich mehr als fünfzig Meilen am Tag fahre. Der Profi-Radrennsport hat Lance berühmt gemacht und finanziell gutgestellt, trotzdem werde ich ihm darin nicht zu folgen versuchen. Auch wenn ich mir nichts sehnlicher als das Geld und Prestige eines Profi-Radrennsportlers wünschte und ich mir vorstellte, wie ich alle Konkurrenten beim Erklimmen der Hügel von Know County, Ohio, hinter mir lasse, so werde ich doch selbst niemals zu einem herausragenden Fahrer werden. Warum? Weil ich einfach nicht über die notwendigen Fähigkeiten dafür verfüge. Es bedarf vieler Eigenschaften, um bei diesem Sport erfolgreich zu sein, und ich besitze davon beinahe keine!

Im gleichen Sinne sind einige wichtige Fähigkeiten vonnöten, um zu einem guten Chondro-Pfleger zu werden. Einige davon kann man erlernen und entwickeln, andere sind an besondere persönliche Eigenschaften gebunden. Die meisten dieser sind für den anfänglichen Erfolg unumgänglich, einige andere entwickeln sich im Laufe der Zeit. „Begehren" ist ein guter Punkt für einen Anfang, aber wie in meinem Beispiel des professionellen Athleten reicht ein Begehren bei weitem nicht für die erfolgreiche Pflege und Zucht von Chondros aus. Ich habe im Laufe der Zeit etliche Menschen kennengelernt, die sich kaum etwas sehnlicher wünschten, als mit Chondros zu arbeiten, die dann aber später aufgaben, weil ihnen einfach die eine oder andere Eigenschaft fehlte. Neben den richtigen Fähigkeiten ist es wichtig, den zukünftigen Besitz von Chondros mit den richtigen Motiven anzustreben. In diesem Kapitel werden wir beide beleuchten. Es bleibt zu hoffen, daß die entsprechenden Informationen jenen helfen werden, die eine Anschaffung von Chondros in Erwägung ziehen und sich dazu selbst in ihrer Eignung als Pfleger dieser wunderbaren und herausfordernden Tiere bewerten wollen. Aus der Menge der mir in dieser Hinsicht gestellten Fragen entnehme ich, daß dieser Punkt durchaus wichtig ist und viele Leser interessieren wird. Neueinsteigern, die sich bereits einen Chondro angeschafft haben, kann das Studium und die Umsetzung dieser Merkmale auf ihrem Weg zum Erfolg nur zuträglich sein.

Motivation

Es gibt viele Gründe, warum man Chondros halten und züchten möchte oder Reptilien ganz allgemein. Einige davon sind gut und lobenswert, andere nicht. Die Terraristik hat seit jeher die verschiedensten Charaktere mit den verschiedensten Antrieben angezogen. Zu Zeiten als die Nachzucht im Terrarium, Tauschbörsen und das Internet noch nicht an der Tagesordnung waren, waren die meisten Terrarianer begeisterte Naturkundler. Sicher gab es schon immer einige merkwürdige Gestalten, jedoch zeichnete die Mehrzahl der Terrarianer eine lebenslange Faszination an den und Liebe für die Amphibien und Reptilien aus. Leider hat sich das in den letzten Jahren gewandelt, und viele der jungen Terrarianer von heute haben keinerlei Erfahrungen mit Reptilien in ihrer natürlichen Umgebung mehr. Tatsächlich ist es heute sogar in den meisten Ländern verboten, freilebende Amphibien oder Reptilien zu fangen, und mancherlei Orts kann man sogar mit einer Anklage rechnen, wenn man diese nur fotografiert. In Amerika war das Buch „Snake and Snake Hunting" von Carl KAUFFELD einst **das** Handbuch für den aufstrebenden Amateurherpetologen. Heute ist es jedoch nur noch ein Sammlerstück mit Geschichten aus alten Zeiten. Meine Jugendfreunde und ich verbrachten jeden Sommer mit dem Absuchen von Feldern, Wäldern und Tümpeln nach allem, was da so kreuchte und fleuchte – heute kommen Jungterrarianer gewöhnlich durch das Klicken mit einer Maus zu Entdeckungen. Meiner Meinung nach entsteht die größte Leidenschaft für Chondros aus einer Liebe für alles Wildlebende und der Würdigung der unendlichen Schönheit der Natur. Lassen Sie uns gemeinsam einige der Aspekte betrachten, die Menschen dazu veranlassen, Chondros zu pflegen.

Prestige

Es ist nicht zu leugnen, daß mit der Haltung und erfolgreichen Zucht von Grünen Baumpythons ein gewisses Maß an Prestige verbunden ist. Ich nehme an, daß dies die ganz natürliche Folge ist, wenn man etwas Feines besitzt, sei es nun ein Luxusauto, ein wertvolles Musikinstrument, ein schönes Haus oder was auch immer. Menschen sind schon komisch: oftmals ist die einzige Voraussetzung für den Besitz solcher Dinge ein großer Haufen Geld. Auch wenn es ganz natürlich ist, auf den Besitz solcher Objekte stolz zu sein, sind doch jene, die diese Besitztümer wie Trophäen betrachten und damit ihre Selbstachtung zu vergrößeren suchen, eigentlich nur zu bemitleiden. Wenn dann ein lebendes Tier das Mittel zu diesem Zweck wird, kann sich jedoch Mitleid schnell in Abscheu verwandeln. Chondros sind kein Spielzeug für

Menschen, die nach immer neuen Statussymbolen suchen. Es passiert immer wieder, daß sich ein einzelner neuer Pfleger mit einer Ankündigung in den Vordergrund drängt, die seine Vorgehensweise als allen anderen überlegen darstellt. Dieser Auftritt ist dann ein deutlicher Anzeiger für die wahren Motive dieser Person und sollten am besten einfach ignoriert werden. Chondros haben die Fähigkeit, die Hochmütigen Bescheidenheit zu lehren, und jene, die sich Chondros zulegen, um damit ihr Ansehen zu steigern, verschwinden gewöhnlich ganz schnell wieder von der Bildfläche.

Egozentrik

In eine ganz ähnliche Kategorie wie jene, die durch den Besitz von Objekten ihr Ansehen erhöhen wollen, fallen Menschen, die stets versuchen, die Aufmerksamkeit von anderen abzulenken, um selbst im Mittelpunkt zu stehen. Einige Schlangenhalter scheinen regelrecht süchtig nach der Reaktion der Öffentlichkeit zu sein, die ihnen zukommt, wenn sie ihre Tiere mit sich herumtragen. Ich war vor ein paar Jahren einmal auf einer Parade zum Unabhängigkeitstag, als mir ein Mann begegnete, der eine große *Boa constrictor* um den Hals gewickelt mit sich trug. Ich sprach ihn auf die damit verbundenen Gefahren und die Torheit dieser Zurschaustellung an. Er weigerte sich standhaft, das Tier sicher unterzubringen, so daß ich mich veranlaßt sah, einen Polizeibeamten hinzu zu rufen. Der gleiche unreife Drang für den Einsatz von Reptilien zu individuellen egozentrischen Zwecken läßt sich auch auf vielen Tauschbörsen und in Reptilien-Foren im Internet feststellen.

Finanzieller Gewinn

Beinahe jeder, der sich einen Bestand von Chondros mit dem Ziel zusammenkauft, schnell einen anständigen Profit einzufahren, wird früher oder später enttäuscht. Es bedarf einer großen Anlage, viel Zeit und Aufwand, und zuzüglich zu den Ausgaben für die Tiere selbst, sind vernünftige Terrarien, technische Ausrüstung und die Räumlichkeiten vonnöten, um auch nur eine Kostendeckung zu erreichen. Auch wenn es zutrifft, daß Chondros zu den wenigen Reptilien gehören, deren Wert bestehen bleibt oder sich sogar erhöht, so muß ein finanzieller Lohn doch hinter der Erfüllung durch die Arbeit mit diesen Tieren aus der reinen Freude daran zurückstehen. Ich habe oft und völlig wahrheitsgemäß gesagt, ich würde Chondros auch dann halten und züchten, wenn sie all ihren kommerziellen Wert verlieren würden. Ich gebe zu, daß ich dann kaum in der Lage wäre, so viele Tiere zu pflegen und damit meinen Lebensunterhalt zu verdienen. Ganz sicher hätte ich aber immer noch einen schönen Bestand und würde keine Anstrengungen scheuen, um schöne Nachkommen zu produzieren. Chondros sind ein maßgeblicher Teil meines Lebensinhalts und waren das schon Jahre, bevor ich zum ersten Mal aus ihrem Verkauf Geld verdient habe.

Schaffen Sie sich keine Chondros an, wenn Sie meinen, damit ließe sich schnell ein Haufen Geld verdienen. Die Chancen dafür stehen denkbar schlecht, und Sie werden voraussichtlich letztlich frustriert aufgeben. Ich sage angehenden Züchtern immer, sie sollten drei bis fünf Jahre veranschlagen, bevor sie die ersten Erfolge erwarten können und daß es eines Ausgangsbestands von mindestens einem halben Dutzend Tieren bedarf.

Nachdem wir nun einige der ungeeigneten Motive für die Haltung von Grünen Baumpythons beleuchtet haben, wollen wir uns den besseren Ausgangspositionen zuwenden.

Abb. 153: Ein erstaunliches weißes Chondro-Weibchen im Besitz von Greg Schroeder, der es zu Zuchtzwecken an Rico Walder ausgeliehen hat. Das Tier schlüpfte angeblich aus einem Gelege eines trächtig in die USA importierten Weibchens des Wamena-Typus. Die Leidenschaft für diese Art exotischer Schönheit ist für viele von uns eine treibende Kraft! R. Walder

Leidenschaft
Ich persönlich halte Leidenschaft für die beste Motivation, um mit Reptilien zu arbeiten. Es sind in aller Regel die Pfleger mit dem größten Maß an Leidenschaft, die die fundamentalsten Durchbrüche bei der Pflege der von ihnen favorisierten Art erzielen. Sie sind auch der Motor, der Leidenschaft in anderen entfacht und steigert, und es sind diese Halter, die die Tiere im Mittelpunkt halten und nicht sich selbst. Leidenschaft ist was das Vergnügen, den Reichtum der Erfahrungen und die Tiefe der Erfüllung bringt. Leidenschaft ist auch der Auslöser zum Wechseln des Trinkwassers, wenn man dazu keine Lust hat, für das Aufstehen in der Morgendämmerung, um eine Ablagekiste zu kontrollieren und für das Einsammeln von Kothaufen derweil die anderen ins Kino gehen. Leidenschaft ist das Fortbestehen von Begeisterung, wenn es eigentlich nichts gibt, über das man begeistert sein kann. Ein Leben mit Chondros hat seine Hoch- und Tiefpunkte, aber wenn Ihre hauptsächliche Motivation für ein solches Ihre Leidenschaft ist, können Sie nicht enttäuscht werden. Leidenschaft ist keine Wahl – eine Wahl trifft man zwischen zwei Möglichkeiten. Leidenschaft ist das Ding, das Herz und Seele ergreift und sagt, „Ich muß das jetzt tun!"

Herausforderung
Viele von uns können ohne Herausforderungen nicht leben, und je schwieriger ein Ziel zu erreichen ist, desto süßer ist das Gefühl, wenn man es endlich erreicht hat. Auch wenn ich die Herausforderungen bei der Pflege und Zucht von Chondros als alleinige Motivation dafür nicht als ausreichend ansehe, so ist doch nicht zu leugnen, daß sie sehr wohl ein Grund sein können, von weniger anspruchsvollen Arten zu diesen zu wechseln. Für mich verstärken die Herausforderungen meine Leidenschaft für diese Tiere. Beim Versuch, Hindernisse zu überwinden, mögen wir zunächst scheitern. Wer mit Enttäuschungen nicht recht fertig wird, sich schnell von Frustration überwältigen läßt und leicht aufgibt, sollte sich besser einfacheren Arten zuwenden. Wer jedoch geduldig an der Überwindung jedes sich stellenden Problems arbeitet und erfahren will, wie sich das anfühlt, wenn man über sich selbst hinauswachsen muß, um einen Erfolg zu erringen, für den werden Chondros zu einer wahrlich lohnenswerten Herausforderung.

Schönheit
Die Natur ist wunderschön, und der Grüne Baumpython ist eine der elegantesten, anmutigsten und farbenprächtigsten Schlangen in dieser Natur. Das bizarre, drachenähnliche Gesicht, der schlanke, dabei aber muskulöse Körper, der Greifschwanz, der sich wie ein Wurm schlängeln kann, im Zusammenspiel mit einer Vielfalt von Farben und Zeichnungsmustern machen den Chondro zur ultimativen, perfekten Schlange. Viele Pfleger fühlen sich von dieser exotischen Schönheit in einer Weise angezogen, die schon fast an eine Sucht grenzt. (Ich bin keiner davon; ich bin nicht süchtig nach Chondros, ich mag sie nur sehr.)

Gemeinschaft
Es gibt nur wenige Reptilienarten, zu denen sich eine menschliche Gemeinschaft gebildet hat, die mit der für Chondros vergleichbar wäre. Obwohl ich nicht immer

die Gesellschaft von Menschen einer mit Tieren vorziehe, habe ich doch unter den Chondro-Fans viele Freundschaften geschlossen und Bekanntschaften gemacht, die mir lieb und teuer sind. Einige meiner besten Freunde haben sich aus der gemeinsamen Besessenheit für diese grünen Schlangen ergeben. Ich habe mich mein Leben lang mit vielen verschiedenen Reptilien beschäftigt, doch in keinem Fall habe ich eine ähnliche Einigkeit, Kameradschaft und allseitige Begeisterung angetroffen, wie sie der weltweite Klan der Chondro-Pfleger aufweist. Im Juli 2001 trafen sich in Maryland beinahe einhundert Fans des Grünen Baumpythons aus den USA und Kanada zum ersten jährlichen „ChondroFest". Unter der Schirmherrschaft von Buddy Goetzger und Trooper Walsh erhielt diese Veranstaltung schnell den Beinamen „Woodstock der Chondros". ChondroFest ist ein Treffpunkt für jeden, unabhängig seiner Herkunft oder dem Grad der Erfahrung, der seine Leidenschaft für den Grünen Baumpython mit Gleichgesinnten teilen will. Im Juli 2005 fand das ChondroFest in Mount Vernon (Ohio) statt, organisiert mit den Mitarbeitern des ChondroForums. Ich habe durch meine Arbeit mit Chondros einige wundervolle Menschen getroffen, und die Unterstützung und Ermutigung, die von vielen innerhalb der Chondro-Gemeinschaft gezeigt wird, kann wirklich inspirierend sein. Viele Chondro-Fans sind – wie die Chondros selbst – etwas ganz Besonderes.

Eigenschaften eines guten Chondro-Pflegers

Die nachfolgenden Eigenschaften halte ich für die erfolgreiche Pflege von Grünen Baumpythons für wichtig, wenn nicht sogar unabdingbar. Diese Merkmale sind gleichermaßen für die Zucht von Bedeutung. Die Liste soll als Führer für die erforderlichen Eigenschaften dienen, und je besser Sie sie entwickeln können, desto größer sind Ihre Aussichten auf Erfolg mit Chondros und vermutlich auch in anderen Bereichen des Lebens. Chondros können uns eine Menge über uns selbst lehren.

Erfahrung

Der Umfang und die Art des Erfahrungsschatzes bei der Haltung und Vermehrung von Reptilien haben einen direkten Einfluß auf den Erfolg bei der Chondro-Haltung. Eine häufig gestellte Frage ist, „Wieviel Erfahrung muß ich mitbringen?". Die Antwort darauf ist relativ und nur sehr schwierig exakt zu beziffern, aber im Allgemeinen würde ich sagen, man sollte schon auf einige Jahre der Pflege von Reptilien und speziell Schlangen zurückblicken können. Drei Jahre sind vielleicht ein gutes Minimum, und wenn Sie sich mit etwas anspruchsvolleren Arten als Kornnattern und Kalifornischen Königsnattern beschäftigt haben, umso besser. Verschiedentlich ist angemerkt worden, daß die möglicherweise geeignetste Vorstufe die Haltung des Teppichpythons *(Morelia spilota)* ist. Diese Pythons sind widerstandsfähiger als ihre grünen Verwandten, teilen jedoch einige Verhaltensmuster und Ansprüche. Sie verzeihen Haltungsfehler eher, sind erheblich weniger kostenintensiv, und sie sind attraktiv und stellen eine effektive Brücke zur Haltung von Chondros dar. Pfleger mit Erfahrung in der Haltung des Hundskopfschlingers werden feststellen, daß Chondros in vielerlei Hinsicht ähnlich sind. Halter mit diesem Hintergrund werden die erforderlichen Anpassungen an den höheren Stoffwechsel und die dadurch nötigen anderen Fütterungsintervalle und die erhöhte Aktivität ohne weiteres in ihrer Bedeutung erkennen können. Vielleicht gefällt ihnen die Vielfalt an Farben und offensichtlich unterschiedlichen Persönlichkeiten bei *Morelia viridis* sogar noch besser als die voraussehbare Färbung und das stoische Verhalten des Hundskopfschlingers.

Wozu ist die Erfahrung gut? Vorallem weil Erfahrung andere erforderliche Eigenschaften zeitigt, die weiter unten besprochen werden. Viele Dinge weiß ein erfahrener Halter einfach, Dinge, die sich schwer in Worte fassen lassen und im Einzelfall möglicherweise unterbewußt getan oder unterlassen werden, die aber einen großen Einfluß auf den Haltungserfolg haben. Ein Gefühl für wie ein Reptil aussieht, wenn es zufrieden ist und wie, wenn irgend etwas nicht ganz stimmt, ist von immensem Vorteil, wenn man sich auf Chondros einzustellen versucht. Jedes Problem, das sich Ihnen bei der Pflege einer weniger anspruchsvollen Art gestellt hat und das Sie beseitigen konnten, ist von unschätzbarem Wert für Ihr Selbstbewußtsein und Ihre Fähigkeiten bei der Problemlösung.

Es sollte klar sein, daß eine lange Liste gepflegter Arten nicht gleichbedeutend mit Erfahrung sein muß. Bis ich siebzehn war, hatte ich jede Menge verschiedener Arten gehalten. Das bedeutete jedoch keineswegs, daß ich mich nun an Chondros hätte wagen können. Die vorangegangen Jahre hatte ich hauptsächlich mit dem Sammeln immer neuer Arten verbracht, mich jedoch nie lange genug mit diesen aufgehalten, um sie wirklich zu verstehen. Ich werde häufig von Jungterrarianern angesprochen, ob sie wohl für die Pflege von Chondros geeignet wären, und stets sagen sie dann etwas in der Richtung, „Ich hatte schon eine Kornnatter, einen Grünen Leguan und eine *Boa constrictor*". Ich ermuntere dann diese jungen Menschen, denn schließlich sind sie die Zukunft der Terraristik, und sie verdienen Ermutigung und nicht Abweisung. Chondros sind jedoch eine Art, die besser gedeiht, wenn ihr Pfleger etwas mehr praktische Erfahrung mitbringt als die aus der kurzfristigen Haltung von Anfängerschlangen.

Lernbereitschaft

Der Wille zu lernen und Belehrungen zu akzeptieren, ist auf dem Weg zu einem erfahrenen und wissensreichen Chondro-Pfleger überaus wichtig. Ich werde beinahe täglich um Rat gebeten und verbringe oftmals viele Stunden mit der Beantwortung von Emails und Fragen aus dem Forum und treffe ständig auf Halter, die die Dinge auf ihre Weise handhaben und von mir Bestätigung erwarten, daß das alles so in Ordnung ist. Wenn ich dann sage, sie sollten Chondros besser einzeln halten, abgetötete Futtertiere anbieten, eine horizontale Temperaturstaffelung schaffen oder Chondros lieber nicht aus dem Zooladen an der Ecke kaufen, versuche ich lediglich, ihnen zu den besten Aussichten auf Erfolg zu verhelfen. Nur zu oft machen sie dann aber das genaue Gegenteil, und ich muß mich fragen, warum sie mir überhaupt geschrieben haben. Einige von uns investieren eine Unmenge an Zeit, um anderen bei der Bewältigung von Problemen zu helfen, deren Entstehen von vornherein einfach zu vermeiden gewesen wäre, hätten die Betreffenden nur zugehört. Ich wende mehr Zeit für diese Zeitgenossen auf als für meine eigenen Kunden. Ich weiß also, wovon ich hier rede! Ein Freund von mir, ebenfalls ein erfahrener Pfleger, schätzte kürzlich, daß die Hälfte seiner Ratschläge einfach ignoriert werden – mit den zu erwartenden Konsequenzen.

Chondros sind eben nicht wie die meisten anderen Schlangen und stellen selbst erfahrene Halter vor Probleme. Die Zeit für Experimente und Abweichungen von den bewährten Verfahren kommt nach einigen Jahren der erfolgreichen Pflege, wenn man ein tiefgehendes Verständnis für die Tiere und ihre Bedürfnisse entwickelt hat. Die Pflege von Chondros beginnt man am besten damit, daß man aufgeschlossen ist und seine eigenen vorgefertigten Ideen beiseite läßt oder dem Bedürfnis zu zeigen, daß man mit seinen eigenen Vorstellungen durchkommt. Gefragt sind Zuhören und Lernen von jenen, die den gleichen Prozeß bereits hinter sich haben. Angesichts der heutigen großen Menge brauchbarer Informationen besteht kein Grund mehr für eine Wiederholung von grundlegenden Fehlern. Trotzdem taucht jede Woche ein neuer Chondro-Halter auf, der die gleichen alten Fehler begangen hat und gleichfalls auf die Nase gefallen ist.

Wer die Absicht hat, zu einem Chondro-Pfleger zu werden, sollte soviel an Informationen wie irgend möglich über Unterbringung, Pflegemaßnahmen und alle damit zusammenhängende Themen zusammentragen und studieren und gleichzeitig Kontakte zu erfahrenen Pflegern aufbauen. Die beste Möglichkeit hierzu ist der Besuch eines erfahrenen Pflegers, bei dem man sich ein paar Stunden aufhalten kann, um ihm bei seiner Routine zuzuschauen, Fragen zu stellen und zu lernen. Vielfach existieren eine Reihe von Wegen zum gleichen Ziel, und man gewinnt an grundsätzlichem Verständnis für eine bestimmte Vorgehensweise oder Problemlösung, wenn man sehen kann, wie ein erfahrener Chondro-Pfleger die einzelnen Aspekte angeht. Sicherzustellen ist jedoch, daß der ausgewählte Lehrer auch wirklich weiß, was er tut und sagt, daß er wirklich über die Erfahrung verfügt und die Ergebnisse vorweisen kann, nach denen Sie selbst auch streben.

Beobachtungsgabe

Wenn Sie zu den Menschen gehören, denen intelligente und analytische Beobachtungen in der Welt um Sie herum schwerfallen, sind Sie vielleicht nicht so gut als Chondro-Pfleger geeignet. Das soll natürlich nicht heißen, daß Terrarianer ohne Chondros dumm oder einfältig sind! Was ich damit auszudrücken versuche ist, daß manche Halter aufmerksame Beobachter sind und andere nicht. „Hast Du das denn nicht bemerkt?", ist eine Frage, die ich nur zu oft stellen möchte, wenn ich einem Halter mit Problemen helfen will. Guten Pflegern entgeht nichts. Gewöhnlich übertreiben Sie es nicht mit den kleinen Einzelheiten, aber sie registrieren tägliche Vorkommnisse und verfolgen deren mögliche weitere Entwicklung. Gute Pfleger schauen so oft wie möglich nach ihren Tieren. Es ist schwer vorstellbar, daß ein Halter, nachdem er den größten Teil des Tages an seinem Arbeitsplatz verbracht hat, nach dem Nachhausekommen nicht erst einmal nach seinen Chondros schaut. Die folgende ist eine wahre Geschichte: Beim Besuch eines Chondro-Halters stellte ich fest, daß ein Weibchen ovulierte. Das Tier war mit Resten der letzten Häutung überzogen, und das Terrarium wies keine erkennbare Luftfeuchtigkeit auf. Ich wußte mit Sicherheit, daß dieser Halter vor meiner Ankunft mehrere Stunden in der Nähe des Tieres verbracht hatte. Als ich ihn auf den fortgeschrittenen Eisprung aufmerksam machte, antwortete er mir, daß er die große Schwellung noch gar nicht bemerkt und auch nicht sicher wäre, wie oft sich das Weibchen gepaart hätte. Chondros gehören wirklich in die Hände von aufmerksameren und sorgsameren Pflegern.

Detailbewußtsein

Ich gebe es ja zu – ich bin ein zwangshafter, wenn nicht besessener Mensch und dadurch sowohl ein Kandidat für eine Streßmanagement-Selbsthilfegruppe als auch für die Pflege von Grünen Baumpythons. Aber ernsthaft, Chondros sind nicht die besten Terrarientiere für jemanden, der nachlässig, unorganisiert und sorglos durch das Leben geht. Einem guten Chondro-Pfleger braucht man nicht sagen, daß die Wassergefäße sauber gemacht und nicht nur aufgefüllt werden müssen ... er macht das sowieso gewohnheitsmäßig. Er tauscht das Bodensubstrat aus, wenn es anfängt, schal zu werden, egal ob es nun wirklich verschmutzt ist oder nicht. Die Beachtung von Details und sich daraus ergebende gute Angewohnheiten zeichnen einen herausragenden Pfleger aus und zeigen sich in dessen Bestand und seinen Zuchterfolgen. Das bedeutet nicht, daß nur Neurotiker und Fanatiker mit der Haltung von Chondros Erfolg haben können ... es hilft aber auf jeden Fall! Zumindest darf man aber erwarten können, daß ein Pfleger Willens ist, die Umgebung seiner Tiere sauber zu halten und sich kontinuierlich um sie zu kümmern.

Instinkt

Im Wörterbuch wird Instinkt als „der angeborene Aspekt eines nicht erlernten Verhaltens; eine natürliche Neigung" definiert. Im täglichen Leben bedeutet das, daß ein Pfleger mit ausgeprägten Instinkten eine Situation einschätzen kann und ohne fremde Hilfe zu einem Schluß kommt, der ihn zu einer Maßnahme veranlaßt, die mehr richtig als falsch ist. Beim Basketballspielen habe ich nur die falschen Instinkte. Ich treffe stets die falsche Entscheidung. Meine Schulkameraden fanden das schnell heraus, und bei der Wahl der Mannschaften war ich immer der letzte, der ausgewählt wurde. Aber – man setze mich in ein Boot auf einem See und gebe mir eine Angel, und die Chancen stehen gut, daß es zum Abendbrot Barsch gibt, denn ich habe einen guten Instinkt dafür, wo man am besten Barsche fängt. Im gleichen Sinne gibt es Menschen, die für Chondros keine Instinkte haben. Das mag elitär klingen, trifft aber den Nagel auf den Kopf. Ich habe Chondros gesehen, die schon fast tot waren, weil die Pflegebedingungen einfach völlig daneben und immer die falschen Entscheidungen getroffen worden waren und die sich nach ihrer Rettung in den Händen von jemandem flugs erholten, der wußte, was er tat. Derartigen Haltern fehlt es nicht nur an Grundkenntnissen, sondern auch an den grundlegenden Instinkten. Und diese sind bei einem so empfindlichen Tier wie dem Chondro vonnöten. Einige Instinkte etablieren sich durch den Lernprozeß, und niemand fängt gleich als Experte an. Langfristig sind jedoch gute Instinkte notwendig, damit man sich an gesunden Grünen Baumpythons erfreuen kann. Es ist vielleicht der wichtigste Aspekt für den neuen Chondro-Pfleger. Manchmal wird diese Eigenschaft als „Chondro-Zen" bezeichnet, aber welchen Namen man dafür auch immer wählt, Instinkte müssen zu einem gewissen Grad vorhanden sein.

Geduld

Mir wird dauernd gesagt, wie geduldig ich doch sei. Ich glaube das nicht. Geduld ist für mich eine Art seltener Heiligkeit, die Mühsal als Kern aller Dinge akzeptiert und lächelnd allen Prüfungen und Widrigkeiten gegenübertritt. Das bin nicht ich!

Was ich habe, ist Durchhaltevermögen, was nach meiner Definition die Fähigkeit bedeutet, bis zum Schluß durchzuhalten und niemals aufzugeben, bevor nicht das Ziel erreicht ist. Die meisten Leute nennen das Geduld, also wollen wir es dabei belassen. Wie auch immer man es aber auch bezeichnet, als Chondro-Pfleger braucht man etwas davon. Chondros haben ein Talent dafür, uns zu frustrieren und uns mit einem vielgestaltigen Verhalten in den Wahnsinn zu treiben. Männchen (und manchmal auch Weibchen) stellen einfach das Fressen ein, Tiere beider Geschlechter benehmen sich, als hätten sie Verstopfung, häuten sich schlecht, obwohl alle Rahmenbedingungen stimmen, liegen auf dem Boden herum und verändern ihre Persönlichkeit. Wenn Sie Chondros züchten wollen, vervierfachen Sie besser gleich Ihren Grad an Geduld, denn nichts in Ihrer Erfahrung kommt dem Versuch, ein Dutzend kleiner Würmer ans Fressen bringen auch nur nahe. Geduld bringt auch einen Aspekt mit sich, den man als Dabeibleiben bezeichnen könnte. Zu viele Leute fangen mit diesem Zuchtprojekt an, dann mit jenem, tauschen, kaufen und verkaufen Tiere, ohne sich jemals einen festen Bestand aufzubauen und zu erhalten. Chondros vermehren sich jedoch noch am Ehesten, wenn sie in einer stabilen Umgebung leben können.

Unsere ist eine Zeit der sofortigen Belohnung. Wir bekommen Futter aus der Mikrowelle, Bares aus einem Kasten in der Wand der Bank, verschicken eletronische Nachrichten mit Lichtgeschwindigkeit in alle Welt und zappen durch Dutzende von Fernsehkanälen, ohne auch nur mehr als unserem Daumen zu bewegen. Chondros zeigen uns die Wirklichkeit der Natur. Sie leben in ihrer eigenen Zeit und haben ihre eigene Geschwindigkeit. Es dauert, bis sie erwachsen werden und – vielleicht – Nachwuchs haben. Chondro-Weibchen kann man nicht mästen, um dann von frühreifen Tieren Babies am laufenden Band zu bekommen. Wenn Männchen das Fressen einstellen, fangen sie erst wieder damit an, wenn *ihnen* danach ist, nicht dem Halter. Es sind keine „Nun-mach-mal"-Tiere. Ich hatte das Glück, einige Zeit in den Tropen verbringen zu können, in sogenannten Drittweltländern, und was einem dabei sofort auffällt ist, daß dort alles langsamer vonstatten geht. Man hat die Zeit zum Luftholen und Zuhören und zum Darübernachdenken. Chondros scheinen diese Art der Entspannung und des Friedens in mein Leben gebracht zu haben. Sie haben offenbar nicht vergessen, wie gemächlich das Leben in den Regenwäldern war, in denen ihre Vorfahren einmal lebten. Der Pfleger kann daran nicht das Geringste ändern, jedoch kann er es zulassen, daß die Chondros ihn ändern.

Finanzielle Tragbarkeit

Diese letzte Eigenschaft eines Halter ist nicht selten ein Kernpunkt von Streitigkeiten mit solchen Zeitgenossen, die irgendwie meinen, sie hätten auf alles ein angeborenes Anrecht und ist vorallem bei Vertretern der jüngeren Generationen weit verbreitet. Chondros sind nicht billig, und dafür gibt es gute Gründe. Selbst Einsteigertiere aus Nachzucht und selbständig fressend liegen in der Regel außerhalb der finanziellen Möglichkeiten von Taschengeldempfängern. Neben den Kosten für das Tier selbst stehen jene für ein vernünftiges Terrarium an. Die Unterbringung sollte sich nach den Bedürfnissen des Tieres richten, nicht danach, was sich der Pfleger leisten kann oder am wirtschaftlichsten erscheint. Benötigt werden weiterhin Heizung,

Thermostat, Beleuchtung, Thermometer und anderes grundlegendes Zubehör der Terrarienhaltung sowie Werkzeuge wie Sprühflasche, Schlangenhaken und Futterpinzette und Desinfektionsmittel. Man kann ohne weiteres davon ausgehen, daß das ganze Drumherum genauso viel kostet wie der Chondro selbst. Wenn jemand diese Investition nicht tätigen kann oder will, ist es nicht der richtige Zeitpunkt, um mit einer Art anzufangen, die beträchtliche Ausgaben mit sich bringt. Viele Menschen und ganz besonders junge wollen, was sie wollen jetzt und auf der Stelle. Sie versuchen dann, an der Ausrüstung zu sparen und Abkürzungen zu finden und kommen dann in ein Forum mit, „Ich habe ein Problem ...".

Der Besitzer eines Chondros sollte schon in der Lage sein, die Kosten für einen Tierarzt tragen zu können, wenn seine Tiere einen solchen benötigen. Selbst gesunde Chondros können einen Darmvorfall erleiden oder eine Atemwegsinfektion, die der professionellen Behandlung bedarf, und schon eine Routineuntersuchung kann einschließlich notwendiger Medikamente ein paar Hundert Euros ausmachen. Wenn Sie sich das nicht leisten können, ist es Ihre Verantwortung, auf die Pflege eines solchen Tieres zu verzichten.

Das heißt nicht, daß Chondros nur etwas für Begüterte ist. Ich bin nicht wohlhabend. Die meisten von uns finden jedoch einen Weg, sich das zu leisten, was sie unbedingt haben möchten. Oftmals zahlen sich Ausbildung und harte Arbeit erst später im Leben aus, so daß es sich möglicherweise lohnt, noch etwas zu warten, bevor man sich auf Chondros einläßt. Die Beschäftigung mit diesen Tieren macht viel mehr Spaß, wenn man sich leisten kann, was man benötigt, um alles richtig zu machen. Es kann für einen Züchter schon beinahe beleidigend sein, wenn er ständig gefragt wird, ob er nicht seine besten Tiere zum halben Preis angeben kann, weil das alles ist, was sich der Interessent leisten kann. Wieviele von diesen Zeitgenossen würden zu einem Porsche-Händler gehen und den halben Preis verlangen, weil sie nicht mehr auf dem Konto haben?

Sind Sie bereit?

Dieses Kapitel mag sich für Sie vielleicht übermäßig negativ angehört haben. Ich hoffe aber, daß das nicht der Fall war. Falls doch, kann ich nur sagen, daß alles, was ich hier zu Papier gebracht habe, auf Jahren der Erfahrung mit Haltern auf allen Erfahrungsstufen beruht. Es ist das Kapitel in diesem Buch, das eher für jene geschrieben worden ist, die besser keine Chondros halten sollten, als für die, die dazu wirklich geeignet sind. Und ich weiß nur zu wohl, daß manche der ersteren es überhaupt nicht mögen, wenn man ihnen sagt, wie die Dinge liegen. Viele Menschen scheinen prädestiniert dafür zu sein, alles aus eigenen Fehlern lernen zu müssen. Ich habe mich bemüht, alle Aspekte ehrlich beim Namen zu nennen und klarzustellen, was Sie von sich selbst erwarten müssen, um mit dem Grünen Baumpython Erfolg zu haben. Es bleibt für mich zu hoffen, daß die hier vorgelegten Informationen mehr Leute zu Kandidaten für die Chondro-Pflege macht als davon abbringt. Jeder, der zuzuhören und zu lernen bereit ist und die Grundkenntnisse der Reptilienhaltung mitbringt, kann auch ein erfolgreicher Chondro-Halter werden. Sind Sie eine solche Person? Im nächsten Kapitel werden wir besprechen, was Sie alles benötigen, um mit einem guten, gesunden Tier anzufangen. Viel Glück!

Erwerb guter Exemplare

„Es ist unklug, zuviel auszugeben, aber noch schlimmer ist es, zuwenig zu bezahlen. Wenn man zuviel bezahlt, verliert man ein wenig Geld, und das ist alles. Wenn man aber zuwenig bezahlt, verliert man manchmal alles, weil das, was man gekauft hat, nicht das ist, was man kaufen wollte. Die Gesetzmäßigkeiten der Geschäftswelt verhindern, daß man viel für wenig bekommt. Wenn man mit dem niedrigsten Anbieter Handel treibt, sollte man gleich etwas aufschlagen, um das Risiko abzudecken. Und wenn man diesen Gesamtpreis zu zahlen bereit ist, kann man auch gleich etwas Besseres kaufen." John Ruskin

Heute besteht kein Mangel an zum Verkauf stehenden Grünen Baumpythons und auch keiner an Verkäufern. Die Qualität der angebotenen Tiere und der entsprechenden Anbieter reicht von exzellent bis scheußlich. Man kann herausragende Nachzuchten mit Stammbaum und Folgebetreuung kaufen oder Importe, die nur noch darauf warten, daß der Tod sie erlöst, und alles dazwischen. Ich bin gerade von einem Besuch bei einem Freund zurückgekommen, der ganz in der Nähe einer der regelmäßig stattfindenden, großen Reptilienbörsen wohnt. Auf der Börse entdeckten wir eine kleine durchsichtige Kiste, die vielleicht sechs oder acht, offensichtlich importierte, erwachsene Chondros enthielt. Die Tiere waren dehydriert und dünn und hatten so schwächlich ausgebildete Muskeln, daß sie sich vermutlich nicht einmal auf einem Liegeast hätten halten können, selbst wenn ein solcher zur Verfügung gestanden hätte. Ein Schild auf dem Verkaufstisch besagte, „Wo Qualität regiert!". Wer ein solches Tier kauft, kann todsicher mit einem Verlust und Enttäuschung rechnen, und wird vermutlich anschließend bei der Verbreitung des Gerüchts helfen, Chondros seien zu schwierig zu halten.

Mit Abstand die wichtigste Zutat für Glück und Erfolg mit einem neuen Chondro ist – neben der eigenen Verantwortung – das richtige Tier für den richtigen Pfleger. Eine weise Kaufentscheidung bedeutet in der Regel langfristige Zufriedenheit und Hilfe, wenn man sie braucht. Eine schlechte Wahl führt nahezu ausnahmslos zu Frustration, Enttäuschung und unzureichender oder keiner Kundenbetreuung. Es ist von ausschlaggebender Bedeutung, daß die wichtigste Entscheidung – von wem man kauft – in Kenntnis aller Fakten und auf der Grundlage eines festen Vertrauensverhältnisses getroffen wird.

Qualität

Zunächst müssen wir „Qualität" einmal für den Gebrauch in diesem Abschnitt definieren. Ein qualitativ hochwertiger Chondro ist jedes Tier, das im Terrarium nachgezogen, seiner wahren Natur entsprechend angeboten und gesund ist und von dem zu erwarten steht, daß es unter geeigneten Pflegebedingungen bei seinem neuen Halter gut gedeiht. Dabei kann es sich um die ausgefallenste Designer-Zuchtform für Tausende von Euros handeln oder ein ganz durchschnittliches grünes Tier aus dem ersten Gelege eines neuen stolzen Züchters. „Qualität" ist nicht vom Namen eines großen Züchters abhängig, und richtig teure Exemplare müssen nicht zwangsläufig qualitativ besser sein als weniger teure. Sicher sind einige Zuchtstämme in Hinsicht auf ihre Farbgebung und Abstammungsgeschichte attraktiver als andere, jedoch ist jeder gesunde Chondro aus Nachzucht mit einem Angebot für nachfolgende Kundenbetreuung und vorliegenden Aufzeichnungen über Schlupf und Fütterungsdaten ein Tier von Qualität.

Kurioserweise zeigen einige Zeitgenossen Widerstand gegen die Definition und Verbreitung von Qualität. Weniger überraschend ist, daß sich Händler wie der oben beschriebene persönlich angegriffen fühlen, wenn man mit ihnen über Qualität sprechen will, denn ein Käufer mit Kenntnis der Materie ist für ihn mit Sicherheit ein verlorener Kunde. Gelegentlich sehe ich aber auch Chondro-Besitzer, die von Qualität nichts hören wollen. Meistens handelt es sich dabei um solche, die Importe gekauft haben und sich gegen die Annahme stellen, ihre Tiere seien minderwertig. Sie verteidigen sich dann mit dem Argument, Qualität sei relativ und nicht zu definieren. Auch wenn Qualität in einem gewissen Maße von der Perspektive abhängig sein mag, so ist es doch engstirnig, diese Schwankungsbreite als Grund dafür anzusehen, das ganze Konzept und die Bedeutung von Qualität beim Kauf von Chondros abzulehnen. Schönheit liegt im Auge des Beschauers, Qualität nicht. Qualität kann sehr wohl Abstufungen haben, die sich aus den angelegten Maßstäben ergeben, jedoch ist die oben genannte Definition jene, die ich selbst anlege, wenn ich gefragt werde, auf was beim Kauf eines Chondros zu achten ist. Dies ist für einen neuen Käufer von ganz besonderer Wichtigkeit. Ich halte die Frage der Qualität für so wichtig für den langfristigen Erfolg, daß ich unablässig dafür eintrete – die Aussage, daß ich Qualität nur deshalb so stark befürworte, damit Kunden nur noch meine Tiere kaufen, ist völlig absurd!

Eine Diskussion über Qualität an dieser Stelle soll nicht dazu dienen, bereits in Beständen befindliche Tiere abzuwerten oder Pfleger zu diffamieren. Das vorliegende Buch und alles, was ich sonst tue, ist darauf ausgerichtet, allen Besitzern von Chondros weiterzuhelfen, ungeachtet dessen, wo sie ihre Tiere herbekommen haben. Allerdings ist es unmöglich, potentiellen Käufern Ratschläge zu geben, ohne vorher auf die zentrale Bedeutung von Qualität hingewiesen zu haben.

Nachzuchten kaufen

Grundsätzlich sollte man nur im eigenen Land nachgezogene Chondros kaufen. Es ist die wichtigste Entscheidung zur Vermeidung von späteren Problem und Enttäuschungen. Also: Kaufen Sie nur nachweisbar im eigenen Land nachgezogene Tiere. Die Bedeutung dieses Aspekts kann nicht oft genug unterstrichen werden. Chondros aus Terrariennachzucht sind selbst importierten Nachzuchten von Zuchtfarmen in jeder Hinsicht überlegen. Sie sind widerstandsfähiger, weniger anfällig für Krankheiten und Streß und haben in aller Regel keine Parasiten und Verletzungen – die beiden letzteren sind besonders bei Importtieren häufig. Sie besitzen eine gut entwickelte Muskulatur, sind langlebiger, vermehren sich bereitwilliger und passen sich weitaus schneller an eine neue Umgebung an. Es gibt im Prinzip keinen einzigen vernünftigen Grund, warum der normale Käufer eines Chondros etwas anderes auch nur in Betracht ziehen sollte. Der Kauf eines minderwertigen, billigen Chondros in der Hoffnung, daß man ihn schon durchbringen wird, ist in etwa so weise wie einen Alkoholiker zu heiraten und zu glauben, daß Liebe allein ihn schon heilen wird. In beiden Fällen stehen die Chancen eher schlecht. Entscheiden Sie sich ausschließlich für Terrariennachzuchten, und lernen Sie, wie Sie Fälschungen erkennen und aus dem Weg gehen können. Gleichermaßen wichtig ist, daß jedes gekaufte Nachzuchttier bereits selbständig frißt. Anderenfalls ist vermutlich mit Enttäuschungen zu rechnen ... doch mehr dazu später.

Importe spielen allerdings im Handel mit Chondros eine berechtigte, wennauch kleine Rolle. Erfahrene Züchter nehmen sich hin und wieder aus ganz bestimmten Gründen eines importierten Exemplars an, sei es um frisches unverwandtes Blut in eine Zucht zu bringen oder um mit Tieren (etwa reinblütigen Vertretern einer bestimmten geographischen Form) zu arbeiten, die als Nachzuchten einfach nicht zur Verfügung stehen. Die weitaus größte Zahl der in die USA eingeführten Exemplare dient jedoch nicht diesen Zwecken. Sie werden an nichts ahnende Käufer veräußert, die oftmals aus einem spontanen Impuls heraus ein Tier auf einer Tauschbörse kaufen oder auf eine Anzeige im Internet reagieren. Die meisten dieser Exemplare werden zu Preisen angeboten, die weit unter jenen für Nachzuchten liegen und solche Käufer anzusprechen versuchen, die niedrige Anschaffungskosten ganz oben auf ihrer Liste der Prioritäten haben. Bei Chondros bekommt man wirklich wofür man bezahlt, und man bekommt nicht wofür man nicht bezahlt. Einige Händler haben inzwischen gemerkt, daß viele potentielle Kunden nicht mehr so einfach hereinzulegen sind. Sie haben daher in manchen Fällen einfach ihre Preise auf das Niveau der für Nachzuchten angehoben, damit die entsprechenden Angebote glaubwürdiger erscheinen. Das bedeutet, daß der Preis für einen Chondro nicht mehr als Anzeiger für seine Herkunft geeignet ist.

Wo kaufen?

Beinahe ebenso wichtig wie der Kauf von Nachzuchten ist die Entscheidung, von wem man kauft. Auch hier kann man nur wieder sagen, der einzige sichere Weg, um Probleme von vornherein zu vermeiden, ist ein Züchter mit gutem Ruf. So ein Züchter ist auf seine Tiere bedacht und will, daß auch Sie mit ihnen erfolgreich sind. Hier erhält man gut fressende, eingewöhnte Tiere mit Stammbaum (oder zumindest doch mit Nachweisen der vorangegangenen Futteraufnahmen etc.), und der Züchter kann auf die Fragen des Kunden verläßlich Antwort geben. Noch wichtiger aber ist, daß der Züchter auch in Zukunft hinter Ihnen stehen und für Sie da sein wird, wenn später doch noch Probleme auftreten sollten. Es ist wirklich erstaunlich, wieviele neue Grüne Baumpython-Halter jedes Jahr wieder Hilfestellung bei nichtfressenden Babies oder anderen Anfängerproblemen benötigen, mit ihren Fragen beim eigentlichen Verkäufer aber nur auf Schulterzucken stoßen.

Tauschbörsen und Schlangentage

Grundsätzlich sollte man auf derartigen Massenveranstaltungen keine Chondros kaufen, es sei denn, man kennt den Anbieter von früheren Transaktionen oder er wurde ausdrücklich empfohlen. Es gibt sehr wohl einige Reptilienhändler, die wirklich qualitativ hochwertige Tiere anbieten. Sehr viele schauen Ihnen jedoch in die Augen und erzählen Ihnen genau das, was Sie hören wollen. Über etliche Jahre verdiente ich meinen Lebensunterhalt durch den Verkauf von von meiner Firma CageMaster hergestellten Terrarien auf diesen Veranstaltungen, so daß ich recht gut weiß, wie das alles so läuft. Selbst die sogenannten Züchtermessen sind oftmals

Abb. 154 u. 154a: Selbstverständlich ist auch die Terraristika in Hamm, die weltgrößte Terrarienbörse, ein Treffpunkt für Chondro-Liebhaber. H. WERNING

voll von Importen und falsch ausgewiesenen Tieren. Ich weiß von wenigstens zwei Händlern, die vorübergehend von der Teilnahme an „Züchter"-Messen ausgenommen waren, nachdem sie dort importierte Chondros zu verkaufen versucht hatten. Bei einer solchen Gelegenheit besagten die Ausstellerregeln ausdrücklich, daß keine Importe, egal welcher Art, angeboten werden dürften. Ein Händler, der ganz offensichtlich importierte Biak-Jährlinge ausstellte, antwortete auf meine Frage, wer denn diese Tiere produziert hätte, lakonisch mit, „Weiß ich nicht. Die sind erst letzte Nacht ‚reingekommen." Ein derartiges Geschäftsgebahren täuscht nicht nur die Kunden, es ist auch eine Ohrfeige für jeden wirklichen Chondro-Züchter, der viel Aufwand betrieben hat, um eine Zucht von gesunden und qualitativ hochwertigen Tieren ins Laufen zu bringen. Ein Chondro ist eine denkbar schlechte Wahl für einen impulsiven Kauf oder von jemandem, der an einem Verkaufstisch steht und nur auf das Verkaufen einer Ware geschult ist. Kunden ohne Erfahrung können einfach nicht ohne Weiteres zwischen einem importierten Chondros und einer Nachzucht unterscheiden. Viele Händler haben Dutzende von Chondros auf ihren Tischen – neben jeder Menge anderer Reptilien. Ganz offen gesagt ist es schlicht unmöglich, daß sie selbst soviele Tiere produziert haben können. Selbst Privatzüchter mit wirklich großen Anlagen und Beständen haben in aller Regel Wartelisten für ihre Kunden und kaum Dutzende Tiere aller möglichen Altersklassen zu verkaufen.

Diese Veranstaltungen sind also meistens nicht der beste Platz, um einen guten Chondro zu finden. Will man hier trotzdem einen Kauf tätigen, sollte man sich unbedingt über die Identität des Verkäufers versichern. Börsen und Schlangentage sind allerdings eine gute Gelegenheit, um Kontakte mit anderen Pflegern und Züchtern zu knüpfen, mit denen man möglicherweise später einmal ins Geschäft kommen kann.

Anzeigen im Internet

Auch die Anzeigenseiten im Internet sollte man besser meiden. Einige der größeren Sites („Classifieds") sind so vollgestopft mit hochgradig verdächtigen Tieren, daß sie in manchen Foren nur noch den Stellenwert von Witzblättern haben. Wie auf den Tauschbörsen sind auch hier vereinzelt die Angebote von einigen legitimen Nachzuchten vertreten. Internet-Anzeigenseiten sind jedoch der hauptsächliche Tummelplatz für Importeure, und der Neuling in Sachen Chondros-Kaufen hat kaum eine Chance, zwischen beiden zu unterscheiden. Selbst bei den Anzeigen im ChondroWeb, wo erfahrene Züchter über die Annahme von Anzeigen entscheiden und strikte Regeln bestehen, heißt es „Auf eigene Gefahr". Wie bei allen Käufen sollte man wissen, mit wem man Geschäfte macht und nicht verlockenden Angeboten aus einer unbekannten Quelle anheimfallen. Der Preis für ein Tier sollte auf der Suche nach einem vertrauenswürdigen Züchter eine völlig untergeordnete Rolle spielen. Man bekommt, wofür man zu bezahlen bereit ist, und seit kurzem haben etliche Händler von zweifelhaftem Ruf ihre Hauptaktivität auf Online-Verkaufsangebote verlegt. In gewisser Weise ist ein Kauf durch dieses Medium noch riskanter als bei einem auf einer Börse. Hier kaufen Sie etwas ungesehen in Vertrauen auf die Aussagen eines Unbekannten oder möglicherweise aufgrund eines verzerrten, farblich bearbeiteten digitalen Fotos.

Tiere von Zuchtfarmen

Ich möchte an dieser Stelle ein paar Gedankengänge zu auf Zuchtfarmen produzierten Chondros einbringen. Das ist nicht ganz einfach, zumal einige meiner Freunde selbst mit Farmnachzuchten handeln und/oder solche besitzen. Jede ehrliche Darstellung dieses Themas muß jedoch Informationen über diese Tiere beinhalten.

In aller Fairneß und unter Berücksichtigung aller Aspekte muß man sagen, daß wirklich auf Zuchtfarmen produzierte Chondros bessere Terrarientiere abgeben als Wildfänge. Die meisten von Farmen importierten Tiere sind auch noch relativ jung, passen sich daher besser an eine neue Umgebung an und pflanzen sich in dieser Umgebung vermutlich auch bereitwilliger fort. Es steht außer Zweifel, daß Chondros auf einer Farm in größeren Stückzahlen für weniger Geld produziert werden können, zumal wenn an Ort und Stelle das natürliche Klima herrscht und billige Arbeitskräfte zur Verfügung stehen. Dadurch sind auch für den Endverbraucher die Kosten geringer als bei Tieren von Züchtern im eigenen Land. Farmen sind auf Massenproduktion und geringe Betriebskosten ausgerichtet. Von Farmen stammende Tiere sind auch besonders für jene Pfleger interessant, die ganz natürlich aussehende Tiere solchen mit gemischten Vorfahren vorziehen. Damit soll nicht gesagt werden, daß Farm-Chondros echte Fundort-Tiere sind, jedoch kommen sie dieser Bezeichnung näher als durch Auswahlzucht (oder auch durch willkürliche Verpaarung) produzierte Nachzuchten.

Ein niedriger Preis und Nachkommen von der Natur entnommenen Elterntieren bringen aber auch einige ernstzunehmende Nachteile mit sich. Diese sind die möglichen Gesundheitsprobleme und ein geringes Maß an Kundenbetreuung. Wir wollen diese in der gleichen Reihenfolge betrachten.

Jeder weiß, daß viele Importe Parasiten aufweisen. Ob der Befall durch das Trinken von kontaminiertem Wasser, das Fressen Parasiten tragender Beutetiere oder andere Ursachen zustandegekommen ist, läßt sich hinterher kaum noch feststellen. Importe haben aber so häufig Parasiten, daß jedes Tier als möglicher Träger angesehen, untersucht und gegebenenfalls dagegen behandelt werden muß. Parasiten können ernsthafte Konsequenzen haben und Organschäden hervorrufen, haben aber in jedem Fall einen negativen Einfluß auf den Gesundheitszustand des befallenen Tieres und seine Lebenserwartung. Sie sind auf keinen Fall als einfaches Ärgernis abzutun. Zuzüglich zu dem wahrscheinlichen Befall mit Parasiten mußten Farm-Chondros einen langen Transport mit allen möglichen Gesundheitsgefahren überstehen, der vielleicht noch durch einen Weitertransport zum letztendlichen Verkäufer verlängert wurde. Auf einer Börse angebotene Tiere sind dann natürlich noch mehr Streß ausgesetzt. Keiner dieser Faktoren ist der Gesundheit förderlich, vorallem nicht bei Jungtieren.

Das Fehlen einer nachfolgenden Kundenbetreuung – im Vergleich zu dem Service, der von den meisten privaten Züchter angeboten wird – ist der andere Punkt, der beim Kauf eines Farm-Chondros in Betracht gezogen werden sollte. Das ist nicht etwa die Meinung eines voreingenommenen Züchters, der Kunden in seine Richtung lenken will, es ist ein Umstand, der unlängst von einem wohlbekannten Exporteur von Farm-Chondros in einer Diskussion im Internet dargestellt wurde. Es ist auch kein Angriff auf irgend jemanden – es ist lediglich ein Bestandteil der Gleichung. Es leuchtet ein, daß eine große Einrichtung, die auf Massenproduktion ausgelegt ist, dem Kunden nicht den gleichen Service zukommen lassen kann wie ein auf Qualität ausgerichteter Züchter; das Gleiche läßt sich im Übrigen über die meisten Groß- und Zwischenhändler für diese Tiere sagen. Auch sind sie meistens mit der Führung eines großen Geschäfts, dem Herumreisen von einer Börse zur nächsten, der Einfuhr und der Belieferung ihrer Einzelhandelskunden zu beschäftigt, um sich auch noch um jeden Individualkunden kümmern zu können, nachdem dieser nach Hause gegangen ist. Es trifft sicherlich nicht auf alle zu, und einige mögen tatsächlich sehr auf Kundenbetreuung bedacht sein, aber es ist leider meistens der Fall. Grundsätzlich kann einfach niemand die gleichen Qualifikationen hierfür haben wie derjenige, der sich auf die Pflege und Vermehrung nur einer Art spezialisiert hat.

Die Frage der Farm-Chondros wird weiterhin von dem beklagenswerten Umstand überschattet, daß viele der so bezeichneten Tiere alles andere als das sind. Da die Ausfuhr von Chondro-Wildfängen aus Indonesien gesetzlich verboten ist, werden viele Wildfänge einfach als auf einer Farm produziert deklariert, damit ihr Export legal aussieht. Auch werden Ihnen die meisten hiesigen Händler erzählen, die angebotenen Tiere seien Nachzuchten, ohne hinzuzufügen, daß sie irgendwo in Indonesien nachgezogen und dann verschifft wurden. Obwohl also Farm-Chondros rein technisch gesehen Nachzuchten und dadurch besser für die weitere Haltung im Terrarium geeignet sind als Wildfänge, so sind es doch keine Nachzuchten im herkömmlichen Sinne, d.h. von Terrarianern im eigenen Land.

Halten sich denn nun Farm-Chondros gut im Terrarium? Ja, zumindest einige. Es hängt viel vom Geschick des Pflegers ab und welchen Strapazen das Tier vor dem Erwerb ausgesetzt war. Ein Teil der importierten Tiere stirbt, auch wenn sie wirklich von einer Farm kommen. Die meisten Gesundheitsprobleme betreffenden Fragen, bei denen ich anderen Haltern helfen muß, betreffen importierte und/oder Farm-Chondros. Ich bleibe daher bei meiner Überzeugung, daß Farm-Chondros für den Anfänger keine gute Wahl sind. Leider scheinen es jedoch gerade diese zu sein, die diese Tiere am häufigsten kaufen.

Spezialisierte Züchter

Die beste Quelle für Ihren ersten Chondro ist ein namhafter Züchter mit gutem Ruf, der bei Bedarf eine Sammlung von Empfehlungen vorlegen kann. Heute existieren solche Züchter in weitaus größerer Zahl als jemals zuvor. Einige produzieren mehr, andere weniger Tiere pro Jahr, doch alle wollen, daß Sie mit Ihrem Kauf glücklich werden. Am besten knüpft man zu mehreren einen Kontakt und kauft dann von dem, bei dem man sich am wohlsten fühlt. Stellen Sie alle Fragen, die Sie beantwortet haben wollen, und trennen Sie sich von Personen, die offensichtlich nicht an Ihrer Weiterbildung interessiert sind. Finden Sie heraus, welche Garantien Sie hinsichtlich des Gesundheitszustandes Ihres ersten Chondros zu erwarten haben. Die meisten Züchter, ich eingeschlossen, betrachten die Übergabe eines lebenden Tieres als endgültig. Ein guter Züchter wird jedoch alles in seiner Macht Stehende unternehmen, um Ihnen bei möglicherweise später auftretenenden Problemen zur Seite zu stehen. Sie sollten für die Zeit nach dem Geschäft nicht weniger als eine exzellente Kundenbetreuung erwarten. Also besprechen Sie das mit dem Züchter vorab, und suchen Sie sich einen anderen, wenn Sie mit seiner Einstellung Ihnen gegenüber oder den Antworten nicht zufrieden sind. Gründliche Züchter werden Ihnen Aufzeichnungen über Futteraufnahmen und Häutungen sowie exakte Daten zum Schlupf Ihres Tieres aushändigen, aus denen auch hervorgeht, wann das Tier geschlüpft ist, wieviel es wog und wer seine Eltern sind. Einige Züchter liefern sogar einen genauen Stammbaum zu jedem Jungtier, der in manchen Fällen bis zu den ursprünglichen Wildfängen zurückreichen kann. Der Züchter sollte Ihnen bereitwillig seinen Bestand und seine Terrarien sowie die Eltern des in Frage stehenden Jungtieres zeigen und auch bei Fragen zu Ihrem Terrarium für das Tier helfen. Angesichts der besseren Börsen und Schlangentage, dem ChondroWeb und den ChondroForen sowie anderen Webseiten zu diesem Thema ist es wirklich nicht schwierig, die entsprechenden Kontakte aufzubauen und herauszufinden, welche Züchter wirklich einen guten Ruf haben. Eine wenngleich unvollständige Liste findet sich in Anhang C.

Abb. 155: Der wichtigste Schritt für einen potentiellen Käufer ist der Aufbau eines Vertrauensverhältnisses mit einem ernsthaften Privatzüchter. Hier diskutiert der Verfasser den Verkauf eines Jährlings mit einer begeisterten neuen Chondro-Pflegerin. Der Züchter sollte stets Willens sein, mit einem neuen Halter Zeit zu verbringen und ihm zeigen, wie die Tiere am besten untergebracht und versorgt werden.

Abb. 155a: Einer der bekanntesten und profiliertesten deutschen Züchter von *Morelia viridis* ist Thomas RADEMACHER hier in seiner Zuchtanlage. S. BRACKHAGE

Die meisten Züchter von Auswahlzuchten sind so überlaufen, daß sie Warte- oder Prioritätslisten für ihre Nachzuchten führen müssen. Die Produktion von selbständig fressenden, echten Terrariennachzuchten erfordert Zeit und vom Züchter wie auch vom Käufer einiges der Geduld, von der im vorangegangenen Kapitel die Rede war. Manchmal hat man Glück, daß einige gute Tiere genau dann im Angebot sind, wenn man danach sucht, manchmal muß man aber eben auch warten. Die Wartezeit sollte man dazu nutzen, mit dem Züchter ein gutes Verhältnis aufzubauen. Wenn möglich sollten Sie ihn besuchen und seine Anlage und Tiere selbst in Augenschein nehmen. Viele Züchter respektieren ein solch intensives Interesse von Seiten des Kunden und reagieren entsprechend darauf. Widerstehen Sie der Versuchung, sich eher mit einem Tier, das nicht Ihren Vorstellungen oder Wünschen entspricht zufriedenzugeben, nur weil Sie die Geduld zu verlieren scheinen.

Auswahl Ihres ersten Chondros

Als allererster Chondro für Sie empfiehlt sich eher ein etwas älteres Tier denn ein Schlüpfling. Auch wenn ein kleiner Baby-Chondro ohne Zweifel zu den niedlichsten Tieren gehört, die man sich vorstellen kann und der Wunsch, dieses heranwachsen und seine Umfärbung mitzuerleben groß sein mag, ist es doch erheblich sicherer, wenn Sie Ihre ersten Erfahrungen mit einem Jährling oder zumindest mit einem sechs bis acht Monate alten Exemplar sammeln. Ein solches Tier ist bereits an eine selbständige Futteraufnahme und ein Leben im Terrarium gewöhnt, hat ein gut entwickeltes Immunsystem und ist bei weitem nicht mehr so empfindlich wie eines frisch aus dem Ei. Das bedeutet, daß kleinere Haltungs- und Handhabungsfehler eher verziehen werden und nicht gleich zu irreparablen Schäden führen – wie bereits erwähnt ist die Wirbelsäule bei Babies überaus empfindlich. Der Kauf eines Jährlings gibt Ihnen darüber hinaus eine ungefähre Vorstellung, wie Ihr Tier vermutlich einmal aussehen wird, und vielleicht läßt sich auch schon das Geschlecht feststellen. Niemals sollte man jedoch ein Jungtier jünger als ein Jahr erwerben, bei dem eine Geschlechtsbestimmung mittels Sondierung vorgenommen worden ist! Siehe dazu die Anmerkungen weiter unten.

Wenn Sie unbedingt ein Jungtier erwerben wollen, sollte feststehen, daß es bereits selbständig frißt. Das bedeutet ein Exemplar im Alter von mindestens drei Monaten, das sich wenigstens zweimal gehäutet hat und wenigstens zehn- oder zwölfmal selbständig gefressen hat. Verkäufer von Jungtieren, die „dreimal gefressen haben" mögen durchaus die Wahrheit sagen, jedoch sind drei Freßvorgänge bei Baby-Chondros gar nichts. Die meisten benötigen wenigstens zehn Mahlzeiten, bevor sie wirklich ganz von selbst Nahrung aufnehmen. Natürlich gibt es auch hier wieder Ausnahmen, und einige Babies fressen von ganz alleine und praktisch sowie sie aus dem Ei kommen oder nach nur ein paar Mahlzeiten. Ein Vertrauensverhältnis mit dem Züchter ist daher umso wichtiger, da es unmöglich von vornherein festzustellen ist, ob ein Jungtier nur zögerlich oder gar nicht frißt. Aber selbst gut fressende Jungtiere können erneut das Futter verweigern, nachdem sie dem Streß eines Transports oder Versands ausgesetzt wurden. Sie müssen dann erneut an das selbständige Fressen gewöhnt werden, und man fängt praktisch wieder ganz von vorne an. Es ist daher überaus wichtig, daß man ein eingewöhntes Tier erwirbt, das bereits einiges an Futter in Wachstum umgesetzt hat.

Bei der Auswahl eines Babies oder Jährlings achten Sie darauf, daß das Tier einen gutgenährten Eindruck macht und ein entsprechendes Gewicht aufweist. Meiden Sie Tiere mit sichtbaren Rippen, herausstehender Wirbelsäule oder Hautfalten an anderen Stellen als dort, wo der Körper gebogen ist. Besonders waagerechte Falten sind ein Grund zur Besorgnis, da sie auf Dehydration oder Unterernährung hinweisen können. Nehmen Sie von Tieren mit Beulen oder Höckern unter der Haut Abstand. Derartige Deformationen sind nicht normal und deuten im günstigsten Fall auf Parasiten unter der Haut hin. Das Tier sollte geschmeidig aussehen und glänzen und sichtlich muskulös sein, nicht vertrocknet oder schlaff. Meiden Sie Tiere, an denen noch trockene Fetzen der letzten Häutung hängen. Selbst wenn dem Abhilfe geschaffen werden kann und es keine direkte Bedrohung der Gesundheit darstellt, kann es ein Hinweis auf eine generell zu trockene Haltung sein, die möglicherweise bereits Nierenschäden hinterlassen hat. Verzichten Sie auf jeden Fall auf den Kauf eines aufgedunsenen Exemplars, das wie ein Wasserschlauch wirkt, denn dieses hat mit Sicherheit einen Nierenschaden. Wenn das Tier groß genug ist, um in die Hand genommen zu werden, lassen Sie es sich geben. Während es durch Ihre Hände gleitet, fühlen Sie mit dem Daumen ob die Wirbelsäule Knicke, Beulen oder Einsenkungen aufweist. Babies sollten jedoch weder vom Verkäufer noch von Ihnen auf diese Weise untersucht werden! Stattdessen beobachtet man diese, wie sie sich auf ihrem Ruheast zusammenrollen oder sich fortbewegen. Die Augen, Nasenlöcher und Lippengruben sollten ebenfalls inspiziert werden und frei von Ablagerungen oder Verstopfungen sein. Die Schlange sollte ganz normal züngeln und sich selbstsicher fortbewegen, ohne Anzeichen für neurologische Störungen, die sie zum Zittern oder zu einer abnormalen Körperhaltung oder merkwürdigen Bewegungsabläufen veranlaßt. Der richtige Zeitpunkt zum Entdecken von Störungen ist jetzt, nicht nachdem sich das Tier schon einige Tage in Ihrem Besitz befunden hat. Chondros sind als Babies zerbrechliche Geschöpfe und können Schädigungen erfahren haben, die selbst der Züchter noch nicht bemerkt hat. Es ist an Ihnen, das Tier dahingehend zu begutachten.

Chondros haben ganz verschiedene Persönlichkeiten – genau wie ihre Halter. Leider läßt sich die Ihres zukünftigen Tieres während des Tages kaum beurteilen. Wenn das Tier auf seinem Ruheast liegt, bitten Sie den Züchter, es anzustubsen. Die meisten jungen Tiere reagieren auf eine solche Störung mit Erregung und Zuschnappen, und hieran kann man erkennen, wie aufgeweckt sie sind. Hören Sie sich das tiefe Atmen bei dieser Gelegenheit genau an: Atemwegsinfektionen werden häufig von einem pfeifenden Nebengeräusch begleitet. Einige Babies produzieren bei Aufregung einen schwachen klickenden Ton oder etwas, das sich wie eine platzende Seifenblase anhört, doch das ist völlig normal. Nicht alle Chondros reagieren ärgerlich auf eine solche Störung – manche verbergen einfach den Kopf unter den Körperschlingen. Dies trifft besonders auf Jährlinge und ältere Tiere zu und ist gleichfalls eine normale Reaktion. Die meisten beißfreudigen Exemplare werden mit zunehmendem Alter von ganz allein umgänglicher, und erste Anzeichen dafür zeigen sich gewöhnlich im Alter von zwölf bis achtzehn Monaten. Diese Tiere sind jedoch meistens auch gute Fresser, und demzufolge ist der Kauf eines jungen Chondros mit einer eher aggressiven Persönlichkeit keine schlechte Wahl. Anfänger sollten Tiere von unter einem Jahr ohnehin nicht in Hand nehmen. Wichtig zu wissen ist, daß ein auf einer Börse zum Verkauf angebotener Chondro unter Streß steht und höchstwahrscheinlich nicht seine normale Persönlichkeit zeigt. Ein in dieser Umgebung ganz ruhig erscheinendes Tier kann sich durchaus als sehr aggressiv erweisen, wenn es sich erst einmal in sein neues Heim bei Ihnen eingewöhnt hat. Es ist einer der Gründe, warum Sie besser bei einem Züchter kaufen sollten, wo Sie Ihr Tier zuvor persönlich in Augenschein nehmen können.

Das spätere farbliche Aussehen Ihres Chondros wird hauptsächlich von den Elterntieren und in geringerem Umfang auch von deren Vorfahren bestimmt. Die Auswahl eines gesunden Exemplars und eines ehrlichen Züchters mit gutem Ruf sind jedoch weitaus wichtiger als die späteren Farben, wenn es sich um Ihren ersten Chondro handelt. Sowohl kastanienrote als auch gelbe Babies können zu attraktiven Adulti heranwachsen, und das Jugendkleid ist kein Anzeiger für das spätere Temperament, das Geschlecht oder irgend einen anderen maßgeblichen Faktor. Für ein dunkles Jungtier muß man gewöhnlich mehr als für ein gelbes bezahlen, und ein Jährling kostet mehr als ein Schlüpfling. Für jene, die an meinen Überlegungen zum Einstufen von Jungtieren hinsichtlich ihrer möglichen Farbentwicklung interessiert sind, siehe Kapitel „Umgang mit…“.

Eine häufig gestellte Frage ist, welche Fundort-Tiere sich am besten im Terrarium machen. Zu allererst muß man dazu sagen, daß die weitaus meisten angebotenen Chondros überhaupt keine Fundort-Tiere sind. Die Frage müßte auch richtiger lauten, welche geographische Varietät am besten für einen Neueinsteiger geeignet ist. Allgemein darf darauf geantwortet werden, daß sich eigentlich alle Formen im Terrarium gut halten lassen, solange sie nur aus Terrariennachzucht stammen. In diesem Fall hat das von Ihnen in Betracht gezogene Tier aller Wahrscheinlichkeit nach ohnehin eine Reihe verschiedener Vorfahren, auch wenn es als ein „Sorong“, „Jayapura“ oder „Biak“ angeboten wird. Die Ausnahme hierbei sind Chondros mit Vorfahren von Biak, die für ihre Beißfreudigkeit und leichte Reizbarkeit bekannt sind. Biaks haben häufig ein ganz eigenes Erscheinungsbild und sind daher recht gut zu erkennen (siehe die Beschreibung und Abbildungen in Kapitel „Geographische…“). Biaks sind andererseits gute Fresser und widerstandsfähige Terrarientiere, jedoch wird ein Anfänger möglicherweise kein Tier haben wollen, das jedes Mal nach ihm beißt, wenn er es stört. Im Gegenteil dazu sind Chondros mit Vorfahren von den Aru-Inseln oftmals die ruhigsten. Tatsächlich haben Aru-Schlüpflinge den Ruf, daß sie am schwierigsten ans Futter zu bringen sind, eben weil sie so gelassen sind. Dieser Punkt sollte unbedingt Beachtung finden, wenn man eine spätere Zucht in Erwägung zieht.

Wenn Sie ein Tier durch das Internet kaufen wollen, ohne es vorher zu sehen, wählen Sie nur einen Züchter, den Sie bereits kennen und dem Sie vertrauen. Es ist eine logische Folge, daß in einem Zeitalter der Massenkommunikation und der Möglichkeit von Luftfracht-Eilsendungen völlig ehrliche und rechtmäßige Geschäfte zwischen Parteien abgewickelt werden, die weit voneinander entfernt leben, vielleicht sogar in verschiedenen Ländern oder auf verschiedenen Kontinenten. Auch hier ist aber ein Vertrauensverhältnis die Grundlage. Im Fall eines Erstkaufs ist jedoch ein Züchter, der in der Nähe wohnt und den man besuchen kann, eine weitaus bessere Wahl.

Geschlechtsbestimmte Jungtiere

Eine weitere Regel für Erstkäufer ist: nie, aber auch wirklich niemals, einen Chondro mit Geschlechtsbestimmung kaufen, der weniger als ein Jahr alt ist. Der Grund dafür ist, daß die Wirbelsäule junger Tiere einfach noch nicht kräftig genug entwickelt ist, um der Belastung beim Sondieren der Hemipenistaschen auf der Schwanzunterseite verläßlich zu widerstehen. Noch übler ist eine Geschlechtsbestimmung durch Herausmassieren der Hemipenes mit dem Daumen, um dadurch eventuelle Männchen zu identifizieren. Auch wenn diese Verfahren häufig und gefahrlos bei Colubriden und einigen Boiden angewandt werden, sollten sie bei Chondros, egal welchen Alters, tunlichst unterlassen werden. Dazu muß gesagt werden, daß heute kein versierter Züchter mehr eine Geschlechterbestimmung bei seinen Nachzuchten

Abb. 156: Chondro-Züchter und Webmaster von ChondroWeb.com Tomm PHILLIPS (links) und Phil BLACK haben Spaß an Gesprächen mit Kunden auf der Mid Atlantic Reptile Show (MARS) im September 2003.

vornimmt, einfach weil die Risiken für die Jungtiere viel zu groß sind. Auf die beschriebenen Weisen untersuchte Exemplare entwickeln oftmals beim weiteren Heranwachsen einen Knick in der Wirbelsäule. Von dieser Erscheinung wurde lange Zeit angenommen, sie sei ein genetischer Fehler, doch heute steht fest, daß sie ein Folgeschaden einer Geschlechtsbestimmung ist. Selbst wenn die meisten Babies bei einem Händler die Prozedur schadenfrei überstehen, ist sie zumindest den wenigen gegenüber grausam, denen dadurch Schäden zugefügt werden. Wollen Sie der Kunde sein, der auf einem geknickten Chondro sitzenbleibt, auch wenn es nur der eine unter zwanzig oder dreißig unbeschädigten war? Man muß verstehen, daß Jungtiere bei einer Geschlechtsbestimmung zugefügte Verletzungen in den meisten Fällen erst viel später zeigen. Mir sind schon etliche geknickte Chondros in Privathand begegnet, die von Händlern stammten, die sich brüsteten, sie wären erfahren genug, „um es richtig zu machen." Glauben Sie das bloß nicht! Verantwortungsbewußte Halter und Züchter (und Kunden) wissen und akzeptieren heute, daß Geschlechtsbestimmungen nur bei Tieren von über einem Jahr und wenigstens 100 Gramm Gewicht vorgenommen werden. Das Geschlecht ist ohnehin nur dann von Bedeutung, wenn man ein Exemplar für ein bestimmtes Zuchtvorhaben sucht. Wenn Sie für Ihren Seelenfrieden unbedingt wissen müssen welches Geschlecht Ihr Chondro hat, verlegen Sie sich auf einen Jährling oder ein junges erwachsenes Tier.

Unterstützung für Terrariennachzuchten

Indem Sie ihre hartverdienten Euros für bestimmte Produkte oder eine Dienstleistung ausgeben, treffen Sie eine Wahl für diese und gegen andere. Das Restaurant, in dem wir essen gehen, die Tankstelle, an der wir unser Benzin kaufen, unsere Kleidung, Lebensmittel – all diese Entscheidungen unterstützen bestimmte Unternehmen und tragen zum Verlust und dem möglichen Scheitern anderer bei. Ganz besonders trifft das auf die Gelder zu, die wir für unsere Hobbys und Leidenschaften ausgeben. Die unglaubliche Menge an Erkenntnissen, Informationen und die große Auswahl an erstklassigen Chondros sind der Verdienst von aufopferungswilligen Züchtern. Ohne sie wäre *Morelia viridis* noch immer eine seltene, mißverstandene Art, mit der nur wenige zu arbeiten bereit oder in der Lage wären, und hohe Ausfallraten wären wie in der Vergangenheit noch immer die Regel. Züchter haben eine genetische Vielfalt und gedeihende Terrarienpopulationen von Chondros auf der ganzen Welt etabliert, haben Vorgehensweisen entwickelt und veröffentlicht, die viele andere in die Lage versetzen, sich an den gleichen Erfolgen bei der langfristigen Haltung und Zucht zu erfreuen und haben die Entwicklung prächtiger Farb- und Zeichnungsmorphen finanziert, über die wir uns heute alle begeistern können. Dem gegenüber stehen die oftmals grausame Behandlung vieler Importtiere und Hunderte von frustrierten und enttäuschten Erstkäufern, denen es nicht gelungen ist, ihre Tiere zum Gedeihen zu bringen, die möglicherweise deswegen sogar die Terraristik an den Nagel gehängt haben, die auf die Falschaussagen und Täuschungsmanöver jener hereingefallen sind, die versuchen, mit den Züchtern zu konkurrieren, die durch harte Arbeit die Chondro-Pflege auf den Stand gebracht haben, auf der sie sich heute befindet. Welche der beiden Gruppen verdient Ihre Unterstützung? Und welcher den beiden Gruppen wollen Sie selbst angehören?

Die richtige Unterbringung

„Effizienz entsteht aus dem Richtigmachen. Effektivität ergibt sich aus dem Tun der richtigen Dinge."
Peter F. Drucker

Ich habe bisweilen – und nur oberflächlich scherzhaft – angemerkt, daß ich einen Chondro selbst in einem 20 Liter-Plastikeimer gesunderhalten könnte, wenn ich das müßte. Verstehen Sie mich nicht falsch – ich empfehle keineswegs, daß das jemand ausprobiert! Was ich meine ist: wenn man die Grundbedingungen für die Haltung eines Chondros in Gefangenschaft kennt, kann man sie ohne große Schwierigkeiten in die Praxis umsetzen, und dazu kann man sich verschiedener Wege bedienen. Als Terrarienbauer mit Erfahrung kann ich sagen, das perfekte Terrarium gibt es nicht. Ich habe seit meinem achten Lebensraum Unterkünfte für Schlangen gebaut, und ich habe dabei die unterschiedlichsten Materialien verwendet und jede Konzeption umgesetzt, die Sie sich vorstellen können. Ich habe Chondros in Wannen, Regalen, Plastik-, Holz- und Melaminterrarien gehalten. Ich war der Begründer der sehr erfolgreichen Terrarienbaufirma CageMaster, die als eine der ersten ein kommerziell hergestelltes Terrarium für Baumbewohner auf den Markt brachte. Selbst heute noch ist ein solches Modell, ein „Chondro Condo", bei mir in Gebrauch. In der Tat bediente ich mich für die Zucht von Chondros über sieben Jahre hinweg ausschließlich dieser Terrarien. Der Lernprozeß und die Technik bleiben jedoch nicht stehen, und heute gibt es noch bessere Entwürfe und bessere Technik.

Mit anderen Worten sind verschiedene Terrarientypen geeignet, aber einige sind besser geeignet als andere. In diesem Kapitel will ich eine in die Tiefe gehende Analyse von Terrarienbaumaterialien, -konzepten und einiger kommerziell hergestellter Terrarien vorlegen, sowie einige der Terrarien beschreiben, die ich heute selbst benutze. Der erste Teil dieses Kapitels liefert hauptsächlich Informationen zur Unterbringung von erwachsenen Grünen Baumpythons, der zweite ist dann auf Schlüpflinge und Jährlinge ausgelegt.

Abb. 157: „Chondro Condos" von CageMaster Baujahr 1994, werden vom Verfasser auch heute noch als Zuchtterrarien verwendet.

Baumaterialien

Derzeit finden verschiedene Arten von Materialien für den Bau von Chondro-Terrarien Verwendung und zwar sowohl bei den Pflegern, die ihre Unterkünfte selbst bauen, als auch bei der Herstellung von kommerziellen Einheiten. Die meisten Baumaterialien haben ihre Vor- und Nachteile, einige sind aber einfach nicht besonders gut für die luftfeuchte Umgebung geeignet, in der Chondros nun einmal leben wollen. Die wichtigsten Eigenschaften des Baumaterials für ein solches Terrarium sollten eine gute Wärmeisolierung (der Umfang, mit dem das Material den Wärmeverlust eindämmt) und Feuchtigkeitsverträglichkeit (die Fähigkeit, einer ständig luftfeuchten Umgebung ohne Zerfallserscheinungen zu widerstehen) sein. Weiterhin sind Kosten, Gewicht, Haltbarkeit und Bearbeitbarkeit von Bedeutung. Ich will mit den am wenigsten geeigneten Materialien beginnen und mich zu den am besten geeigneten vorarbeiten.

Gaze

Es gibt Terrarien, die im Grunde nur aus einer Art Rahmen bestehen, der mehr oder weniger rundherum mit Draht- oder Plastikgaze bespannt ist. Sie sind vorallem für bestimmte Echsen gedacht. Wenn Sie jedoch nicht gerade selbst in einer luftfeuchten und tropisch warmen Umgebung leben, macht es die offene Konstruktion unmöglich, die erforderliche Wärme und Luftfeuchtigkeit in dem Terrarium zu erhalten. Darüber hinaus besteht die Gefahr, daß sich die Schlangen an dem Gazematerial die Nasen wundscheuern. Dies trifft besonders auf die Männchen zu, die während der Fortpflanzungszeit recht aktiv sein können. Allein schon aus diesem Grund sollte man besser auf Metallgaze oder Nylongewebe auch in aus anderen Materialien hergestellten Terrarien verzichten, es sei denn, man schirmt diese Flächen durch eine davor liegende Lage weichen Fiberglasgewebes ab.

Glas

Vor langer Zeit waren einmal Glasaquarien die einzigen im Zoohandel erhältlichen Behältnisse für den Schlangenpfleger, und einige Halter benutzen sie auch heute noch für ihre Chondros. Sicher kann man Aquarien für diesen Zweck umfunktionieren, und der Erfolg gibt manchen Haltern und ein paar Züchtern sicherlich Recht. Aquarien bringen jedoch einige ausgeprägte Nachteile mit sich und sind besonders für den Anfänger nicht unbedingt die beste Wahl. Da sie jedoch vergleichsweise billig angeboten werden und einfach erhältlich sind, sind es vorallem die Anfänger, die sie kaufen. Kosten und Annehmlichkeit sollten jedoch bei der Anschaffung eines Chondro-Terrariums nicht die ausschlaggebenden Punkte sein. Diese und die Einsehbarkeit von jeder Seite machen sie aber trotzdem bei manchen Pflegern sehr beliebt.

Ein Problem bei der Verwendung von Glas für die Chondro-Haltung ist die schlechte Wärmeisolierung des Materials. Temperaturen sind in Aquarien schwieriger zu kontrollieren als in Behältnissen aus besser isolierenden Materialien. Auch der Umstand, daß Aquarien oben offen sind, ist ein Nachteil, da hier selbst bei einer nur kleinen Lüftungsfläche viel Wärme und Feuchtigkeit entweichen. Man braucht also eine Abdeckung, die man kaufen oder selbst bauen muß, die aber das Terrarium bei jedem Öffnen oder Abnehmen erheblich an Wärme und Feuchtigkeit verlieren läßt. Ein gesundes Verhältnis zwischen Belüftung und Wärme- und Feuchtigkeitsverlust zu finden, ist hierbei alles andere als einfach. Dieser Umstand, gepaart mit den benötigten handwerklichen Fertigkeiten zum Bau einer geeigneten Abdeckung, lassen Aquarien zu einer weniger idealen Wahl für viele werden.

Manche Halter sind darauf verfallen, das Becken auf die Seite zu stellen oder zu legen und so die Oberseite in eine Seitenfläche zu verwandeln, die dann teilweise mit einem Gazerahmen als Lüftungsfläche verschlossen wird. Mir erscheint es als ziemlich viel Aufwand für etwas, das nicht für diesen Zweck gemacht ist. Aquarien sind darüber hinaus für Beschädigungen anfällig, können nicht übereinander aufgestellt werden, da sie von oben zugänglich bleiben müssen, und man kann keine Löcher in die Seiten bohren kann, um Heizkabel durchzuziehen oder Liegeäste etc. zu verankern. Auch glaube ich, daß sich Chondros sicherer fühlen, wenn sie in einer Umgebung untergebracht sind, die nicht von allen Seiten einsehbar ist. Mancher mag sie mögen, aber ich denke, Aquarien sind am besten für Fische geeignet.

Holz

Holz hat mehrere Vorteile, die es zu einem beliebten Werkstoff für jene machen, die sich ihre Terrarien selbst bauen oder sogar in kleinem Umfang zum Verkauf anbieten. Holz in natürlicher oder verarbeiteter Form ist einfach zu beschaffen, hält Wärme ziemlich gut, ist nicht besonders teuer und läßt sich mit Werkzeugen bearbeiten, die ohnehin in den meisten Haushalten vorhanden sind. Dies sind alles Gründe, warum viele Selbstbauer gerne damit arbeiten.

Der größte Nachteil von Holz und Holzprodukten ist die Porösität, wodurch das Material Feuchtigkeit und Gerüche aufnimmt. Hierdurch können Flecken und ausbleichende Stellen entstehen, die schließlich aufzuquellen beginnen und letztlich verfaulen. Absorbierte Geruchsstoffe sorgen für einen üblen Geruch, wenn das Terrarium geöffnet wird. Aus all diesen Gründen müssen zumindest sämtliche hölzernen Innenflächen feuchtigkeitsfest versiegelt werden. Selbst für den Gebrauch draußen angebotenes Holz bedarf einer zusätzlichen Imprägnierung oder eines Überzugs, damit es nicht im Laufe der Zeit verrottet. Hierzu ist am besten ein Laminieren mit einem diesbezüglich unempfindlichen Überzug geeignet. Das kommerziell hergestellte Laminat Formica leistet hier gute Dienste, jedoch ist der Prozeß selbst zeitaufwendig und teuer. Auf diese Weise behandelte Oberflächen widerstehen für viele Jahre der Feuchtigkeit und dem Schrubben seitens des Pflegers, denn schließlich ist es das Material, aus dem vermutlich auch die Arbeitsfläche in Ihrer Küche besteht. Laminate wie dieses müssen mit einem speziellen Kontaktkleber aufgezogen und exakt zurechtgeschnnitten werden, bevor die einzelnen Platten zu einem Terrarium zusammengesetzt werden können. Dazu sind natürlich die richtigen Werkzeuge und Handfertigkeiten vonnöten. Aus diesen Gründen verwenden die meisten Amateurschreiner einfach eine streichfähige Isolierung, z.B. Polyurethan. Diese Filmüberzüge bestehen aus Feststoffen, die in einer Trägerflüssigkeit schwimmen, welche nach dem Auftragen verdampft und den Feststoff auf dem Untergrund als imprägnierende Ablagerung hinterläßt, die diesen Untergrund härtet und schützt, nachdem sie in mehreren Lagen aufgetragen worden ist. Die allermeisten

Filmüberzüge verlieren im Laufe der Zeit an Wirksamkeit und müssen daher regelmäßig erneuert werden. Die beim Trocknen freiwerdenden Dämpfe können Ihnen und Ihren Tieren bis zum völligen Verfliegen gefährlich werden, und das dauert gewöhnlich einige Tage. Angesichts all dieser Faktoren halte ich Holz für keine besonders gute Wahl für den Bau eines luftfeuchten Terrariums, es sei denn, der Bauherr kann ein wirklich gutes Laminat aufbringen.

Melamin-beschichtete Spanplatten

Melamin-beschichtete Spanplatten sind ein Holznebenprodukt, das gut geeignet erscheint, um daraus ein Chondro-Terrarium zu bauen. Ich besitze etliche Hundert Terrarien und Wannenregale aus Melaminplatten, darunter einige Chondro-Becken, die seit Jahren und immer noch täglich benutzt werden. Ich sollte hinzufügen, daß diese nicht mehr unbedingt taufrisch aussehen und nun nach und nach durch die weiter unten beschriebenen Becken ersetzt werden. Und obwohl ich sagen muß, es gibt schlechtere Materialien, sind melaminierte Spanplatten auch nicht gerade ideal für eine feuchte Umgebung. Das Laminat ist der gleiche Stoff, der auch für kommerziell hergestellte Tresen verwendet wird, nur ist er hier viel dünner. Stärke und Qualität bestimmen jedoch seine Eignung und Haltbarkeit, und nicht jedes Produkt ist von gleich hoher Güte. Die in Heimwerkermärkten angebotenen Sorten sind oftmals nicht die beste Qualität. Einige besitzen sogar eine Papierunterlage, die in Verbindung mit Feuchtigkeit schon bald Zerfallserscheinungen zeigt. Was der Terrarienbauer benötigt, sind melaminierte Spanplatten für den industriellen Bedarf, wenn die Terrarien lange Zeit verwendbar bleiben sollen. Leider sind diese oft nicht ganz einfach zu beschaffen. Selbst die qualitativ hochwertigsten Ausführungen zeigen jedoch irgendwann Farbveränderungen, eine pickelige Oberfläche oder quellen auf. Wenn man eine gute Qualität wählt, die Stoßkanten sorgfältig versiegelt und das Material pfleglich behandelt, kann man aber mehreren Jahren der uneingeschränkten Nutzung entgegensehen. Aus mit Melamin beschichteten Spanplatten gebaute Terrarien halten die Wärme recht gut, sind aber auch schwer. Um saubere Schnittkanten zu erhalten, benötigt man ein spezielles Sägeblatt.

Meine Vorstellung von einem idealen Baumaterial ist allerdings eines ohne eingebautes Verfallsdatum.

Acryl

Seit einigen Jahren erfreuen sich aus Acryl hergestellte Terrarien einer zunehmenden Beliebtheit. In Amerika gelangten diese Becken vorallem durch einen Pfleger von Hundskopfschlingern und Grüne Baumpythons, Tony Nicoli, ins Licht der breiteren Öffentlichkeit. Acryl ist ein Material, mit dem ich selbst keine praktischen Erfahrungen habe, so daß meine Ausführungen hier eher theoretischer Natur sind. Da Acryl dicker als die meisten Sorten Plastik ist, sollte es Wärme besser als diese halten. Solche Terrarien sind recht beeindruckend anzuschauen (zumindest wenn sie neu sind) und können von künstlerischem Wert sein. Da man Acryl schneiden und bohren kann, sind daraus gefertigte Behälter praktischer als Glasaquarien. Lüftungsflächen und Zugänge lassen sich ohne weiteres in die Seiten integrieren, wohingegen die Oberseite geschlossen sein kann. Acryl ist völlig feuchtigkeitsresistent und sollte auch bei mäßiger bis hoher relativer Luftfeuchte unbegrenzt haltbar bleiben. Darüber hinaus ist es leicht, so daß das Umstellen von Becken kein Problem ist. Ich sehe allerdings drei Minuspunkte, vorausgesetzt, daß auch die Wärme keine Schwierigkeiten verursacht. Diese wären das Fehlen von Abgeschirmtheit für die Tiere (rundum einsehbar), das Hinterlassen von Kratzspuren durch Reinigungsmaßnahmen und das Problem von Wasserflekken durch mineralische Ablagerungen des Sprühwassers (was sich allerdings durch die Verwendung von gefiltertem Wasser stark vermindern läßt). Mir selbst würde das hypermoderne Aussehen dieser Terrarien vermutlich schnell über werden, aber das ist eher eine Sache meines persönlichen Geschmacks. Einige Halter und Züchter mögen und verwenden diese Art von Terrarien. Man kann mit einiger Sicherheit davon ausgehen, daß Acrylbecken einigen Aufwand erfordern, damit sie auf Dauer nett anzuschauen sind.

Abb. 158: Acryl-Terrarien bringen den Bewohner gut zur Geltung und sehen selbst sehr ansprechend aus. Nicht alle Chondros fühlen sich jedoch in einer derart offenen Umgebung wohl. Deshalb gibt es diese Becken auch mit undurchsichtigen Seitenwänden.
P. AUGUST

Die von dem Schildermaler Paul AUGUST 2002 gegründete Firma Maryland Custom Caging ist einer der am besten bekannten Hersteller von Acrylterrarien für Baumbewohner. August verwendet CNC-Technologie (ein computer-gesteuertes Hochgeschwindigskeitsfräsverfahren) zur Herstellung seiner Modelle. Diese haben Wandstärken von 1/2 bis 3/8 Zoll. Dieses Bearbeitungsverfahren hinterläßt beinahe polierte Schnittstellen, die einen perfekten Paßsitz der einzelnen Teile garantieren. Die Türen werden aus 3/8 Zoll starkem Material gefertigt, damit sie sich nicht verziehen. Selbst die Schließbänder, Scharniere und Anschläge sind aus Acryl gemacht. August gibt an, daß Acryl-Terrarien mit etwas Vorsicht gesäubert werden müssen, damit das Material nicht zerkratzt wird, die Terrarienbewohner selbst jedoch keine Kratzspuren hinterlassen. Wasserflecken und Mineralablagerungen kann man mit Seifenwasser entfernen, wenn Reinigungen regelmäßig stattfinden. Alte Flecken sind nur noch mit Mühe zu beseitigen; AUGUST verwendet dafür Essig. Acryl hat eine um 10 % niedrigere Wärmeverlustrate als gehärtetes Glas, ist also hinsichtlich der Wärmeisolation etwas besser geeignet.

Plastik

Als Baumaterial für eine ständig mit Feuchtigkeit kommende Umgebung hat Plastik einen großen Vorteil gegenüber vielen anderen – es ist völlig wasserunempfindlich. Aus diesem Grund verwenden viele Terrarianer nichts anderes, und ich kann ihre Einstellung verstehen. Plastik ist darüber hinaus leicht, was weitere Vorteile bringt. Andererseits ist Plastik nicht gleich Plastik, und nicht alle daraus gefertigten Terrarien sind wirklich gut. Vielen Terrarianer wird es auch am notwendigen handwerklichen Talent und den Werkzeugen fehlen, um ihre eigenen Plastikterrarien zu bauen.

Der größte Nachteil bei der Verwendung von Plastik für Chondro-Terrarien ist, daß einige Sorten schlechte Wärmeisolatoren sind und dadurch zuviel Wärme in den Raum entweichen lassen. Dieser Umstand wiegt dann den der Haltbarkeit auf. Schließlich ist es ziemlich egal ob ein Terrarium wasserfest ist, wenn sich darin die Wärme nicht halten läßt. Einige Plastikterrarien machen es daher unverzichtbar, daß der gesamte Raum, in dem sie aufgestellt sind, auf einer Mindesttemperatur gehalten wird. Hierdurch wird allerdings das wünschenswerte Temperaturgefälle in den einzelnen Terrarien in seinem Umfang vermindert (mehr dazu im folgenden Kapitel). Auch werden manche Plastikterrarien mit der Zeit recht bruchempfindlich, und wieder andere verformen sich durch die Umgebungswärme. Etliche der kommerziell hergestellten Modelle sind für unseren Zweck zu großzügig mit Lüftungsflächen ausgestattet, so daß sie erst noch modifiziert werden müssen, damit sich darin ein gewisser Grad an Luftfeuchtigkeit halten kann. Einige sind mit überflüssigen Extras ausgestattet, wie Leisten und Ebenen als Liege- und Ruheflächen für Schlangen, die die Sauberhaltung unnötig erschweren. Wieder andere lassen sich nicht übereinander stapeln. Aufgrund ihrer schlechten Wärmeisoli erungseigenschaften verlieren manche Modelle schnell Wärme und brauchen lange, um sich wieder aufzuheizen, was in einer kühleren räumlichen Umgebung zu schwer in den Griff zu bekommenden Problemen führen kann. All diese Nachteile können die zwei großen Vorteile – Wasserfestigkeit und geringes Gewicht – durchaus überwiegen.

Abb. 159: Vision ist eine beliebte Marke von Plastikterrarien. Sie müssen zur Haltung von Chondros jedoch modifiziert werden, da sie im Urzustand die Luftfeuchtigkeit schlecht halten. Bei diesem Becken sind die Lüftungsöffnung abgedeckt, eine Heiztafel und eine Liegemöglichkeit installiert worden, und es ist nunmehr mit Seidenpflanzen und einem Thermostat ausgestattet.

Einige der hier angeführten Nachteile sind von Benutzern bestimmter kommerziell hergestellter Plastikterrarien in Frage gestellt worden. Hierzu muß man bedenken, daß in wärmeren und luftfeuchteren Gefilden lebende Terrarianer (wie z.B. im äußersten Süden der USA) einer anderen

Materialdynamik gegenüberstehen, als solche in den gemäßigteren und lufttrockeneren Bereichen. Die meisten Plastikterrarien lassen sich den Gegebenheiten und Anforderungen unter den jeweiligen Klimabedingungen anpassen, schwierig kann es allerdings u.U. werden, wenn bestimmte jahreszeitliche Klimate nachgeahmt werden müssen. Tomm Phillips, ein Züchter in Ohio (einem Gebiet mit kalten, trockenen Wintern), verzeichnete eine Vervielfachung seiner Zuchterfolge, nachdem er seine Anlage von den zuvor verwendeten Vision Plastikterrarien auf eine Sorte mit besseren Wärmeisolierungseigenschaften umstellte. Er hatte zu berichten, daß die Plastikbehältnisse zu schnell Wärme verloren und sich nur langsam wieder aufheizten, was ihn bei der Gestaltung von bestimmten Klimabedingungen vor große Probleme stellte.

Zum Glück sind über die letzten Jahre einige kommerzielle Hersteller (darunter einige kleine, aber sehr beliebte Firmen) auf den Markt für Plastikterrarien für baumbewohnende Tiere gekommen, die die Mängel früherer Modelle überwunden zu haben scheinen. Habitat Systems (HS) waren die ersten, die ein Plastikterrarium vorstellten, das den Produkten der Konkurrenz deutlich überlegen war. HS verwenden doppelwandige Hohlplastiktafeln, die überaus wärmeeffizient sind. Die Lüftungsflächen sind angemessen groß, aber nicht übertrieben, so daß diese Becken auch gut die Luftfeuchtigkeit halten. Diese Terrarien sind komplett mit Beleuchtung, Heizmatten und aus Kunstholz hergestellten Liegeästen erhältlich; nur ein Thermostat fehlt noch. Meiner Meinung nach sind sie für die Pflege von Chondros ideal. Man braucht lediglich noch ein paar Urwaldpflanzen aus Seide zum Auflockern des steril weißen Inneren und hat ein Terrarium, das für die nächsten Jahrzehnte seinen Zweck erfüllen sollte.

Plastikterrarien sind in meinen Augen nicht gerade die am attraktivsten Aussehenden, jedoch läßt sich das durch eine geschmackvolle Inneneinrichtung weitgehend überwinden. Terrarien von HS sind nicht besonders billig, meiner Meinung nach aber jeden Cent wert und eine Anschaffung fürs Leben. Die Kosten sollten ohnehin nicht das A und O bei der Wahl eines Terrariums für einen Chondro sein.

Aber auch andere Hersteller drängen nunmehr auf den Markt für Terrarien für Baumbewohner. Auch

Abb. 160: Ein Terrarium von Habitat Systems mit eingebauter Heiztafel, Leuchtstofflampen-Beleuchtung und künstlichen Ästen. Mulch und Seidenpflanzen werten Funktion und Aussehen des Beckens auf. Auf der Innenseite der Glasfront erkennt man den Niederschlag der feuchten Luft.

wenn ich selbst mit diesen keine persönlichen Erfahrungen habe, so hörte ich doch von anderen über deren gute Erfahrungen. Die hier genannten Hersteller erfreuen sich unter meinen Chondro-Freunden besonderer Beliebtheit. Es sind nicht die einzigen Firmen, und unter den hier nicht genannten finden sich mit Sicherheit ebenfalls brauchbare Produkte. Die hier angeführte Liste soll einen Überblick über einige heute auf dem Markt befindliche Produkte und verwendete Materialien geben.

PVC Cages.com (Cool Critters): Dies sind ansehnliche Terrarien aus gezogenem PVC. Sie sind in zwei Stärken und mehreren verschiedenen Farben erhältlich. Firmenbesitzer Jim Scharphorn aus Michigan baut die Terrarien durch Chemoverschweißen zusammen und sagt, das PVC-Material hält gut die Wärme und Feuchtigkeit und ist praktisch unzerstörbar. Ich habe einige positive Bemerkungen über seine Produkte gehört. Regalsysteme sind ebenfalls im Sortiment.

Herpcages.com: Auch als B.A.R.R.-Terrarien bekannt, werden diese Einheiten aus schlagfestem Plastik mit Acryltüren angefertigt. B.A.R.R. bietet auch dazu passende Regalsysteme an.

Anmerkung: Kontaktadressen der in diesem Kapitel genannten Hersteller von Terrarien sind in Anhang C zu finden.

Abb. 161: Ein Mehrfachterrarium aus PVC aus der Werkstatt von Jim SCHARPHORN. J. SCHARPHORN

Meine Terrarien

Wer schon mal auf meiner Webseite war, kennt bereits das Konzept meiner Terrarien. Dort sind auch die vollständigen Baupläne dafür veröffentlicht. Wie schon eingangs dieses Kapitels gesagt, gibt es so etwas wie das perfekte Chondro-Terrarium nicht. Die von mir selbst gebauten und verwendeten Behältnisse kommen dem – meinem Geschmack und meinen Bedürfnissen nach – jedoch näher als alles andere. Der Selbstbau von Terrarien kann eine Menge Geld sparen. Vorausgesetzt man hat das richtige Werkzeug und weiß wie man es benutzt, kann man die Ausführung genau den Erfordernissen und Gegebenheiten anpassen.

Ich habe hierbei die Vorteile eines Holznebenprodukts (Medium Density Fiberboard, auch als MDF bekannt) mit einer ebenso simplen wie sicheren und billigen Methode der Versiegelung vereint. Diese besteht darin, alle Innenflächen des Terrariums mit wasserfester Abziehfolie zu überziehen. Ich selbst verwende dazu Contac in jägergrün, jedoch eignet sich praktisch jede Folie, solange sie nur völlig wasserfest ist. Contac-Abziehfolie besteht aus einem dünnen Plastikmaterial, das sich eher dehnt als reißt, wenn man daran zieht. Ist man

Abb. 162: Eine Seite des Chondro-Zimmers beim Verfasser mit den selbstgebauten Terrarien. Selberbauen oder Bauenlassen bringt viele Vorteile mit sich.

sich unsicher, ob das ins Auge gefaßte Produkt dieser Art wirklich wasserbeständig ist, kann man damit probehalber eine Schüssel auskleiden und mit Wasser gefüllt über Nacht stehen lassen. Wenn die Folie am nächsten Morgen noch immer an den Wänden klebt, sich weder vollgesogen noch die Farbe verändert hat, sollte es sich für diesen Zweck eignen. Das von mir benutzte Produkt ist ziemlich widerstandsfähig, nutzt sich nicht ab und löst sich auch beim Abwaschen nicht. Wird doch einmal eine Stelle beschädigt, läßt sie sich mit einem kleinen zusätzlich darüber geklebten Stück einfach wieder flicken. Ecken und Kanten versiegelt man, indem man die angrenzenden Bögen um ein paar Zentimeter überlappen läßt. Das auf diese Weise dunkelgrüne Innere der Terrarien gefällt mir weit besser als das Weiß mancher Melamin- oder Plastikterrarien und scheint den Bewohnern ein besseres Gefühl der Sicherheit zu geben. Der Selbstbau meiner Terrarien verleiht mir die Kontrolle über viele wichtige Faktoren, und für viele Chondro-Pfleger ist es eine Möglichkeit, die sich auszahlt.

Unlängst berichteten mir einige Bauherren, die ihre Terrarien nach meinen Plänen bauten, daß die Abziehfolie Blasen werfen würde. Nach eingehenden Untersuchungen stellte sich heraus, daß der Hersteller die Menge des Klebstoffs auf der Rückseite vermindert hat (Schönen Dank auch!). Die Blasenbildung hat jedoch nur einen kosmetischen Effekt und beeinträchtigt die Funktion und Wasserfestigkeit der Folie nicht. Wen es trotzdem stört, der muß sich nach alternativen Produkten umschauen.

Tim GRAICHEN und ich haben darüber hinaus mit Vinylfolien herumexperimentiert, wie sie für die Herstellung von Werbeschildern verwendet werden. Die Ergebnisse waren gemischter Natur. Zwar ist das Material völlig wasserfest, doch ist es auch hochglänzend, und die Haftfähigkeit scheint nicht immer von Dauer zu sein. Ich bin sicher, daß es auch noch andere gut geeignete Produkte gibt, doch will ich meine gesamte Anlage mit Contac-Abziehfolie fertigstellen, damit alle meine Becken innen gleich aussehen.

Ich verwende MDF und Contac-Folie seit 1999 und kann nur sagen, es ist eine exzellente Mischung aus Funktionalität, Kosten und Aussehen. MDF hat bessere Wärmeisolierungseigenschaften als Naturholz oder Spanplatte und kostet weniger als beide. Bei mir wird einmal jeden Tag kräftig gesprüht, und die Becken sehen noch immer wie am Tag ihrer ersten Inbetriebnahme aus. Die einzigen Probleme mit der Feuchtigkeit bestehen in einem starken Beschlagen der Frontscheiben, an

Abb. 163: Eine Ecke des Chondro-Zimmers beim Verfasser mit Eckterrarien. Ein großer Vorteil beim Eigenbau von Terrarien ist die Möglichkeit, diese auf den zur Verfügung stehenden Platz maßzuschneidern. Dies ist meistens viel einfacher, als vorgefertigte Becken einpassen zu wollen.

denen das Wasser dann herunterrinnt, über die Laufschienen nach außen überläuft und dadurch das Holz außen an den Ecken verfärbt. Das läßt sich jedoch einfach dadurch vermeiden, daß man eben nicht zuviel sprüht. Ich habe diese Terrarien für die Fortpflanzungssaison im Winter 2004/05 verwendet und erhielt Jungtiere aus sechs Gelegen.

Terrariendesign

Im Grunde ist ein Schlangenterrarium nichts anderes als eine beheizte Kiste. Die „Kiste" bestimmt, welche Art von Heizung dafür in Frage kommt. Heiztafeln haben diesen Aspekt erheblich vereinfacht. Neben dem verwendeten Baumaterial und der Art der Heizung spielen bei der richtigen Wahl aber auch noch Gesichtspunkte wie die Größe, Form, der Zugang, die Belüftung, Sichtbarkeit und Aussehen eine funktionelle Rolle sowie die Bedürfnisse der Schlangen selbst und der Geschmack des Halters. Ich teile diese Aspekte in drei Themenkreise: die Bedürfnisse der Tiere, die offensichtlich am wichtigsten sind, ihre einfache Realisierbarkeit, und letztlich die persönlichen Vorzüge und der Geschmack des Pflegers. Ich selbst bin jemand, bei dem etwas vernünftig aussehen muß, bevor ich damit zufrieden bin. Es bringt mir oftmals ironische Kommentare von Freunden ein, die weniger ästhetisch veranlagt sind und für die nur die Funktionalität zählt, aber ich würde niemals das Wohlergehen meiner Chondros hinter meinen persönlichen Geschmack stellen oder auch nur Abstriche davon machen. Mir sind schon zu viele Halter begegnet, die die Reihenfolge der oben genannten Aspekte umgekehrt und ihre eigenen Wünsche und Bedürfnisse an erster Stelle geführt haben. Zum Beispiel habe ich einen ganzen Stapel Korrespondenz mit Haltern, die auf große, dicht bepflanzte Vivarien für ihre Chondros einschließlich der Jungtiere bestehen. Auch wenn ich mir der Attraktivität solcher Terrarien wohl bewußt bin und sie auch mir sehr gefallen, sind sie doch meiner Meinung nach nicht im Interesse der Tiere und widersprechen den Grundzügen einer guten Terrarienhaltung. Es ist auch gar nicht nötig, die Vorstellung von einem großartig aussehenden Terrarium den Bedürfnissen der darin lebenden Tiere zu opfern. Wie diese beiden Gesichtspunkte in die Praxis umgesetzt werden können, soll im nächsten Kapitel eingehend besprochen werden. Zunächst wollen wir jedoch einmal die einzelnen, den Entwurf des Terrariums beeinflussenden Faktoren betrachten, die ein gutes – bzw. nicht so gutes – Terrarium ausmachen.

Größe

Meine eigene Faustregel für ein Chondro-Terrarium ist, „so groß, daß praktisch ist und daß man sich seinen Unterhalt leisten kann". Hierzu muß ich hinzufügen, daß es durchaus möglich ist, daß ein Terrarium zu groß ist, und „leisten kann" ist natürlich relativ zu sehen. Die Kosten sollten bei der Auswahl eines Terrariums auf keinen Fall an erster Stelle stehen. Meiner Überzeugung nach ist ein Halter geradezu verpflichtet, alles an Geld auszugeben, das für die Anschaffung geeigneter Terrarien nötig ist, auch wenn das bedeutet, daß er dadurch weniger Tiere halten kann. Die Größe der Terrarien ist wichtig, weil sie einen direkten Einfluß auf die Beheizung und das Temperaturgefälle (oder dessen Fehlen) hat und – wenngleich in geringerem Umfang – auf die relative Luftfeuchtigkeit. Die Terrariengröße kann sich auch auf den Grad der Aktivität der darin lebenden Tiere auswirken, die Einfachheit, mit der Pflegemaßnahmen durchgeführt werden können, den erforderlichen Umfang des Luftaustauschs und das Gefühl der Sicherheit der Tiere.

Es wird häufig gesagt, ein Volumen von 60 x 60 x 60 cm sei für ein Terrarium für einen adulten Chondro ausreichend. Der Grund hierfür ist wahrscheinlich, daß die meisten kommerziell hergestellten Becken genau diese Größe haben. Ich denke, diese Größe ist für die dauerhafte Haltung nicht ausreichend, es sei denn vielleicht für ausgewachsene Männchen, die ja kleiner als die Weibchen sind. Sicherlich wird es den einen oder anderen erfahrenen Halter geben, der 60 cm-Würfel weiterhin empfehlen wird, doch meine Aufgabe hier ist es, Ihnen beim Treffen der *besten* Entscheidungen auf der Grundlage meiner eigenen Erfahrungen und Schlüsse zu helfen. Eine gesunde Grundeinstellung beim Abwägen von Ratschlägen zur Pflege von Chondros ist, „nur weil es möglich ist, muß es nicht auch so durchgeführt werden". Die Frage stellt sich hier, würden genauso viele Pfleger den sechziger Würfel empfehlen, wenn er von den Herstellern in geringerem Umfang für die Haltung von Baumbewohnern angepriesen würde? Sicherlich klingt das Maß irgendwie gut, aber manche Hersteller denken eher in Bahnen wie der effizienten Nutzung von Rohmaterialien und standardisierten Pack- und Stapelgrößen, und diese Faktoren müssen nicht zwangsläufig zum Besten der Tiere sein. Ich habe das Gefühl, daß die meisten Argumente für diese vergleichsweise kleinen Terrarien eher auf die Wünsche und Bedürfnisse der Pfleger ausgerichtet sind und nicht auf die Bedürfnisse der Schlangen. Kosten sparen, mehr Terrarien auf kleinerem Raum, leichtere Handhabung und leistungsschwächere Heizungen sind allesamt dünne Ausreden für kleine Chondro-Terrarien. Eine Person äußerte mir gegenüber sogar, daß Terrarien mit einer Kantenlänge von mehr als 60 cm ein mißglücktes Design wären!

Meiner Meinung nach ist für die meisten adulten Chondros ein Terrarium mit mehr als 60 cm Länge nur von Vorteil. Als Mindestgröße würde ich daher 90 cm Länge bei 60 cm Höhe und 45–60 cm Tiefe für ein durchschnittlich großes erwachsenes Tier ansetzen wollen. Größere Exemplare, wie etwa ausgewachsene Weibchen sollten schon ein 120 cm langes Becken zur Verfügung haben, und dies ist gleichzeitig die Größe, die ich als ideal empfinde. Im Gegensatz dazu halte ich Terrarien mehr als 120 cm Länge und mehr als 60 bis 75 cm Höhe für übertrieben, und sie können Nachteile mit sich bringen. Zum Beispiel ist ein großes Terrarium unter Umständen schwieriger zu beheizen, und ein hohes muß möglicherweise zusätzlich von unten erwärmt werden. Auch ist es schwieriger, in einem großen Terrarium den erforderlichen Grad an Luftfeuchtigkeit zu schaffen. Kleine Tiere mögen sich zudem in einem übermäßig großen Raum unsicher fühlen. Maßhalten ist stets das Beste, und viele Pfleger würden bessere Erfolge zu verzeichnen haben, wenn sie Extreme am unteren wie oberen Ende der Skala vermeiden würden.

Man mag nun fragen, „warum ist ein größeres Becken von Vorteil für eine Schlange, die ohnehin nur an einer Stelle herumliegt". Nun, einer der Vorteile ist, daß die Schlange bei einem größeren Bewegungsfreiraum eben nicht nur an einer Stelle herumliegt. Lethargie und Langeweile sind auch für Chondros in Gefangenschaft nicht gut, und jede Maßnahme, die die Tiere stimuliert und zu Bewegung veranlaßt, ist ihrer Gesundheit langfristig zuträglich. Kleine Terrarien haben den gegenteiligen Effekt. Sie sind auch anfälliger für die Entstehung von Stickluft, verschmutzen schneller, bergen eine größere Gefahr für Überhitzung durch den Ausfall eines Thermostats in sich, werden schon durch den Betrieb einer Leuchtstoffröhre zu warm, sind optisch weniger interessant und bieten weniger Möglichkeiten für eine geschmackvolle Innenausstattung. Am wichtigsten aber ist, daß sich hier kaum ein Temperaturgradient schaffen läßt. Es ist zwar zutreffend, daß Chondros in einem Terrarium mit gleichbleibenden Temperaturen leben können, solange diese innerhalb eines akzeptablen Rahmens liegen, jedoch ist es ihrer Gesundheit deutlich zuträglicher, wenn sie selbst eine Auswahl unter verschiedenen Temperaturbedingungen treffen können. Auch hier ist mir wiederum bewußt, daß viele Halter die Einstellung haben, daß es den Chondros in einer kleinen Behausung ohne oder mit minimaler Temperaturstaffelung doch gutgeht. Dies entspricht aber nicht meiner Philosophie, und meine Erfolge sollten mir eigentlich Recht geben. Es ist mir schleierhaft, wie jemand argumentieren kann, daß ein kleines Terrarium einem größeren vorzuziehen wäre. Und da ein größeres nun offenbar besser ist, sollten auch Sie ein solches vorziehen. Mit einer Mindestgröße von 90 x 60 x 60 cm für ein adultes Tier können Sie keinen Fehler machen, und Ihre Chondros werden es Ihnen danken.

Form

Die Form eines Terrariums kann ebenfalls einen direkten Einfluß auf einige wichtige Aspekte der Lebensansprüche von Chondros und deren Pflege haben. Ich glaube, daß Chondros von einem horizontal ausgerichteten Raumangebot mehr profitieren als von einem vertikalen. Das widerspricht sicherlich einigen Grundzügen der Haltung von Baumbewohnern, doch lassen Sie es mich erst erklären. Ein hohes Terrarium mag auf den ersten Blick angebracht erscheinen, weil Chondros Bäume und Sträucher erklettern und im Terrarium häufig die höchste Liegemöglichkeit nutzen. Dies ist allerdings vermutlich hauptsächlich dem Umstand zuzuschreiben, daß sie sich dort am sichersten fühlen. Man mag vermuten, daß Chondros auch in ihrer natürlichen Umgebung Gefahren (ob nun tatsächliche oder eingebildete) nach oben zu entkommen versuchen. Andererseits halten sich sowohl frei- als im Terrarium lebende Chondros oft auch auf dem Boden auf; sie streifen dort umher oder ruhen einfach nur. Ihre als arboricol klassifizierte Lebensweise läßt jedoch viele Pfleger davon ausgehen, daß sie ein hohes Terrarium benötigen. Auch wenn ihnen das nichts schadet, halte ich es doch nicht unbedingt für die beste Lösung.

Meinen Beobachtungen zufolge ignorieren Chondros eine vertikale Temperaturstaffelung einfach. Stattdessen suchen sie sich eine Liegefläche, an der sie sich am sichersten fühlen, egal ob diese Stelle nun eine optimale Temperatur aufweist oder nicht. In der Tat ziehen viele Reptilien ganz allgemein ein gutes Versteck einer guten Temperatur vor, wenn sie sich beobachtet fühlen und zwischen diesen beiden Alternativen wählen müssen. Die meisten Chondros suchen dazu die oberste Liegefläche in ihrem Terrarium auf, was offenbar ihrer Natur entspricht. Bei einem schlanken, hohen Terrarium müssen sie somit die Temperatur akzeptieren, die dort gerade herrscht. In der Praxis ist es dann überaus schwierig, auf dieser Ebene einen Temperaturgradienten zu erzeugen, wenn es dem entsprechenden Becken an Breite und Tiefe fehlt. Wie bereits dargestellt, ist ein solches Behältnis aber übergroß und

Abb. 164: Dieses Terrarium weist alle Elemente eines durchdachten Designs auf: ausreichend groß, in die Länge gestreckt, gut zugänglich, ausreichend belüftet, ungehindert einsehbar, und gut sieht es auch noch aus.

unpraktisch, und die Temperatur am Boden ist möglicherweise zu niedrig. Ich betrachte den Boden meiner Terrarien als Teil der von dem Tier nutzbaren Umwelt. Folglich muß dieser Bereich angemessen temperiert sein, auch wenn er gewöhnlich der kühlste ist. Hohe Becken widersetzen sich darüber hinaus oft der Schaffung einer erhöhten Luftfeuchtigkeit, da die Quelle der Feuchtigkeit zu weit von der Wärmequelle entfernt ist. Anstatt zu verdunsten, verbleibt das Wasser im Bodensubstrat, macht es einfach nur naß und trägt wenig zur Luftfeuchtigkeit bei. Zu diesem Punkt soll im nächsten Kapitel noch einiges gesagt werden.

Aus all diesen Gründen halte ich ein horizontal ausgerichtetes Becken, d.h. eines, das länger als hoch ist, für eine praktischere Lösung, zumal die Tiere hier mehr Raum nutzen als in einem schlanken, hohen. Bei diesem langen Terrarium sollte ein Liegeast über die gesamte Länge verlaufen. Dieser wird im oberen Drittel des Behälters angebracht, und wenn sich dann auf einer Seite eine Heiztafel befindet, hat das Tier sowohl eine Temperaturstaffelung als auch den höchsten Ast! Diese Lösung erscheint so simpel, und doch sieht man allenthalben hohe, schlanke Becken für die Unterbringung von arboricol lebenden Schlangen. Ich bevorzuge Terrarien, die in allen ihren Bereichen gut zugänglich sind, keine versteckten Stellen haben, an denen sich die Tiere meiner Kontrolle entziehen und unbemerkt Kot hinterlassen können und in dem der gesamte Raum einschließlich des Bodens für sie nutzbar ist.

Zugang

Ein gut durchdachtes Terrarium ermöglicht einen bequemen Zugriff auf alle seine Bereiche im Inneren. Ein Becken, in dem man nicht alle Stellen ohne größeren Aufwand erreichen kann, ist unpraktisch und ein täglicher Anlaß für Ärgernisse. Chondros haben offenbar ein angeborenes Talent dafür, ihre Haufen an der jeweils unmöglichsten Stelle ihres Terrariums zu hinterlassen. Von oben zugängliche Becken sind nicht nur hinsichtlich des künstlichen Lebensraumes ungünstig, sie sind auch nicht besonders pflegefreundlich. Ein Klappdeckel erfordert genügend Raum darüber, um ihn überhaupt aufmachen zu können, und man nähert sich dem Tier von oben. Einige Chondros fühlen sich dadurch bedroht und können sich zum Beißen veranlaßt sehen. Manche Terrarien haben eine Tür an der Seite, wodurch die gegenüberliegende Seite ziemlich schwer zu erreichen sein kann, wenn sich dort nicht auch eine Tür befindet. Diese Becken lassen sich zudem nur dort verwenden, wo nicht etwa eine Wand oder andere Terrarien den Zugang von der Seite behindern.

Ich habe daher eine ganz klare Vorliebe für Becken, die sich von vorne öffnen lassen. In dieser Richtung gibt es zwei verschiedene Prinzipien: Schiebe- und Schwingtüren. Nachdem ich beide über viele Jahre ausprobiert habe, bevorzuge ich eindeutig Schiebetüren. Die Gründe dafür sind ein gut kontrollierbarer Zugang, uneingeschränkte Übersicht, keine Türen, die beim Füttern und Saubermachen im Weg sind, eine einfache Bauweise und oftmals auch ein geringeres Gewicht. Zweiteilige Schiebescheiben erlauben ein Öffnen soweit wie nötig, d.h. nur einen schmalen Spalt, zur Hälfte oder auch ganz, wohingegen eine Schwingtür stets die ganze von ihr abgedeckte Fläche öffnet und darüber hinaus Platz zum Aufmachen benötigt. Letzteres kann vorallem bei beengten räumlichen Verhältnissen ein großer Störfaktor sein. Glasschiebetüren brauchen keinen Rahmen, der den Blick auf das Terrarieninnere einschränkt und lassen sich zum Reinigen oder bei Umbauarbeiten einfach herausnehmen. Sie tragen durch den Schlitz zwischen den beiden Hälften ebenfalls zum Luftaustausch bei. Nachteile können eine höhere Bruchempfindlichkeit und eine verminderte Ausbruchssicherheit sein, was jedoch bei umsichtigem Umgang vernachlässigbare Faktoren sind. Bei Schwingtüren bevorzuge ich ein Scharnier an der Unterseite der Tür, nicht an der Seite. Hierdurch läßt sich der obere Bereich des Terrarieninnenraums über die Oberkante der Tür bei Bedarf allmählich erreichen.

Belüftung

Eine angemessene Be- und Entlüftung ist bei der Auswahl eines Chondro-Terrariums von großer Bedeutung. Ein unzureichender Luftaustausch führt zu abgestandener, feuchter Luft, die Schimmelpilze und Bakterien gedeihen läßt. Ein Zuviel an frischer Luft wirkt andererseits der erwünschten erhöhten Luftfeuchtigkeit entgegen. Viele der kommerziell hergestellten Plastikbecken verfügen über zu große Lüftungsflächen und müssen an den allermeisten Standorten teilweise abgedeckt werden, damit sich die Luftfeuchtigkeit zumindest einigermaßen halten kann. Daraus kann man bereits schließen, daß man den Luftaustausch ganz individuell und dem allgemeinen Klima am Wohnort entsprechend maßschneidern und sogar entsprechend der jeweiligen Jahreszeit anpassen muß. In Ohio, wo ich wohne, haben wir erhebliche jahreszeitliche Schwankungen der relativen Luftfeuchtigkeit. Ich heize im Winter mit

Holz, wodurch die Luft im Haus sehr trocken wird. Im Sommer läuft andererseits die Klimaanlage, die die Luft ebenfalls austrocknet. Die einzigen Jahreszeiten, wo die Luftfeuchtigkeit drinnen ungefähr der draußen entspricht, ist im Frühjahr und im Herbst. Folglich muß ich das ganze Jahr über die Größe der Lüftungsflächen meiner Terrarien (und die Häufigkeit und den Umfang des Sprühens) anpassen, um die gerade herrschenden Bedingungen zu kompensieren. Die Einzelheiten dazu werden im nächsten Kapitel besprochen, jedoch geht es hier vornehmlich um die Prinzipien in der Terrariengestaltung, die solche Anpassungen überhaupt erst erlauben und das Luftfeuchtigkeitsmanagement einfacher machen.

In der Regel ist es günstiger, etwas mehr Luftaustausch vorzusehen, als später tatsächlich benötigt wird und diesen dann bedarfsweise zu vermindern. Man muß dazu etwas mit seinen Terrarien herumexperimentieren, um herauszufinden, durch welche Maßnahmen man die gewünschte Luftfeuchtigkeit erzielen und über einige Zeit am Tage beibehalten, über Nacht aber sinken lassen kann. Wenn Ihr Terrarium ständig luftfeucht ist – erkennbar an den stets beschlagenen Scheiben mit nachfolgender Schimmelbildung an Einrichtungsgegenständen und Bodensubstrat – muß der Luftaustausch erhöht und die Sprühwasserzufuhr gegebenenfalls reduziert werden. Da die meisten Terrarien jedoch eher großzügig angelegte Lüftungsflächen besitzen, ist der gegenteilige Fall eigentlich häufiger. Dementsprechend müssen dann die Lüftungsflächen teilweise verschlossen werden, damit man zu dem angepeilten Ergebnis kommt. Hierzu werden einfach Teile der entsprechenden Flächen mit Plastik abgedeckt. Als Material eignen sich selbst schon stabile Gefrierbeutel, die man zurechtschneidet und mit Klebefilm von außen (niemals innen!) auf die Lüftungsgitter klebt. Verkleinern oder vergrößern Sie die abgedeckte Fläche solange, bis Sie zu zufriedenstellenden Ergebnissen kommen. Wenn Sie hierfür ein gutes Gespür entwickelt haben und Ihre Terrarien selbst bauen, können Sie natürlich von vornherein Lüftungsgitter in den richtigen Größen einbauen.

Seit kurzem versehe ich meine selbstgebauten Terrarien nur noch mit zwei anstelle von vier Lüftungsflächen, da ich vorher ohnehin jeweils zwei davon verschließen mußte. Einige vorgefertigte Becken besitzen Klappen oder Lüftungsschieber, die das teilweise oder gänzliche Verschließen oder Offenlassen erheblich vereinfachen. Wenn Sie bei einem fertig gekauften Behälter mehr Lüftung benötigen, können Sie einfach an einer geeigneten Stelle ein paar zusätzliche Löcher bohren oder sogar ein Stück aus einer Wand herausschneiden und dort Ihre eigene Lüftungsfläche einsetzen.

Für ein Chondro-Terrarium geeignete Plastik-Lüftungsgitter sind in vielerlei Ausführung in Baumärkten erhältlich. Die von mir selbst verwendeten sind eigentlich zur Wärmeableitung in den Audio/Video-Abteilungen von Schrankwänden gedacht, wo oftmals schnell ein Wärmestau entsteht. Sie sind 20 cm lang und 7,5 cm hoch und besitzen so kleine Zwischenräume zwischen den einzelnen Lamellen, daß kein Chondro hindurch kommt. Zwei von diesen reichen für meine Terrarien aus, und während der trockensten Zeiten des Jahres verschließe ich eines mit einem paßgerecht zugeschnittenen Stück Klarsicht-Plastik. Die normalerweise in Hauswände eingebauten Lüftungsgitter sind für unseren Zweck viel zu groß, d.h. sie lassen zuviel Luft ein- und ausströmen. Die Auswahl an geeigneten Lüftungsgittern ist jedoch riesig, und die meisten davon lassen sich einfach installieren. Man schneidet einfach ein

Abb. 165: Viele Chondros suchen sich den Boden des Terrariums als Ruheplatz aus, und das sollte schon bei der Planung eines Beckens berücksichtigt werden. Viele hohe Terrarien sind in Bodennähe einfach zu kühl, zumal das dortige Substrat häufig auch naß bleibt.

passendes Loch an der gewünschten Stelle in die Terrarienwand und drückt das Gitter hinein bis es einschnappt. Da warme Luft aufsteigt, legen manche Terrarienbauer ein Gitter im oberen und ein weiteres gegenüberliegend im unteren Bereich des Beckens an. Hierdurch machen sie sich die natürliche Luftumwälzung zunutze, durch die warme verbrauchte Luft oben entweicht, während unten frische eingesogen wird. In diesem Fall ist lediglich darauf zu achten, daß die untere Lüftungsöffnung hoch genug über dem Terrarienboden angelegt wird, damit kein überlaufendes Wasser oder Bodensubstrat nach draußen fällt.

Ich selbst bevorzuge Lüftungsflächen in der Rückwand, da ich meine Terrarien in Reihen nebeneinander aufstelle, was einem gutem Luftumsatz durch seitliche Flächen hinderlich wäre. Viele Terrarianer meinen, daß diese „Hintertür-Belüftung" nicht effektiv wäre, da sich hinter den Terrarien gewöhnlich eine Wand befindet. Ich habe in dieser Hinsicht jedoch keine schlechten Erfahrungen gemacht. Man braucht die Becken ja nur ein paar Zentimeter von der Wand entfernt aufzustellen. Zu vermeiden sind Lüftungsflächen im Dach des Terrariums, da hierdurch übermäßig viel Wärme entweicht. Auch das direkte Übereinanderstapeln von Becken wird dadurch unmöglich. Zu beachten ist, daß auch der Schlitz zwischen den Schiebescheiben ggf. zum Luftaustausch beiträgt.

Die meisten Anfänger unter den Terrarienbauern übertreiben es mit ihren Lüftungsflächen, und viele Pfleger haben eigentlich keine rechte Vorstellung davon, wieviel Frischluft eine Schlange benötigt. Wie bereits gesagt, ist Stau- und Stickluft zu verhindern, aber Schlangen brauchen nun wirklich keine Unmengen an frischer Luft, um gesund und glücklich zu sein. Chondros leiden viel eher unter einer zu geringen Luftfeuchte, die durch zu gut gemeinte Lüftungsgitter zu schnell entweicht.

Einsehbarkeit

Zu einem großen Teil halten wir Chondros, weil sie so ausnehmend schön sind. Es ist daher verständlich, daß viele Pfleger auf eine gute Einsehbarkeit ihrer Terrarien großen Wert legen. Dies ist jedoch kein rein ästhetischer Aspekt. Es ist nun einmal wichtig, daß man alle Bereiche des Terrariums einsehen und für Pflegemaßnahmen und Fütterungen gut erreichen kann. Auch lassen sich nur solche Tiere auf ihren Gesundheitszustand hin überprüfen, die man sehen kann. Wie oben angegeben, schaffen Glasschiebetüren einen geringfügig besseren Überblick als Schwingtüren mit Rahmen. Die Einsehbarkeit läßt sich natürlich auch wieder übertreiben, und ich bin kein Freund von Becken, die man von allen Seiten einsehen kann. Ich bevorzuge richtiges Glas der doppelten Stärke von Fensterglas für die Front meiner Becken. Plexiglas zerkratzt mir zu schnell und verformt sich schon durch sein eigenes Gewicht, ist also für Türen ziemlich ungeeignet. Panzer- oder Sicherheitsglas ist nicht nur teuer, sondern für ein Chondro-Terrarium auch unnötig.

Aussehen

Es gibt keinen Grund, warum ein Chondro-Terrarium nicht auch gut aussehen kann oder innen nackt und langweilig sein muß. Viele der vorgefertigten käuflichen Terrarien sind meiner Meinung nach recht unattraktiv, so daß dann wenigstens das Innere etwas hermachen sollte, solange es nicht der Gesundheit der Schlangen abträglich ist. Andererseits kann man bei Eigenbauten soviel Attraktivität einbauen, wie es das eigene Geschick und der Geldbeutel erlauben. In beiden Fällen sind jedoch komplizierte und übertriebene Bepflanzungen und Einrichtungsgegenstände zu vermeiden. Mein Freund Harry GRANT hat ein Becken gebaut, das er das „echte Regenwaldterrarium" nennt. Seine Kreativität und das bis ins Detail durchdachte Design sind wohl das ultimative Beispiel für die Kombination von Ästhetik und Funktionalität. Es ist also sehr wohl möglich, ein attraktives, natürlich aussehendes Terrarieninneres zu schaffen, das nach wie vor einfach sauber und instand zu halten ist. Mehr zu diesem Thema und über Harrys Regenwaldterrarien im nächsten Kapitel.

Zuviele Halter wollen jedoch ein solches Terrarium einfach dadurch schaffen, indem sie es mit Pflanzen, Rindenstücken, Lianenabschnitten und Moos vollstopfen, ohne daran zu denken, wie schwierig es sein wird, diesen Biotop sauberzuhalten oder selbst auch nur ein darin verstecktes Tier zu finden. Naturalistisch gestaltete Vivarien erfordern eine sehr sorgfältige Planung.

Viele der handelsüblichen Terrarien sind weiß oder haben eine andere helle Farbe, und über viele Jahre hinweg habe ich selbst meine Becken aus weißen Melamin-Spanplatten gebaut. Heute bevorzuge ich ein dunkles Terrarieninneres. Durch die dunkle Umgebung kommen die Farben der Schlangen besser zur Geltung. Auch habe ich den Eindruck, daß sich die Schlangen sicherer fühlen. Der wichtigste Aspekt ist hier wiederum, die Bedürfnisse der Tiere vor die eigenen Wünsche zu stellen.

Plastikwannen für Chondros

Läßt man einmal die kritischen Kommentare einiger Halter beiseite, so kann man nur sagen, daß Plastikwannen einfach hervorragend für die Aufzucht von Baby-Chondros geeignet sind. Wannen haben sicherlich eine Reihe von Nachteilen, vorallem, daß sie oben offen und in den meisten Fällen durchscheinend sind, und daß sie als Schaubecken wenig hermachen. Ersterem Umstand kann man schon durch die Verwendung von Regalen begegnen, in denen die Wannen reihenweise aufgestellt und beheizt werden. Plastikwannen sind sehr kostengünstig, benötigen wenig Raum und sind in jeder anderen Hinsicht so praktisch, daß der Nachteil der fehlenden Einsehbarkeit relativ zu werten ist. Das Hauptanliegen hier ist die Schaffung einer bestmöglichen Umwelt für die empfindlichen Jungtiere, nicht deren Zurschaustellung. Betrachtet man die geringen Anschaffungskosten, den geringen Aufwand zur Beschaffung von Wannen in allen möglichen Größen, das einfache Sauberhalten und Desinfizieren und wie einfach darin eine geeignet hohe Luftfeuchtigkeit zu erhalten ist, dann wird es schwer, stichhaltige Gründe zu finden, die gegen ihre Verwendung sprechen. Halter, die meinen, daß die Haltung von Chondros in Wannen grausam wäre, verwechseln menschliche Gefühle mit den tatsächlichen Lebensbedürfnissen der Tiere. Chondros gedeihen in Wannen tatsächlich bestens, nicht zuletzt weil sie sich in dieser Umgebung geborgen fühlen.

Man kann diese Wannen einzeln verwenden (mit der eingebauten Heizung im Schnappdeckel) oder in Regalsystemen nach dem Prinzip des Schraubenkastens, in die die deckellosen Wannen eingeschoben werden und dort auf durchgehenden Heizbändern stehen. Ich bevorzuge letzteres, einfach weil ich eine große Anzahl Jungtiere unterbringen muß. Im Prinzip sind jedoch beide gleichermaßen geeignet. Auf meiner Webseite habe ich Baupläne veröffentlicht, wie man sich ein solches Regal und verschiedene Anlagen selbst bauen kann (Adresse siehe Anhang C). Viele Züchter verwenden eine rote Glühlampe in einem Aluminium-Reflektor zur individuellen Beheizung der einzelnen Wannen, die über einer mit Gaze gesicherten Öffnung im Deckel angebracht ist. Kleine, thermostatgesteuerte Heiztafeln sollten jedoch zumindest bei größeren Wannen den gleichen Zweck erfüllen. Der Luftaustausch wird durch kleine Löcher ermöglicht, die man in die Seiten und

Abb. 166: Ein „echtes Regenwald-Terrarium", von Harry GRANT entworfen und gebaut. Solche ausgefeilten Terrarien sind dem durchschnittlichen Halter nicht zu empfehlen. Harry ist jedoch geschickt genug, um sie so einzustellen, daß sie perfekt funktionieren. Mehr dazu im nächsten Kapitel. H. GRANT

Abb. 167: Der Verfasser verwendet zwei Größen von Plastikwannen für die Aufzucht von jungen Chondros: schuhschachtelgroße für Schlüpflinge und 12 Liter-fassende für Jährlinge. Die Beheizung erfolgt mit Heizbändern, die unter den Wannen verlegt sind und mit einem Thermostat gesteuert werden.

Abb. 168: Eine einfache Anlage läßt sich kostengünstig mit Teilen aus dem Kaufhaus zusammenbauen. Thermometer und Thermostate gehören jedoch bei einer Wannenanlage immer dazu. Am besten bringt man sie in einem Regal unter.

Stirnseiten der Wannen bohrt. Wieviele davon nötig sind, muß man selbst durch Versuche ermitteln. Ich verwende drei Reihen von 3 mm-Löchern in Abständen von 2,5 cm rundherum.

Wenn man einzelne Wannen ohne Schnappverschlußdeckel verwendet, sollte man diese auf beiden Stirnseiten mit Metallklammern sichern, so wie sie in Bürobedarfsgeschäften für das Zusammenhalten von dicken Papierstapeln angeboten werden. Meine Schlüpflinge bleiben für die ersten sechs bis acht Monate in Wannen von Schuhschachtelgröße, ziehen dann in etwa 12 Liter fassende um und werden erst in Schauterrarien untergebracht, wenn sie zwischen vierzehn und achtzehn Monaten alt sind, was von ihrem individuellen Wachstum abhängt. Selbst Adulti lassen sich aber ausgezeichnet in entsprechend großen Wannen halten. Sowie sie jedoch anfangen, ihre Adultfarben zu zeigen, habe ich sie lieber in einer Umgebung, in der sie gut zu beobachten sind. Bei der Wannenhaltung von Chondros jedweden Alters ist es wichtig, jedes Tier wenigstens einmal täglich zu kontrollieren. Richtige Terrarien mit gläserner Front machen diese Kontrollen natürlich viel einfacher und dem Betrachter auch mehr Freude. Aus diesem Grunde bringe ich keine Adulti in Wannen unter.

Die richtige Terrarieneinrichtung

„Die Geschichte des Lebens auf der Erde ist eine Folge des Zusammenspiels von Lebewesen und ihrer Umwelt." Rachel Carson

Gut durchdachte Terrarien, die den Pfleger in die Lage versetzen, den Bedürfnissen seiner Tiere zu entsprechen, sind der erste Schritt zur erfolgreichen Haltung von Chondros. Diese Bedürfnisse zu kennen und zu wissen, wie man die vorhandene Technik zu deren Erfüllung einsetzen muß, sind die Grundlagen. Gut konzipierte Terrarien zu besitzen bedeutet aber nicht automatisch, daß diese einwandfrei funktionieren. Jedes Terrarium muß individuell eingestellt und eingefahren werden, um die gewünschten Temperatur- und Luftfeuchtigkeitswerte in der gegebenen Umgebung zu erzielen und zu halten. Ich besuchte einmal einen Halter, der eine ganze Sammlung von vorgefertigten und selbst gebauten Terrarien besaß und sich frustriert darüber beklagte, daß keines seiner Becken vernünftig die Luftfeuchtigkeit halten würde. Diese waren in einem kalten Kellerraum aufgestellt, einige hatten übergroße Lüftungsflächen, und die Heizer liefen auf voller Leistung, um die Becken auf Temperatur zu halten. Dadurch trockneten sie natürlich schnell aus, ohne die gewünschte Luftfeuchtigkeit zu erzeugen. Dieser Halter litt unter einem leider weit verbreiteten Unverständnis der Zusammenhänge zwischen Luftzufuhr, den Wärmeunterschieden in und außerhalb der Terrarien, der Verdunstungsrate und anderen Schlüsselfaktoren, die die Funktionstüchtigkeit eines Terrariums beeinflußen. Ein grundsätzliches Verständnis dieser dynamischen Vorgänge ist jedoch unabdingbar, will man den Bedürfnissen seiner Pfleglinge entsprechen. In diesem Kapitel wollen wir daher diese Bedürfnisse beleuchten, und ich werde Ihnen zeigen, wie man sie erfüllen kann. Sie können beruhigt sein, es ist wirklich nicht schwierig, und Sie benötigen kein Studium der Physik, um das zu bewältigen.

Oftmals macht schon eine kleine Veränderung im Betrieb eines Terrariums einen großen Unterschied. Die hier vorgelegten Informationen gehen davon aus, daß Sie die im Kapitel „...Unterbringung" diskutierten Grundzüge einer durchdachten Terrarienkonstruktion verstanden und praktisch umgesetzt haben. Aus diesem Grunde werden wir hier nicht noch einmal Fehler berücksichtigen, die sich aus einem fehlerhaften Design ergeben.

Chondros sind ganz besondere Schlangen mit besonderen Bedürfnissen, die wir erfüllen müssen, damit sie gedeihen können. Diesen Ansprüchen kann man recht einfach entsprechen, sie sind jedoch keine Frage der Wahl oder von Kompromissen. Chondros kommen aus einem Teil der Welt mit äquatorial-tropischem, luftfeuchtem und regenreichem Klima. Das bedeutet, sie benötigen eine Umgebung, die relativ stabil warm, entsprechend feucht und luftfeucht ist und eine ausgeglichene Photoperiode aufweist. Letzteres heißt ungefähr zwölf Stunden Tag und zwölf Stunden Nacht. Chondros sind recht strikt nachtaktiv, fühlen sich also am wohlsten, wenn sie nachts einen dunklen und ungestörten Lebensraum nutzen können. Sie sind empfindlicher als viele andere Pythons und müssen in einem sauberen Umfeld gehalten werden. Bevor wir uns nun all diesen Punkten im Einzelnen zuwenden, sollte noch einmal klargestellt werden, daß sich alle hier gemachten Angaben auf Nachzuchten beziehen. Wildgefangene Grüne Baumpythons können durchaus ganz andere Ansprüche an Temperatur und Luftfeuchtigkeit stellen, je nachdem, wo genau sie der Natur entnommen worden sind. Dies ist einer der Gründe, warum importierte Wildfänge häufig nicht gut gedeihen oder sich vermehren und warum sie für den Durchschnittspfleger keine gute Wahl sind. Sie sollten daher nur sehr erfahrenen Züchtern vorbehalten bleiben, die sich den auftretenden Herausforderungen gewachsen sehen und einen guten Grund für ihre Pflege vorweisen können.

Temperatur

Chondros gedeihen am besten, wenn sie in ihrem Terrarium einen Temperaturbereich zwischen bestimmten Endpunkten nutzen können. Bei einem Becken der im vorangegangenen Kapitel beschriebenen Größenordnung lassen sich ein horizontaler wie auch ein kleiner vertikaler Temperaturgradient verwirklichen, solange nur das Terrarium in einem kühlen, aber nicht kalten Raum aufgestellt ist. Ich bin kein Befürworter geheizter Räume, da es kaum mehr möglich ist, innerhalb des Beckens eine Temperaturstaffelung zu schaffen, wenn bereits der ganze Raum die Innentemperatur des Terrariums aufweist. Aus diesem Grund halte ich meine Terrarienräume relativ kühl und versorge meine Becken und Wannen individuell mit Wärme. Je kühler der Standort der Terrarien ist, desto größer kann der Temperaturbereich ausfallen, solange nur dieser Ort nicht so kalt ist, daß die Heizer Schwierigkeiten haben, die gewünschten Werte überhaupt zu erreichen. Die Raumtemperatur bei mir beträgt Tag und Nacht 22 bis 25 °C, es sei denn, ich will Tiere auf eine Fortpflanzung vorbereiten. Dadurch ist es mir möglich, eine Temperaturstaffelung von ungefähr 24 bis 32 °C bei einem Durchschnittswert von 29–30 °C zu gestalten. Die meisten Chondros suchen sich Temperaturen in diesem Bereich, solange sie sich an ihrem Aufenthaltsort nur sicher fühlen. Einige wählen auch niedrigere Werte, wenn sie dadurch einen noch sicherer erscheinenden Liegeplatz nutzen können. Aus diesem Grunde ist es von Bedeutung, daß selbst die kühlsten Bereiche im Terrarium noch immer einen unbedenklichen Minimalwert aufweisen.

Ich stelle sicher, daß meine Terrarien an keiner Stelle Temperaturen von weniger als 23–24 oder mehr als 32 °C aufweisen. 29–30 °C halte ich für einen idealen Mittelwert. Einzelne Chondros haben offenbar ihre besonderen Vorlieben, die sich allerdings auch während des Verdauens von Futter oder während einer Häutung vorübergehend ändern können. „Manche mögen's heiß", andere nicht, könnte man sagen. Wichtig dabei ist nur, daß die Tiere eine Möglichkeit haben, sich den ihnen gerade am besten zusagenden Wärmebereich selbst auszusuchen. Ein nächtliches Absinken der Temperaturen ist annehmbar, jedoch nicht zwingend erforderlich, es sei denn, die Tiere sollen auf eine Fortpflanzung vorbereitet werden. Nächtliche Werte von 23 °C sind für Adulti ungefährlich. Ich halte meine Jungtiere wärmer und unternehme keine Anstrengungen, die Temperaturen während der Nacht zu senken, es sei denn zu Zuchtzwecken. Man mag nun einwenden, daß eine nächtliche Wärmeversorgung unnatürlich sei, jedoch steht es fest, daß Chondros ohne Nachtabsenkung bestens gedeihen. Auch finde ich, daß sie besser auf eine solche reagieren, wenn ich sie dann zur Einleitung der Fortpflanzungssaison einführe.

Es gibt eine Reihe von Heizgeräten, die in der Terraristik weit verbreitete Anwendung finden. Hierzu gehören Spotstrahler, Keramikheizer, Heizkabel, -bänder,

Abb. 169: Der Verfasser verwendet Pro Products-Heiztafeln in allen seinen Terrarien für Adulti.

-matten und -tafeln. Einige Pfleger von baumbewohnenden Schlangen verwenden beheizte Liegeäste, die aus einem in einer PVC-Röhre verlegten Heizkabel gefertigt sind. Ich kann diese nicht empfehlen, denn sie schaffen keinen Temperaturbereich und zwingen die Tiere zum Liegen auf einer beheizten Fläche, was weder erforderlich noch wünschenswert ist. Entscheidet man sich für einen Spotstrahler, sollte man eine rote Glühlampe verwenden, da diese auch des Nachts nicht stört. Keramikheizer sind noch besser, denn sie geben überhaupt kein Licht ab, sind weitaus weniger bruchempfindlich und halten länger. Sie haben jedoch eine sehr hohe Oberflächentemperatur, die bei Kontakt zu schweren Verbrennungen führen kann. Mit der Einführung von Heiztafeln sind sie auch weitgehend als veraltet anzusehen. Diese Platten oder Tafeln sind vermutlich die sicherste im Terrarium zu verwendende Form der Beheizung. Ich verwende die Heiztafeln von Pro Products in Mahopac im Staat New York (siehe Anhang C) und kann diese nur wärmstens empfehlen. Die Gründe dafür sind, daß sie sich sicher anbringen lassen, eine Kontrollampe für die Heizleistung haben, die längste Betriebsgarantie aller vergleichbarer Produkte aufweisen und keine Vorsprünge besitzen, an denen sich eine Schlange festhalten könnte. Heizkabel und -bänder sind meiner Meinung nach am besten für Regalanlagen für kleine bis mittelgroße Wannen geeignet und erfüllen dort bestens ihren Zweck. Ganz egal jedoch, für welche Form der Heizung man sich entscheidet, es ist stets am Günstigsten, die geringstmögliche Leistungsstärke zu wählen, die das gewünschte Ergebnis zu liefern vermag. Hierdurch schafft man sich die Sicherheit, daß es auch beim Versagen eines Thermostats nicht zu einer tödlichen Überhitzung des Terrariums oder gar einem Feuer kommen kann. Zu bedenken ist, daß beim Einbau einer Leuchtstoffröhre die dazugehörige Drosselspule genug Wärme abgibt, um die Terrarientemperatur um einige Grad ansteigen zu lassen.

Sämtliche Heizelemente müssen über Thermostate kontrolliert werden. Am besten eignen sich hierfür Proportionalmodelle, die elektrische Pulssignale an den Heizkörper weitergeben. Diese sind bei weitem zuverlässiger als solche mit mechanischer „An/Aus"-Funktionsweise, die häufig mehrere Grad Unterschied benötigen, um zu reagieren. Zu letzterem Typ gehören auch Membran-Thermostate, die sich manchmal in billigen Brutkästen und Fertigterrarien finden und für beide nicht zu empfehlen sind. In den USA sind das Helix Basic System und das Helix DBS-1000 zu Temperaturregulierung von Terrarien sehr verbreitet, und auch das neuere „Herpstat" von Spyder Robotics scheint sehr gut durchdacht zu sein.

Chondros gedeihen am besten in einer sich wenig verändernden Umwelt. Die Terrarien sollten sich also an einem Platz befinden, der keinen größeren Temperaturveränderungen oder Zugluft ausgesetzt ist. Damit soll nicht gesagt sein, daß die Temperaturen ständig und exakt auf einem bestimmten Wert gehalten werden müssen – man sollte lediglich fortgesetzte Schwankungen und instabile Temperaturen vermeiden. Adulte Chondros widerstehen auch stärkeren Temperatureinbrüchen, wie zum Beispiel bei einem Stromausfall bei kalter Witterung, solange dieser Zustand nur vorübergehender Natur ist. Ein Notfallplan ist aber angebracht, wenn die Möglichkeit für Ausfälle besteht, die länger als nur ein paar Stunden dauern. Mit ihrem noch unterentwickelten Immunsystem sollten Jungtiere jedoch keinen solchen Einbrüchen ausgesetzt werden. Im Bedarfsfall ist ein kleines Notstromaggregat eine gute Investition für den Chondro-Züchter und läßt ihn besser schlafen.

Luftfeuchtigkeit

Dies ist möglicherweise für den Neueinsteiger der verwirrendste Aspekt der Chondro-Haltung. Auch hat die Fülle an fragwürdigen Ratschlägen in den Internet-Foren nicht gerade dazu beigetragen, diese Frage zu klären.

Das Bewerten und Schaffen einer angemessenen Luftfeuchtigkeit bereitet vielen neuen Pflegern unnötige Sorgen, und manche haben den Eindruck gewonnen, daß es exakter Messungen bedarf, ansonsten würden ihre Tiere leiden oder sogar sterben. Dem ist absolut nicht so! Tatsache ist, Chondros brauchen eine mäßig erhöhte Luftfeuchtigkeit zum Leben und nehmen Schaden, wenn sie ständig zu trocken gehalten werden. Der exakte Grad relativer Luftfeuchte ist jedoch nicht ausschlaggebend. Schließlich ist eine relative Luftfeuchte nur „relativ". Luftfeuchtigkeit ist die Maßeinheit für den Anteil von Wasserdampf in der Luft. Warme Luft kann davon mehr aufnehmen als kalte. Und eine kleine Menge Luft ist schneller mit Wasserdampf gesättigt als eine große. Zu guter Letzt haben der Umfang und die Qualität des Luftaustauschs einen großen Einfluß auf den Sättigungsgrad. Aus diesen Gründen ist es eher unpraktisch, Luftfeuchtigkeitswerte in genauen Prozentzahlen anzugeben, etwa in der Art, wie man Temperaturen angibt. Zum Einen sind Präzisionshygrometer extrem teuer und billige Kaufhausware nahezu nutzlos, und zum Anderen sind die Unterschiede zwischen 65 und 66 %, ja selbst zwischen 60 und 70 % so minimal, daß sie keine Rolle spielen. Da der Gehalt an Wasserdampf in der Luft von vielen standortspezifischen Faktoren beeinflußt wird, darunter die Größe des Terrariums, sein Wärmegefüge, der Umfang des Luftaustauschs, die Feuchtigkeit der zugeführten Frischluft und deren Verweildauer, lassen sich auch die Erfahrungen einzelner Pfleger nur recht schwer direkt vergleichen. Da das alles doch sehr relativ ist, verwende ich erst gar keine Hygrometer und versuche auch nicht, einen bestimmten prozentualen Wert zu treffen. Es ist wirklich nicht so wichtig.

Ein weit verbreitetes Mißverständnis ist, daß Chondros ständig eine Luftfeuchtigkeit von nahezu 100 % benötigen. Das ist nicht nur nicht zutreffend, sondern auch eine Gesundheitsgefahr für die Tiere. Eine ständig feuchtwarme Umgebung ist die ideale Brutstätte für Bakterien und Schimmelpilze. Hautinfektionen und Atemwegserkrankungen sind die Folge, wenn man Chondros solchen Bedingungen aussetzt. Was wir hier benötigen, ist ein 24 Stunden-Zyklus, in dessen Verlauf einer

Zeit hoher Luftfeuchte ein Zeitraum folgt, in dem das Terrarium langsam abtrocknet. Dies wird gewöhnlich durch tägliches Sprühen erreicht. Das Ziel ist hierbei, den Grad der Luftfeuchte auf nahezu 100 % zu treiben, so daß er im Laufe des Rests des Tages oder der Nacht langsam auf den Grad der Umgebungsluftfeuchte fallen kann. Dieser Zyklus wird dann täglich wiederholt. Außer bei der Unterbringung von frisch geschlüpften Tieren und solchen in einer Häutung ist das Abtrocknen ebenso wichtig wie das Anfeuchten. Die triefend naß/heiße Atmosphäre einer Sauna ist auf jeden Fall zu vermeiden. Indem man ein Bodensubstrat wählt, das die Feuchtigkeit durch das tägliche Sprühen gut aufnimmt und langsam wieder an die Luft abgibt, erhält man einen stets mäßig hohen Sättigungsgrad auch während der Abtrocknungsphase.

Die Temperaturen, Luftaustausch, die Menge der Feuchtigkeit, die dem Terrarium über das Substrat und tägliche Sprühen zugeführt wird und der Grad relativer Luftfeuchtigkeit des Terrarienraums bestimmen, wie luftfeucht ein Terrarium ist. Da der Temperaturbereich durch die Beheizung festgelegt ist, muß der geeignete Luftfeuchtigkeitsbereich durch die Wechselwirkung zwischen dem Umfang des Luftaustauschs und der Menge der zugeführten Feuchtigkeit erzielt werden. Hierfür existieren keine universellen Formeln, da jede Situation einzigartig ist. Jeder Pfleger muß daher für sich selbst durch Versuche herausfinden, wie diese Kombination bei seinen Terrarien aussehen muß. Sind die Becken zu trocken, d.h. es bildet sich innerhalb von drei Stunden nach einem Sprühen kein Kondenswasser an den Scheiben, ist

Abb. 170: In diesen Becken erkennt man die hohe rel. Luftfeuchte, die dem täglichen Sprühen folgt. Sie sollte sich einige Stunden halten und über die nächsten 12 Stunden langsam abnehmen, so daß das Terrarium erheblich abgetrocknet ist, wenn das nächste Sprühen fällig ist. Wenn das Glas des Beckens nicht beschlägt, baut sich die gewünschte Luftfeuchtigkeit nicht auf.

entweder nicht genug Wasser versprüht worden, oder der Luftaustausch ist unter den gegebenen Umständen zu groß. Im gegenteiligen Fall, d.h. bei ständig beschlagenen Scheiben oder gar bei Schimmelbildung, wird entweder zuviel Feuchtigkeit zugeführt, oder der Luftaustausch ist zu gering. Oftmals lassen sich durch Verändern beider Faktoren die besten Ergebnisse erzielen. Allgemein kann man sagen, daß eine großzügige Be- und Entlüftung und starkes Sprühen eine gesündere Umwelt schaffen als ein abgeschlossenes Terrarium, in dem nur wenig gesprüht werden muß. Wenn Sie jedoch kräftig sprühen und das Becken trotzdem in kürzester Zeit wieder trocken ist, dann sind die Lüftungsflächen einfach zu groß.

Man sollte sich darüber bewußt sein, daß ein nasses Bodensubstrat nicht das Selbe ist wie eine gute Luftfeuchtigkeit. Ich habe schon Terrarien gesehen, die als Ergebnis einer übertriebenen Belüftung ein triefend nasses Bodensubstrat aufwiesen, aber keine nennenswerte Luftfeuchtigkeit. Zur Wiederholung: die relative Luftfeuchtigkeit ist der prozentuale Anteil von Wasserdampf in der Luft und hat nichts mit einem nassen Terrarium zu tun. Aus diesem Grund ist es auch keine Lösung, den Boden des Terrariums als Wasserteil zu gestalten, wodurch man sich, nebenbei bemerkt, auch eine Menge anderer Probleme aufhalst … (siehe unter „Substrate"). Ein Substrat, das jedoch Feuchtigkeit gut aufnimmt, kann bei der Gestaltung einer angemessen luftfeuchten Umgebung von großem Nutzen sein. Sowie man das Verhältnis zwischen Sprühen und Luftaustausch gut eingepegelt hat, sollte man gründlich sprühen können – einschließlich der Liegeäste, des Substrats, der Terrarienwände, Pflanzen und der Chondros selbst – wonach die Luftfeuchtigkeit auf nahe 100 % steigt, sich für eine Weile hält und dann wieder langsam absinkt. Diese Abtrocknungsphase innerhalb des 24 Stunden-Rhythmus sollte das Terrarium gut ab-, aber nicht völlig austrocknen lassen, bis am nächsten Tag erneut gesprüht wird. Ich sprühe gewöhnlich am Nachmittag, aber abgesehen davon, daß man das Sprühen in der Nacht vermeiden sollte, spielt der Zeitpunkt eigentlich keine Rolle. Chondros sind in der Nacht aktiv, und nächtliches Sprühen kann zu einer Gefahr für den Pfleger und die Tiere werden.

Ausnahmesituationen ergeben sich während der Häutungen der Tiere. Einzelheiten dazu sind im Kapitel „Fütterung…" berücksichtigt, so daß es an dieser Stelle zu erwähnen ausreicht, daß Chondros während der gesamten Zeit einer Häutung, besonders aber am letzten Tag, durchgehend in einer gut luftfeuchten Umgebung gehalten werden sollten. Dies ist vorallem bei Jungtieren überaus wichtig, deren noch sehr dünne Haut sehr leicht festbackt und möglicherweise ernsthafte Gesundheitsprobleme verursacht. Ich selbst sorge stets dafür, daß meine Wannen für die Jungtiere trotz einer Abtrocknungsphase nie völlig austrocknen. Wenn die Babies erst einmal ein paar Monate alt und sichtbar gewachsen sind, ist ihre Haltung auf einem ständig leicht feuchten Substrat kein Risiko mehr.

Außer bei sehr jungen Chondros und solchen in einer Häutung sind ein paar Tage ohne Sprühen auch kein Problem, wenn die Tiere nur gesund sind. Will man mehr als nur zwei oder drei Tage wegfahren oder hat man Baby- oder sich gerade häutende Chondros, sollte man einen Freund bitten, währenddessen das tägliche Sprühen zu übernehmen. Dieser sollte wenigstens einmal den ganzen Arbeitsablauf in Ihrer Anwesenheit erledigen, damit er ein Gefühl dafür entwickeln kann. Eine solche Urlaubsvertretung befreit einen von einer großen Sorge, muß man einmal für einige Zeit verreisen.

Ich bin kein großer Anhänger von automatischen Sprühsystemen oder Wasserfällen, Neblern oder ähnlichen Anlagen. Die damit zusammenhängende Technik kann immer einmal versagen, und meine Erfahrungen damit sind eher derart, daß ihre Instandhaltung mehr Aufwand erfordert als sie einspart. Der Einsatz solcher Anlagen für mehrere Terrarien gleichzeitig kann sich als problematisch erweisen, da kein Terrarium dem anderen völlig gleicht, selbst wenn sie identisch aussehen. Besitzt man eine ganze Terrarienanlage, wird man schnell feststellen, welche Becken mehr und welche weniger Feuchtigkeit benötigen. Sprühen von Hand gibt dem Pfleger auch die Möglichkeit zum regelmäßigen Kontrollieren all seiner Tiere. Automatisierungen können dazu führen, daß der Pfleger in seiner Aufsichtspflicht nachlässig wird. Manche Pfleger mögen jedoch solche Systeme und finden sie sehr praktisch. Es ist eine persönliche Ansicht, und solange die Tiere eine angemessene Luftfeuchtigkeit haben und sich sauber häuten, läßt sich nichts dagegen sagen. Automatisierte Sprinkleranlagen sollten allerdings erfahrenen Pflegern vorbehalten bleiben, die die Ansprüche der Tiere genau kennen und wissen, wie ihre Terrarien auf eine Situation reagieren. Hat man erst einmal ein gutes Verhältnis zwischen Luftaustausch und Feuchtigkeitszufuhr gefunden, besteht kein Bedarf mehr für zusätzliche Luftbefeuchter. Für den Neueinsteiger gilt, „einfacher ist besser!"

Trinkwasser

Chondros trinken auf zweierlei Weise: aus einem Trinknapf und durch Auflecken von Wassertropfen von ihrer Haut oder von Einrichtungsgegenständen. Einige Tiere bevorzugen die eine oder andere Alternative, andere bedienen sich beider. Manchmal sehe ich ein Tier beim Trinken aus einer Schale, kurz nachdem das Licht ausgegangen ist. Diese Beobachtungen sind jedoch rein zufällig, und eigentlich kümmere ich mich auch nicht weiter darum. Tatsächlich sieht man manche Tiere nur sehr selten trinken, und trotzdem sehen sie rundum gesund aus und produzieren völlig normalen, feuchten Kot. Was damit gesagt sein soll ist, daß der Umstand, daß man Chondros selten trinken sieht nicht bedeuten muß, daß sie selten trinken. Damit die Chondros eine Möglichkeit haben, Wassertropfen von ihrer eigenen Oberfläche aufzunehmen, sollte man sie in das tägliche Sprühen direkt einbeziehen. Meiner Beobachtung und Meinung nach sind Chondros wie alle Wildtiere

Abb. 171: Wenige Minuten nach dem Sprühen leckt „Buttermilk" (EB-95-31) Tropfen von ihren Körperschlingen auf. Man kann sehen, wie weit ihr Kopf versteckt war, als es „regnete". Ich sprühe stets jedes Tier zusammen mit der Terrarieneinrichtung ab.

sehr geschickt im Aufspüren von Wasser, und die Chancen für ein Austrocknen sind sehr gering, wenn gesunde Tiere nur täglich gesprüht werden und einen gefüllten Wassernapf zur Verfügung haben. Eine angemessen luftfeuchte Umgebung vermindert diese Gefahr noch weiter. Aussagen wie „Chondros lecken Wassertropfen von ihrem Körper auf, weil sie dehydriert sind" und „durch das Besprühen von Chondros verlernen sie, aus einer Wasserschale zu trinken", entbehren jeder Grundlage.

Selbstverständlich ist die Qualität des zum Sprühen und Füllen der Trinkgefäße verwendeten Wassers von Bedeutung. Leitungswasser ist durchaus geeignet, solange es nicht so schlecht ist, daß Sie es selbst nicht trinken wollen. In diesem Fall sollten Ihre Chondros das bekommen, was Sie für sich selbst nehmen. Ich verwende durch Umkehrosmose gefiltertes Wasser zum Sprühen und als Trinkwasser, und auch wenn ich keinen wissenschaftlich Beweis dafür vorlegen kann, habe ich doch ein praktisch völliges Verschwinden von Nierenproblemen feststellen können, mit denen ich bei Jungtieren gelegentlich zu kämpfen hatte, als diese noch weiches Brunnenwasser bekamen. Osmosewasser hat aber auch noch einen anderen, angenehmen Nebeneffekt – es hinterläßt keine Wasserflecken auf den Glasscheiben. Verschiedentlich wurden Befürchtungen geäußert, daß für Reptilien weder Umkehrosmose- noch destilliertes Wasser gut sei. Ersteres enthalte keine Mineralstoffe mehr und zweiteres hätte eine negative elektrische Ladung, die dem Organismus Nährstoffe entzöge. Meiner Meinung nach erhalten die Schlangen alles an benötigten Mineralstoffen durch das Fressen von guten Futtertieren, und meine Nachzuchten gedeihen seit Jahren prächtig, obwohl sie Osmosewasser trinken. Destilliertes Wasser habe ich selbst nie ausprobiert, doch würde ich rein gefühlsmäßig eher Quellwasser in Flaschen kaufen. Ein Wasserfilter ist eine andere kostengünstige Alternative, um das Trinkwasser für die Chondros aufzuwerten.

Die Trinkschale sollte in einer kühlen Ecke des Terrariums stehen, nicht auf oder unter einer Wärmequelle. Manche Pfleger bevorzugen jedoch genau das, um dadurch die Luftfeuchtigkeit anzuheben, aber ich frage mich, wer trinkt schon gerne warmes Wasser? Desweiteren gedeihen Bakterien in warmem Wasser besser als in kühlem. Ich halte kühles Wasser für besser, und wie man die Luftfeuchtigkeit erhöht, wurde oben eingehend besprochen. Die Wasserschale muß nicht besonders groß sein. Als ich mit baumbewohnenden Schlangen anfing, verwendete ich große Plastikbehälter dafür, in dem Glauben, daß dadurch die Luftfeuchtigkeit positiv beeinflußt würde. Alles, was es mir aber wirklich einbrachte, war ein Herumschleppen schwerer Gefäße beim Saubermachen. Naturgemäß hatte ich nach kürzester Zeit eine Aversion gegen das Säubern und Füllen mit frischem Wasser. Eine Schale von 25 bis 30 cm Durchmesser ist für erwachsene Chondros völlig ausreichend, und kleinere Tiere können entsprechend kleinere Schalen bekommen. Daß die Tiere sauberes Wasser zur Verfügung haben, ist weitaus wichtiger als die Größe der verwendeten Schale. Folglich ist das regelmäßige Desinfizieren der Wassergefäße und des Sprühsystems von großer Bedeutung.

Bisweilen wird empfohlen, die Trinkmöglichkeit an einer erhöhten Stelle anzubringen. Meiner Meinung nach ist das eine Lösung für ein nicht existierendes Problem, das auf dem Irrglauben fußt, Chondros würden schnell dehydrieren. Da sie die meiste Zeit auf einem erhöhten Liegeast verbringen, soll sie das erhöht angebotene Wasser dazu verleiten, mehr zu trinken. Zunächst einmal glaube ich nicht, daß Chondros unter den hier beschriebenen Haltungs- und Pflegebedingungen zum Dehydrieren neigen. Zweitens habe ich noch nie beobachtet, daß ein Chondro Schwierigkeiten beim Auffinden oder Benutzen eines Wassernapfes gehabt hätte. Das Ziel sollte stattdessen sein, die Bewegungsfreudigkeit der Tiere zu fördern. Plaziert man jedoch alles direkt unter ihren Nasen, fördert man lediglich ihre Lethargie. Wer hängt Trinkgefäße in den Bäumen ihrer Heimat in Indonesien auf? Ich sehe keinerlei Notwendigkeit hierfür, und der Vorschlag ist einer, der die ansonsten wirklich simple Pflege nur um einen weiteren Schritt verkompliziert.

Beleuchtung

Chondros scheinen keine besondere Beleuchtung zu benötigen, um gesund zu bleiben. Sie gedeihen selbst bei einer Unterbringung in großen Wannen über viele Jahre, wenn diese nicht mehr als das Raumlicht erhalten. Die benötigten Nährstoffe erhalten sie über gesund ernährte Futtertiere, und sie brauchen keine Vollspektrumbeleuchtung (oder zusätzliche Vitamine) wie manche anderen Reptilien. Allerdings gibt es einen indirekten Hinweis darauf, daß eine Vollspektrumbeleuchtung einen positiven Effekt auf die Behandlung von Atemwegserkrankungen haben könnte (Hickner pers. Mitt.). Der Vorteil einer solchen Beleuchtung ist darüber hinaus, daß sie die Farben der Chondros in natürlicherer Weise zur Geltung bringen als normale weiße Leuchtkörper. Diese Farben können im Licht normalerweise im Haushalt verwendeter Lichtquellen erheblich unterdrückt werden, so daß die Tiere weitaus weniger farbenprächtig erscheinen, als sie es wirklich sind. Zum Beispiel verschwindet das wunderschöne Blau mancher Exemplare fast völlig im gelblichen Licht normaler Glühlampen. Kaltweiße Leuchtstoffröhren unterdrücken ebenfalls eine ganze Reihe von Farben. Chondros zeigen ihre volle Farbenpracht am besten draußen bei bedecktem Himmel oder im Schatten, wo das Sonnenlicht die Farben nicht überstrahlen kann. Dies ist „Vollspektrum"-Beleuchtung in seiner reinsten Form. Heute stehen einige Typen von Leuchtstoffröhren zur Verfügung, die dieser Lichtzusammensetzung sehr nahe kommen und die Farben der Tiere in fast natürlicher Weise zeigen. Ich selbst verwende einen Lampentyp für Süßwasseraquarien und habe mit verschiedenen anderen herumexperimentiert, die ebenfalls annehmbare Ergebnisse produzierten. Verschiedene Leuchtkörper unterstreichen einzelne Bereiche des Farbspektrums, und

Abb. 172: Der Verfasser verwendet 45 cm lange Leuchtstoffröhren in allen seinen Terrarien für Adulti. Hierzu werden die normalen kaltweißen Röhren durch solche mit Vollspektrum ersetzt und die Streuscheibe (im Vordergrund) entfernt.

einige heben vorallem gelbliche oder purpurfarbene Töne hervor. Diese meide ich und suche stattdessen nach solchen, die die Tiere so natürlich wie möglich aussehen lassen. Ich bevorzuge Leuchtstoffröhren mit geringem Stromverbrauch von etwa 45 cm Länge. Sie werden über Zeitschaltuhren automatisch an- und abgeschaltet. Zu beachten ist dabei natürlich, daß die Abwärme der Beleuchtungsanlagen die Temperaturen der in ihren Wirkungsbereichen befindlichen Terrarien beeinflußt. Jede Veränderung muß daher aufmerksam beobachtet werden und mag die Notwendigkeit anderer Anpassungen nach sich ziehen. Je größer die einzelnen Terrarien sind, desto kleiner sind die Wärmeauswirkungen der Beleuchtung.

Chondros sollten einer zwölfstündigen Photoperiode ausgesetzt sein, egal ob man eine Beleuchtung installiert oder nicht. Der Grüne Baumpython stammt aus den äquatorialen Tropen und ist an einen Tag/Nacht-Rhythmus angepaßt, der aus nahezu gleichgroßen Hälften besteht. In der Nähe des Äquators verändert sich dieser Zyklus auch im Jahresverlauf so gut wie nicht – im Gegensatz zu Orten auf nördlicheren oder südlicheren Breitengraden. Auch wenn mir keine stichhaltigen Beweise bekannt sind, die diese Bedingungen zwingend vorschreiben, ergeben sie doch einen Sinn. Zumindest aber sollten die Tiere täglich eine angemessen lange Nachtphase haben, während der sie weder durch helles Licht noch durch menschliche Aktivität gestört werden. Als nachtaktive Tiere schalten Chondros auf „Jagdmodus" um, wenn die Lichter ausgehen, und einige zeigen sich sichtlich nervös, wenn dann vor ihren Terrarien viel Bewegung herrscht. Manche stoßen dann auch nach Schatten, die sich im Inneren ihrer Becken bewegen oder gegen die Frontscheiben, wodurch sie sich natürlich leicht verletzen können. Dies sind allerdings keine Anzeichen von Aggressivität, sondern Ausdruck der Freßgier, die die meisten Chondros nachts überkommt. Selbst am Tage ausgesprochen ruhige Exemplare sind nachts kaum wiederzuerkennen.

Die natürliche Photoperiode draußen hat voraussichtlich Auswirkungen auf das saisonale Verhalten Ihrer Tiere, ungeachtet dessen, ob Licht von draußen einfällt oder nicht. Dieser Umstand hat allem Anschein nach aber keine größere Bedeutung, außer vielleicht, daß er die jahreszeitlich bedingte Futterverweigerung der Männchen beeinflußt. Einige meiner Tiere können die draußen herrschende Photoperiode in ihren Terrarien wahrnehmen, andere nicht. Meine Beobachtungen zeigen aber, daß die Männchen beider Gruppen ungefähr zum gleichen Zeitpunkt das Fressen einstellen. Jene, die die äußeren Lichtverhältnisse verfolgen können, zeigen jedoch ein geringfügig anderes Verhaltensmuster. Ich unternehme keine bewußten Anstrengungen, die Beleuchtungsintervalle den äußeren Bedingungen anzupassen, und all meine Terrarien- und Raumbeleuchtungen bleiben während des ganzen Jahres gleich: sie schalten sich um 8 Uhr morgens ein und um 8 Uhr abends ab. Diese zeitliche Einteilung basiert zwar auf meinen eigenen Lebensgewohnheiten, entspricht aber zufällig auch der Photoperiode meines Wohnortes zum Zeitpunkt der Sommersonnenwende.

Die Gleichmäßigkeit der Photoperiode läßt sich einfach durch die Verwendung von Zeitschaltuhren garantieren und sollte auch die Raumbeleuchtung einschließen. Chondros sind wirklich Gewohnheitstiere und benötigen Regelmäßigkeit in ihrem Leben. Wenn meine Schaltanlage einmal nicht funktioniert, und das Licht bleibt auch nach dem abendlichen „Weckruf" an, scheinen sie mich alle anzuschauen und zu sagen, „Hey Mann, was's los?"

Meiner Meinung nach beeinflußt die Manipulation der Photoperiode die Fortpflanzungsperiodik in keiner nennenswerten Weise.

Substrate

Für die Ausstattung eines Chondro-Terrariums eignen sich ein ganze Reihe von verschiedenen Substraten. Dazu gehören auch solche, die kommerziell für die Verwendung bei der Reptilienhaltung hergestellt werden. Ich habe mit einigen von diesen Versuche angestellt, und es gibt einige neuere, die ich noch nicht ausprobiert habe. Ich bin zu dem Schluß gekommen – ähnlich wie einige Freunde, die Sorten ausprobiert haben, die ich nicht aus eigener Erfahrung kenne – daß die meisten der letzteren viel Dreck machen oder in dieser oder jener Hinsicht ihren Zweck nicht erfüllen. Meiner Erfahrung zufolge gibt es nur zwei Substrate, die wirklich viel besser als alle anderen sind: Zeitungspapier und Mulch von der Roten Zypresse.

Zeitungspapier ist billig, einfach zu beschaffen, hält die Feuchtigkeit gut und läßt sich denkbar einfach austauschen. Man kann es zusammenfalten oder zerschneiden und damit jedes Terrarium, egal welcher Größer, bequem auslegen. Ich verwende Zeitungspapier in all meinen Jungtier- bis Jährling-Wannen und selbst in meinen älteren Terrarien aus Melamin-Spanplatten, in denen feuchter Mulch zu Verfallserscheinungen führen würde. Die einzige Ausnahme mache ich bei Wannen mit gelben Babies, die sich schnell das ganze Gesicht mit Druckerschwärze vollschmieren, wenn sie sich im feuchten Papier vergraben. Die heutige, aus Sojabohnen hergestellte Druckerschwärze ist zwar für Reptilien völlig ungefährlich, doch sehen die Kleinen dann einigermaßen unmöglich aus. Für diese Exemplare verwende ich stattdessen dickes, weißes Küchenpapier, wobei mir Sorten ohne aufgedruckte Motive am liebsten sind. Dicklagiges Küchenpapier hält die Feuchtigkeit gut, schimmelt aber schneller als Zeitungspapier und muß daher häufiger ersetzt werden. Zumindest aber bleiben die kleinen gelben Gesichter der Schlangen gelb!

Ich schneide das benötigte Zeitungspapier auf einer Schlagschere für den Bürogebrauch zurecht und mache die Bögen nur etwas größer als die abzudeckende Grundfläche, so daß die Ränder entlang der Wände und in den Ecken ein wenig nach oben gefaltet werden können – letztere sind die Stellen, wo Kothaufen am häufigsten abgesetzt werden. Ein Geschäft ganz in der Nähe überläßt mir regelmäßig all seine übriggebliebenen Sonntagsausgaben, so daß mich mein Papierbedarf gar nichts kostet. Viele Geschäfte werfen ihre Überbestände einfach weg, nachdem sie den Titelbalken zur Verrechnung abgeschnitten haben. Abgesehen von dem wenig ansprechenden Aussehen gibt es für mich kein besseres Substrat als Zeitungspapier.

Mein anderes Lieblingssubstrat ist roter Zypressenmulch, den ich für alle Terrarien meiner erwachsenen Tiere verwende. Hierzulande ist Zypressenmulch praktisch an jeder Tankstelle und in allen möglichen anderen Geschäften, Baumärkten und Gärtnereien erhältlich. Zypressenmulch sieht hervorragend aus, riecht gut, hält großartig die Feuchtigkeit, ist schimmelbeständig, widersetzt sich Insektenbefall, und er ist billig. Verschmutzte Stellen lassen sich problemlos entfernen und ersetzen. Der einzige dazu anzuführende Nachteil ist vielleicht, daß der Umgang damit etwas Dreck macht. Mit einem Industriestaubsauger ist aber auch das kein Problem. Verschiedentlich sind Bedenken geäußert worden, daß die versehentliche Aufnahme

Abb. 173: Roter Zypressenmulch eignet sich hervorragend als Bodensubstrat für erwachsene Baumschlangen. In den USA ist dieses Material einfach in Gärtnereien und selbst auf vielen Tankstellen erhältlich.

von Mulch oder anderen Substratmaterialien beim Fressen zu einem Verschluß des Verdauungstraktes führen könnte. Auch wenn ich aber die Bedenken um das Wohlergehen der Tiere teile und aufpasse, daß kein Mulch in die Mäuler meiner Chondros gerät, geben meine Erfahrungen keinen Grund zur Sorge. In der Natur lebende Schlangen nehmen ganz sicher Fremdstoffe mit ihrer Nahrung auf, und nach über dreißig Jahren der Schlangenpflege ist mir bei meinen Tieren noch kein Fall untergekommen, wo der Verzehr von Substrat zu einem Gesundheitsproblem geführt hätte. Mehr hierzu ist im Kapitel über die Fütterung zu finden.

Verschmutzte Stellen im Mulch entferne und ersetze ich sorgfältig, und ein kompletter Austausch erfolgt, bevor ein neuer Bewohner ein Terrarium bezieht oder wenn der Mulch anfängt, alt auszusehen. Letzteres passiert nicht häufig, und ich finde, Zypressenmulch hält sich über lange Zeit.

Ich meide Substrate, die viel Dreck bereiten, zum Verdichten neigen und dadurch weniger aufnahmefähig werden, schnell Schimmel ansetzen, am Futter haften, die Feuchtigkeit nicht gut speichern oder potentiell giftig sind. Zu diesen gehören grober Kies, Getreideschrot, Hobelspäne, alle Zedernholzprodukte, Erde und grober Rindenmulch, aber das sind bei weitem nicht alle. Tomm Phillips berichtete mir, er habe die Verwendung der für die Reptilienhaltung angebotenen feinen Kokosrinde aufgegeben, nachdem er feststellen mußte, daß sich das Produkt bei im Bodengrund wühlenden Männchen zwischen Kiefer und Lippe festsetzte und dort für Infektionen sorgte. Ich bin auch gegen die Haltung von Chondros über einem mit Wasser gefüllten Boden. Irgendwann brachte jemand die Idee auf, daß man tropische Baumbewohner am besten über einer stehenden Wasserfläche halten sollte. Der große Nachteil hierbei ist das Sauberhalten des Wassers und die Gefahr, daß die Tiere dann das verseuchte Wasser trinken. Meiner Erfahrung nach ist ein Wassergrund selbst zum Schaffen einer geeigneten Luftfeuchtigkeit ungeeignet, weil dadurch schnell eine saunamäßige, ungesund feuchte Umgebung entsteht, in der das regelmäßige Abtrocknen fehlt. Und wenn die Bodentemperatur und der Luftaustausch der Verdunstung nicht zuträglich sind, hat das Wasser wenig Einfluß auf die Verhältnisse darüber. Ein nasser Terrarienboden ist eben nicht gleichbedeutend mit einem luftfeuchten Terrarienklima.

Liegeäste

Als überwiegend arboricole Schlangen benötigen Chondros natürlich ein paar gute und solide Liegeäste. Hierfür werden verschiedene Materialien verwendet, und die meisten davon sind gut geeignet. PVC-Rohr findet häufig für diesen Zweck Verwendung und ist in verschiedenen Durchmessern als Klempnerbedarf erhältlich. Das Material ist bruchfest, einfach zu säubern und läßt sich auf simple Weise im Terrarium installieren, indem man die für die jeweiligen Rohrdurchmesser passenden Endstücken an die Terrarienwand schraubt. Wenn man diese Stopfen halbiert, erhält man Auflagehalter, die ein einfaches Herausnehmen gestatten. Ich muß gestehen, ich mag PVC-Rohre nicht, einfach weil sie so häßlich aussehen, aber zumindest sind sie sehr funktionell. Manche Pfleger „veredeln" die weiße oder graue Farbe der Rohre, indem sie sie mit einer Lötlampe versengen und ihnen dadurch eine bräunliche Farbe verleihen.

Einfache Holzstangen aus dem Baumarkt erfreuen sich bei anderen Pfleger großer Beliebtheit, jedoch finde ich, daß diese schnell ihre Farbe verlieren und in luftfeuchten Terrarien zu Schimmelbildung neigen. Manche Halter versuchen sie daher zu versiegeln, doch mir gefällt der Gedanke nicht, daß meine Tiere direkten Körperkontakt mit Polyurethan haben, selbst wenn es völlig durchgehärtet ist. Die Versiegelung hält auch nicht ewig, und es gibt bessere Materialien als diese Dübelstangen. Siehe dazu auch die Ausführungen zu Versiegelungstechniken in Kapitel „...Unterbringung". Weiterhin werden Bambusstangen, Acrylrohre und Fiberglas als Liegeäste verwendet.

Das Liegeast-Material meiner Wahl für erwachsene Chondros sind natürliche Baumäste. Ich verwende Ahorn, einfach weil das Holz garantiert ungiftig ist, in meiner Gegend massenhaft zur Verfügung steht und sehr gut aussieht. Ich schneide mir passende Äste bei Bedarf selbst von Bäumen an den Rändern von Wiesen

Abb. 174: Natürliche Äste ergeben betriebssichere und gut aussehende Liegeäste für Chondros. Sie bieten eine Reihe von Schrägen und Durchmessern, und die rauhe Oberfläche hilft bei der Häutung.

Abb. 175: Haken und Ösen machen das Einsetzen und Herausnehmen von Liegeästen zum Kinderspiel.

und Lichtungen, da die Bäume dort auch auf niedrigerer Höhe Äste haben, die sich verzweigen und dadurch an drei Punkten befestigt werden können, so daß sie sich nicht verdrehen können. Ich nehme dabei nur lebendes Holz, weil totes möglicherweise Insekten und deren Larven enthält. Neue Äste werden sorgfältig mit einer Wurzelbürste unter heißem Wasser abgeschrubbt und dann mit Haken und Ösen im Terrarium befestigt. Die Haken werden dazu in die Ende des Asts geschraubt und die entsprechenden Ösen in die Terrarienwände. Auf diese Weise sind sie fest verankert, lassen sich bei Bedarf jedoch auch einfach wieder herausnehmen. Es besteht keine Notwendigkeit, diese Äste zuvor im Backofen mit Hitze zu sterilisieren; die beschriebene Behandlung reicht völlig. Natürliche Äste sehen einfach großartig aus und schaffen Liegeflächen, deren rauhe Oberfläche den Tieren offenbar ein gutes Sicherheitsgefühl verschafft. Die unterschiedlichen Durchmesser gestatten ihnen darüber hinaus die Wahl eines Aufenthaltsortes, der ihnen gerade am besten zusagt. Ich sollte vielleicht betonen, daß ich absolut nichts mit dem Verschwinden niedriger Äste an den Bäumen meiner Nachbarn zu tun habe.

Grundsätzlich müssen alle Äste so fest verankert werden, daß sie unter dem Gewicht der Tiere nicht herunterfallen, sich drehen oder verrutschen können. Die erforderliche Dicke sollte nach der dicksten Stelle der Schlange bemessen werden, die den Ast nutzen soll. Große Adulti sollten nicht zum Liegen auf dünnen Ästen gezwungen werden. Eine weiter oben und ein weiter unten angebrachte Liegemöglichkeit läßt dem Chondro eine Wahl, jedoch bevorzugen die meisten Tiere die jeweils höchstgelegene Liegefläche. Ich lege stets eine Liegefläche unter der Heiztafel an, damit sich das Tier dort aufwärmen kann. Eine Installation der Äste in der Art, daß sie sich mühelos herausnehmen lassen, hat viele praktische Vorteile, vorallem, wenn man seine Tiere fotografieren will.

Die meiner Erfahrung nach besten Liegeäste für Babies und Jährlinge lassen sich einfach aus Plastik-Kleiderbügeln herstellen. Ich kaufe diese gleich bündelweise und schneide dann die lange untere Querstrebe sowie die beiden kürzeren Trägerstreben ab. Bei Wannen von Schuhschachtelgröße verwende ich dann ein langes und ein kurzes Stück, die ich mit einem Kabelbinder zu einem X verbinde. Das Kreuz wird dann zusammengedrückt und in die Wanne eingepaßt, wo es durch die Spannung an Ort und Stelle gehalten wird. Für meine größeren Wannen konstruiere ich ein Gitter aus zwei langen und zwei kurzen Stücken, die wiederum mit Kabelbindern an den Kreuzungspunkten zusammengehalten werden und so eine #-förmige Liegefläche ergeben. Beide Konstruktionen lassen sich einfach mit den darauf liegenden Schlangen herausnehmen, wenn ihr Zeitungspapier und die Wassernäpfe ausgewechselt werden. Unlängst haben einige erfinderische Halter im ChondroWeb-Forum Verbesserungen für Liegeflächen für Jungtiere vorgestellt. Von diesen erwähnen zwei besondere Erwähnung, nämlich zum Einen ein selbsttragendes, einem Kletterturm ähnliches Gestell, das mitsamt dem darauf liegenden Tier herausgenommen werden kann, und zum Anderen das Verschweißen der Kleiderbügelteile mit einem Gasfeuerzeug, wodurch die Kabelbinder entfallen. Letzterer Vorschlag schließt das Risiko aus, daß sich ein Jungtier mit seiner Schwanzspitze in der Schlinge um den Kreuzungspunkt der Stangen verfängt.

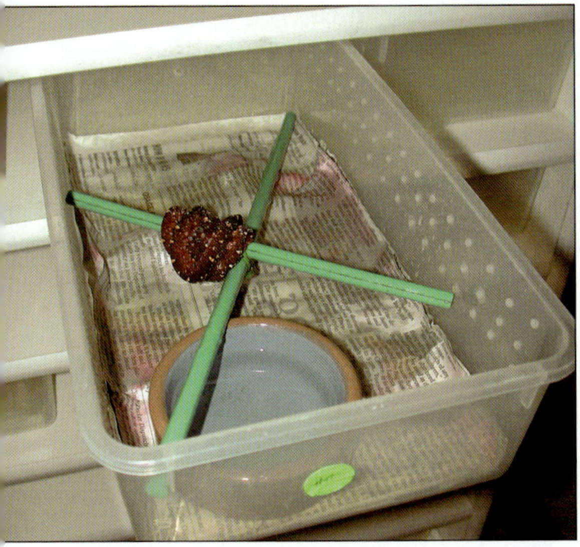

Abb. 176: Aus Kleiderbügeln hergestellte und X-förmig zusammengesetzte Liegemöglichkeiten sind bestens für Babywannen geeignet. Sie sind billig und einfach sauberzuhalten.

Abb. 177: Ein #-förmiger Gitterrost für die Wannen von Jährlingen. Auch diese lassen sich zum Saubermachen einfach (mit dem Chondro darauf) herausnehmen.

Pflanzen

Pflanzen sind in einem Terrarium überaus attraktiv und schaffen für die Schlangen einen hochwillkommenen Sichtschutz. Je nachdem wieviel Arbeit man sich damit aufhalsen will, kann man lebende oder auch aus bedruckter Seide hergestellte künstliche Pflanzen verwenden. Lebende Pflanzen erfordern natürlich Pflegemaßnahmen wie Rückschnitte, Wässern, Düngen und benötien bestimmte Temperatur- und Lichtverhältnisse, in denen sie gedeihen können. Diese entsprechen allerdings nicht zwangsläufig denen für die Chondros. Eine der beliebtesten Terrarienpflanzen ist die Efeutute, die auch bei der Chondro-Haltung sehr oft Verwendung findet. Einige Pfleger haben damit großen Erfolg, jedoch habe ich nach etlichen Jahren den Versuch aufgegeben, diese Pflanzen gesund zu erhalten und zum Wachsen zu bringen und verwende nun Seidenpflanzen von guter Qualität. Vielleicht sind meine Terrarien zu gut aus-

Abb. 178: Qualitativ hochwertige Seidenpflanzen sehen sehr natürlich aus und verwelken nie! Billigprodukte sollte man jedoch meiden, denn sie sind nur grün eingefärbt und verlieren diese Farbe durch das regelmäßige Sprühen. Ich mag besonders die rankenartigen Pflanzen rechts im Bild. Diese lasse ich auch vom Dach der Terrarien herunterhängen.

geleuchtet, denn in den Büchern über Zimmerpflanzen, die ich gelesen habe, wird für diese Pflanze angegeben, sie bräuchte nur eine geringe Lichtintensität; ein Pfleger meinte scherzhaft, sie würde selbst noch in einem Schrank wie verrückt wachsen. Andererseits wurde mir berichtet, daß sie in den Tropen in der prallen Sonne gedeiht. Persönlich kann dazu nur beisteuern, daß sich Seidenpflanzen unter allen Bedingungen bestens halten.

Wenn Sie lebende Pflanzen einsetzen wollen, vergewissern Sie sich, daß sie ungiftig und dornenfrei sind. Zierpflanzen aus Gärtnereien sind oftmals mit Insektiziden behandelt worden und müssen vor der Verwendung erst gut abgewaschen und vielleicht besser auch umgetopft werden. Man kann auch die ganze ausgetopfte Pflanze in eine schwache Seifenlauge tauchen und anschließend gut mit klarem Wasser abspülen, wodurch Insektizidrückstände gründlich entfernt werden (HELLER pers. Mitt.).

Im Bedarfshandel für Zimmerschmuck bekommt man heute sehr realistisch aussehende Seiden-Efeututen und andere Regenwaldpflanzen. Sie sind nicht ganz billig, halten dafür aber auch länger und lassen sich einfach desinfizieren. Billigere Kunstpflanzen sind oftmals einfach nur gefärbt und geben diese Färbung durch die Feuchtigkeit an das Bodensubstrat oder die Liegeäste ab. Früher habe ich die Drahtstengel in grünen Blumenbinderschaumstoff gesteckt und die Kissen im Mulch vergraben. Seit kurzem stecke ich jedoch die Stengel einfach so in den Boden, was das Herausnehmen zum Saubermachen erheblich vereinfacht. Desweiteren lasse ich einige Ranken vom Dach jedes Terrariums herunterhängen, was die Illusion einer Regenwaldatmosphäre unterstreicht und den Tieren auf ihren Liegeästen den gewünschten Sichtschutz verschafft.

Ein sparsam bis mäßig dicht bepflanztes Terrarium sieht gut aus, verschafft den Tieren ein Gefühl der Sicherheit und ist immer noch mit vertretbarem Aufwand gut sauberzuhalten. Zu beachten ist, daß erwachsene Männchen während der Fortpflanzungszeit sehr intensive nächtliche Streifzüge unternehmen und dabei ein sorgfältig bepflanztes Terrarium regelrecht verwüsten können. Es ist daher sinnvoll, die Innenausstattung so zu wählen, daß sie nötigenfalls einfach zu ersetzen ist.

Regenwaldvivarien

Ich habe schon einige traumhaft schöne Vivarien gesehen, die dicht mit lebenden Pflanzen, Moosen und Lianengewächsen bepflanzt waren und sich anderer natürlicher Einrichtungsgegenstände bedienten. Viele davon waren mit einem Wasserfall ausgestattet und hatten Beregnungs- und Nebelanlagen und vieles mehr. Obwohl ich gerne eingestehen will, das solche Becken einfach toll aussehen, bin ich doch der Meinung, daß sie die meisten Chondro-Halter vor Aufgaben stellen, die sie nicht bewältigen können. Derartige Terrarien sind nahezu unmöglich sauberzuhalten und machen es bisweilen sogar schwierig, die Bewohner zu beobachten. Eine gute Chondro-Pflege macht es aber unabdingbar, daß man die Tiere jederzeit auf ihren Zustand hin überprüfen kann, und wenn man sie nur gelegentlich und zufällig einmal zu sehen bekommt, muß man früher oder später mit Problemen rechnen.

Vor ein paar Jahren machte ich die Bekanntschaft mit einem freundlichen Herren namens Harry GRANT. Harry hat eine ebenso attraktive wie funktionelle Alternative

Abb. 179: Das Versuchsmodell von Harry GRANTS „Echten Regenwald-Terrarien" mit Heizern, Sprühdüsen, Wasserfall, Wasserabfluß im Boden, Luftbefeuchter, Dämmerungssimulator und einer dichten Bepflanzung. Dies ist offensichtlich eine Anlage für den fortgeschrittenen Pfleger. Es ist aber auch ein faszinierendes Beispiel für die Kreativität und technische Handfertigkeit eines Baumpython-Besessenen. H. GRANT

zur herkömmlichen Chondro-Haltung entwickelt, die er „True Rainforest" („echter Regenwald") nennt. Sein Ziel war dabei, einen künstlichen Lebensraum zu gestalten, der dem natürlichen der Chondros so nahe wie möglich kommt. Er sagt dazu: „Selbstverständlich sind hierfür mehr als nur ein Haufen Laub und ein paar Äste erforderlich. Von großer Bedeutung sind andere Umweltfaktoren wie zum Beispiel ein Luftaustausch, der im gesamten Terrarium verschiedene Mikroklimate schafft, nachgeahmte Regenfälle, Lichteffekte (die Emulation von Morgen- und Abenddämmerungen zum Beispiel), Temperaturbewegungen zwischen „Höchste des Tages und Tiefste der Nacht", Kühlwetterphasen und vieles andere mehr. Und zu guter Letzt müssen die Terrarien so konzipiert sein, daß der Pfleger sie gut sauberhalten kann, damit die darin gepflegten Tiere auch gesund bleiben …".

Um dieses hochgesteckte Ziel zu erreichen, beginnt Harry mit einem herkömmlichen vorgefertigten Terrarium aus Plastik oder auch einem hölzernen mit Laminatversiegelung. Das Becken wird als nächstes gegen äußere Einflüsse von außen mit Styropor isoliert. Dann wird eine Beregnungsanlage eingebaut, die aus einer normalen Pumpe und Sprühköpfen für die Gartenbewässerung sowie einigen Teilen aus dem Bastlerbedarfshandel besteht. Durch die geschickte Verteilung von Ventilen kann eine solche „Regenmaschine" ein, zwei oder drei Terrarien gleichzeitig versorgen. Auch läßt sie sich so einstellen, daß stets nur ein Terrarium einen stärkeren oder schwächeren Regenguß erfährt. Durch Testläufe stellt er dann fest, wo sich das überschüssige Wasser sammelt und baut genau dort einen Abfluß von 5 cm Durchmesser ein (ich finde das einfach genial – wieviele von uns hätten den Abfluß einfach im Boden eingelassen und dann versucht, das Wasser dort hin zu leiten?).

Harry hat ein Versuchsterrarium, das mit Heizung, Beleuchtung und einer Luftbefeuchtungsanlage ausgestattet ist und durch ein Helix Super-System gesteuert wird. Dieses Steuerungssystem überwacht auch die Beleuchtung in seinen anderen Terrarien, jedoch verfügt jedes Becken über sein eigenes Thermostat zur Temperatursteuerung. Das Versuchsbecken kann über das Super-System auch auf einen festgelegten Wert gekühlt werden. Meßgeräte an verschiedenen Stellen des Versuchsterrariums zeigen Temperaturen und Luftfeuchtigkeitswerte an. Die Regenwaldterrarien sind mit Fiberglasästen von Habitat Systems ausgestattet und reichlich mit Seidenpflanzen versehen, die den Tieren Sichtschutz verschaffen.

Die erste Reaktion von Besuchern, die seine Terrarien zum ersten Mal sehen, ist Besorgnis darüber, wie schwierig diese sauberzuhalten sein müssen (das war auch mein erster Gedanke). Harry sagt jedoch, der Schlüssel dazu ist der Verzicht auf ein Bodensubstrat. Die erheblichen Wassermengen würden ein solches völlig durchnässen, ein bakterielles Minenfeld schaffen und Reinigungsarbeiten unzumutbar erschweren. Durch den nackten Plastikboden lassen sich jedoch Kothaufen auf einfachste Weise mit Küchenpapier entsorgen. Die entsprechende Stelle wird dann noch mit verdünntem Bleichmittel desinfiziert. Die Blätter der Kunstpflanzen und die Ruheäste lassen sich auf die gleiche Weise sauberhalten. Harry betont weiterhin, daß sein Beregnungs/Ablaufsystem selbst ein völliges Auswaschen des Terrariums zum Kinderspiel macht.

Meiner Meinung nach ist diese Vorgehensweise der beste Weg zur Schaffung eines Terrariums, das nach Regenwald aussieht. Es ist sicherlich nichts für den Anfänger, und Harry hat ganz offensichtlich ein tiefgehendes Verständnis für die Bedürfnisse von Baumpythons in Gefangenschaft. Es ist zweifelhaft, daß ein künstlicher Lebensraum jemals sämtliche Aspekte der Lebensumstände in der Natur wirklich bis ins Detail nachempfinden kann, jedoch schafft ein solches Terrarium eine für die Bewohner stimulierende Umgebung und für den Betrachter einen Anlaß fortgesetzter Freude daran. Zu betonen bleibt jedoch für mich, daß Grüne Baumpythons für ihr Wohlbefinden keine solche Umgebung benötigen. Pfleger, denen es an Zeit oder der erforderlichen handwerklichen Geschicklichkeit fehlt, können also ganz beruhigt sein.

Harry Grants Terrarien sind andererseits ein gutes Beispiel für innovatives Denken, das ein Pfleger mit Erfahrung nutzen kann, um neue Wege zu beschreiten. Und wer kann schon wissen, welche neuen Erkenntnisse wir über den Grünen Baumpython durch die Zurverfügungstellung einer anderen Umgebung oder den Einsatz anderer Techniken gewinnen können?

Reinigung und Instandhaltung

Es ist eine positive Angewohnheit, seinen Tieren wenigstens als erstes jeden Morgen und als letztes jeden Abend ein Besuch abzustatten. Die morgendliche Inspektion umfaßt dabei ein Kontrollieren der Temperaturen, das Suchen nach während der Nacht abgesetztem Kot vorallem in den Trinkgefäßen und ganz generell ein Sichversichern, daß alles in Ordnung ist. Ein Darmvorfall passiert meistens in der Nacht, und wenngleich derartige Vorkommnisse selten sind, so sind doch ein schnelles Feststellen und Behandeln für eine Genesung von großer Bedeutung. Schon aus diesem Grund ist ein morgendlicher Kontrollgang eine gute Angewohnheit. Manche Pfleger sprühen auch bei dieser Gelegenheit. Der Zeitpunkt dafür ist nicht von größerer Bedeutung und muß auch keinem festgelegten Zeitplan folgen. Schließlich regnet es auch in der Natur nicht jeden Tag zur selben Zeit. Schwankungen in diesem Rhythmus können auf die Tiere sogar eine stimulierende Wirkung haben und Langeweile bekämpfen helfen. Nach Möglichkeit sollte man Verschmutzungen sofort nach deren Entdeckung beseitigen und nicht erst warten, bis der nächste Reinemachetag ansteht. Zumindest sollten aber Kothaufen noch am gleichen Tag beseitigt werden, was ganz besonders auf derart verschmutzte Trinkgefäße zutrifft. Wenn es an Zeit fehlt, diese gleich zu desinfizieren, sollte man ein paar Reservenäpfe zur Hand haben. Abgestreifte Häute sollten eingesammelt und die Häutung auf dem Datenblatt vermerkt werden. Hat man am Abend zuvor ein totes Futtertier angeboten, ist zu prüfen, ob dieses auch wirklich verzehrt worden ist. Falls nicht wird man spätestens am Tag darauf eine Überraschung der übelriechendsten Art erleben!

Gewöhnliches Haushaltsbleichmittel ist ein gutes Desinfektionsmittel. Ich nehme es zum Saubermachen von Wasserschalen, die durch Kot verschmutzt wurden. Ich weiche die Schalen in einer verdünnten Lösung für zehn bis fünfzehn Minuten ein und spüle sie vor der erneuten Verwendung gründlich unter fließendem Wasser ab. Die Anwendungshinweise des verwendeten Bleichmittels sind zu beachten. Die meisten anderen Reinigungsaufgaben erledige ich mit handelsüblichen antibakteriellen Reinigungsmitteln, die vom Tierarzt erhältlich sind. Mein bevorzugtes Produkt ist dabei Chlorhexidin, das bei uns unter dem Handelsnamen Nolvasan vertrieben wird. Ich mische mir aus dem Konzentrat eine Lösung in einer Sprühflasche und verwende es dann mit einem Abwaschschwamm für alle nicht-porösen Oberflächen wie Trinknäpfe, Plastik-Liegeäste, Wannen und die mit Folie überzogenen Wände der Terrarien. Wasserschalen sollten wenigstens einmal pro Woche desinfiziert und mit frischem Wasser gefüllt werden. Zum Einsammeln von durch Kot verschmutztem Mulch nehme ich einen großen Vorlegelöffel aus Metall, den ich nach jeder Verwendung in der Bleichmittellösung desinfiziere. Es ist darüber hinaus ratsam, auch den Abwaschschwamm nach jeder Reinemacheaktion darin zu desinfizieren. Aus offensichtlichen Gründen sollte der Schwamm nicht zum Schrubben von Kotflecken und dann zum „Reinigen" von Trinknäpfen verwendet werden. Zur Entfernung von wirklich großen Kothaufen steht bei mir stets eine Kiste Einweg-Gummihandschuhe bereit. Ich finde es einfacher, einen verschmutzten Handschuh wegzuwerfen, als große Haufen mit dem Löffel einzuschaufeln. Zeitungspapier wird einmal jede Woche gegen neues ausgetauscht, auch wenn es nicht verschmutzt worden ist. Nach einer Woche in Feuchtigkeit und Wärme ist es einfach nicht mehr frisch. Alle Glasflächen werden mit einem Glasreiniger geputzt. Man sollte sich stets die Hände mit warmem Wasser und Seife waschen, bevor man ein Tier anfaßt und nachdem man die Terrarien saubergemacht hat.

Abb. 180: Täglich benötigt werden Bleichmittel, Küchentücher, Nolvasan (Chlorhexidin), Glasreiniger, ein Reinigungsschwamm und eine Schaufel aus Edelstahl. Die Regale ganz links eigenen sich gut zum Trocknenlassen von abgewaschenen Trinkgefäßen und Liegeästen. In dem Regalwagen befindet sich eine Schachtel mit Einweg-Handschuhen und Zeitungspapierbögen, die bereits für die Babywannen zurechgeschnitten sind. Der Kalender dient zum Aufzeichnen der Daten von Fütterungen, Häutungen und Eiablagen.

Es mag sich nun so anhören, daß meine Chondro-Zuchtanlage eher wie ein steriler Operationsraum behandelt würde, als ein von Schlangen bevölkerter Keller. Tatsächlich ist es jedoch nur eine Umsetzung von gesundem Menschenverstand. Krankheiten und Parasiten werden durch Kot und Hautkontakt verbreitet, und demzufolge lasse ich in diesen Bereichen Vorsicht walten. Auch wenn Grüne Baumpythons in ihrem natürlichen Lebensraum natürlichen Parasiten und Freßfeinden ausgesetzt sein mögen, so müssen sie dort keinesfalls in ihrem eigenen Dreck leben, verdorbenes Wasser trinken, abgestandene Luft atmen oder auf einem kurzen Stück Plastikrohr liegen und sich zu Tode langweilen – Tag für Tag für Tag. Als Pfleger gehört es zu unseren Aufgaben, ihnen eine saubere, frische und anregende Umgebung zu bieten, die ihrer Gesundheit förderlich ist.

Fütterung, Häutung und Stoffwechsel

„Ich habe viele Fleischesser kennengelernt, die bei weitem weniger gewalttätig waren als Vegetarier." Mahatma Ghandi

Bei einer kürzlich abgehaltenen Umfrage im ChondroWeb-Forum kam heraus, daß die Mehrheit der Chondro-Halter das Füttern ihrer Tiere als die angenehmste Aufgabe bei der Pflege ihrer Tiere ansehen. In der Tat hat es etwas überaus Befriedigendes an sich, wenn man sieht, wie der Jagdinstinkt erwacht, die Beute in einer blitzschnellen Bewegung geschlagen und verschlungen wird und der Jäger zufrieden zu seinem Ruheplatz zurückkehrt. Alles Glück der Erde liegt in einem Raum voller gutgenährter Chondros!

„Wie oft muß ich meinen Chondro füttern?" ist eine häufig gestellte Frage. Ich vermute, daß der Hintergrund dafür eher die Frage ist, „Wie oft *kann* ich meinen Chondros füttern?" Die Antwort darauf hängt von einer Reihe von Variablen ab, darunter dem Alter, Wachstum, Aktivitätsgrad und der Verdauung. Die Faustregel, erst wieder zu füttern, wenn die vorangegangene Mahlzeit den Verdauungstrakt durchlaufen hat, ist in den meisten Fällen nicht angebracht und basiert gewöhnlich auf einer unbegründeten Furcht vor einem Darmvorfall. Über den Verdauungsablauf soll später in diesem Kapitel noch mehr gesagt werden, aber der zitierte Ratschlag führt meistens einfach nur zu unterernährten Tieren. Bevor wir uns Fragen über die Größe einer Mahlzeit und dem „Wie oft" zuwenden, sollten wir erst einmal einen Blick auf einige Grundsätze werfen, die auf alle Chondros egal welchen Alters zutreffen.

Man ist, was man ißt

Wenn dem wirklich wäre, wäre ich eine große Stange roter Lakritze! Aber ernsthaft, es ist allgemein bekannt, daß unsere Ernährungsgewohnheiten einen direkten Einfluß auf unsere Gesundheit, Energie und Lebensqualität haben, und das Gleiche trifft auf Grüne Baumpythons zu. Aus diesem Grund sollte die bei weitem überwiegende Mehrheit der in Gefangenschaft lebenden Chondros mit Labormäusen und -ratten gefüttert werden, die selbst mit proteinhaltiger Nahrung aufgezogen worden sind. Tatsächlich fressen diese Labornager ihre eigenen Jungtiere, wenn der Proteingehalt in ihrem Futter zu gering ist! Mit „Labor" meine ich nicht etwa Nagetiere, die von Technikern in weißen Kitteln in steril gehaltenen Gebäuden mit beschränktem Zutritt vermehrt und gepflegt werden, sondern eigentlich solche von einem versierten Futtertierzüchter, der die Tiere unter hygienischen Bedingungen speziell als Futter für Reptilien produziert. Dort sollten sie keinen Kontakt mit freilebenden Nagern haben und weder Schmutz noch Parasiten ausgesetzt sein. Füttern Sie Ihre Chondros niemals mit etwas, das Sie draußen gefangen haben, sei es ein Nagetier, ein Frosch, Vogel oder welches Tier auch immer! Das Risiko für Krankheitserreger und Parasiten ist einfach zu groß und den Versuch nicht wert. Wenn Sie Eidechsen oder Frösche benötigen, um Ihr Tier zum Fressen zu bringen, verwenden Sie diese Tiere nur zum Übertragen des Geruchs auf einen Labornager, und verfüttern Sie diese Tiere nicht selbst. Mehr dazu ist im Kapitel „Der Umgang mit Schlüpflingen" nachzulesen.

Abb. 181: Chondro und Pfleger haben an Fütterungen großen Spaß!

Es besteht keine Veranlassung, die Futterversorgung aus gesunden Labor-Nagern um Küken oder andere Futtertiere zu erweitern. Die Nagetiere liefern den Schlangen alles, was sie benötigen, und Abwechslung ist überflüssig. Einige Reptilien werden des stets gleichen Futters nach einer Weile überdrüssig, z.B. Chamäleons, aber auf Chondros trifft das nicht zu. Jeder, der schon einmal die Futtergier eines hungrigen erwachsenen Chondros beobachten konnte weiß, es gibt offenbar nichts Verlockenderes als eine Ratte!

Hin und wieder widersetzt sich ein adulter Chondro diesem Standardfutter und besteht auf etwas Außergewöhnlichem. Thomas Phillips, Betreiber von ChondroWeb.com, besitzt ein Wildfang-Männchen, das über Jahre hinweg nichts anderes als Russische Hamster fressen und von Überredungsversuchen zu normalerem Futter nichts wissen wollte. Glücklicherweise entschied sich das Tier 2004 dann doch noch anders, sehr zur Erleichterung seines Pflegers und den Hamstern dieser Welt. Derartige Erscheinungen sind bei in Gefangenschaft vermehrten Chondros sehr selten, und es ist nicht auszuschließen, daß das Anbieten von ungewöhnlicheren und eigentlich unnötigen Futtersorten ein Tier auf „dumme Gedanken" bringt. Das Verfüttern von Küken beruht vermutlich auf der Fehlannahme, daß die natürliche Beute von Chondros zu einem guten Teil aus Vögeln besteht, wofür es jedoch keinerlei wirkliche Beweise zu geben scheint. Küken sorgen für eher unangenehme Kothaufen und bergen das Risiko für eine Übertragung von Salmonellen in sich – ein Risiko für die Schlangen und den Pfleger. Ich würde nur im äußersten Notfall auf Küken zurückgreifen.

Es stellt sich die Frage, ob man besser tiefgefrorene Nager von einem Händler kauft oder sie selbst züchtet. Ich denke die Antwort darauf liegt in der Betrachtung, wovon hat man mehr zur Verfügung: Geld oder Zeit? Es ist bei weitem billiger, seine eigenen Futtertiere zu produzieren als sie zu kaufen. Desweiteren hat man eine vollständige Kontrolle über die Größe, Menge und den Gesundheitszustand der Futtertiere, wenn man sie selbst produziert. Wenn man einen großen Schlangenbestand besitzt, ergibt das Selberzüchten des Futters durchaus einen Sinn. Die Unterhaltung einer Zuchtkolonie von Nagern macht jedoch eine ganze Menge Arbeit. Am besten bringt man sie auch nicht gerade im eigenen Haus unter, denn man mag sie so sauber halten wie es nur irgendwie geht, und trotzdem riecht man sie. Ich halte meine Nager in einer Scheune auf meinem Grundstück und mache sie einmal jede Woche gründlich sauber. Dafür und für das Füttern und Tränken brauche ich ungefähr zwei Stunden, und es kostet mich etwa 30 bis 40 Euro pro Monat für Futter und Einstreu. Das ist bedeutend weniger als wenn ich die gleiche Menge von jemand kaufen müßte. Andererseits ist es wirklich bequem, wenn man nur an den Tiefkühlschrank gehen und herausnehmen muß, was man gerade braucht und sich nicht Gedanken um Sauberhalten und Geruchsbelästigung machen muß. Dazu sind allerdings zwei Voraussetzungen vonnöten: das entsprechende Kleingeld und ein verläßlicher Futterlieferant, der Qualität zu liefern vermag. Hierzulande gibt es eine ganze Reihe von guten Futtertierlieferanten, die tiefgefrorene Futtermäuse etc. in Trockeneis verpackt bis zur Haustür verschicken. Viele

Abb. 182: Es ist auch auf kleinem Raum ziemlich einfach, eine größere Menge Futternager zu produzieren, wenn man sich eine regalähnliche Anlage mit automatischer Bewässerung einrichtet. Ich ernähre meinen gesamten Chondro-Bestand aus dieser Zucht und benötige nur gelegentlich zusätzliche Futtertiere.

Abb. 183: Die Produktion der eigenen Futtertiere stellt die Versorgung mit gesundem Futter in verschiedenen Größen sicher.

Pfleger sind mit diesem Service vollauf zufrieden. Die nicht so auf die Schlangen versessenen Mitbewohner Ihres Haushalts werden es sicherlich begrüßen, wenn Sie sich für Ihre Tiefkühlmäuse eine eigene kleine Tiefkühltruhe anschaffen und sie nicht neben den Familienvorräten lagern.

Ob man nun seine Nager kauft oder sie selbst züchtet, es ist in jedem Fall günstig, den Schlangen aufgetaute Tiefkühlkost anzubieten. Das Einfrieren tötet die meisten Parasiten ab, allerdings nicht auch alle Bakterien. Chondros sollten wann immer möglich nur bereits tote Beute erhalten, was bei den meisten Tieren kein Problem ist. Ganz selten bestehen einzelne Chondros auf lebendes Futter, und in diesem Fall ist größte Vorsicht angesagt. Lebende Nagetiere können überaus aggressiv werden, wenn sie um ihr Leben fürchten. Sie können eine Schlange übel beißen oder sogar so schwer verstümmeln, das diese daran stirbt, wenn man beide unbeaufsichtigt zusammen läßt. Noch nicht entwöhnte Ratten mit noch geschlossenen Augen sind in aller Regel „betriebssicher" und können ohne Sorge über Nacht im Terrarium der Schlange bleiben. Sie sind einfach noch nicht in der Lage, sich durch Beißen ihrer Haut zu wehren. „Springer"-Ratten scheinen auf viele zögerliche Fresser eine unwiderstehliche Anziehungskraft auszuüben. Chondros sollten nur mit gutem Grund lebendes Futter erhalten, nicht weil man selbst beobachten will, wie sie töten oder um „ihnen etwas Bewegung zu verschaffen". Ich töte meine lebenden Nager schnell und schmerzlos ab, indem ich sie in dicke Tiefkühlbeutel steckte und die Luft herausdrücke. Die Nager sterben schnell durch Ersticken und sind dabei weniger Streß ausgesetzt, als wenn sie von einer Schlange verfolgt, ergriffen und erdrückt werden.

Von Zeit zu Zeit taucht die Frage auf, was denn nun das bessere Futter wäre, Mäuse oder Ratten. Einige Pfleger schwören, daß ihre Tiere besser wachsen, wenn sie mit Ratten gefüttert werden. Meine eigenen Beobachtungen können das jedoch nicht bestätigen. Ich glaube, daß manche Chondros genetisch besser für ein besseres Wachstum veranlagt sind als andere und dieses Wachstum zeigen, egal welche Art Nagetier sie als Futter erhalten, solange es nur in ausreichender Menge zur Verfügung steht. Wie manche Menschen wachsen sie einfacher schneller als andere. Ich vermute, daß das beschleunigte Wachstum zufällig zu dem gleichen Zeitpunkt eintritt, wenn die Chondros für eine Ernährung mit Mäusen ohnehin zu groß geworden sind und auf Ratten umgestellt werden. Es ist auch möglich, daß jene, die ihre jungen Chondros mit Baby-Ratten aufziehen, etwas größere Mahlzeiten anbieten, denn nackte und Springer-Ratten sind nun einmal etwas größer als die entsprechenden Mäuse. Ein andere Meinungsäußerung ist, daß mit Mäusen gefütterte Chondros weniger zu Darmvorfällen neigen als solche, die Ratten erhalten. Auch hier führen meine eigenen Beobachtungen zu anderen Schlußfolgerungen. Wenn überhaupt ist das genaue Gegenteil der Fall. Die meisten Fälle von Darmvorfällen in meinem Bestand betrafen Jungtiere, die mit Mäusen ernährt wurden. 99 % meiner Adulti bekommen kleine Ratten als Futter, und Darmvorfälle in dieser Altersklasse sind selten.

Hunger!

Chondros sind Individualisten, die individuellen Appetit zeigen und verschieden auf Futterreize reagieren. Es ist jedoch nicht übertrieben zu sagen, daß der durchschnittliche Chondro ziemlich verfressen ist. Ausnahmen davon sind z.B.

Männchen, die im Zusammenhang mit der Fortpflanzung freiwillige Fastenzeiten einlegen und Jungtiere, die noch nicht an Futter gewöhnt sind. Auch gibt es einige chronisch zögerliche Fresser, die man so akzeptieren muß, wie sie eben sind. Bei den meisten Grünen Baumpythons achtet man jedoch nach Sonnenuntergang besser auf seine Finger! Einige Exemplare würden vermutlich solange fressen, bis wirklich nichts mehr übrig ist, auch wenn ihnen das dann gar nicht bekommt. Der Umfang der einzelnen Mahlzeiten und deren Häufigkeit richtet sich nach dem einzelnen Tier, dessen Alter, Größe und Wachstumsrate. Die folgenden Richtlinien sind allgemeiner Natur und sollen Ihnen dabei helfen zu entscheiden, was das Beste für Ihr Tier ist.

Außer wenn ein Tier vor kurzem ein Gesundheitsproblem hatte, etwa einen Darmvorfall oder das Auswürgen von Futter, sollte eine Mahlzeit groß genug sein, um eine sichtbare (aber nicht riesige) Beule im Magenbereich zu hinterlassen. Ein Chondro ist mit seinem großen Maul von Natur aus dafür geschaffen, recht ansehnlich große Beute zu machen. Für die Größe der Beute gibt es keine festgelegten Formeln, jedoch ist es nicht schwierig, die Schlange anzuschauen und eine Maus oder Ratte auszuwählen, die etwas dicker als der stärkste Körperdurchmesser der Schlange ist. Immer wieder treffe ich auf unerfahrene Halter, die sich darüber den Kopf zerbrechen – es ist wirklich nicht kritisch. Wenn die Mahlzeit keine sichtbare Beule verursacht und die Schlange bereits drei Tage später hungrig umherstreift, sollte man die Futtermenge beim nächsten Mal erhöhen. Im Zweifelsfall kann man zunächst weniger füttern und sich dann zu größeren Mengen vorarbeiten. In der Regel wird man jedoch erstaunt sein, welche Mengen ein gesunder Chondro vertilgen und problemlos verdau-

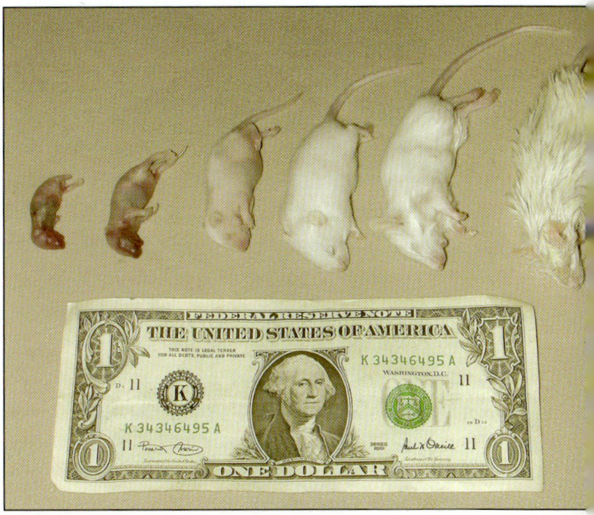

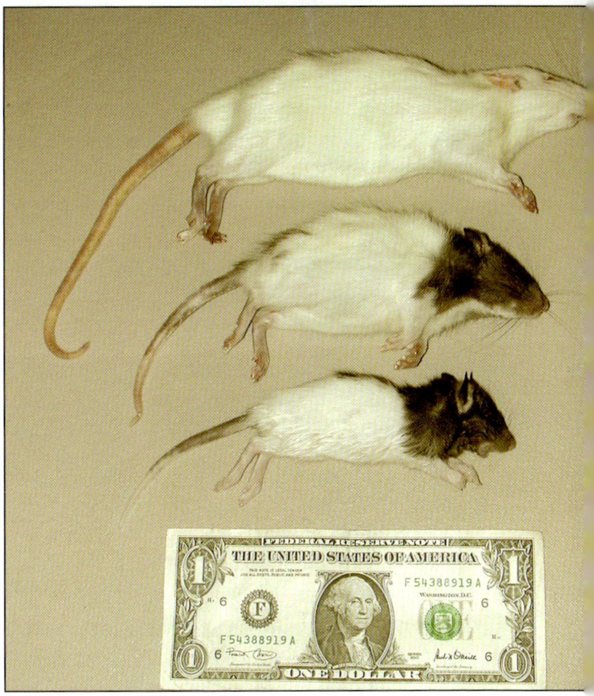

Abb. 184 u. **185:** Die Fotos auf dieser Seite zeigen die verschiedenen Größen der vom Verfasser verwendeten Futternager. Schlüpflinge erhalten zunächst einen Tag alte Mäuse. Je größer sie werden, desto größer werden auch ihre Futtermäuse, bis sie schließlich auf Ratten umgestellt werden können.

en kann. Allerdings sollte man es mit den Futtermengen und -intervallen auch nicht übertreiben.

Schlüpflinge erhalten zunächst nackte Mäuse, die später durch gerade befellte und dann durch „Springer“ abgelöst werden. Wenn eine ausgewachsene Maus schließlich keine ausreichende Mahlzeit mehr abgibt, ersetze ich sie durch kleine Ratten, und ab dann gibt es nur noch Ratten. Die meisten Chondros aus Nachzucht sind mit dieser Ernährung völlig zufrieden. Ganz selten verweigern einige Tiere die Ratten, da sie zunächst neu und ungewohnt sind. Dann hilft es, die Futterratten mit Mäusearoma zu versehen, um die Schlange solange zu täuschen, bis sie auf den Geschmack gekommen ist. Ich nehme mir hierfür die nötige Zeit, denn etliche erwachsene Chondros jeweils mit einer ganzen Reihe erwachsener Mäuse zu füttern, ist zeitaufwendig und kostspielig.

Im Allgemeinen reicht den meisten Chondros eine Fütterung alle sieben bis zehn Tage. Freiwillig ans Futter gehende Jungtiere füttere ich etwas häufiger, etwa alle fünf bis sieben Tage, und völlig ausgewachsene Exemplare etwas seltener, ungefähr alle zehn bis vierzehn Tage. Jährlinge in einem sichtbaren Wachstumsschub erhalten anständig große Mahlzeiten, denn die Energie für ihr Wachstum muß ja irgendwoher kommen. Wenn sich der Wachstumsschub dann wieder verlangsamt und die Tiere zu jungen Erwachsenen geworden sind, verlängere ich ihre Fütterungsintervalle entsprechend. Chondros können geradezu schamlos nach Futter „betteln“, indem sie jede Bewegung des Pflegers verfolgen und regelrecht begeistert mit dem Schwanz „wedeln“, d.h. Schwanzködern zeigen. Wenn ein rasch wachsendes Tier in regelmäßigen Abständen kotet und nächtens sichtbar auf der Suche nach Freßbarem ist, biete ich manchmal häufiger Futter an. Die meisten Tiere gedeihen jedoch am besten bei regelmäßigen Futtergaben, die sich nach deren Wachstum und Alter richten. Ausnahmen mache ich auch bei Weibchen, die sich von einer Eiablage erholen, Männchen nach einer längeren Fastenzeit und in geringerem Maße auch bei Weibchen, die auf eine Fortpflanzung vorbereitet werden. Diese Tiere bekommen mehr Futter, wobei gesunder Menschenverstand und Pflegerinstinkt den Umfang bestimmen. Im Zweifelsfall füttert man weniger häufig! Etwas zu wenig ist besser als zu viel.

Fütterungmethoden

Viele Chondros fressen nur nachts und bei schwacher Beleuchtung. Man kann den Terrarienraum mit einer Rotlichtbeleuchtung ausstatten, damit man sieht, was man macht, aber es geht auch anders. Ich benutze einen kleinen Spotstrahler, den ich so auf den Boden stelle, daß er von den Terrarien und Wannen weg leuchtet, in denen ich gerade füttere. Dadurch kann ich recht gut sehen, was passiert, ohne daß sich die Tiere vom Licht zu sehr gestört fühlen. Tatsächlich warten die meisten schon auf mich. Ich verwende 30 cm lange Futterpinzetten aus Edelstahl zum Füttern der Babies und jüngeren Jungtiere. Ich finde, daß mir die nach dem Prinzip einer Schere funktionierenden Futterzangen nicht die gleichen Reflexe beim Loslassen der Futtertiere ermöglichen, was genau dann erfolgen muß, wenn das Baby zuschnappt. Ich verwende diese Pinzetten solange, bis die Reichweite der Jungtiere bis zu meinen Händen reicht, was etwa im Alter von einem Jahr der Fall ist. Zu diesem Zeitpunkt wechsle ich dann zu einer 45 cm-langen Gefäßklemme aus Chirurgenstahl, die ich auch für meine erwachsenen Chondros verwende. Diese funktioniere ich durch Abschleifen des Verriegelungsmechanismus zu einer Futterzange um. Gewarnt werden muß vor kürzeren Gerätschaften: wer hier nicht hören will, muß Blut spenden!

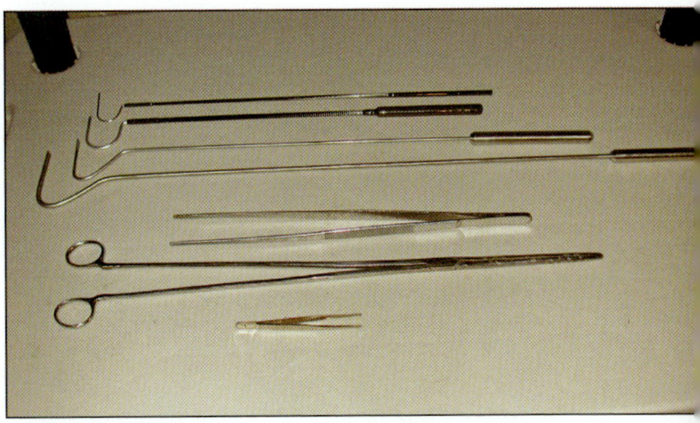

Abb. 186: Vom Verfasser für Fütterungen und den Umgang mit den Schlangen verwendete Werkzeuge. Die große Pinzette dient zum Füttern von Jungtieren, die Zange wird für Adulti verwendet. Die kleine Pinzette wird beim Zwangsfüttern von Babies mit nackten Mäusen benötigt. Eine Auswahl von kleineren und größeren Haken ist beim Umgang mit Chondros hilfreich.

Chondros besitzen hochempfindliche Sinnesgruben in den Lippen und verlassen sich stark auf deren Wärmeempfindlichkeit zum Aufspüren von Beute, offenbar mehr als auf den Geruch. Ich mußte das als unerfahrener Pfleger auf die harte Art lernen und verstand nicht recht, warum die Schlangen das vorgehaltene Futter bezüngelten und dann meine Hand attackierten. Nachdem ich dann die längere Futterzange verwendete, löste sich das Problem von selbst. Knapp wird es jetzt nur noch, wenn ich nachlässig werde und die Konzentration schleifen lasse. Folglich sollte man auch beim Öffnen der Terrarien und Wannen mit der Hand Vorsicht walten lassen. Nebenbei bemerkt hat keines meiner Tiere jemals durch die Verwendung der metallenen Werkzeuge einen Zahn eingebüßt oder sich anderweitig verletzt, und ich benutze diese nun schon seit Jahren. Trotzdem empfehle ich ein bedachten Umgang damit, um ein Schnappen auf das Metall zu vermeiden. Ich biete das Futtertier auch stets so an, daß die Schlange dessen Kopf zu greifen bekommt. Andererseits besteht kein Grund zur Panik, wenn ein Chondro hin und wieder ein Futtertier mit dem Schwanz voran verschlingt. Trotz ihrer relativen Intelligenz scheinen Grüne Baumpythons nicht allzu geschickt im Aufspüren des „richtigen" Endes ihrer Beute zu sein. Gelegentlich ergreifen manche Chondros die Beute auch stets in der Körpermitte, ungeachtet dessen, wie man ihnen das Futtertier auch anbietet. Manchmal kann es scheinbar ewig dauern, bis ein Chondro endlich mit dem Herunterschlingen seiner Beute beginnt. Man sollte das Tier dann einfach in Ruhe und seinem eigenen Zeitplan folgen lassen. Selten ist es notwendig, das gleiche

Abb. 187: Auf diese Weise bietet man dem hungrigen Chondro Futter an. Beachte, daß sich die Hand des Pflegers seitlich außerhalb des Terrariums befindet und die Beute mit dem Kopf voran angeboten wird.

Abb. 188: Chondros fressen ihre Beute gewöhnlich mit dem Kopf voran, jedoch geht es auch anders herum, ohne daß dabei Schaden entsteht. Ich halte das Futtertier mit der Futterzange solange fest, bis sich die Schlange darum gewickelt hat. So wird verhindert, daß der Chondro dabei von seinem Ast fällt und sein Futter mit Substrat verschmutzt.

Abb. 189: Der typische Knoten eines Chondros, der sich um seine Beute zusammenzieht.

Futtertier noch einmal anzubieten, nachdem die Schlange es fallen gelassen hat. Ein Weibchen in meinem Bestand hat trotz seines riesigen Appetits diese Marotte und besteht in den allermeisten Fällen darauf, ein Futtertier zweimal angeboten zu bekommen. Am nächsten Morgen sollte man dann nachprüfen, daß alle Tiere ihr Futter gefressen und nicht etwa hinter einer Pflanze im Terrarium fallen gelassen haben.

Ich taue meine Tiefkühlnager in einer Wanne mit heißem Wasser auf und spüle sie vor dem Verfüttern gründlich ab, um ggf. daran haftende Kötel oder Streu zu entfernen. Man kann sie aber auch auftauen, indem man sie tagsüber bei Zimmertemperatur liegen läßt, bevor man sie dann abends verfüttert. In diesem Fall muß das Futter vor Fliegen etc. und auch vor Haustieren geschützt werden. Gewarnt werden muß vor einem Auftauen auf einer Heizmatte oder in der Sonne. Dabei kann das Futter schnell etwas „übergart" werden, was zu einer Schwächung des Bauchfells führt. Wenn der Chondro das Futtertier dann etwas zu kräftig ins Maul nimmt ... nun, es ist kein schöner Anblick.

Ich biete das Futter an, wenn es noch naß und warm vom Auftauen ist. Die Wärme macht es speziell für zögerliche Fresser ansprechender, und das Wasser unterstützt die Hydrierung und macht das Futter gleitfähiger.

Das Futtertier sollte so angeboten werden, daß die Schlange nach oben schlagen muß und es dann umschlingen kann, ohne daß es den Boden berührt oder die Schlange samt Futter in die Wasserschale fällt. Dadurch wird einerseits das Anhaften und unbeabsichtigte Verschlingen von Substrat vermieden und andererseits das Verschmutzen des Trinkwassers durch den toten Nager. Wenn Futter oder etwas anderes in den Trinknapf fällt, reinigt man ihn und füllt ihn mit frischem Wasser. Sieht man, daß Substratpartikel in das Maul des Chondros zu gelangen drohen, kann man diese mit einer kleinen Pinzette zu entfernen versuchen, solange die Schlange noch mit dem Herunterwürgen der Beute beschäftigt ist. Sobald die Beute jedoch im Hals verschwunden ist, sollte man jedoch keinesfalls mehr mit der Hand in das Terrarium greifen! Das versehentliche Mitfressen kleinerer Substratpartikel scheint kein Anlaß zur Beunruhigung zu sein. In über dreißig Jahren der Terrarienhaltung mit Substraten wie Zypressenmulch und Hobelspänen habe ich diesbezüglich keine gesundheitlichen Schäden feststellen können.

Bei der Fütterung von Chondros, aber auch bei jeder anderen Gelegenheit nach Einbruch der Dunkelheit, sollte man sehr umsichtig zu Werke gehen, vorallem wenn man dabei eine Taschenlampe benutzt. Chondros sind zu dieser Zeit überaus aufmerksam und schlagen manchmal nach sich bewegenden Schatten an den Terrarienwänden, dem -boden oder der -decke, was das Risiko von Verletzungen und einem Maul voller Substrat in sich birgt.

Ich füttere alle Tiere einer Alters- oder Größengruppe zur gleichen Zeit. Nichtfressende Männchen und trächtige Weibchen mögen dann kein Futter annehmen, aber ich biete es ihnen trotzdem an. Die meisten Männchen stellen im Alter von zwei Jahren erstmals vorübergehend die Futteraufnahme ein, einige aber auch schon früher. Viele der ausgewachsenen Männchen fasten zur gleichen Zeit jedes Jahres. Man sollte dann nicht versuchen, diese Tiere durch Anbieten von ausgefallenen Futtersorten zum Fressen zu „überreden". Wenn das Männchen mit Ratten als Futter großgeworden ist, wird es auch wieder Ratten fressen, wenn es hungrig genug geworden ist. Die Männchen fangen wieder zu fressen an, wenn sie dazu bereit sind, nicht wenn der Pfleger es will.

Ich befasse mich mit schwierigen Fressern, d.h. solchen, die nicht in die normalen Futterverweigerungsmuster fallen, zu einem Zeitpunkt, wenn ich nicht durch andere Aufgaben abgelenkt werden kann. Tipps zur Überwindung solcher Probleme sind im Anhang A zusammengefaßt, und Vorgehensweisen für das Füttern von Schlüpflingen finden sich im Kapitel „Der Umgang mit Schlüpflingen".

Übrig gebliebene Futtertiere sollte man nicht für den etwaigen späteren Gebrauch erneut einfrieren, und ein von einer Schlange abgelehntes Futtertier sollte man auch keiner anderen Schlange anbieten. Das Füttern mehrerer Chondros im gleichen Terrarium erfordert ein hohes Maß an praktischer Erfahrung. Außer zum Zweck einer Paarung sollten diese Tiere ohnehin einzeln gepflegt werden.

Stoffwechsel

Junge Tiere haben einen schnelleren Metabolismus als ältere und koten demzufolge häufiger, oftmals zwischen den Fütterungen. Im Gegensatz dazu können bei großen Weibchen und selbst einigen Männchen Wochen vergehen, bis sie mal wieder einen Haufen produzieren. Folglich lassen sich keine festen Regeln für das Häufigkeitsverhältnis zwischen Futteraufnahmen und Kotabsetzen aufstellen. Der häufig zu hörende Ratschlag, mit der nächsten Fütterung zu warten, bis Kot abgesetzt worden ist, beruht auf einer unbegründeten Angst von einem Darmvorfall und ist in der Praxis kaum angebracht. Viele Chondros werden bei Befolgen dieses Rats unterernährt, und doch findet man entsprechende Hinweise immer wieder in den

Chondro-Foren. Ich selbst füttere meine Tiere gemäß einem für sie aufgestellten Plan, der sich aus ihren individuellen Größen, Altern und Zuwachsraten ergibt. Sie werden gefüttert, wenn es an der Zeit ist und unabhängig davon, ob sie in der vorangegangenen Woche gekotet haben oder nicht. Natürlich sollte man kein Tier füttern, das offensichtlich unter Verstopfung leidet, aber eines, das nicht gekotet hat, hat deswegen nicht unbedingt Verstopfung. Tatsächlich kann das erneute Füttern dann der Auslöser zum Kotabsetzen sein. Chondros koten häufig im Zuge einer Häutung.

Baby-Chondros haben oftmals einen schmierigen, pastenartigen Kot. Eine Erklärung dafür besagt, daß diese Schlüpflinge noch nicht an das Verdauen von nackten Mäusen gewöhnt sind und es ihnen noch an einem Verdauungsenzym fehle, das deren Verdauung ermögliche. Es wird allgemein angenommen, daß die Jungtiere in der Natur zu diesem Zeitpunkt Frösche und kleine Echsen fressen. Sicherzustellen ist, daß die Jungtiere stets gut hydriert sind, während sich ihr Verdauungsapparat auf die angebotene Nahrung einstellt. Verfüttern Sie keine Frösche, Echsen oder andere Wildtiere, die möglicherweise Träger von Parasiten sind. Mit fortschreitendem Wachstum der Babies wird auch deren Kot zunehmend fester. Ältere Tiere produzieren dann gut zusammenhängende Ausscheidungen dunkler Färbung, in dem sich heller gefärbte Haargewölle und eine weiße oder gelbliche Harnsäureblase befinden können. Die Harnsäurepaste entspricht dem Urin bei anderen Tieren und wird von allen Schlangen ausgeschieden. Männchen scheinen kleinere Mengen Harnsäure abzugeben, dafür aber häufiger. Andererseits können Weibchen, die von Männchen zur Paarung umworben werden, kleinere Mengen von Harnsäure auf den Liegeästen und dem Boden als Duftmarken hinterlassen.

Abb. 190: Dieses große alte Weibchen im Bestand des Verfassers läßt gewohnheitsmäßig seinen Schwanz für einige Zeit baumeln, bevor es Kot absetzt. Obwohl dies vermutlich eine Erscheinung der guten Futterversorgung ohne großen körperlichen Aufwand in Gefangenschaft ist, scheint doch kein Gesundheitsproblem vorzuliegen. Dieses Tier hatte nie einen Darmvorfall.

Merkwürdig gefärbter Kot oder Durchfall können auf Innenparasiten oder andere Gesundheitsprobleme hindeuten. Im Zweifelsfall sollte man einen Tierarzt eine frische Kotprobe untersuchen lassen. Auch auf die Gefahr hin, daß es unappetitlich ist, muß ich doch darauf hinweisen, daß Chondro-Kot eine Reihe seltsamer Bestandteile aufweisen kann, darunter orangefarbene Fäden und sandartige Massen sowie graue oder bläuliche Harnsäure. Auch klare Flüssigkeit kann dabei sein. Wenn ansonsten aber alles in Ordnung zu sein scheint und das Tier einen normalen Stoffwechsel zeigt, besteht kein Grund zur Sorge.

Einige Exemplare und insbesondere solche, die „es" sich lange verhalten, haben bisweilen die Angewohnheit, den Schwanz und hinteren Körperbereich über einige Tage von ihrem Liegeast herunterhängen zu lassen, bevor sie dann endlich koten. Dieses „Schwanzbaumeln" ist häufig Anlaß zur Besorgnis beim Pfleger, der einen Fall von Verstopfung mit der Möglichkeit eines Darmvorfalls vermutet. Meiner Erfahrung nach passiert dann aber meistens gar nichts, und das Tier setzt Kot ab, ohne dabei den Darm mit herauszupressen. Ich beobachte solche Exemplare natürlich und nehme sie möglicherweise in die Hand oder lasse sie in warmem Wasser baden, wenn ich das Gefühl habe, die Schlange bräuchte Unterstützung. Hierfür bekannte Exemplare erhalten bei mir grundsätzlich kleinere Mahlzeiten. In den allermeisten Fällen liegt dem kein wirkliches Problem zugrunde, und die betreffenden Tiere koten spätestens bei der nächsten Häutung. Zu Symptomen und der Behandlung von unregelmäßigen Stuhlgang und echten Verstopfungen siehe Anhang A.

Häutungen

Wie alle Reptilien streifen Chondros von Zeit zu Zeit ihre äußerste Hautschicht ab. Schlüpflinge durchlaufen ihren ersten Hautwechsel etwa zehn Tage nach dem Schlupf und häuten sich danach während ihres ersten Lebensjahres etwa alle sechs bis acht Wochen. Chondros häuten sich regelmäßig während ihres ganzen Lebens,

Abb. 191: Dieses Bild zeigt ein deutlich milchiges Weibchen mit getrübten Augen neben seinem kläräugigen Partner. Eine bevorstehende Häutung ist bei Adulti besser als bei Jungtieren zu sehen. Bei gelben Babies mag es sogar fast unmöglich sein.

jedoch sind die Intervalle bei adulten Tieren erheblich länger. Dies ist auf ihren langsameren Stoffwechsel und den abnehmenden Größenzuwachs zurückzuführen. Selbst alte Exemplare profitieren aber von einer Erneuerung der schützenden Außenhaut und häuten sich in der Regel mehrmals jedes Jahr. Chondros mit einer Schnitt- oder Rißverletzung in ihrem Leder häuten sich oftmals mehrfach hintereinander, bis die Verletzung verheilt ist. Trächtige Weibchen legen sich ungefähr einundzwanzig bis vierzehn Tage vor der Eiablage ein neues Kleid zu.

Wie alle Schlangen durchlaufen Chondros einen bestimmten Prozeß, der schließlich zur Häutung führt. Der Pfleger mag als erstes feststellen, daß ein normalerweise gut fressendes Tier plötzlich die Nahrungsaufnahme einstellt. Die meisten Babies und Jährlinge fressen auch angesichts einer bevorstehenden Häutung weiter, die meisten Adulti jedoch nicht. Als nächstes fällt dann ein Vergrauen der normalerweise kräftigen Färbung auf, das sich bisweilen wie ein Nebel über das ganze Tier zu legen scheint. Davon ist schließlich auch das das Auge bedeckende (Corneal-)Schild betroffen, das plötzlich milchig aussieht. Diese Überlagerung ist bei dunklen Tieren und ganz besonders bei kastanienroten bis braunen Jungtieren sehr deutlich, bei gelben Babies aber häufig kaum zu erkennen. Halter mit geringer Erfahrung sind bisweilen nicht in der Lage festzustellen, daß sich ein solches Exemplar in Kürze häuten wird. Manche erwachsenen Tiere zeigen dann auch eine leuchtend lachsfarbene Unterseite kurz bevor sie völlig milchig werden. Diese Milchigkeit kann einen oder zwei Tage anhalten und dann wieder von der gewohnten kräftigen Färbung abgelöst werden, so daß alles wieder ganz normal aussieht. Einige Tage darauf schlüpft die Schlange dann aber aus ihrer alten Haut, indem sie einfach aus ihr herauskriecht und sie dabei wie eine Socke umdreht. Der gesamte Vorgang dauert etwa zehn Tage.

Abb. 192: Häutungen in einem Stück sind das beste Anzeichen für eine angemessene Luftfeuchtigkeit.

Um sich sauber häuten zu können, brauchen Chondros eine angemessen luftfeuchte Umgebung. Dem Halter kann man nur raten, während dieser Zeit die Luftfeuchtigkeitswerte relativ hoch zu halten, vorallem in den letzten Tagen und Stunden vor dem eigentlichen Abstreifen der alten Haut. Der Grüne Baumpython hat eine sehr dünne, schnell zerreißende Haut, die aus diesem Grund schnell auf der neuen antrocknet. Einer der häufigsten Anfängerfehler ist das

Nichtbeachten der erhöhten Luftfeuchtigkeit während einer Häutung, und ein bißchen zuviel Luftfeuchtigkeit in dieser kurzen Zeit ist günstiger als ein Zuwenig. Ein in einem Stück abgestreiftes, unzerrissenes Hemd ist ein guter Anzeiger für die korrekte Beachtung dieses Umstands. Andererseits kann ein Tier auch gelegentlich eine schlechte Häutung durchlaufen, obwohl die Luftfeuchte angemessen war. Hierfür mag ein Gesundheitsproblem der Anlaß sein, meistens ist es aber auf Streß zurückzuführen. Einige wenige Tiere scheinen mit der Häutung stets ein Problem zu haben, auch wenn sie ansonsten rundum gesund sind. Selbst langjährige Pfleger müssen sich hin und wieder einmal mit einem schlecht verlaufenden Hautwechsel befassen, und eine detaillierte Zusammenfassung der notwendigen Maßnahmen werden im Anhang A aufgeführt.

Einige Chondros nehmen die Futteraufnahme bereits wieder auf, wenn die Farben erneut aufklaren, aber noch bevor die eigentliche Häutung beginnt. Die meisten Pfleger bieten aber keine Nahrung an, solange die alte Haut nicht abgestreift ist. Am Tag vor diesem Ereignis ist die alte Haut sehr reißempfindlich und kann schnell vorzeitig durch Anfassen oder eine rauhe Oberfläche beschädigt werden. Passiert dies viel zu früh, können Narben in der neuen Haut entstehen. Es ist daher von Bedeutung, milchig aussehende Tiere bis nach dem eigentlichen Abstreifen der alten Haut weder anzufassen noch unnötigem Streß auszusetzen. Während dieser Zeit können einige Chondros auch eine merkwürdig anmutende Körperhaltung einnehmen oder unübliche Liegeflächen aufsuchen oder sich insgesamt seltsam benehmen. Dann scheint die Haut auf den Seiten des Halses lose und faltig. Bei manchen Tieren sieht der Kopf und der Nasenbereich aufgedunsen aus, was sich bis zum Ablösen der alten Haut halten kann. Vorallem diese Erscheinung kann einigermaßen bedrohlich wirken, wenn man sie das erste Mal sieht. Sie ist das Ergebnis einer Ansammlung von Flüssigkeit unter der alten Haut, was jedoch völlig normal ist und sofort verschwindet, wenn die Häutung vorüber ist.

Abb. 193: Das sind Spermapfropfen (keine gehäuteten Hemipenes), die belegen, daß der Besitzer der alten Haut ein Männchen ist.

Abb. 194: Bei dem frisch gehäuteten Chondro sieht man gleich mehrere Charakteristika eines Baumpythons. Die tagsüber geschlitzte Pupille, die Labialgruben sowie die gerade für *M. viridis* ganz typische, sehr feine Kopfbeschuppung.

In ihrem neuen Kleid sehen Chondros besonders schön aus und zeigen klare, leuchtende Farben mit einem irisierenden Glanz. Dies ist der beste Zeitpunkt, um sie zu fotografieren. Da Chondros im Zuge einer Häutung oftmals Kot ausscheiden und die Männchen währenddessen auch kleine Spermapfropfen abgeben, bietet sich eine gute Gelegenheit, anhand dieser bei Jährlingen eine Geschlechtsbestimmung zu versuchen.

Unter dem Strich

Diese wunderbaren und wunderschönen baumbewohnenden Pythons sind nicht notwendigermaßen die richtigen Tiere für jeden, der sie sich wünscht. Sie sind vorallem ungeeignet für Pfleger mit schmalem Budget, der viel reist oder für Leute, die mit anderen Dingen so beschäftigt sind, daß sie den Chondros einfach nicht die Aufmerksamkeit und Pflege zukommen lassen können, die sie benötigen. Andererseits haben wir aber auch gesehen, daß die Ansprüche dieser Schlangen nicht allzu schwer zu erfüllen und daß diese Ansprüche auch nicht überwältigend sind. Für den, der zu lernen bereit ist, ist der Erfolg ein süßer Lohn, und Chondros belohnen ihre Besitzer mit einem vielfachen Maß an Freude für ihre Anstrengungen und Mühen. Die Regenwald-Bewohner haben das Leben vieler bereichert und sogar zum Guten gewandelt. Mit einem Terrarium ausreichender Größe, einer angemessenen Temperaturstaffelung, täglich steigender und dann wieder fallender Luftfeuchtigkeit, regelmäßigen Fütterungen und grundsätzlich sauberen Lebensbedingungen erweist sich der Grüne Baumpython bei jedem, der diese Aspekte beachtet, als die perfekte Schlange.

Damit wollen wir uns der wohl größten Herausforderung bei der Pflege von Chondros zuwenden – der Wissenschaft und Kunst ihrer Vermehrung in Gefangenschaft.

Zucht im Terrarium

Die Herausforderung

Für den ernsthaft dem Chondroholismus verfallenen Terrarianer gibt es kaum eine größere Herausforderung und nichts mit mehr Spannung als zuzusehen, wie aus dem ersten Gelege kleine Baumpythons schlüpfen. Zu sehen, wie die kleinen Nasen und dann die ganzen Köpfe aus Eiern herauszuschauen beginnen, über welche man fünfzig Tage lang mit Adleraugen gewacht hat, sind ein Lohn, den man sein Leben lang nicht vergessen wird. Mir wird das Züchten von Chondros nie über werden, und selbst nach den vielen Jahren ist meine Begeisterung über einen Schlupf unvermindert. Noch immer ist jeder Schlüpfling so aufregend wie der erste. Selbstverständlich muß ich zugeben, daß der allererste Schlupf genauso aufregend wie der erste Kuß ist, jedoch verliert sich die Freude an beiden auch mit der Zeit nicht, wenn man es richtig macht. (Vieler meiner Leser werden spätestens an dieser Stelle feststellen, wie chondro-besessen der Verfasser wirklich ist!)

Züchter mit den für die fortgesetzte Produktion von gesunden Chondros erforderlichen Fähigkeiten und Instinkten mögen festgestellt haben, daß dies alles

Abb. 196: Baumpythonbabies sind das Ergebnis von viel Geduld und harter Arbeit.

eigentlich gar nicht so schwierig ist. Tatsächlich sind heute einige Aspekte der Terrariennachzucht weitaus weniger schwierig als noch vor einigen Jahren. Trotzdem bleibt das fortgesetzte Produzieren von Chondro-Nachzuchten zum Teil Wissenschaft und zum Teil eine Kunst. Nicht ganz zu Unrecht gilt die Vermehrung des Grünen Baumpythons zu den größten Herausforderungen, denen sich ein Terrarianer stellen kann. Währen diese Dinger so einfach wie die meisten Colubriden und selbst einige Boiden zu vermehren, dann würden Baby-Chondros aus Nachzucht statt importierter Tiere zum Standardangebot von Reptilienhändlern gehören und wären wie Boas und Königspythons zu Tausenden erhältlich. (Besonders amüsant sind in diesem Zusammenhang Anzeigen im Internet, die besagen, daß dieser Chondro ausgezeichnetes Zuchtmaterial abgeben wird! Abgesehen von der Unmöglichkeit, das Zuchtpotential eines Tieres vorherzusagen, stammen derartige Aussagen in aller Regel von Anbietern, die noch nie Chondros vermehrt haben und es als einfacher und profitabler empfinden, importierte Tiere zu verscherbeln als sich mit der Nachzucht und Etablierung von Schlangen im Terrarium zu belasten.) Chondros sind keine Handelsware, deren Kauf und Verkauf mit maximalem Profit in der kürzest möglichen Zeit über die Bühne gehen muß. Es sind lebende Juwelen, die eine Behandlung mit Respekt und Sorgfalt verdienen und zwar sowohl vor als auch nach dem Verkauf.

Die Stufen auf dem Weg zur Produktion von Baby-Chondros werden zunehmend steiler, je dichter man dem Ziel kommt – einer Gruppe gesunder, selbständig fressender Jungtiere, die auf ein neues Zuhause warten. Zu letzteren gehört sicherlich auch Ihr eigenes, denn wenn Sie vorhaben, sich einen größeren Bestand aufzubauen, haben Sie einen ebenso wichtigen wie angenehmen Meilenstein erreicht, wenn Sie einen Teil des Bedarfs „aus eigenem Anbau" decken können.

Erwachsene, gut eingewöhnte Chondros zur Paarung zu verleiten, ist ziemlich einfach, und Weibchen zum Entwickeln von Eizellen zu bringen, ist nicht viel schwieriger, insbesondere wenn man mehrere Zuchtpaare hat. Nicht alle Follikel entwickelnde Weibchen bilden dann auch Eier aus, und bisweilen bauen manche Weibchen die befruchtungsfähigen Zellen wieder ab. Andere produzieren trotz einer scheinbar normalen Eientwicklung dann nur ein paar befruchtete Eier. Es ist sogar möglich, genauer gesagt gar nicht selten, daß ein Gelege dann nur aus unbefruchteten Eiern besteht, obwohl zuvor alles ganz normal zu verlaufen schien.

Nachdem man stolz auf ein Gelege von Eiern schauen kann, müssen diese auf irgend eine Weise erfolgreich ausgebrütet werden. Die schließlich schlüpfenden Babies müssen dann sorgfältig untergebracht werden, und nach ihrer ersten Häutung beginnen die Versuche, sie zum Fressen zu bewegen. Dieser letzte Schritt trennt die „Spreu von Weizen" unter den Züchtern, wie es so schön heißt. Gut fressende Jungtiere werden wohl immer die größte Herausforderung bleiben, selbst wenn für alle anderen Schritte davor narrensichere Erfolgsformeln gefunden werden können, was allerdings auch nicht sehr wahrscheinlich erscheint.

Trotz aller Herausforderungen und Mühsal glaube ich aber, daß jeder mit einem ausreichenden Maß an Aufopferungsbereitschaft und Geduld und den richtigen Motiven Chondros erfolgreich vermehren kann. Es sind inzwischen soviele Fortschritte erzielt worden, und es stehen soviele Informationen zur Verfügung, daß die Vermehrung von Grünen Baumpythons heute und im Gegensatz zu der Situation vor vielen Jahren nichts mehr mit Glückstreffern zu tun hat.

Der zuletzt genannte Umstand stört einige Züchter, und die Wahrheit ist, daß nicht jeder über die zunehmende Zahl der Erfolge von neuen Züchtern glücklich ist. Zu meiner Zeit erhielt ich durch die Aufzeichnungen und mündlichen Ratschläge von Trooper WALSH viel Unterstützung. Ich habe ihn stets als gutes Beispiel genommen und aus meinen eigenen Erfahrungen und Erkenntnissen kein Geheimnis gemacht. In manchen Kreisen hat mich das Offenbaren meiner Vorgehensweisen und Ergebnisse oder die Umsetzung von Ideen anderer nicht immer beliebt gemacht. Ich halte eine solche Einstellung für traurig, zeigt sie doch nur ein ungesundes Maß an Selbstsucht und ein fehlendes Verständnis für die Arbeitsweise eines freien Marktes. In den meisten Fällen beruht das Hüten von Geheimnissen auf reiner Geldgier und der Furcht, daß eine Sättigung des Marktes die Preise drücken könnte. Meine Einstellung war immer und ist eher, daß je mehr Pfleger bei der Pflege ihrer Chondros erfolgreich sind, desto mehr Interesse an diesen werden sie ihrerseits verbreiten. Dadurch werden mehr Interessenten angezogen, wodurch sich der Markt vergrößert. Eine Politik der Offenheit und Ehrlichkeit, des Dienens und Teilens, bringt stets einen größeren Lohn (auch finanzieller Art), als das Zurückhalten von Informationen, dem Hüten von Geheimnissen und die Einstellung, daß andere nicht die gleiche Befriedigung, Freude und den gleichen Lohn verdienen, die man selbst genießen durfte. Zur Verteidigung meines Standpunktes kann ich nur sagen, daß der Chondro-Markt in den letzten Jahren seit der Eröffnung meiner Webseite und der Chondro-Foren stetig gewachsen ist und die Nachfrage nach High End-Tieren sichtlich zugenommen hat. Ich will damit keineswegs andeuten, daß mir für diese Entwicklung allein der Ruhm zusteht – viele Züchter und begeisterte Pfleger haben dazu beigetragen. Die beiden genannten Quellen haben jedoch erheblich zur Verbreitung meiner Philosophie beigetragen, und die Ergebnisse sind einfach nicht zu übersehen.

Der Wunsch zur Vermehrung von Chondros kann vielerlei Ursprünge haben, ebenso wie der, sie zu pflegen. Die meisten davon sind positiv und konstruktiv und beruhen auf den gleichen Gefühlszuständen der Faszination und Leidenschaft, die Terrarianer dazu veranlassen, sich mit diesen Schlangen zu befassen. Einige wenige wollen dadurch Neid bei anderen hervorrufen oder das große Geld machen. Erfahrene kommerzielle Züchter müssen stets lächeln, wenn sie jemandem aus der letzten Kategorie begegnen, der seine jährlichen Quoten und Profite fest vorausgeplant hat und das oftmals noch vor dem ersten Gelege. Die Realität sieht etwas anders aus, doch manche müssen das eben auf die harte Tour herausfinden. Wenn ein Terrarianer (und die meisten Züchter sind nichts anderes) in der Lage ist, seine Unkosten zu decken, ein paar Babies zu verkaufen oder einzutauschen, um seinen Bestand zu verbessern und vielleicht sogar noch ein paar Kopeken nebenbei machen kann, dann kann er sich bereits sehr glücklich schätzen. Die Zucht von Chondros ist nichts, um schnell zu Reichtum und Wohlstand zu gelangen – im Gegenteil, man kann damit recht schnell ziemlich arm werden! Kritiker führen häufig an, daß derartige Aussagen recht hohl klingen, wenn sie von einem kommerziellen Züchter kommen oder von jemandem wie mir, der mit einigen sehr teuren Zuchtstämmen arbeitet. Um es klarzustellen, ich habe kein Problem damit, für extreme Exemplare oder

Abb. 197: Der größte Lohn bei der Zucht von Grünen Baumpythons besteht nicht aus Dollars oder Euros, sondern aus Freude, Erstaunen, Leistungsbewußtsein und darin, bei der Erhaltung und weiteren Verbreitung einer Art eine kleine Rolle gespielt zu haben.

seltene Morphen Spitzenpreise zu verlangen oder zu bezahlen. Auch finde ich an ehrlich verdienten Dollars nichts auszusetzen, selbst wenn es eine ganze Menge davon sind. Die Anziehungskraft dieser Tiere liegt für mich jedoch darin, daß sie wunderschön und nicht darin, daß sie teuer sind. Ich produziere auch viele Babies mittlerer und niedriger Preisklassen, jedoch gestatten es mir die Einnahmen aus der Zucht der spezialisierteren Morphen, damit meinen Lebensunterhalt zu verdienen. Ich habe schon oft gesagt, daß auch wenn Chondros ihren kommerziellen Wert völlig verlieren würden – ich würde sie weiterhin pflegen wollen, denn ihre Anziehungskraft für mich ist ihre Schönheit und ihr geheimnisvolles Wesen, nicht das Geld.

Ich denke, den allergrößten Lohn aus dem Züchten von Chondros erhält man in Gestalt anderer Dinge als Geld. Es ist das unbeschreibliche Gefühl, etwas erreicht zu haben, indem man sich einer Herausforderung gestellt hat und das schwierig zu vollbringen war. Es ist die Möglichkeit, durch eigene Anstrengungen neue Zuchtstämme zu entwickeln und vielleicht etwas hervorzubringen, das es vorher noch nicht gab. Und es ist das Gefühl von Freiheit, einen Tierbestand aus eigener Kraft zu schaffen.

Diese Belohnungen bringen jedoch auch die Verantwortung mit sich, die so erhaltenen Babies zum Fressen zu bringen und sie nicht einfach billig zu verschleudern, weil sie Schwierigkeiten machen. Man muß detaillierte Aufzeichnungen führen, die als eigene Beiträge zur weiteren Verbreitung von Chondros in der Terraristik dienen können. Und man muß seine Kunden so behandeln, wie man selbst als Kunde behandelt werden möchte.

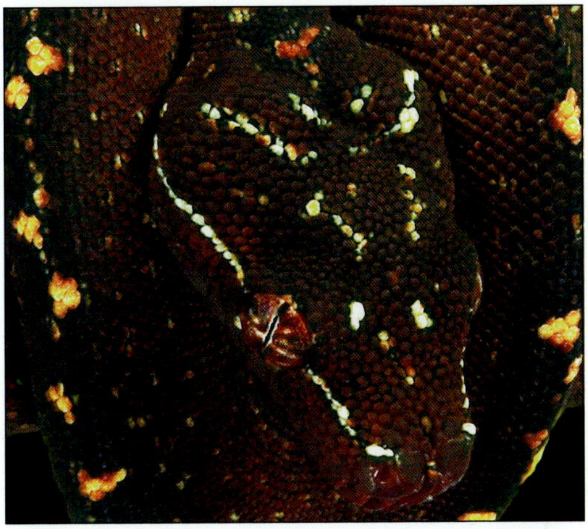

Abb. 198: Auch dunkel gefärbte Jungtiere kommen gelegentlich in *M. viridis* Gelegen vor.

Die letzten beiden Verpflichtungen verdienen weitere Kommentare. Wenn man selbst Chondros züchten möchte, sollte man sich auch an der Erweiterung des Marktes für diese Tiere beteiligen. Dies kann in vielerlei Form geschehen. Man kann z.B. mit einer schönen Schauanlage auf entsprechenden Veranstaltungen vertreten sein und sich für Fragen zur Verfügung stellen, man kann sich an Diskussionen im Internet beteiligen, in Hilfe-Foren mitwirken, in Schulen Referate halten, eine ansprechende und informative Webseite eröffnen, und man sollte seine Erfahrungen in terraristischen Zeitschriften veröffentlichen lassen. Durch all diese Maßnahmen tätigt man Investitionen in den Wert und die Zukunft dieser Art. Als treibende Kraft in dieser Hinsicht ist es immer wieder irritierend zu beobachten, wie einige andere nur sehr wenig bis gar nichts zur Marktentwicklung beitragen und nur dann auftauchen, wenn sie etwas zu verkaufen haben, gewöhnlich zu einem hohen Preis. Seien Sie kein Rucksackzüchter – wenn Sie die Früchte ernten wollen, beteiligen Sie sich auch an der Aussaat. Und – helfen Sie bei der Prägung eines Bildes, daß Chondro-Leute zu den hilfsbereitesten und zuvorkommendsten unter den Terrarianern gehören, indem Sie Ihren Kunden einen erstklassigen Service zuteil werden lassen. Es bedarf nur eines schlechten Apfels, um die ganze Kiste zu verderben. Der heutige Chondro-Markt ist das Ergebnis der Arbeit vieler – lassen Sie uns ihn weiter gemeinsam ausbauen.

Ein letzter Gedanke soll diese Einleitung zur Zucht von Chondros abschließen. Auch wenn jeder Respekt verdient, der kontinuierlich gute Chondro-Babies produziert, so sollte sich doch keiner wegen dieses Erfolgs anderen überlegen fühlen. Keiner auf diesem Planeten verfügt über die Macht, einen Funken des Lebens zu entfachen oder der mit Recht behaupten könnte, er hätte eine wirkliche Kontrolle über das Gelingen oder Fehlschlagen einer Nachzucht. Selbst langjährige Pfleger müssen mit Fehlschlägen, Verlusten und Enttäuschungen leben, ohne daß irgend jemand daran etwas ändern könnte. Jeder, der das Glück hat, neuen kleinen Chondros in diese Welt zu helfen, hat das mehr Leuten als nur sich selbst zu verdanken … und wir alle sind letztlich dem Schöpfer allen Lebens zu Dank für die Möglichkeit verpflichtet, einem solch phantastischen Abenteuer nicht nur beiwohnen, sondern uns sogar aktiv daran zu beteiligen zu dürfen.

Vorbereitung und Klimarhythmus

„Gesund zu sein ist etwas ganz anderes, als nicht krank zu sein.“ Seneca, Der Jüngere

Auswahl und Vorbereitung auf eine mögliche Zucht

Die erste Voraussetzung zur Produktion von gesunden kleinen Chondros sind gesunde Eltertiere. Für die Zucht vorgesehene Adulti sollten in jeder Hinsicht in bestem Zustand sein und wenigstens in den vorangegangenen zwölf Monaten keinerlei medizinische Probleme gehabt haben. Sie sollten für ihre Größe ein gutes Gewicht aufweisen, glänzende Farben zeigen, aufmerksam sein und eine gut entwickelte Muskulatur haben. Männchen können bisweilen schon in einem Alter von 18 Monaten sexuell aktiv werden, Weibchen müssen hingegen erheblich älter sein, bevor man sie das erste Mal risikolos einer Fortpflanzung aussetzen kann. Als allgemein anerkannte Faustregel hierfür gelten mindestens drei Jahre **und** wenigstens 1000 g Gewicht. Bei zu früh zur Zucht verwendeten Weibchen – und besonders bei zu kleinen Tieren – sind unbefruchtete Gelege, Legenot, nachfolgende Kleinwüchsigkeit und verminderte Empfängnisfähigkeit die wahrscheinlichen Folgen. Die Weibchen haben nur eine gewisse Anzahl sicherer Fortpflanzungszyklen während ihrer Lebensdauer, und es ergibt keinen Sinn, ein Tier zu früh dazu zu zwingen oder wertvolle Energie und

Abb. 199: Die erfolgreiche Zucht beginnt mit einem Pärchen gut vorbereiteter, geschlechtsreifer Tiere in bestem Gesundheitszustand.

Abb. 200: Ein gut auf die Fortpflanzung vorbereitetes Weibchen hat Fettreserven, ist aber keineswegs fett.

Körperreserven für etwas einzusetzen, bei dem ohnehin nichts herauskommt. Im Zweifelsfall wartet man eben noch ein weiteres Jahr. Geduld gehört nun einmal zur Chondro-Haltung.

Die Vorbereitung und die Fortpflanzung selbst bedeuten sowohl für das Männchen als auch das Weibchen Streß, ist aber bei letzterem offensichtlicher. Pythons müssen ihre Eizellen praktisch aus dem Nichts erschaffen und haben nicht wie Säugetiere einen Vorrat an Eizellen, die nur noch weiterentwickelt werden müssen. Dies zuzüglich der Eisprung und der Aufbau der Eischalen aus körpereigenen Kalziumvorräten findet während einer zwei- bis dreimonatigen Fastenzeit statt. Hinzu kommen weitere fünfzig Tage ohne Futter oder Wasser, wenn man das Weibchen sein Gelege selbst bebrüten läßt.

Die Männchen nehmen während dieser Zeit ebenfalls kein Futter auf, und manchmal fasten sie sogar erheblich länger als die Weibchen. Fünf oder sechs Monate ohne Nahrung sind nicht außergewöhnlich. Aus diesem Grunde ist es von entscheidender Bedeutung, zur Zucht vorgesehene Tiere vor der eigentlichen Vorbereitung gut zu füttern. Besonders die Weibchen müssen in die Lage versetzt werden, sich gute Fettreserven anzulegen, um sich nicht während des Fortpflanzungsgeschäfts zu verzehren. Es ist eine allgemein anerkannte Tatsache, daß die meisten, wenn nicht alle Schlangen eine gewisse Menge potentiell krankmachender Bakterien beherbergen, die unter normalen Bedingungen vom Organismus in Schach gehalten werden. Streß kann die Bakterien jedoch zu einer explosionsartigen Vermehrung veranlassen, da hierdurch das Immunsystem geschwächt wird. Eine Fortpflanzung bedeutet für die Schlange sehr viel Streß. Atemwegsinfektionen sind dann nur eine der möglichen Erscheinungen. Es wurde oftmals vermutet, daß hierfür die klimatischen Veränderungen während der Vorbereitung auf die Zucht der Auslöser wären, jedoch ist es bedeutend wahrscheinlicher, daß der allgemeine Streßzustand während oder direkt nach einer Fortpflanzungsphase dafür verantwortlich zu machen ist. Meiner Erfahrung nach sind Atemwegserkrankungen bei sorgfältig auf eine Vermehrung vorbereiteten Tieren eher die große Ausnahme.

Potentielle Zuchttiere sollten auch in Hinblick auf ihre genetische Verschiedenheit ausgewählt werden. Eine Ausnahme bilden Zuchtprojekte mit einem bestimmten Ziel, das ein Verpaaren von miteinander verwandten Exemplaren erfordert, um dadurch ein bestimmtes Merkmal zu festigen. Paarungen zwischen Geschwistern und Eltern mit ihren Nachkommen sollten niemals eine Sache der Bequemlichkeit seitens des Pflegers sein. Die besten Ergebnisse entstehen aus einer sorgfältigen Planung und schwerlich aus einem wahllosen Zusammenwürfeln einzelner Tiere in der Hoffnung, daß sich daraus schon etwas ergeben wird.

Zur Zucht vorgesehene Tiere sollten sich auch gut in ihre Umgebung bei ihrem Pfleger eingewöhnt haben, sich also deutlich länger als die Quarantänezeit im Bestand befinden. Chondros sind empfindsame Gewohnheitstiere, und der Versuch, frisch erworbene Exemplare zur Vermehrung zu veranlassen oder solche, die in der jüngeren Vergangenheit von einem Terrarium ins nächste umziehen mußten, scheitert sehr oft. Ein befreundeter Züchter verlor auf diese Weise zwei Jahre der Zucht, nur weil er seinen Bestand von einer Sorte Terrarien auf eine andere umgestellt hatte – seine Tiere hatten sich davor über viele Jahre hinweg regelmäßig vermehrt. Aus diesem Grund sollte man nicht erwarten, daß man mit neuen Tieren schon im gleichen Jahr züchten kann. Es zeigt auch, wie wichtig eine konstante, sich nicht verändernde Umgebung für diese Tiere ist.

Ich leite die Vorbereitung auf eine Fortpflanzung etwa drei Monate vor dem geplanten Ereignis durch häufigeres Füttern ein. Ich ziehe dabei kleinere Mahlzeiten in kürzeren Intervallen größeren in längeren vor. Kleinere Futtertiere werden einfacher und schneller verdaut, so daß die Körpermasse auf gesundheitlich sichere Weise steigen kann. Eine Verfettung ist stets zu vermeiden, jedoch sollte einem Zuchtweibchen schon eine gewisse Fülligkeit zugestanden werden. Weibchen ohne solche Reserven bilden bisweilen erst gar keine Follikel aus. Da die meisten Weibchen zu dieser Zeit ohnehin sehr auf Futter versessen sind, bereitet das Anfüttern keine Probleme.

Vorzugsweise sind auch meine Männchen zu Beginn der Fortpflanzungszeit gut genährt. Sie sollten allerdings nicht übermäßig an Gewicht zugelegt haben, denn fette Männchen sind oftmals selbst zum Paaren zu faul. Ich füttere die Weibchen somit in wöchentlichen Abständen bis in den Zeitraum hinein, wo die Klimaveränderungen beginnen. Den Männchen biete ich zur gleichen Zeit ebenfalls Futter an, obwohl die meisten spätestens mit Einsetzen der Klimaveränderungen das Fressen einstellen, oftmals sogar schon davor. Niedrigere Nachttemperaturen scheinen für Weibchen mit vollem Bauch keine Hürde zu sein, obwohl ich wie gesagt die Mahlzeiten trotzdem eher klein gestalte, damit ihr Verdauungssystem nicht übermäßig belastet wird. Ich biete den Weibchen solange Futter an, bis sie es zu verweigern beginnen, was gewöhnlich dann der Fall ist, wenn die reifenden Follikel zu einer Zunahme des Leibesumfangs führen. Einige Weibchen verweigern die Futteraufnahme schon mit Einsetzen der Temperaturveränderungen, jedoch bedeutet das nicht zwangsläufig, daß sie sich auf dem Weg zu einer erfolgreichen Fortpflanzung befinden.

Der nächste Schritt in meinem Vorbereitungsprogramm ist das Umsetzen der Zuchtpaare von ihren normalen Terrarien in ihre Zuchtbecken. Hier muß jeder Pfleger seinen eigenen örtlichen Gegebenheiten entsprechend eine Lösung finden. Meine Tiere sind hauptsächlich in einem großen Kellerraum untergebracht, und die Zuchtbecken stehen in einem Nebenraum. Einer der Gründe dafür ist, daß der Hauptraum kein Fenster besitzt, sehr gut isoliert ist und die anderen Terrarien nachts beheizt werden, so daß dort die Nachttemperaturen nicht auf die gewünschten Werte gesenkt werden können. Der Zuchtvorbereitungsraum hat jedoch ein kleines Fenster, das nachts geöffnet wird und mich dadurch die Nachttemperaturen regulieren läßt. Folglich muß ich aber die Zuchttiere aus dem Haltungsraum in den Zuchtraum umsetzen. Viele der Tiere mögen das naturgemäß gar nicht und brauchen dann wiederum einige Zeit der Eingewöhnung. Das kann selbst dann der Fall sein, wenn die Zuchtbecken mit den Haltungsterrarien praktisch identisch sind. Ich räume meinen Tiere reichlich Zeit dafür ein und setze sie oft schon während des Sommers um. Je länger diese Chondros sich an die neue Umgebung gewöhnen können, desto besser sind die Chancen auf eine erfolgreiche Fortpflanzung.

Temperaturzyklen

Die nachfolgenden Temperaturzyklen sind die von mir verwendeten. Sie sind an die Bedingungen in meinen Räumlichkeiten und dem Klima an meinem Wohnort angepaßt. Es gibt mehr als nur eine Vorgehensweise, und die Beschreibung hier soll lediglich dazu dienen, die zugrunde liegenden Prinzipien darzustellen. Jeder Züchter wird diese Grundlagen an seine eigenen Bedingungen anpassen müssen.

Obwohl es in den USA ein paar Pfleger gibt, die Nachzuchten auch ohne oder mit nur wenig Einflußnahme auf die Temperaturgestaltung erhalten haben, so weiß ich doch von keinem Züchter, der dies in größerem Umfang oder ständig erreicht hätte – sie bedienen sich alle einer Temperaturbeeinflußung. Es existieren ein paar vereinzelte Berichte über erfolgreiche Nachzuchten von Paaren, die keinem jahreszeitlichen Rhythmus ausgesetzt waren, darunter auch die zufällige Nachzucht durch einen mir bekannten Halter. Die meisten Züchter setzen jedoch die Temperatursteuerung ein, um zu Nachzuchterfolgen beim Grünen Baumpython zu gelangen, und die meisten Versuche, ohne auszukommen scheitern zum Teil oder völlig. Zumindest scheint es aber von Bedeutung zu sein, die Zuchttiere einigen deutlichen Umweltveränderungen auszusetzen, von denen die Temperatur die am häufigsten angewendete ist und am effektivsten zu sein scheint.

Wie bereits angeführt, sind Atemwegsinfektionen durch das Absenken der Nachttemperaturen nicht zu befürchten, wenn nach wie vor normale, zum Aufwärmen geeignete Tageswerte geboten werden. Dieser Punkt ist wichtig: Chondros überwintern nicht wie viele andere Schlangen und dürfen daher nicht rund um Uhr kühl gehalten werden. Während des Tages sollten sie stets 26 bis 31 °C zur Verfügung haben. Mir sind keine Beweise dafür bekannt, daß eine Manipulation der Photoperiode (die proportionale Länge der Stunden Tageslicht gegenüber der Länge der Nacht pro Tag) einen Einfluß auf den Zuchterfolg hätte, auch wenn manche Züchter die Beleuchtungsdauer in der Vorbereitungsphase verkürzen. Andere sprühen häufiger in dem Glauben, daß eine Emulation häufigerer Regenfälle das Fortpflanzungsverhalten stimuliert. Ich halte die Photoperiode Jahr ein Jahr aus bei 12/12 Stunden, sprühe jedoch bei meinen Zuchtpaaren noch ein wenig bevor das Licht ausgeht, damit die Tiere zur Aktivität angeregt werden. Auch achte ich darauf, daß ich stets an Abenden sprühe, wenn eine Regenfront im Anzug ist. Nach Jahren des erfolgreichen Einsatzes kühlerer Nachttemperaturen bin ich der Überzeugung, daß dieser Faktor allein genügt, um regelmäßig Nachzuchterfolge verzeichnen zu können und Vorgehensweisen, die auf anderen Stimuli basieren, lediglich gelegentlich zum Erfolg führen.

Ich kann keinen Grund dafür sehen, Chondros keinem Temperatur-Jahreszyklus auszusetzen, es sei denn aufgrund unbegründeter Gesundheitsbedenken. Wenn ein Pärchen nicht gesund genug ist, um eine Temperaturveränderung ohne Gesundheitsprobleme zu überstehen, dann sind sie von vornherein nicht in einem Zustand gewesen, um mit ihnen zu züchten. Viele Halter wären überrascht, würden sie einmal sehen, welch tiefe Nachttemperaturen diese Schlangen völlig schadlos überstehen können. Ich besuchte einmal eine Terrarienanlage, in der Schwarzkopfpythons *(Aspidites melanocephalus)* und Grüne Baumpythons nebeneinander untergebracht waren. Die Chondro-Terrarien waren dort entlang einer Außenmauer aufgestellt, in der sich ein Fenster befand. Dieses Fenster wurde nachts zum Senken der Temperaturen geöffnet, damit die Schwarzkopfpythons zur Vorbereitung auf die Zucht Werten von 11 bis 14 °C ausgesetzt waren. Mit einer Raytek Temperaturpistole maß ich dann bei den Chondros mehrfach Körpertemperaturen von nur 9 bis 12 °C. Einige von diesen waren so kalt, daß sie von ihren Liegeästen herunterhingen. Ich wäre zu diesem Zeitpunkt jede Wette eingegangen, daß sie alle ernsthafte Atemwegserkrankungen davontragen würden, jedoch war das zu meiner größten Überraschung bei keinem einzigen Tier der Fall. Ganz im Gegenteil – zwei Paare pflanzten sich danach erfolgreich fort! Ich muß dazu sagen, daß derart niedrige Nachttemperaturen sicherlich nicht als Voraussetzung anzusehen sind, jedoch zeigt diese wahre Geschichte, daß die Furcht vor Atemwegsinfektionen unbegründet ist, vorallem wenn man sich auf weniger extreme Bedingungen beschränkt.

Wenn meine Zuchttiere den gewünschten körperlichen Zustand aufweisen und sich an ihre Zuchtbecken gewöhnt haben, beginne ich mit dem Senken der Nachttemperaturen. Mit Zeitschaltuhren werden das Licht und die Heizungen abends automatisch ab- und morgens wieder eingeschaltet, wobei ein Tagesrhythmus von jeweils 12 Stunden eingehalten wird. Während der ersten Woche verschaffe ich so meinen Tieren nächtliche Werte um die 24 °C. Diese werden dann durch Öffnen des Fensters allmählich auf etwa 20 °C gesenkt. Ich mache es dazu nur einen Spalt auf, je nachdem wie die Wetterbedingungen draußen sind. Änderungen an der Photoperiode oder der Temperaturstaffelung in den Terrarien nehme ich nicht vor. Tagsüber herrschen dort also die gleichen Bedingungen wie während des Rests des Jahres auch. Diesen täglichen Zyklus behalte ich über mehrere Wochen bei und setze die Zuchtpartner erst dann zusammen, wenn ich der Meinung bin, daß sie jetzt dazu bereit sind. (Siehe das nächste Kapitel für nähere Angaben zum Wie and Wann). Wenn die beiden Tiere miteinander kompatibel und zur Paarung bereit sind, kopulieren sie gewöhnlich schon am ersten Abend nach dem Zusammensetzen und dann häufig erneut während der nächsten Wochen.

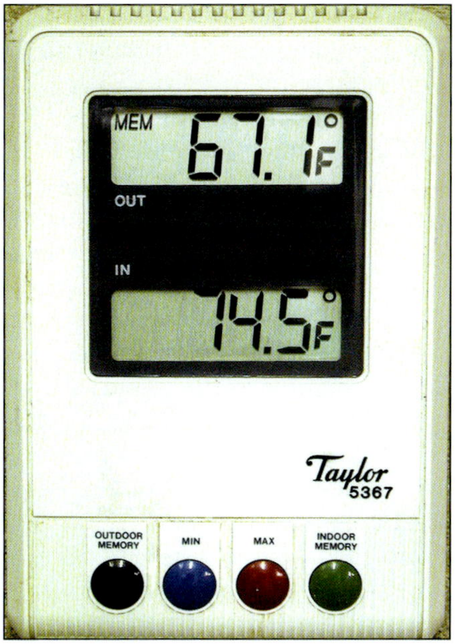

Abb. 201: Nachttemperaturen von etwa 20°C sind geeignet, um Chondros klimatisch auf ihre Fortpflanzung vorzubereiten. Ein Minimum/Maximum-Thermometer macht es einfach, die „Tiefste der Nacht" am nächsten Morgen abzulesen.

Die Dauer der Temperierungsphase ist nicht festgelegt. Ich beurteile meine Maßnahmen nach dem Verhalten der Tiere. Im Allgemeinen setze ich das Temperaturregime solange fort, wie die beiden zusammen gesetzten Tiere sich weiterhin paaren, manchmal auch noch danach, wenn ich das Gefühl habe, daß sie zu einem späteren Zeitpunkt ihre Paarungsaktivitäten wieder aufnehmen könnten. Die nächtliche Beheizung wird somit erst wieder aufgenommen, wenn

1.) ich überzeugt bin,
   a.) daß bei dem Pärchen keine weiteren Paarungen mehr zu erwarten sind, oder
   b.) die Verpaarung erfolglos war und ich kein anderes Männchen mit diesem Weibchen vergesellschaften will, oder
2.) daß die Paarungen erfolgreich waren und das Weibchen wieder der normalen nächtlichen Haltungstemperaturen bedarf. (Einzelheiten zu den Temperaturbedürfnissen trächtiger Weibchen werden im nächsten Kapitel diskutiert.)

Ich werde häufig gefragt, wie lange das veränderte Temperaturregime fortgesetzt werden sollte und wann es zu beenden sei. Ich kann dazu nur sagen, daß ich das hier beschriebene Verfahren für alle meine Zuchtpaare einsetze, meine Tiere beobachte und ihren Lebensäußerungen entsprechend reagiere. Es gibt keine feststehende Zeitdauer für diese Vorgehensweise, und jeder Züchter muß die Bedingungen bei ihm auf die von seinen Tieren gezeigten Verhaltensweisen abstimmen.

Da meine jährliche Temperierungsphase von den an meinem Wohnort herrschenden Nachttemperaturen abhängt, plane ich meine Zuchtprojekte für die kühleren Monate des Jahres. Die sich daraus ergebende Fortpflanzungsphase ist länger als mancher denken mag. Trotz des Kühlens nur mit Hilfe der Außentemperaturen schlüpfen bei mir Jungtiere in allen Monaten des Jahres außer Dezember und Januar;

letztere wären Monate, die ein Abkühlen im Hochsommer erfordern würden. Da Chondros in ihrer Fortpflanzung nicht an eine bestimmte Jahreszeit gebunden sind und jederzeit vermehrt werden können, solange nur die Temperaturbedingungen dafür geeignet sind, kann ihre Zucht theoretisch das ganze Jahr über erfolgen, wenn man eine Klimaanlage installiert. Ich selbst habe das allerdings nie versucht. Da eine Klimaanlage jedoch die Luftfeuchtigkeit erheblich verringert, muß dem Grad der relativen Luftfeuchte in den Terrarien verstärkt Aufmerksamkeit gewidmet werden.

Ich habe Anmerkungen gelesen, die besagen, daß die Wiederaufnahme der nächtlichen Beheizung erforderlich sei, damit die Weibchen Eier ausbilden. Nun, es gibt eine Reihe von Vorgehensweisen zur Auslösung von Paarungsaktivitäten, die zur erfolgreichen Vermehrung geführt haben, und keine davon ist die einzig richtige. Ich glaube aber nicht, daß die Nachtwärme direkt mit der Eientwicklung in Zusammenhang steht. Tatsächlich fehlt vielen Züchtern das Verständnis für den Unterschied zwischen Follikelentwicklung und Ovulation, was im nächsten Kapitel besprochen werden soll. Ich bin überzeugt, daß es besser ist, die nächtliche Abkühlung auf unbestimmte Zeit fortzusetzen und Änderungen vom individuellen Verhalten der betreffenden Tiere abhängig zu machen, als einen festen Zeitraum dafür vorzugeben und dann die nächtliche Wärmezufuhr wieder aufzunehmen. Einige Weibchen zeigen schon nach relativ kurzer Zeit Fortschritte, während sich andere über Monate weiterhin paaren. Einmal mußte ich ein Pärchen von März bis August zusammenlassen, da sie immer wieder für jeweils einige Zeit Paarungsaktivitäten zeigten. Nächtliche Temperatursenkungen begannen für dieses Pärchen im Februar, und ihr Gelege schlüpfte dann im November! Bei der Planung einer Nachzucht sollte man daher eher in einer Größenordnung von Monaten denken, nicht in Wochen.

Nachdem ich beschlossen habe, daß die kühlen Nächte nunmehr ein Ende nehmen können, entferne ich einfach die Zeitschaltuhr aus dem Stromkreis für die Heizung, so daß diese wieder rund um die Uhr läuft. Die Photoperiode bleibt davon unbeeinflußt und besteht das ganze Jahr über aus 12 Stunden Tag und 12 Stunden Nacht. Die Männchen fangen gewöhnlich kurz darauf wieder mit der Futteraufnahme an, einige fasten jedoch noch eine Weile weiter. Sie fressen erst wieder, wenn sie dazu bereit sind, und es ist sinnlos, sich darüber den Kopf zu zerbrechen. Beiden Geschlechtern steht dann eine Temperaturstaffelung wie im Kapitel „...Terrarieneinrichtung" beschrieben zur Verfügung, egal ob ihre Paarungen erfolgreich waren oder nicht. Nachdem sie eine ausreichende Erholungsphase hinter sich gebracht und das verlorene Körpergewicht wieder aufgebaut haben, können die Männchen erneut abgesenkten Nachtwerten ausgesetzt werden, um sie auf eine weitere Paarungszeit vorzubereiten. Man sollte sie allerdings auch nicht überstrapazieren. Weibchen, die nicht trächtig geworden sind, benötigen unbedingt einige Monate mit stabilen Temperaturen bei guter Fütterung, bevor man für sie eine weitere Paarungszeit in der zuvor beschriebenen Weise einleiten kann. Ein Weibchen, das Eifollikel ausgebildet hat, sollte wenigstens ein Jahr lang auf den nächsten Zuchtversuch vorbereitet werden, damit sein Organismus nicht über Gebühr beansprucht wird. Dabei ist es ganz egal, ob dieses Weibchen schließlich befruchtete oder taube Eier absetzt. Das Absetzen voll beschalter unbefruchteter Eier bedeutet eine ebenso große Anstrengung wie das Legen befruchteter. Folglich bedarf das Tier einer gleichermaßen langen Erholungsphase.

Geschlechtsbestimmung bei Chondros

Selbstverständlich ist die erste Voraussetzung für die Zucht, daß auch wirklich ein Pärchen zusammen gebracht wird. Es ist immer wieder überraschend, wie oft einzelne Chondros falsch geschlechtsbestimmt sind und wieviele Möchte-gern-Züchter das Geschlecht ihrer Tiere zu erraten versuchen. Abgesehen von dem Auffinden von Spermapfropfen (siehe Abb. 193) ist die einzige verläßliche Methode zur Geschlechtsbestimmung das Sondieren. Es sollte jedoch nur von erfahrenen Pflegern und nur bei Tieren von wenigstens 100 g Gewicht, d.h. mit einem Alter von mindestens einem Jahr, vorgenommen werden. Das Sondieren ist eine erlernbare Handfertigkeit, die man sich am besten mit einer weniger empfindlichen Art wie einer Kornnatter aneignet. Der beste Zeitpunkt zum Sondieren eines Chondros ist direkt nach einer Häutung, wenn das Tier aller Wahrscheinlichkeit nach Kot abgesetzt und etwaige Spermapfropfen ausgestoßen hat.

Abb. 202: Bei der Geschlechtsbestimmung von Chondros hat man am besten einen Helfer zur Hand. Hier hilft mir meine Schwiegertochter Dena beim Sondieren eines Jährlings. Der Assistent hält die Schlange vorsichtig am Kopf fest und stützt den Körper ein Stück vor dem Kloakalspalt. Man wartet am besten, bis sich das Tier etwas beruhigt hat, bevor man die gleitfähig gemachte Sonde einführt. Der Untersuchende hält den Schwanz und den Körper mit der einen Hand und bringt mit der anderen die Sonde in die richtige Lage. Dabei darf nicht am Schwanz gezogen oder der Körper der Schlange gebogen werden.

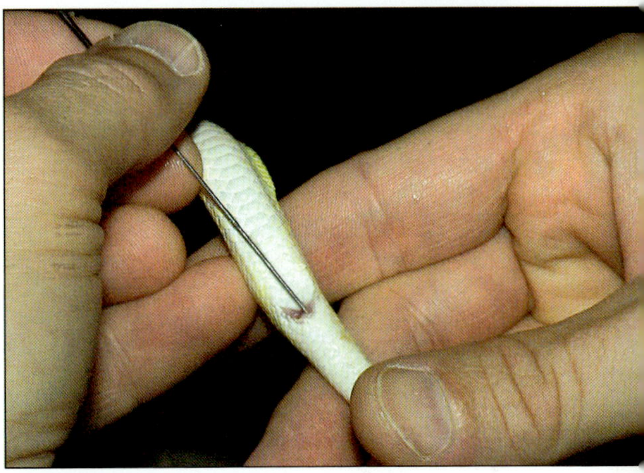

Abb. 203: Nachdem die Sonde unter das mit Gleitmittel eingeschmierte Analschild geschoben worden ist, wird sie in eine der beiden Taschen am Schwanzansatz eingeführt. Das ist nicht immer ganz einfach, und einige Tiere verkrampfen sich völlig, wenn sie die Sonde spüren. Dann wartet man, bis sie sich wieder entspannen. Die Sonde wird langsam und mit leichten Drehbewegungen vorwärts geschoben, bis man auf Widerstand stößt. Dann darf keinerlei Druck mehr ausgeübt werden. Sie wird nur soweit vorwärts bewegt, wie dies ohne Weiteres möglich ist. Mit Erfahrung lernt man die flachen, breiten Taschen eines Weibchens von den schmalen, langen eines Männchens sofort zu unterscheiden. Beim Männchen handelt es sich dabei tatsächlich um einen umgestülpten Hemipenis.

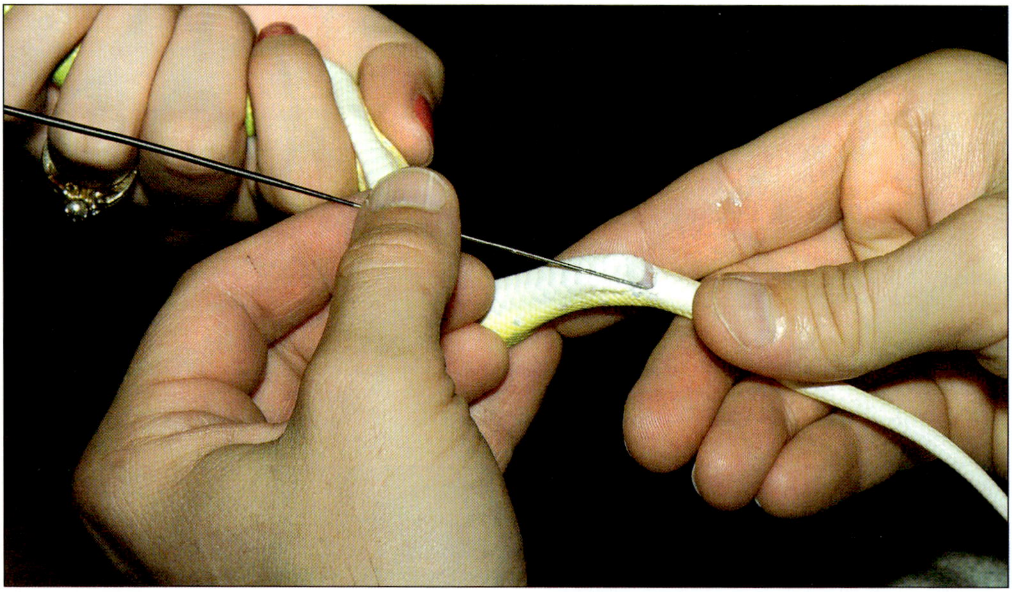

Abb. 204: Nachdem ich die rechte Tasche untersucht habe, prüfe ich auch noch die linke. Ich sondiere stets beide Taschen, um sicherzustellen, daß sich beide gleich anfühlen und gleich tief sind. (Man beachte, daß ich Linkshänder bin; bei einem Rechtshänder ist die Position der Hände umgekehrt.)

Abb. 205: Die Position meines linken Daumennagels zeigt die ungefähre Tiefe der sondierten Tasche an, wonach es sich hierbei um ein Männchen handelt. Bei einem Weibchen dringt die Sonde nur etwa ein Drittel soweit vor. Man sollte stets bedenken, daß das Gefühl einer Tasche ebenso wichtig wie die Tiefe ist; die Tiefe mag einen sogar täuschen, das Gefühl aber kaum.

Paarung und Eiablage

"Do a little dance, make a little love, get down tonight, get down tonight." KC and the Sunshine Band

In diesem Kapitel wollen wir die direkteren Komponenten der Zucht von Chondros betrachten, bevor wir uns dann daran im Anschluß mit dem Erbrüten der Eier und der Aufzucht der Jungtiere befassen.

Während die erfolgreiche Inkubation von Chondro-Eiern weitgehend auf Formeln reduziert worden ist, sind die zeitliche Einteilung und erforderlichen Maßnahmen, die zur Ablage von lebensfähigen Eiern führen, nach wie vor in hohem Maße von den einzelnen Tieren abhängig. Im Kapitel „Vorbereitung..." wurden die ersten beiden Phasen der Vermehrung abgehandelt: Vorbereitung und Absenkung der Nachttemperaturen. Die folgenden vier Phasen umfassen Werbung und Paarung, Follikelentwicklung, Eiausbildung und Eiablage. Ein solides Verständnis der einzelnen zeitlichen Abschnitte und Abläufe versetzt den Züchter in die Lage, die richtigen Maßnahmen zum richtigen Zeitpunkt zu ergreifen und erspart ihm eine Menge Kopfschmerzen. Ich weiß ja nicht wie es Ihnen geht, aber ich kenne gerne die Tatsachen, wenn die Dinge nicht meinen Hoffnungen und Erwartungen gemäß verlaufen. Zu wissen, was passiert und warum und was jetzt zu tun ist, bekommt meinem Gemütszustand weitaus besser, als im Dunkeln zu tappen und herumzuraten.

Einige der Kernpunkte der Chondro-Zucht können vom Züchter unterstützt oder kontrolliert werden, jedoch hängt der Erfolg jeder Paarung letztendlich von der Kompatibilität des Pärchens und dem richtigen Zeitpunkt der Paarung ab. Äußere Einflüsse, wie etwa durch das Wetter, können sich ebenfalls auf das Ergebnis auswirken und sind schwer zu kontrollieren. Der erste Schritt ist jedoch das Zusammensetzen der beiden geschlechtsreifen, gründlich vorbereiteten Zuchttiere zu einem Zeitpunkt, wo die Aussichten auf eine erfolgreiche Befruchtung am größten sind.

Werbung und Paarung

Chondros zum Paaren zu veranlassen, ist in der Regel nicht schwierig. Erwachsene, sexuell aktive Männchen zeigen an einem geschlechtsreifen Weibchen gewöhnlich sofort Interesse. Nicht alle Männchen sind indes gute Zuchttiere. Einige haben offenbar einen überraschend schwach ausgeprägten Sexualtrieb und einige wenige scheinen an Sex überhaupt nicht interessiert zu sein. Solche der letzten Gruppe erinnern mich häufig an den sprichwörtlichen Vierzehnjährigen, der an die hinterste Wand gepreßt die Ballkönigin anstarrt und nicht die geringste Ahnung hat, was als Nächstes zu tun wäre. Andere Männchen – die Helden jedes Züchters – würden auch noch ein Tau zu schwängern versuchen, sperrte man sie mit einem solchen zusammen! Aus diesem Grund allein ist es von Vorteil, beim Aufbau einer Zuchtgruppe einen soliden Männchen-Überschuß einzuplanen. Nichts ist frustrierender, als ein sorgfältiges vorbereitetes empfängnisbereites Weibchen zu haben und kein Männchen, das an ihm interessiert ist. Für mich besteht daher eine Zuchtgruppe aus wenigstens vier oder fünf Männchen und zwei oder drei Weibchen. Erst dieser Umfang und dieses Geschlechterverhältnis räumen dem Besitzer eine reelle Chance auf ein gutes Gelege

Abb. 206: Die Beobachtung einer Kopulation ist für ein Zuchtprojekt vielversprechend.

pro Saison ein. Natürlich bedarf es lediglich eines Pärchens, um den Job zu erledigen, aber wir reden hier von Wahrscheinlichkeiten und nicht von Biologie. Zwischen „möglich" und „wahrscheinlich" existiert ein erheblicher Unterschied, und der Besitzer von einem Pärchen kann wirklich von Glück sprechen, wenn ihm ausgerechnet dieses den ersehnten Nachwuchs beschert.

Ich bringe die Partner bevorzugt am späten Nachmittag zusammen. Da die Männchen während der Fortpflanzungszeit ihre Terrarien auf der Suche nach einem Weibchen sehr aktiv und ausgiebig durchstreifen, ergibt es für mich einen Sinn, wenn ich sie dann durch das Umsetzen auch tatsächlich eines „finden" lasse. Der Zeitpunkt „später Nachmittag" ist insofern günstig, als die nächtliche Aktivitätsphase noch nicht begonnen hat und ich es mit noch relativ ruhigen Tieren zu tun habe, die kaum nach mir schnappen werden. Findet das Umsetzen zu spät statt, mag das Weibchen das Öffnen seines Terrariums und die Bewegung als Fütterungszeit mißverstehen und nach allem beißen, das sich bewegt. Nach dem Einsetzen des Männchens sprühe ich oftmals noch ein wenig, um die Aktivität der beiden Tiere nach dem Erlöschen der Beleuchtung anzuregen. Auch mag hierdurch die Intensität der vom Weibchen produzierten Duftstoffe erhöht werden, jedoch ist der Hauptgrund der, daß dadurch die Aufmerksamkeit beider Tiere auf den Pfleger und das Wasser gelenkt wird und nicht auf einander. Obwohl ich natürlich will, daß das Männchen das Weibchen bald entdeckt, so will ich doch aggressive Reaktionen während der anfänglichen Minuten des Zusammenseins verhindern.

Zwei besonders gut geeignete Zeitpunkte zum Zusammensetzen der Partner sind Tage, an denen eine Sturmfront oder ein Tiefdruckgebiet heranzieht oder kurz nachdem sich das Weibchen gehäutet hat. Man kann dann das abgestreifte Hemd ruhig noch eine Weile im Terrarium belassen, da hierdurch das Interesse seitens des Männchens noch verstärkt wird, vermutlich durch die Abgabe von Pheromonen. Es ist natürlich auch sinnvoll zu warten, bis sich das Weibchen gehäutet hat, denn man will ja nicht, daß es sich gerade dann häuten muß, wenn es sich eigentlich paaren soll.

Es gibt Situationen, wenn ich es vorziehe, das Weibchen in das Terrarium des Männchens umzusetzen. Das ist vorallem bei hochgradig aggressiven, territorialen Weibchen der Fall, die dazu neigen, Männchen zu unterdrücken und ihren Lieblingsruheplatz energisch zu verteidigen. Durch die ungewohnte Umgebung hat dann das Männchen oftmals mehrfach die Möglichkeit, sich mit dem Weibchen zu paaren, bevor sich dieses auf die neue Umgebung eingestellt und einen neuen schützenswerten Platz ausgewählt hat. Wenn das dann der Fall ist, setze ich beide einfach erneut um. Dieser Trick wurde mir von Tomm PHILLIPS verraten, der ihn u.a. anwendete, um von seinem sehr unverträglichen Weibchen „Eudora" ein Gelege zu erhalten. Eudora war ein Chondro des Biak-Typus, das leider schon kurz nach dem Schlupf seiner Jungtiere verstarb.

Die meisten Sexualpartner sind kompatibel, jedoch sind nicht immer alle an einer Paarung interessiert. Einige Weibchen und seltener auch manche Männchen versuchen, sich vor dem anderen Tier am Boden des Terrariums zu verbergen. Dies allein ist noch kein Grund zur Besorgnis, denn ich habe Paarungen wiederholt auch an dieser Stelle beobachten können. In diesem Fall muß der Pfleger entscheiden, ob das auf dem Boden liegende Tier zu stark unter Streß steht und Paarungen daher unwahrscheinlich sind. Ich sorge mich darüber meistens kaum, solange nur das Weibchen befruchtet wird. Einige Weibchen regen sich sichtlich über die Anwesenheit eines Männchens auf, stülpen bisweilen ihre Kloake aus und verschmieren Harnsäure im ganzen Becken, um dadurch dem Männchen zu entgehen. Dieses Verhalten darf nicht mit dem normalen Setzen von Duftmarken in Form von kleinen Harnsäureblasen auf den Liegeästen und dem Terrarienboden durch empfängnisbereite Weibchen verwechselt werden. Selten sind wirkliche Aggressionshandlungen eines Tieres gegen das andere. Aber auch wenn dies nur selten vorkommt, sollte das Zusammensein doch eingehend beobachtet werden, um sicherzustellen, daß es nicht etwa dazu kommt. Chondros können einander mit ihren scharfen Zähnen schwere Verletzungen zufügen, die bisweilen tödlich enden.

Aus diesem Grund sollten auch niemals zwei Männchen vergesellschaftet werden, schon gar nicht, wenn irgend welche Weibchen in der Nähe sind. Es besteht auch überhaupt kein Grund, Männchen gemeinsam unterzubringen, und der Versuch ist daher nicht nur verantwortungslos, sondern auch riskant.

Wenn ein Pärchen nach einer Stunde keine aggressiven Reaktionen auf einander zeigt, ist es wahrscheinlich, daß es auch dabei bleibt. Offensichtlich sollte die Geschlechtszugehörigkeit der einzelnen Tiere vor dem Zusammensetzen verläßlich feststehen. Zwei Weibchen zusammen in einem Terrarium mögen einander zwar in Ruhe lassen, jedoch wäre das eine reine Verschwendung von Zeit und den vorangegangen Vorbereitungen. Männchen können durch das Absetzen von Spermapfropfen (siehe Abb. 193) identifiziert werden. Ist man sich jedoch nicht hundertprozentig sicher, sollte man alle Exemplare sondiert haben.

Bemerkt man während der nächsten zwölf bis vierundzwanzig Stunden auf Streß beruhende Verhaltensweisen, sollte man die beiden Tiere besser wieder voneinander trennen und es zu einem späteren Zeitpunkt noch einmal versuchen. Man sollte sich darüber im Klaren sein, daß eine Paarung bei Reptilien nichts mit gegenseitiger Zuneigung zu tun hat, sondern oft darin besteht, daß das Männchen dem Weibchen seine Absichten deutlich zu verstehen gibt. Es ist völlig normal, daß es zu Verfolgungsjagden und Ausweichmanövern kommt, jedoch sollte ein Tier nicht fortgesetzt dem Streß durch die Anwesenheit eines anderen ausgesetzt werden, mit dem es nun aber auch absolut gar nichts zu tun haben möchte. Paarungen zwischen einem aggressiven Männchen und einem wirklich gestreßten, nicht empfängnisbereiten

Abb. 207: Das Werbungsverhalten besteht aus erhöhter Aktivität, dem Überkriechen des Weibchens durch das Männchen und Versuche des Männchens, seinen Schwanz um den des Weibchens zu wickeln. Es beginnt normalerweise mit Einbruch des Abends.

Abb. 208: Schwanzwickeln ohne Kopulation ist eine häufige Erscheinung bei einem werbenden Pärchen. Um eine wirkliche Paarung zu bestätigen, bedarf es der sicheren Feststellung, daß ein Hemipenis des Männchens tatsächlich eingeführt worden ist.

Weibchen sind eher die große Ausnahme. Manchmal umwirbt das Männchen das Weibchen sehr aktiv, ohne daß daraufhin eine Kopulation erfolgt.

Wenn das Pärchen miteinander zu harmonieren scheint, ohne daß über die nächsten Tage Werbungsverhalten oder Paarungen beobachtet werden können, kann man es zusammen lassen oder trennen und es ein paar Tage später erneut versuchen. Sich ändernde Wetterverhältnisse, Fütterungs- und Häutungsintervalle sowie unbestimmbare Faktoren wie Abläufe in den Fortpflanzungsorganen können allesamt Einflüsse auf den Zeitpunkt haben, an dem sich ein Zuchtpaar paart. Normalerweise ergehen sich ein empfängnisbereites Weibchen und ein sexuell interessiertes Männchen beinahe sofort in Werbungsverhalten, das noch in der ersten Nacht ihres Zusammenseins zu einer Kopulation führt.

Das Werbeverhalten umfaßt Bestandteile wie das Überkriechen des Weibchens durch das Männchen, das Umeinanderwickeln der Schwänze, das „Kitzeln" des Weibchens mit den Aftersporen des Männchens, das Verteilen von Duftmarken im ganzen Terrarium durch beide Tiere, das langsame Umherkriechen eines oder beider Partner und das Anheben und Weisen der Kloake seitens des Weibchens. Das Schwanzwickeln darf dabei nicht als Kopulation mißgedeutet werden. Ein tatsächliches Eindringen eines der Hemipenes des Männchens, dem paarigen Kopulationsorgan aller Schlangen, ist mitunter schwierig zu erkennen, wenn sich zwei Tiere zu einem großen Knoten verschlungen haben. Die Schwänze können durchaus umeinander gewunden sein und die Kloaken beider Tier aufeinander liegen, ohne daß eine eigentliche Paarung stattfindet. Bevor man also eine Kopulation notiert, sollte man sich schon ganz sicher sein. Manchmal ist ein kleiner rötlicher oder purpurfarbener Abschnitt des Hemipenis sichtbar, der nicht mit in die Kloake des Weibchens eingedrungen ist, oftmals läßt die Position der Schwänze

Abb. 209: Der eingeführte Hemipenis des Männchens ist sichtbar; dies ist jedoch nicht immer so einfach zu beoachten.

Abb. 210: Typisches Schwanzwickeln bei kopulierenden Grünen Baumpythons.

aber rein gar nichts erkennen. Bisweilen geben die zusammengezogenen Muskeln des Männchens darüber Aufschluß, ob tatsächlich eine Kopulation stattfindet.

Paarungen werden beinahe immer nach Einbruch der Dunkelheit unternommen, können aber bis weit in die Tagesstunden des nächsten Tages anhalten und manchmal länger als 14 Stunden dauern. Es ist normal, daß sich ein Pärchens mehrfach an aufeinander folgenden Tagen paart und sich dann wieder völlig zu ignorieren scheint. Man kann die Tiere dann einfach beieinander lassen oder sie für ein paar Tage trennen. Ich lasse meine Paare gewöhnlich zusammen und füttere das Weibchen, während das Männchen zuschaut, aber selbst kein Interesse an Futter hat. Hierzu ist Erfahrung erforderlich und ein genaues Beobachten und Einschätzen der Situation. Wenn Sie sich nicht sicher sind, daß Sie es hinbekommen, sollten Sie das Männchen besser entfernen. Ich ziehe es vor, meine Zuchtpaare so wenig wie möglich zu stören oder gar in die Hand zu nehmen und trenne sie daher in der Regel nicht. Ausnahmen sind Männchen, die wider Erwarten Futter annehmen, während sie im Terrarium des Weibchens leben (eines meiner besten Zuchtmännchen macht das regelmäßig) oder wenn es darum geht, ein langsam reagierendes Männchen zu Paarungsaktivitäten zu stimulieren, indem ich es separiere und ein paar Tage später wieder zum Weibchen setze. Diese „Spätzünder" suchen dann oft in ihrem Becken nach dem Weibchen und paaren sich sofort, wenn sie später wieder zu ihm gesetzt werden.

Ich lasse das Männchen so oft paaren wie es will und mit dem Weibchen zusammen, solange es an ihm Interesse zeigt. Zu bedenken ist, daß die Intensität der Fort pflanzungsaktivitäten zu- und dann wieder abnimmt. Wenn ein Pärchen sich also ein paar Tage oder selbst ein paar Wochen lang nicht gepaart hat, bedeutet das nicht zwangsläufig, daß es damit fertig ist. Angesichts der Länge der Zeiträume kommen

Abb. 211: Ich lasse die Pärchen stets so lange zusammen, wie sie Paarungsaktivitäten zeigen. Sie paaren sich oftmals mehrere Tage hintereinander, scheinen dann für einige Tage das Interesse zu verlieren, paaren sich dann aber erneut.

mit Sicherheit Häutungen dazwischen, und ein Paar wird normalerweise sofort danach erneut kopulieren, vorallem wenn sich das Weibchen gehäutet hat.

Die Anzahl der Paarungen eines Pärchens kann mehr als ein Dutzend betragen, die sich über einen Zeitraum von etlichen Wochen bis mehreren Monaten verteilen. Leider garantieren aber selbst viele Paarungen nicht unbedingt auch ein trächtiges Weibchen. Es wird oftmals angenommen, daß eine fortgesetzte Paarungsaktivität die Bildung von Eizellen beim Weibchen anregt. Folglich sollte man dem Pärchen solange Zeit dafür einräumen, wie es daran Interesse zeigt.

Ich werde häufig gefragt, ob man ein Männchen mit mehr als einem Weibchen verpaaren kann. Ich selbst versuche, stets nur ein Männchen mit einem bestimmten Weibchen pro Saison zu verpaaren, wechsle aber auch schon einmal einen Partner aus, wenn es nicht zu den gewünschten Reaktionen kommt. Es ist natürlich möglich, daß ein Männchen mehr als ein Weibchen in einer Saison schwängert. Hierzu kann es der Reihe nach mit verschiedenen Weibchen zusammengebracht werden oder in das Terrarium eines anderen Weibchens umziehen, nachdem es an dem ersten kein Interesse mehr zeigt. Angesichts der häufig auftretenden Fruchtbarkeitsprobleme bei Chondros in Gefangenschaft würde ich es nicht empfehlen, ein Männchen mit mehr als zwei Weibchen pro Saison zu vergesellschaften.

Follikelentwicklung und Eiausbildung

Weibliche Pythons müssen ihre Eizellen praktisch aus dem Nichts entwickeln und brauchen dafür ausreichende Energiereserven. Darin unterscheiden sie sich von den Säugetieren, die bereits mit einem ausreichend großen Vorrat vorgeformter Eizellen auf die Welt kommen. Bei Pythons werden die Eizellen solange als Follikel bezeichnet, bis sie aus den Eierstöcken entlassen werden, ein Vorgang, der als Ovulation oder Eisprung bekannt ist. Follikelentwicklung und Eisprung sind zwei verschiedene Vorgänge, die manchmal miteinander verwechselt werden. Beide gehen jedoch mit bestimmten Schwellungen einher, die bisweilen mit schwierig auseinanderzuhalten sind. Damit entwicklungsfähige Eier entstehen können, muß erst einmal ein Eisprung stattfinden, und damit das passieren kann, müssen erst einmal Follikel ausgebildet werden. Es folgt daher hier eine detaillierte Betrachtung beider Vorkommnisse, wodurch dieser manchmal verwirrende Aspekt der Fortpflanzung bei Chondros hoffentlich etwas klarer wird.

Follikelentwicklung

Der erste wirkliche Fortschritt auf dem Weg zu einem befruchteten Gelege von einem Chondro-Weibchen ist das Entwickeln von Eizellen. Äußerliche Anzeichen hierfür sind z.B. ein aufgedunsenes oder angeschwollenes Aussehen, eine Veränderung der Färbung oftmals in Richtung Blau, das Einstellen der Futteraufnahme, eine Veränderung des Temperaments, veränderte Vorzugstemperaturen und ein abgeflachtes oder eingefallenes Aussehen des Kopfes. Nicht alle Weibchen zeigen all diese Symptome, von denen das Verweigern des Futters und die Farbveränderung sowie das Anschwellen des Körpers die augenfälligsten sind. Vielleicht fällt anderen Pflegern der „eingefallene Kopf“ mehr auf als mir, jedoch ist er nach meinen Erfahrungen kein weit verbreitetes oder einfach zu erkennendes Anzeichen. Einige Weibchen suchen in dieser Zeit die Wärme, andere meiden sie. Einmal mehr zeigt sich damit, wie wichtig eine Temperaturstaffelung im Terrarium ist. Wenn ich feststelle, daß ein Weibchen der Wärme zu entgehen versucht, verschaffe ich ihm weiterhin eine nächtliche Abkühlung. Bleibt es hingegen an einer warmen Stelle liegen, beende ich gewöhnlich die Zeit der Nachtabsenkungen und lasse die Heizung wieder über Nacht laufen. Dabei enthalte ich mich jedoch jeder Hast und warte damit oftmals noch solange, bis das Weibchen deutliche Anzeichen für einen Eisprung zeigt. Wie immer liegt es am Pfleger, die von Weibchen ausgesandten Signale wahrzubehmen und zu verstehen.

Abb. 212 u. 213: Die beiden Weibchen auf dieser Seite zeigen die klassischen Anzeichen für sich entwickelnde Follikel. Man beachte, daß sie sich normal zusammenrollen und dabei eine deutliche Schwellung jenes Köperbereichs sichtbar ist, der etwas über den Liegeast gerollt ist. Die Unterseite dieses Abschnitts ist jedoch flach.

Eizellen entwickelnde Weibchen hören gewöhnlich abrupt mit dem Fressen auf, manche lassen es jedoch langsam ausklingen, indem sie angebotenes Futter ergreifen, umschlingen und dann doch nur fallenlassen. Ich biete den Zuchtweibchen stets solange Futter an, bis sie es verläßlich verweigern. Der zeitliche Abstand zwischen der ersten Kopulation und dem Verweigern von Futter kann erheblich schwanken. Ich hatte Weibchen, die schon zwei Wochen nach der ersten Paarung von Futter nichts mehr wissen wollten und andere, die fast zwei Monate später immer noch fraßen. Zu beachten ist, daß die meisten Zuchterfolge durch wiederholte Paarungen zustandekommen und daß die meisten Weibchen auch während dieser Zeit noch Nahrung aufnehmen. Im Durchschnitt vergehen vier Wochen zwischen der ersten Paarung und dem Verweigern von Futter. Ein normalerweise gierig Beute schlagendes Weibchen, das nach einiger Zeit der Paarungsaktivität urplötzlich das angebotene Futter ignoriert, ist gewöhnlich ein erster Anzeiger, daß etwas passiert. Es ist allerdings keine Garantie für irgend etwas – bei der Chondro-Zucht gibt es keine Garantien.

Die meisten Weibchen zeigen in den darauf folgenden Wochen dann ein zunehmendes Anschwellen des Körpers. Dies geschieht gewöhnlich zehn bis dreißig Tage nach dem Einstellen der Nahrungsaufnahme und vierzig bis sechzig Tage nach der

Abb. 214: Dieses Weibchen ist voller reifer Follikel und nimmt durch das charakteristische Seitwärtsrollen eines Teils des Körpers gezielt Wärme auf. Harnsäure-Marken sind auf dem Liegeast erkennbar. Dieses Tier ovulierte etwa eine Woche nachdem dieses Foto aufgenommen wurde. Man vergleiche seine Körperhaltung mit jener bei der Ovulation auf **Abb. 218**.

ersten Kopulation. Weibchen, die geschwollen aussehen, aber weiterhin fressen, sind in den seltensten Fällen mit dem Ausbilden von Follikeln befaßt – sie beseitigen dann jeden Zweifel, wenn sie Kot absetzen und danach wieder ganz normal aussehen. Die Menge der sich entwickelnden Eizellen zeigt sich in der Umfangszunahme des Weibchens. Bei manchen Weibchen ist dies jedoch kein verläßlicher Anzeiger, denn sie sehen eigentlich nicht viel dicker aus als bei einer guten Fettreserve. Mit fortschreitender Entwicklung weisen die meisten Tiere jedoch ein ausreichendes Maß an Umfangszunahme auf, um einen erfahrenen Betrachter ahnen zu lassen, was passieren wird. Einige Weibchen werden so dick, daß daran keinerlei Zweifel mehr bestehen können. Sie scheinen sich dann regelrecht unbehaglich zu fühlen und verändern ihre Körperhaltung häufig. Die meisten Weibchen liegen während dieser Zeit jedoch ruhig in einer Astgabel und bewegen sich tagelang überhaupt nicht. Generell nehmen sie dabei die nach innen weisende Spiralhaltung ein, die für ruhende Chondros typisch ist. Der angeschwollene Körperbereich kann dabei vom Ast herunterhängen und wie ein voller Magen wirken. Zu anderen Zeiten kann die Schlange diese Beule auf einen Ast ziehen, wo er dann noch größer aussieht als er eigentlich ist. In dieser Zeit kann man das Weibchen häufig beobachten, wie es seine Körperschlingen seitwärts hin und her rollt, was dazu dient, gezielt bestimmte Stellen der Wärmestrahlung auszusetzen. Die Schwellung ist schnell mit einem Eisprung zu verwechseln und läßt auch erfahrene Züchter bisweilen im Unklaren. Wie man die Unterschiede erkennt, wird weiter unten erläutert.

Viele Weibchen verändern während dieser Zeit ihre Färbung. Manche werden dunkler, aber die meisten werden heller. Einige nehmen jetzt die wohlbekannte, hormonell verursachte blaue Färbung an. Diese Tiere sehen nun traumhaft schön aus und steigern dadurch die wachsende Begeisterung des erwartungsvollen Pflegers. Es werden jedoch nicht alle Weibchen blau, und nicht alle, die blau werden, produzieren letztendlich auch ein Gelege. Einige blaue Weibchen behalten anschließend viel dieser Blaufärbung oder sogar alles davon bei, die meisten werden später aber wieder grün oder aquamarinfarben. Manche Weibchen behalten nach jeder Fortpflanzung ein wenig mehr Blau bei und sind dann nach ihrem dritten Gelege permanent blau. In dieser Zeit verändern die Weibchen häufig auch ihre Persönlichkeit, d.h. normalerweise ruhige Tiere werden reizbar und leicht erregbare ungewohnt ruhig.

Während dieser Zeit der Veränderungen und offensichtlichen Anzeichen meinen viele Pfleger, ihre Weibchen seien trächtig. Das ist jedoch noch nicht der Fall. Mit Sicherheit kann nur gesagt werden, daß diese Tiere auf dem richtigen Weg sind und sich letzten Endes hoffentlich erfolgreich fortpflanzen werden. Zu diesem Zeitpunkt entwickeln die Weibchen jedoch erst heranreifende Eizellen und haben die Futteraufnahme eingestellt. Von einer Trächtigkeit kann erst gesprochen werden, wenn das Weibchen einen erfolgreichen Eisprung hinter sich gebracht hat. Bis dahin besteht immer noch die Möglichkeit, daß es die Eizellen wieder abbaut, erneut zu fressen beginnt und sein gewohntes Verhalten zeigt. Der frustrierte Pfleger wundert sich dann und fragt sich, was eigentlich passiert ist. Was in diesem Fall „passiert" ist, ist, daß die sich entwickelnden Follikel wieder von den Eierstöcken resorbiert wurden, bevor es zu einem Eisprung kam. Der Traum von einem Gelege ist damit zu Ende. Die Gründe für dieses Phänomen sind unklar, jedoch gibt es Hinweise darauf, daß eine unzureichende Wärmezufuhr während dieser Zeit das Problem verschärfen kann. WALSH (1979) veröffentlichte hierzu seine Beobachtungen, und auch ich mußte in meinem Bestand diese Erfahrung machen. Einmal hatte ich ein Weibchen, das ganz offensichtlich mit der Reifung von Eizellen befaßt war, diese jedoch dann wieder resorbierte, nachdem ich übersehen hatte, daß der Keramikheizer über seinem Terrarium ausgebrannt war.

Eisprung

Der Eisprung oder die Ovulation ist der Prozeß, während dessen die Eierstöcke (Ovarien) die gereiften Eizellen (Follikel) in die Eileiter (Ovidukte) entlassen, wo sie befruchtet und dann beschalt werden können. Eine normale Ovulation ist recht einfach zu erkennen, wenn man erst einmal weiß, worauf man achten muß. Rob Worrell gilt allgemein als der erste, der die bei einem Eisprung durchschnittlich 40 Tage vor der Eiablage auftretende Schwellung bei Chondros feststellte. Viel der früher herrschenden Verwirrung entstand durch ein Unverständnis der physiologischen Abläufe während eines Eisprungs und der Verwechslung von Follikelentwicklung und Ovulation sowie der Fehleinschätzung des Zeitpunktes, zu dem ein Weibchen wirklich trächtig wird. Heute sind diese Prozesse jedoch weitgehend bekannt, und kein Pfleger muß sich mehr darüber wundern, was bei seinen Tieren eigentlich vor sich geht. Als „Ovulation" wird „das Ausstoßen eines reifen, befruchtungsfähigen Eies aus dem Ovarium" bezeichnet (ULBER et al. 1989). Ein Lebewesen kann nicht vor Eintritt dieses Ereignises trächtig sein, da erst hierdurch fertig ausgebildete Eizellen für eine Befruchtung zur Verfügung gestellt werden.

Abb. 215: Einsetzen des Eisprungs mit schnell zunehmender, örtlich begrenzter Schwellung. Der Körper ist im Durchschnitt rund und kann nicht über den Ast gebogen werden. Vergleiche diese Aufnahme mit der desselben Weibchens auf **Abb. 212**.

Mit Einsetzen des Eisprungs werden die gereiften Follikel aus den Eierstöcken in die Körperhöhle entlassen (BARKER pers. Mitt.). Zu diesemZeitpunktkannmanbeidembetreffenden Weibchen manchmal Muskelkontraktionen erkennen (JANNOTTI pers. Mitt.). Dieser Prozeß wird von einem rapiden Anschwellen der mittleren Bereiche des Körpers begleitet, das jedoch nur 24 bis 48 Stunden anhält und sich ebenso schnell wieder normalisiert, wenn die Ovulation abgeschlossen ist. Während dieser Zeit fühlen sich die betreffenden Weibchen sichtlich unwohl, sind gewöhnlich ziemlich ruhelos und verlegen ihren Aufenthaltsort in beinahe stündlichen Abständen von einer Seite ihres Terrariums zum jeweils anderen oder verändern ihre Körperhaltung ständig von einer unbequemen Stellung in die nächste. Auf dem Höhepunkt des Eisprung nehmen die meisten Weibchen eine charakteristische, ausgestreckte Körperhaltung ein, wobei die angeschwollene Körpermitte steif und unbiegsam erscheint.

Diese Schwellung wird durch die ausgestoßenen Follikel verursacht, die nunmehr als Ova oder Eier bezeichnet werden können und sich im Körperinneren des Weibchens sammeln, bevor sie in die Eileiter gelangen, wo sie (wenn alles nach Plan verläuft) befruchtet und anschließend beschalt werden. Ein Eisprung ist ein aufregendes Ereignis auf dem Zuchtkalender des Pflegers, denn zum ersten Mal seit Beginn der ersten Vorbereitungsmaßnahmen besteht nun eine gute Chance, daß wirklich etwas Positives passieren wird. Die Ovulation liefert nun auch einen recht verläßlichen zeitlichen Anhaltspunkt für die voraussichtliche Eiablage und den Schlupf der Jungtiere. Sie garantiert zwar immer noch keineswegs ein Ablegen befruchteter Eier, jedoch führt ein normaler Eisprung in aller Regel zu einem wenigstens teilweise entwicklungsfähigen Gelege.

Abb. 216: Eine typische ovulationsbedingte Schwellung und Körperhaltung. Dieses Tier scheint sich wohler zu fühlen als es tatsächlich der Fall war und verharrte nur für ein paar Minuten in dieser Stellung. Vergleiche diese Aufnahme mit der desselben Weibchens auf **Abb. 213**.

Zwischen dem ersten Futterverweigern und dem Eisprung können Zeiträume ganz unterschiedlicher Länge liegen, und das Gleiche trifft auf den Abstand zwischen der letzten Kopulation und der Ovulation zu. Ich habe Aufzeichnungen über Weibchen, die noch neun Tage vor dem Eisprung Futter aufgenommen haben und von solchen, die schon mehr als 50 Tage vorher nicht mehr fressen wollten. Der zeitliche Abstand zwischen der letzten Kopulation und dem Eisprung reicht meinen Unterlagen zufolge von fünf bis siebzig Tagen! Auch wenn ich einen gewissen Zusammenhang zwischen der Zeit von der letzten Paarung bis zum Eisprung und dem Ausmaß der Befruchtung der Eier feststellen konnte – eine kürzerer Abstand bedeutet gewöhnlich mehr befruchtete Eier – so führte der Zeitraum von 70 Tagen doch zu einem nahezu zu 100 % befruchteten Gelege. Diese hochgradig variablen Zeitabstände können für jene Pfleger überaus frustrierend sein, die nach genauen Antworten auf die Frage nach dem „Wie lange“ suchen. Ein Zeitschritt ist dabei jedoch erheblich konstanter, nämlich die vier bis acht Wochen zwischen dem Bemerken der Anzeichen für eine Follikelentwickung und der Ovulation. Vermutlich ist dieser Zeitrahmen enger als er hier erscheinen mag, denn nicht alle Weibchen weisen eine erkennbare Schwellung oder andere Anzeichen mit der gleichen Klarheit auf. Ein Festlegen des ersten Tages mit solchen Anzeichen ist damit in hohem Maße von der Subjektivität des Beschauers abhängig. Ich glaube, daß die meisten Weibchen etwa einen Monat nach dem deutlich sichtbaren Anschwellen durch sich entwickelnde Follikel ovulieren.

Wenn ein Weibchen erst einmal einen Eisprung hinter sich gebracht hat, besteht eine große Wahrscheinlichkeit dafür, daß es auch Eier absetzen wird. Der Grund dafür ist das Fehlen eines biologischen Mechanismus, der es dem Weibchen erlauben würde, bereits ovulierte und beschalte Eier wieder abzubauen (BARKER pers. Mitt.). Die Eier können jedoch sowohl befruchtet und entwicklungsfähig als auch voll beschalt und unbefruchtet oder auch lediglich Wachseier sein. „Wachseier" sind kleine, gelblich gefärbte Objekte, die normalerweise verfestigt und trocken sind. Unbefruchtete Eier können hingegen äußerlich völlig normal aussehen oder auch weich und feucht sein.

Es gibt Hinweise darauf, daß ein Resorbieren von unbeschalten Wachseiern möglich sein könnte (CRAFTON pers. Mitt.). Zwei Vorkommnisse in meinem Bestand scheinen das zu bestätigen, denn die betreffenden Weibchen legten nach einer erheblichen Ovulationsschwellung nur einige wenige Wachseier ab.

Weibchen, die eine Tragzeit von 45 Tagen nach der Ovulationsschwellung überschreiten, sollten tierärztlich untersucht werden, um eine mögliche Legenot zu erkennen. Hierzu kann eine Röntgenaufnahme erforderlich sein. Chondros können ihre Pfleger aber auch hier wieder überraschen: eines meiner Weibchen setzte erst am 49. Tag nach seinem Eisprung seine Eier ab. Meiner Erfahrung nach ist das aber höchst ungewöhnlich.

Der unerfahrene Züchter kann beim Unterscheiden zwischen einem dicken Weibchen voller reifender Follikel und einem in einem Eisprung Schwierigkeiten haben. Wenn er erst jedoch einmal eine Reihe von Tieren in beiden Zuständen beobachtet hat, werden die Unterschiede im Verhalten, der Körperhaltung und auch im Aussehen klarer. Erfahrung bringt dann auch einen gesteigerten Grad an Selbstsicherheit mit sich, der ihn zu einer verläßlichen Aussage darüber kommen läßt, in welcher Phase sich ein Weibchen befindet. Die folgenden Hinweise und Abbildungen sollen angehenden Züchtern beim Erkennen der diesbezüglichen Unterschiede behilflich sein.

Abb. 217: Ein Wildfang-Weibchen des Aru-Typus beim Eisprung auf dem Boden seiner Wanne. Obwohl es nicht einmal auf einem Ast liegt, sind die Schwellung und sein Unbehagen deutlich zu erkennen.

Weibchen mit gereiften Follikeln verbringen oftmals Tage in nahezu völliger Bewegungslosigkeit. Einige wählen dazu eine warme, andere eine kühlere Stelle in ihrem Terrarium. Dabei nehmen sie gewöhnlich eine von zwei möglichen Körperhaltungen ein. Bei der einen hängt der Körperbereich mit den sich entwickelnden Follikeln in einem seichten Bogen knapp unter dem Liegeast, was in etwa so aussieht wie bei einem Tier, das eine große Mahlzeit hinter sich hat. Die andere besteht darin, daß einige Körperschlingen auf die Seite gerollt werden, was vorallem bei der Wärmeaufnahme deutlich wird. Wenngleich dieses Seitwärtsrollen bei Chondros nicht in dem Maße ausgeprägt ist wie bei anderen trächtigen Boiden, die den Körperbereich mit den sich entwickeln-

Abb. 218: Dasselbe Weibchen wie auf **Abb. 214**, hier während seines Eisprungs. Wiederum sind die Schwellung der Körpermitte und das durch die Körperhaltung ausgedrückte Unwohlsein zu erkennen. Diese Merkmale und ihr rasches Einsetzen unterscheiden eine Ovulation in den allermeisten Fällen von der Follikelentwicklung. Wenn man sich nicht sicher ist, dann ist es meistens kein Eisprung – oder zumindest kein normaler.

den Eiern oder Embryos bisweilen völlig umdrehen, wird doch angenommen, daß es genau dem gleichen Zweck dient, nämlich die sich entwickelnden Follikel gezielt der Wärmestrahlung auszusetzen. Bei weiblichen Grünen Baumpythons kann der Körperbereich mit den sich entwickelnden Eizellen groß und etwas gedehnt erscheinen, wenn er auf einem Ast plaziert und auf die Seite gerollt wird. Manche Pfleger verwechseln dies dann mit einem Eisprung. Zu bemerken ist jedoch, daß wenn die entsprechende Körperschlinge auf dem Liegeast seitwärts gerollt wird, der obere Bereich angeschwollen und vergrößert erscheint, die Unterseite jedoch dort, wo sie die Unterlage berührt, etwas eingefallen erscheint.

Ovulierende Weibchen sind andererseits in nahezu jedem Fall sehr unruhig. Sie wechseln ständig die Körperhaltung, suchen immer neue Liegeplätze auf und zeigen so gut wie nie die normale, nach innen aufgerollte Spirale. Die durch den Eisprung verursachte Schwellung ist rund um den betreffenden Körperbereich vorhanden, betrifft also auch die Unterseite, wo keine Einsenkung auftritt. Diese Schwellung kann so stark sein, daß man um die Gesundheit des Weibchens besorgt sein kann und befürchten mag, daß es letztendlich platzt! Weibchen mit einer umfangreichen Ovulation fühlen sich sichtlich unbehaglich. Zwei meiner Weibchen ovulierten auf dem Boden ihrer Terrarien, wo die Schwellung weniger gut zu erkennen war, als wenn sie im Geäst stattfindet. Die große, auf eine Stelle beschränkte Schwellung, die sich rapide entwickelt und einen soliden Eindruck macht und das damit einhergehende Verhalten des Weibchen machen eine Ovulation in den allermeisten Fällen als solche sicher erkennbar.

Selbstverständlich „verheimlichen" einige Weibchen ihren Pflegern, was in ihrem Inneren vor sich geht. Manche Tiere können dann ruhelos erscheinen und mehrfach Ansätze zum Anschwellen zeigen, bevor es dann tatsächlich zum Eisprung kommt. Es ist möglich, daß diese Weibchen dann jeweils nur ein paar Follikel aus den Eierstöcken entlassen, bevor die Masse der Eizellen schließlich folgt. Der Pfleger kann in diesen Fällen nur zuschauen und abwarten, was als Nächstes passiert. Er sollte die Ereignisse schriftlich und wenn möglich in Fotos festhalten, damit er nachher die Abläufe chronologisch in einen Zusammenhang bringen kann. Es gibt jedoch stets nur einen maßgeblichen Eisprung, der nahezu immer bemerkt wird, wenn ihm später ein Gelege folgt.

Vereinzelt gab es Berichte über Weibchen mit zwei Ovulationen, und ein Pfleger hält dies sogar für die Norm. Meine eigenen Schlüsse nach etlichen Jahren mit Beobachtungen an zahlreichen trächtigen Weibchen sind jedoch, daß in diesen Fällen vorangehende Ansätze zum Anschwellen als Eisprünge mißgedeutet werden. Bei all meinen „Textbuch"-Zuchten in den vergangenen neun Jahren gab es stets nur einen klaren Eisprung in vollem Umfang. Dennoch können Chondros auch hierbei selbst die erfahrensten Züchter an der Nase herumführen, und verschiedene Beobachter können die Ereignisse in verschiedener Weise interpretieren.

In dieser Betrachtung habe ich wiederholt von den Anzeichen eines „normalen" Eisprungs gesprochen. Weibliche Chondros haben jedoch nicht immer einen normalen Eisprung. Wenn alles nach Plan verläuft, entwickelt sich die damit einhergehende Schwellung rasch und gleichmäßig und erreicht nach 24 bis 36 Stunden ihren Höhepunkt, nach welchem sie dann wieder gleichmäßig abnimmt. Weicht der Ablauf jedoch von diesem Muster und Zeitplan erheblich ab, d.h. wenn es zu mehreren kleinen Ovulationen kommt, zu keiner sichtbaren Ovulation, oder die Schwellung hält erheblich länger an oder ist deutlich verkürzt, ist das Ergebnis in aller Regel ein Gelege aus Wachseiern, eine Mischung aus unbefruchteten und entwicklungsfähigen Eiern oder ein gutes Gelege halber Größe. Ein normal großes Gelege von einem 1200 bis 1500 Gramm schweren Weibchen umfaßt etwa 18 bis 24 Eier. Gelege von 9–12 Eiern scheinen häufig in Zusammenhang mit einer nicht ganz perfekt verlaufenen Ovulation zu stehen, und es wird allgemein vermutet, daß es sich nur um die Produktion eines Eierstocks handelt. Mit einiger Erfahrung wird der Pfleger gewöhnlich in der Lage sein, angesichts der Beobachtungen bei der Ovulation vorherzusagen, ob ein gutes Gelege zu erwarten steht oder nicht. Wie ich jedoch erfahren mußte, ist auch das noch keine Garantie für gute Ergebnisse.

Wenn nicht bereits zuvor geschehen, nehme ich bei ovulierenden Weibchen stets die Wärmezufuhr wieder auf. Trächtige Weibchen suchen sich normalerweise eine Stelle, die ihre Wärmeansprüche erfüllt, ohne sich dazu viel bewegen zu müssen. Dieser Bereich ist oftmals der Wärmebadebereich unter der Heiztafel.

Die Trächtigkeitsdauer beträgt nach meinen Erfahrungen zwischen 37 und 49 Tagen. Während dieser Zeit kann sich der Pfleger auf die Eiablage und das Inkubieren des Geleges vorbereiten. Ich markiere mir dazu den 40. Tag auf meinem Zuchtkalender und halte mir ein paar Tage davor und danach frei von anderen Verpflichtungen, so daß ich mich umgehend um die Eier kümmern kann, wenn sie schließlich ankommen.

Die Häutung vor der Eiablage

Weibliche Chondros häuten sich nahezu immer 14 bis 21 Tage vor der Eiablage. Zusammen mit dem Datum des Eisprungs läßt sich somit der Zeitrahmen für die wahrscheinliche Eiablage auf ein paar Tage eingrenzen. Bei mir häuteten sich trächtige Weibchen zwischen 12 und 21 Tagen vor einer Eiablage, jedoch scheint der Durchschnitt bei 14–16 Tagen zu liegen. Keines meiner Weibchen legte seine Eier, ohne sich zuvor gehäutet zu haben, und bei WALSH kam es in 25 Jahren nur ein einziges Mal dazu (WALSH pers. Mitt.). Bei Chondros gibt es zu jeder Regel eine Ausnahme, und es gibt Berichte über das Ausbleiben einer Häutung, jedoch sollte man das weder als normal noch als häufig ansehen. Diese Häutung ist um den 25. oder 26. Tag nach dem Eisprung zu erwarten. Meiner Erfahrung zufolge ist dieses Häuten ein besserer Indikator für den zu erwartenden Zeitpunkt der Eiablage, wenn zwischen den Berechnungsdaten aufgrund der Ovulation und der Häutung Diskrepanzen bestehen. Als eines meiner Weibchen zum Beispiel erst am 49. Tag nach seiner Ovulation sein Gelege absetzte, hatte es sich doch 15 Tage davor gehäutet.

Es ist ungemein wichtig, daß die Terrarienbedingungen jetzt eine reibungslose Häutung ermöglichen. Dies ist nicht nur im Sinne eines Weibchens in bestem Zustand, wenn es zur Eiablage kommt, sondern das Letzte, was man jetzt gebrauchen kann, ist ein hochträchtiges Tier, das man einweichen muß, um angetrocknete Häutungsreste zu entfernen. Wenn das Weibchen seit einiger Zeit das Futter verweigert hat, verdickt aussieht und sich dann häutet, ohne daß man einen Eisprung bemerkt hätte, sollte man sich besser auf ein Gelege gemäß dem zuvor geschilderten Zeitplan vorbereiten. Es besteht dann die Möglichkeit, daß man die Ovulation einfach nicht als solche erkannt hat. Am Rande ist anzumerken, daß sich Chondros entgegen anderslautender Berichte nicht auch vor einer Ovulation häuten.

Ablagekisten

Ich stelle meinen Weibchen spätestens nach ihrer Häutung vor der Eiablage eine Legekiste zur Verfügung. Tiere, die sich auf ihren Liegeästen unwohl zu fühlen scheinen oder auf dem Terrarienboden liegen, profitieren von einer Ablagekiste bereits, bevor sie sich häuten. Ich kann es hingegen nicht empfehlen, eine Ablagekiste bereits anzubieten, bevor der Eisprung stattgefunden hat. Erstens besteht dazu kein Grund, und zweitens mag sie ein Beobachten der Ovulation erschweren, wenn sich das Tier darin zurückzieht und nicht wieder herauskommt. Auch wenn viele Weibchen die Box erst wenige Tage vor der Eiablage aufsuchen, so gibt es doch einige, die die Geborgenheit darin zu schätzen wissen und sich darin verstecken, selbst wenn sie sich nicht gepaart haben. In jedem Fall ist eine solche

Abb. 219: Eine Nistkiste aus Kiefernholz, wie sie der Verfasser trächtigen Chondros zur Verfügung stellt. Sie hat eine durchsichtige Frontseite, einen Klappdeckel und ein Schlupfloch auf der Seite. Die verlängerte Rückwand erlaubt ein Anschrauben an die Terrarienwand.

Abb. 220: Ein trächtiges Weibchen nimmt vor dem Eingang seiner Nistkiste unter der Heiztafel Wärme auf. Ich stelle diese Box erst zur Verfügung, wenn sich das Weibchen vor der Eiablage noch einmal gehäutet hat.

Kiste erst nach dem Eisprung oder der Häutung erforderlich. Sie schon früher in das Terrarium einzubringen, erschwert nur die Beobachtungsmöglichkeiten und erfüllt keinen Zweck.

Ich stelle meine Ablagekisten selbst aus Kiefernholz her. Sie haben einen mit Scharnieren befestigten Klappdeckel und eine Vorderseite aus Plexiglas. Letztere wird mit dunklem Karton abgedeckt, wenn ich nicht gerade hineinschauen will. Diese Kisten sind Würfel von 25 cm Kantenlänge, deren Boden einige Zentimeter hoch mit trockenem Sphagnum-Moos ausgepolstert ist. Auf einer Seite befindet sich ein Schlupfloch von etwa 8 cm Durchmesser. Ich hänge diese Box bevorzugt etwa auf der Höhe des Liegeastes auf, jedoch kann man sie auch einfach auf den Boden des Terrariums stellen. Es lassen sich auch eine ganze Menge anderer Behälter in Ablagekisten umfunktionieren, so z.B. große Speiseeisbehälter aus Plastik, bei denen man ein ausreichend großes Loch in den Deckel schneidet und die man mit trockenem Moos auspolstert. Mein allererstes Gelege wurde in einem solchen Behälter abgesetzt und dort vom Weibchen ausgebrütet. Inzwischen habe ich hölzernde Kisten jedoch lieber. Sie sind irgendwie natürlicher, und die Weibchen scheinen von ihnen mehr angetan zu sein. Will man das Weibchen seine Eier selbst ausbrüten lassen, kommt auch den besseren Wärmeisolierungseigen schaften von Holz eine Bedeutung zu. Praktisch kann man aber jede Art Holz- oder Plastikbehälter als Ablagebox verwenden, solange sie nur die richtige Größe und ein Schlupfloch hat, durch das das Weibchen bequem hineingelangen kann.

Die Lufttemperatur am Aufstellungsort der Box sollte im Bereich von 29–30 °C liegen. Besonders wichtig ist ein Messen und Regulieren der Substrattemperatur in der Kiste, denn wenn dieses zu kalt ist, wird das Weibchen die Box nicht benutzen. Wenn die Temperatur zu niedrig ist, kann man eine kleine Heizmatte darunterlegen, wie sie als Unterbodenheizung für Aquarien verwendet wird. Die Matte wird dann direkt am Boden der Kiste mit Abdeck-Klebeband befestigt. In diesem Fall muß unbedingt ein Thermostat verwendet werden, dessen Temperaturfühler sich auf dem Boden in der Kiste befindet und das auf 29–30 °C eingepegelt wird. Der einfachste Weg zum Feststellen dieses Werts und der Körpertemperatur des sich in der Kiste aufhaltenden Weibchens ist mit einem kontaktlosen Wärmesensor wie der Wärmepistole Raytek. Höhere oder niedrigere Temperaturen in der Ablagebox können außerhalb des Idealwerts für die sich entwickelnden Eier liegen, und die Kiste mag deshalb vom Weibchen nicht angenommen werden.

Die meisten Weibchen suchen die Ablagebox bereits einige Tage vor der Eiablage auf. Wie bereits gesagt, ziehen sich einige früher darin zurück und andere später, jedoch hat dieses Verhalten keinerlei Auswirkung auf den Ablagezeitpunkt. So aufregend es auch ist, ein hochträchtiges Weibchen in seiner Kiste verschwinden zu sehen, so wenig ist es doch ein Anzeiger für eine gelungene oder fehlgeschlagene Vermehrung. Mit anderen Worten sollte man den Fortschritt des Zuchtversuchs nicht danach zu beurteilen versuchen, wann das Weibchen in seiner Box verschwindet.

Abb. 221: Ein Weibchen kann in den letzten Nächten vor der Eiablage unruhig werden und die Nistkiste wiederholt verlassen und erneut aufsuchen. Unerfahrene Züchter messen dem Zeitpunkt des Aufsuchens der Box oftmals zuviel Bedeutung bei.

Wichtig ist hingegen das Beobachten des Weibchens je näher der erwartete Ablagezeitpunkt rückt. In seltenen Ausnahmefällen nutzt ein Weibchen die Kiste nicht und setzt stattdessen seine Eier in der Wasserschale ab oder läßt sie einfach von seinem Liegeast fallen. Diese Tiere deuten ihre Absichten gewöhnlich durch ein ruheloses Verhalten an und dadurch, daß sie nicht lange in ihrer Box verweilen. Das Weibchen sucht zwar normalerweise anfangs die Ablagekiste wiederholt auf und verläßt sie dann wieder, bevor es sich schließlich dauerhaft darin zurückzieht, und das ist kein Problem. Weibchen, die jedoch auch mit immer näher rückendem Ablagezeitpunkt noch rastlos durch ihre Terrarien streifen, sollten aufmerksam beobachtet werden. Ich selbst schließe sich solchermaßen verhaltende Kandidaten ab dem 14. Tag nach der Häutung einfach in ihre Kisten ein. In meinem Bestand befindet sich nur ein Weibchen, das absolut nicht in einer Kiste ablegen will, jedoch beruhigt es sich schnell, wenn ich es in seiner Box einschließe und das Schlupfloch mit einem Stück Pappe zuklebe. Dieses Tier brütet sogar willig seine Eier selbst aus, wenn ich es lasse. Man kann mit dem Einschließen warten, bis die Schlange die Kiste selbständig aufgesucht hat oder sie zwangsweise hineinsetzen, wenn sie diese überhaupt nicht zur Kenntnis nimmt. Diese ruhelosen Weibchen können aber mitunter auch eine andere Nistkiste willig annehmen oder die gleiche an einer anderen Stelle. Es empfiehlt sich

Abb. 222: Ein hochträchtiges Weibchen begibt sich gewöhnlich schon 2–3 Tage vor der Eiablage in seine Ablagekiste.

Abb. 223: Die typische Spirale mit dem Schwanz in der Mitte, die die meisten Weibchen bei der Eiablage einnehmen. Die drei frisch abgesetzten Eier hinter der Kloake zeigen die leicht gelbe bis lohbraune Färbung, die erst mit dem Trockenwerden zu einem strahlenden Weiß wird, wie das bereits bei dem Rest des Geleges geschehen ist.

Abb. 224: Bis die Schalen getrocknet sind, sind die Eier weich und flexibel. Die orangefarbenen Flecken auf den Eiern in beiden Fotos sind Stellen mit verminderter Kalzifizierung. Sie beeinträchtigen deren Entwicklungsfähigkeit jedoch meistens nicht.

also, zunächst einige Möglichkeiten auszuprobieren. Ein guter Trick zum Verhindern von in der Wasserschale abgelegten Eiern ist, einfach einen kleineren Behälter anzubieten. Ein angemessen hoher Grad relativer Luftfeuchtigkeit ist nun ebenfalls von großer Bedeutung. Zum Einen fördert er das Wohlbefinden des Weibchens, zum Anderen werden die Eier während des Legens vom Austrocknen bewahrt.

Eiablagen beginnen gewöhnlich in den frühen Morgenstunden, manchmal noch vor Tagesanbruch, können aber auch zu jeder anderen Tageszeit stattfinden. Der ganze Prozeß dauert in der Regel mehrere Stunden, und sein Ende wird vom Weibchen dadurch angezeigt, daß es sich in einem bienenkorbförmigen Turm um sein Gelege rollt. Hierbei handelt es sich um eine eher vertikal aufgerollte Körperhaltung, bei der der Kopf auf der Spitze zu liegen kommt (siehe die Abbildung im Abschnitt über mütterliche Brutfürsorge). Der Züchter wird in der Regel bereits vorher festgelegt haben, welche Inkubationsmethode verwendet werden soll und kann nun die dafür notwendigen Schritte unternehmen. Die beiden hierfür infrage kommenden Alternativen wollen wir als nächstes betrachten.

Abb. 225: Dieses Weibchen hat beinahe alle seine Eier gelegt und beginnt nun damit, das Gelege durch Zusammenziehen seiner Körperschlingen zu einem bebrütbaren Haufen zu formen.

Zeitigung der Eier

„Wenn die Presse über meine Erfolge berichtet, weist kaum jemand darauf hin, daß mir meistens mehr und bessere Informationen zur Verfügung standen als meinen Kollegen." Lyndon B. Johnson

Es kann kein Zweifel daran bestehen, daß Chondro-Eier zu den schwieriger zu zeitigenden Python-Eiern gehören. Einzelne Züchter haben dieser Aussage auf der Grundlage widersprochen, daß ihnen das Ausbrüten von *Morelia viridis*-Gelegen ohne große Probleme gelingt. Trotzdem läßt sich kaum darüber streiten, daß die Eier dieser Art empfindlicher als jene vieler anderer Riesenschlangen sind. Chondro-Eier zeigen sehr schnell Zeichen des Unwohlseins, wenn sie Bedingungen ausgesetzt sind, die außerhalb ihrer engen Toleranzgrenzen liegen. Zu behaupten, daß in den letzten Jahren jedoch kleine Fortschritte erzielt worden sind, wäre eine immense Untertreibung. Heute können Pfleger schon beim ersten Versuch Erfolg haben, auch bei der künstlichen Inkubation, was vor einigen Jahren noch als ausgesprochenes Glücksspiel galt. Wie beim Erlernen des Umgangs mit einem Computer haben manche Pfleger jedoch schnell den Dreh raus, und andere empfinden es als schwierige Aufgabe.

In diesem Kapitel wollen wir sowohl das Ausbrütenlassen der Eier durch das Muttertier als auch die künstliche Inkubation unter die Lupe nehmen. Beide Vorgehensweisen sollen im Detail besprochen und das Für und Wider beider untersucht werden, so daß der Pfleger für sich selbst entscheiden kann, welche von beiden besser für seine Umstände geeignet ist.

Mütterliche Brutfürsorge

In der Natur kümmert sich das Weibchen selbst um sein Gelege, und die meisten im Terrarium lebenden Tiere übernehmen diese Aufgabe gleichermaßen willig. Der Anblick eines seine Eier bebrütenden Weibchens hat etwas überaus Befriedigendes an sich und ist eine Erfahrung, die jeder Pfleger wenigstens einmal selbst machen sollte. Auch wenn ich meine Chondro-Gelege aus den später dargelegten Gründen heute fast ausschließlich künstlich inkubiere, liegt mir die mütterliche Brutfürsorge doch sehr am Herzen. Dies ist nicht nur so weil ich damit während meiner Anfangszeit viel Erfolg hatte, sondern auch, weil ich viele Einsichten über das künstliche Inkubieren dadurch lernen konnte, daß ich zuschauen konnte, wie es die Mama macht. Es wird kaum jemand anzweifeln, daß Mama Chondro am besten weiß, wie's gemacht wird! Durch das Beobachten eines brutpflegenden Weibchens und seines Geleges erkennt der Züchter, wie sich entwickelnde Eier wirklich aussehen sollten. Für viele neue Züchter ist es ein guter Rat, dem Muttertier die Fürsorge für die Eier zu überlassen, jedoch ist es natürlich wiederum keine völlig narrensichere Methode. Ich habe mehrere 100 % Schlupferfolge damit erzielt, ebenso wie einige 100 % Mißerfolge. Mütterliche Brutfürsorge ist wie ein Glas kalte Milch – wenn sie gut ist, ist sie sehr gut, aber wenn sie schlecht ist, ist sie einfach fürchterlich. Wie man beurteilt, welchen Weg ein Gelege nehmen wird, will ich weiter unten erklären.

Mütterliche Brutfürsorge befreit den Pfleger von vielen Sorgen und bedarf keiner teuren oder ausgefallenen Technik. Wenn sich das Weibchen in einem Terrarium befindet, in dem sich eine mäßig hohe Luftfeuchtigkeit gut hält, benötigt man nicht einmal

Abb. 226: Ein Weibchen des Aru-Typus mit seinen Eiern in der bienenkorbartigen Haltung, die es zur Inkubation seiner Eier einnimmt. In einem guten, d.h. hohen Turm haben die Eier keinen Kontakt mit dem Untergrund und sind dadurch von Umwelteinflüssen gut abgeschirmt.

ein besonderes Behältnis. Das Muttertier kann seine Eier dort ausbrüten, wo es sie abgelegt hat – in seiner Ablagekiste. Die einzigen Grundbedingungen hierfür sind ein angemessener Grad relativer Luftfeuchte und die richtigen Umgebungstemperaturen. Man nehme zur Kenntnis, daß ich „angemessener Grad relativer Luftfeuchte" sagte, nicht „hohe Luftfeuchtigkeit". Verschiedentlich ist empfohlen worden, Chondro-Eier einer 100 % Luftfeuchtigkeit auszusetzen damit sie schlüpfen. Dies ist von manchen Pflegern so verstanden worden, daß das Brutterrarium oder die Nistkiste ein mit Wasserdampf gesättigtes Klima aufweisen müsse. Es ist jedoch nicht nur falsch, sondern führt auch zu einer Gesundheitsgefahr für Mutter und Eier. Eine übermäßig feuchte Umgebung ist tatsächlich eine der größten Risiken für die Eier. Viele neue Züchter wären überrascht, würden sie den vergleichsweise geringen Grad relativer Luftfeuchte messen, der bei einer mütterlichen Brutfürsorge die Eier zum Schlüpfen bringt. Daß bei einer künstlichen Inkubation höhere Werte benötigt werden, steht auf einem ganz anderen Blatt.

Ich verwende einen großen Inkubator als Brutkammer für das brutpflegende Weibchen. Die erforderliche Luftfeuchtigkeit wird durch mit Wasser gefüllte Wannen erzielt, die auf ansonsten leeren Regalen stehen. Abgesehen von einem geringfügigen Beschlagen unten an den Glastüren weisen keine anderen Anzeichen auf eine hohe Luftfeuchte hin. Die Schlupfergebnisse unter diesen Bedingungen sind hervorragend. Im Gegensatz zu den normalen Haltungsbedingungen von Chondros verschaffe ich meinen brutpflegenden Weibchen keine im Tagesverlauf fluktuierenden Luftfe uchtigkeitsbedingungen. Sie werden stattdessen bei einem gleichmäßig mittelhohen Wert gepflegt. Tropfendes Kondenswasser und Schimmelbildung weisen auch hier auf übertrieben feuchte Verhältnisse hin.

Zu beachten ist, daß das Innere der Nistbox stets trocken bleibt und zwar sowohl vor als auch nach dem Absetzen der Eier. Das angepeilte Ziel ist eine luftfeuchte Umgebung, die weder zu trocken noch zu feucht ist. Es ist durch häufiges Sprühen mit kleinen Wassermengen, große Wasserwannen und ein feuchtes Substrat zu erreichen. Eine ebenfalls geeignete Maßnahme ist das Aufhängen eines feuchten Handtuchs über einen der Liegeäste, der die umgebende Luft sichtbar anfeuchtet. Bedient man sich dieser Methode, ist das Handtuch sofort zu wechseln, wenn ein Schimmelgeruch wahrgenommen wird. Durch Anfeuchten des Handtuchs mit einer verdünnten Chlorhexidin-Lösung vermeidet man effektiv die Bildung von Bakterien. Ich gebe auch stets ein paar Tropfen dieses Bakterizids in die Wasserwannen in meinem Inkubator, wenn diese neu gefüllt werden müssen.

Messungen haben gezeigt, daß brutpflegende Chondro-Weibchen ihre Gelege zu verschiedenen Zeiten unterschiedlichen Temperaturen aussetzen. So wurde festgestellt, daß die Eier während der ersten und der siebenten Woche der Inkubation bei etwas niedrigeren Temperaturen bebrütet werden. Diese Umstände wurden erstmals Anfang der achtziger Jahre durch Dr. L.H.S. VAN MIEROP dokumentiert, dessen Versuche einen maßgeblichen Beitrag zur Aufstellung eines Temperaturplans für die erfolgreiche Inkubation von Chondro-Eiern leisteten. Zum Teil wird dieser noch heute verwendet. VAN MIEROP belegte auch, daß brutpflegende Chondros ihre Körpertemperatur um bis zu 3 °C über die Umgebungstemperatur anheben können (WALSH 1997). Während der wärmsten Phase steigert das Weibchen die Temperatur für die Eier auf ungefähr 31 °C. Hält man die Werte außerhalb der Nistkiste daher auf 29–30 °C, kann das Weibchen die Inkubationstemperaturen auf den gewünschten Wert bringen, ohne dafür übermäßig viel Energie aufwenden zu müssen. Zu beachten ist, daß die Temperaturen im Inneren der Box durch das brütende Weibchen höher als die Außenwerte sind. Der angegebene Außentemperaturbereich gestattet es dem Weibchen nach wie vor, die Bruttemperaturen mit minimalem Energieaufwand zu regulieren. Ich senke die Außentemperaturen für die letzte Woche der Inkubation auf den unteren Wert, da dann auch, wie oben gezeigt, das Weibchen die Bruttemperatur vermindert. Hierdurch will ich sicherstellen, daß das Weibchen diese Absenkung vornehmen kann, ohne an die Grenzen der Außentemperaturen zu stoßen.

Weder der Grad relativer Luftfeuchtigkeit noch die Umgebungstemperaturen sind von übermäßig großer Bedeutung, solange dem

Abb. 227: Eine gute Mutter mit einem schönen Bienenkorb und perfekt aussehenden Eiern. Das Weibchen wurde für dieses Foto dazu veranlaßt, die Spitze des Eiturms freizugeben; normalerweise sind die Eier nicht sichtbar. K. TEPEDELEN

Abb. 228: Dieses Weibchen versucht, sein aus 24 befruchteten Eiern bestehendes Gelege zu bebrüten. Es ist für diese Aufgabe jedoch zu klein, so daß der Turm flach ausfällt und ein Ei sogar daneben liegen bleibt. Die Eier wurden ihm daraufhin weggenommen und künstlich inkubiert.

Weibchen die zuvor empfohlenen Rahmenbedingungen ungefähr zur Verfügung stehen. Es macht dann den Rest. Einmal schlüpfte bei mir ein Gelege, das einem drei Tage anhaltenden Stromausfall ausgesetzt war. Dadurch war das Weibchen gezwungen, seine Eier vorübergehend bei Umgebungstemperaturen um 24 °C zu bebrüten. Sämtliche Eier schlüpften.

Wenn man eine mütterliche Brutpflege für ein bestimmtes Gelege in Betracht zieht, muß als erstes der gesamte Verlauf der Trächtigkeit und die auf die Fortpflanzung bezogene Vorgeschichte des betreffenden Weibchens, soweit bekannt, beurteilt werden. Wenn schon der Eisprung abnormal verlaufen ist, sollte man besser eine künstliche Inkubation wählen, den eine schwach ausgeprägte oder unregelmäßige Ovulation bedeutet meistens auch eine schlechte Befruchtungsrate. Weibchen mit einer Vorgeschichte mit unbefruchteten Gelegen oder wenig ausgeprägtem Brutinstinkt sind schlechte Kandidaten für diese Art der Inkubation. Nachdem das Gelege abgesetzt worden ist, sollte man versuchen, einige der Eier zu durchleuchten (siehe Ei-Management im Abschnitt Künstliche Inkubation), um einen Eindruck über die Entwicklungsfähigkeit der Eier zu gewinnen. Entdeckt man dabei unbefruchtete Eier, ist man mit einer künstlichen Inkubation besser beraten. Letztlich sollte man beobachten, wie sich das brütende Weibchen in einem bienenkorbförmigen Turm um sein Gelege rollt. Eine gute Mutter formt die Eier zu einem Turm, der es ihr erlaubt, sämtliche Eier von äußeren Einwirkungen abzuschirmen, wobei der ganze Stapel sogar vom Boden der Nistkiste abgehoben wird. Wenn das Gelege zu groß ist, mag sie dazu nicht recht in der Lage sein. Ein flacher Haufen in einer entsprechenden Körperspirale ist wenig vielversprechend.

Wenn ein brutwilliges Weibchen und eine geeignete Umgebung vorhanden sind, entscheidet praktisch nur noch die Entwicklungsfähigkeit der Eier über den letztendlichen Schlupferfolg. Sind die Eier gut beschalt und alle befruchtet, kann der Pfleger davon ausgehen, daß er 49 Tage später einige Babies unterbringen muß. Der große Schwachpunkt bei einer mütterlichen Brutpflege sind feuchte taube Eier. Dies sind beschalte, aber unbefruchtete Eier, die irgendwann während der Inkubation zu faulen beginnen. Kleine, gelbe, unbeschalte Wachseier sind selten ein Problem

Abb. 229: Drei Wachseier und ein unbefruchtetes. Das Ei sieht zwar normal aus, jedoch zeigt ein Durchleuchten keine Blutgefäße oder einen Embryo. Solche Eier fangen irgendwann zu faulen an.

Abb. 230: Naß gewordene, faule Eier stellen eine Gefahr für die übrigen Eier dar.

– sie verhärten, trocknen einfach aus und bedeuten generell kaum eine Gefahr für den Rest des Geleges. Feuchte taube Eier können aber schnell das ganze Gelege vernichten, wenn sie erst einmal zu faulen anfangen. Diese Zeitbomben können nach der Ablage trocken und weiß aussehen und von gesunden Eier kaum zu unterscheiden sein, sind aber manchmal bereits dann weich und feucht. Die trockenen unbefruchteten Eier werden nach einer Weile bläulich, grün, braun oder purpurfarben, wenn sie zu verfaulen beginnen und verströmen dann zunehmend einen infernalischen Gestank. Letzterer ist oft das erste Anzeichen für bevorstehenden Ärger, da sich viele brutpflegende Weibchen einer eingehenderen visuellen Kontrolle ihres Geleges widersetzen. Ich bin mir nicht sicher, ob es giftige Gase sind, die die guten Eier zum Absterben bringen oder der Kontakt mit der aus den verrottenden Eiern austretenden Flüssigkeit, aber ich kann mit Sicherheit sagen, daß wenn man diese Situation nicht sofort bereinigt, man wahrscheinlich das gesamte Gelege verlieren wird. Die Eier von manchen anderen Schlangenarten entwickeln sich mitunter auch in der Gegenwart verfaulender Eier weiter, doch Chondro-Eier sind diesbezüglich sehr empfindlich. Sie tolerieren derartige Verhältnisse einfach nicht, und gegenteilige Ratschläge sollte man besser einfach ignorieren. Wenn sich die faulen Eier am Grunde des Eihaufens befinden, können sie das ganze Gelege verderben, bevor äußerliche Anzeichen bei den zu oberst liegenden Eiern erkennbar werden; dies sind häufig die einzigen Eier, die ein brutpflegendes Weibchen bei einer Störung dem Blick des Pflegers preisgibt.

Da die meisten Weibchen ein Entfernen von tauben Eiern nicht ohne energischen und potentiell gefährlichen Widerstand zulassen, nehmen die meisten Züchter bei einem Verdacht auf taube Eier das Weibchen von seinem Gelege und inkubieren es künstlich. Allein weil die Möglichkeit dafür jederzeit gegeben ist, muß eine künstliche Brutanlage ständig betriebsbereit zur Verfügung stehen. Ansonsten geht der Züchter das Risiko ein, alle Eier zu verlieren. Wenigstens ein Pfleger hat behauptet, er hätte zum Entfernen von tauben Eiern ein Weibchen von seinem Gelege gezogen und es dann zur Wiederaufnahme des Brutgeschäfts bringen können. Ich erachte das als ein großes Risiko. Zum Einen verfaulen nicht alle tauben Eier mit dem gleichen Tempo, wie jeder bestätigen kann, der Chondro-Eier künstlich erbrütet hat. Ich würde das Weibchen nicht wiederholt von seinem Gelege nehmen wollen, nur um sicherzustellen, daß nicht noch mehr faule Eier vorhanden sind (auch beim Durchleuchten als befruchtet erkannte Eier können später absterben und dann verrotten). Darüber hinaus mag ein Gelege Schaden nehmen, wenn man das Weibchen entfernt und dann abwartet, ob es sich erneut um seine Eier wickelt. Es ist stets eine Gewissensfrage, ob man das Weibchen entfernt und die Eier künstlich weiter inkubiert, aber oftmals hängt ihr Überleben genau davon ab. Ich inspiziere die Eier einmal jede Woche so gut es eben geht, indem ich das Weibchen anstubse, so daß es ein oder zwei Körperschlingen anhebt. Daneben halte ich täglich einmal die Nase in die Brutkammern und -terrarien. Gesunde Chondro-Gelege haben einen schwachen, aber deutlichen Eigengeruch, der nicht mit dem beißend fauligen Gestank verrottender Eier zu verwechseln ist. Eine Nase voll davon wird man sein Leben lang nicht mehr vergessen. Beim ersten Anzeichen von Problemen sollte man sofort ein Entfernen des Weibchens in Erwägung ziehen. Das gesamte Gelege kann durch ein verfaulendes Ei sehr schnell

Abb. 231: Ein Aru-Weibchen mit schlüpfenden Eiern. Wenn die Babies ihre Eischalen aufschneiden, lockert das Muttertier seine Schlingen.

verdorben werden. Entscheidet man sich also zum Handeln, sollte man sofort handeln.

Anzumerken wäre noch, daß ein oder zwei Eier eines ansonsten guten Geleges manchmal im Laufe der Zeit dunkel purpurfarben oder schwarz werden und einfallen. Solche Eier entwickeln selten einen Geruch oder sondern Flüssigkeit ab und sind keine Bedrohung.

Ich nehme das Weibchen von seinem Gelege, wenn die ersten Eischalen von den schlüpfenden Babies durchstoßen werden. Die Eier werden dann in eine der im nächsten Abschnitt beschriebenen Schlupfwannen umgebettet. Babies, die schlüpfen, während das Muttertier noch um sein Gelege gewickelt ist, können durch Drücken Schaden nehmen oder verletzt werden, wenn das Weibchen den Pfleger angreift, der nachsehen will, wie es mit dem Schlüpfen vorangeht. Während des Ausschlüpfens lockert das Weibchen seine Körperschlingen. Beim Herausnehmen des Weibchens sind Umsicht und Selbstsicherheit angesagt. Das Muttertier wird fest hinter dem Kopf ergriffen und von seinem Gelege „abgewickelt", wobei ein zweites Paar Hände sehr hilfreich sind. Ein weiterer guter Grund zum Entfernen des Muttertiers zu diesem Zeitpunkt ist, daß der Pfleger solche Eier anschneiden kann, deren Embryos dies nicht selbst innerhalb zwölf bis vierundzwanzig Stunden nach dem ersten Ei geschafft haben. Es ist nicht ungewöhnlich, bei dieser Inkubationsform einige voll entwickelte Babies vom Grund des Geleges zu verlieren; man kann sie aber häufig durch manuelles Eingreifen retten.

Abb. 232: Ein High White-Weibchen des Aru-Typus mit seinen frisch geschlüpften gelben Babies. In diesem Fall besteht die Nistkiste aus einem Plastikeimer. C. Rouille

Die seit einiger Zeit stetig zunehmenden Erfolge bei der künstlichen Inkubation haben Stimmen lautwerden lassen, die eine mütterliche Inkubation als nunmehr überflüssig und veraltet betrachten. Ich meine aber, daß diese Vorgehensweise in bestimmten Fällen durchaus ihre Existenzberechtigung hat. Sie ist einfach zu realisieren und liefert gute Einblicke in einen der faszinierendsten Aspekte des Verhaltens von Chondros. Mütterliche Inkubation kann den Unterschied zwischen Erfolg und Mißerfolg machen, wenn mit Stromausfällen zu rechnen ist und der Züchter über kein

Notstromaggregat verfügt. Pfleger, denen es an Detailbewußtsein fehlt oder am nötigen Gefühl für die Pflege der Eier, sind hiermit gut beraten. Zu guter Letzt ist es auch der natürliche Weg. Vom Muttertier erbrütete Eier schlüpfen nahezu immer pünktlich am 49. Tag, und es gibt kaum einen schöneren Anblick als die kleinen gelben oder kastanienfarbenen Gesichter der Schlüpflinge zwischen den Körperschlingen ihrer Mutter. Es ist eine Erinnerung, die der Pfleger sein Leben lang nicht vergessen wird.

Künstliche Inkubation

Lange Zeit war eine Aussicht auf das künstliche Ausbrüten von Chondro-Eiern eine, die damit unerfahrene Züchter in Angst und Schrecken versetzte. Mißerfolge mit dieser Inkubationsmethode waren landläufig bekannt, und hundertprozentige Verluste waren häufiger als Erfolge. Über Jahre hinweg konnten neben WALSH und BESSETTE von Ophiological Services nur wenige in den USA regelmäßige Erfolge damit vorweisen. Es war also ein Verfahren, das bei diesen Züchtern gut funktionierte, von anderen aber kaum dupliziert werden konnte. Dieser Umstand, bzw. die vielen Fehlschläge zu dieser Zeit führten zu der verständlichen Schlußfolgerung, daß Grüne Baumpython-Eier unter künstlichen Bedingungen extrem schwierig zu inkubieren seien.

Abb. 233: Das alte OS-Glasverfahren zur Inkubation. Man erkennt die feuchte Kieslage, das trockene Moos und das durch den Deckel geführte Thermometer.

Bei OS wurden hierzu große Gläser mit Schraubdeckel verwendet, in denen die Luftfeuchtigkeit durch eine Lage groben Kies auf dem Boden der Behälter erzeugt wurde. Diese war mit einer Schicht trockenen Moos abgedeckt, auf dem die Eier lagen. Die Luftfeuchtigkeit innerhalb dieser Gläser wurde durch den fest sitzenden Verschluß und die Nässe der Kiesschicht bestimmt. Nachdem erst einmal die anfänglichen Schwierigkeiten überwunden waren, ließen sich damit durchaus Chondro-Eier ausbrüten. Auch ich hatte damit den ersten künstlichen Zeitigungserfolg, aber erst nachdem ich bei dem Versuch, diese Methode an meine Gegebenheiten anzupassen, einige Gelege verloren hatte. Wie bei vielen Inkubationsverfahren muß sich der Benutzer der OS-Gläser darauf einstellen und lernen, wie er seine Anlage in den Griff bekommen kann. Das geschlossene System und der dadurch fehlende Luftaustausch macht diese Methode gegenüber jeglicher Abweichung von den Idealwerten bezüglich Temperatur und Luftfeuchtigkeit hochgradig intolerant. Meinen Erfahrungen zufolge ist es damit einfacher, Eier zu verlieren, als zum Schlupf zu bringen.

In den neunziger Jahren wurde somit Abweichungen von den von Walsh und Bessette angewandten Temperaturen die Schuld für ausbleibende Schlupferfolge zugeschoben. Es schien festzustehen, daß Chondro-Eier künstlich extrem schwierig zu inkubieren seien. Schließlich wurden dann jedoch andere Inkubationsverfahren entdeckt, die bessere Erfolge produzierten. Damit begann die inzwischen übertriebene Furcht vor einem künstlichen Ausbrüten von Eiern des Grünen Baumpythons langsam abzuebben.

Ein wirklicher Durchbruch gelang, als eine Handvoll Züchter, darunter Tracy Barker, Rob Worrell, Jayson Flemming, Rico Walder und Janet Hickner, berichteten, daß sie durch die Verwendung von feuchtem Vermiculit und bei verschiedenen Temperaturen Zuchterfolge hatten erzielen können. Für jene, die ihre Kenntnisse unter der Anleitung der Pioniere erlangt hatten, klang der Vorschlag, die Eier in direkten Kontakt mit einem feuchten Substrat kommen zu lassen, wie Gotteslästerung und traf somit auf einige Skepsis. Die angeblich hohen Erfolgsraten weckten bei mir jedoch großes Interesse, und ich beschloß, es einfach einmal auszuprobieren. Ich wandelte die Vorgehensweise meinen Gegebenheiten und meinen Erfahrungen mit der mütterlichen wie auch der OS-Inkubationsmethode im Glas entsprechend ab und erlebte bei zwei aufeinander folgenden Versuchen mit Vermiculit nahezu hundertprozentige Schlupferfolge. Ich war jedoch nicht glücklich über das aufgedunsene Aussehen der Eier während der Inkubation, das nicht dem entsprach, das bei einem Bebrüten durch das Muttertier zu beobachten war.

Ungefähr zu dieser Zeit stellte Trooper Walsh ein Verfahren vor, das er aus einem entwickelt hatte, das außerhalb der USA vielfach verwendet wurde und von wenigstens einem weiteren US-Züchter angenommen worden war (Gurley pers. Mitt.). Es handelte sich um eine substratlose Methode, bei der die Eier in kleinen, trockenen Behältern oder Netzen gelagert werden, die über einer Wasserfläche in einem fast völlig geschlossenen, größeren Behälter aufgehängt werden. Die komplette Konstruktion wird dann in einem Inkubator untergebracht, der luftfeucht oder auch trocken sein kann. Ich probierte das modifizierte Walsh-Verfahren aus und hatte damit großen Erfolg. Walsh verwendete kleine Wegwerfschalen, so wie sie in Fastfood-Geschäften für Salate u.ä. verwendet werden, für jeweils mehrere Eier, die gemeinsam in Klarsicht-Schuhkartons untergebracht wurden (siehe Foto). Ich habe dieses Verfahren durch die Verwendung anderer Behälter etwas verbessern können. Neben einigen anderen kleinen Veränderungen ist die substratlose Inkubation jedoch das Verfahren meiner Wahl geworden.

Sowohl die Vermiculit- als auch die substratlose Methode werden nachstehend im Detail beschrieben. Ich denke, daß beide Verfahren auch dem Erstlingszüchter eine gute Chance für einen Erfolg geben. Neue Erkenntnisse und die Bereitschaft, diese der Öffentlichkeit zugänglich zu machen, haben einmal mehr Züchtern die Türen zu den Vorteilen einer künstlichen Inkubation geöffnet, für die eine lange Zeit endloser Frustration zu Ende gegangen ist. Es ist recht amüsant, neuen Züchtern zuzuhören, die überhaupt nicht verstehen können, warum es so schwierig gewesen sein soll, Chondro-Eier zum Schlupf zu bringen. Sie wissen überhaupt nicht, wie es vor der Veröffentlichung der heute allgemein bekannten und angewendeten Vorgehensweisen war, als Fehlschläge an der Tagesordnung waren. Ein paar Grüne

Baumpython-Züchter haben mich in dieser Hinsicht sogar heftig angegriffen. Sie gönnen anderen den Erfolg nicht und hätten zu gerne ein Monopol auf die Inkubations-„Geheimnisse“. Eine solche Einstellung widert mich an und sollte am Besten einfach ignoriert werden.

Die künstliche Inkubation hat gegenüber der mütterlichen Brutfürsorge einige Vorteile, darunter eine verkürzte Erholungszeit für das Weibchen. Dieser Umstand sollte jedoch nicht als Entschuldigung dafür dienen, das Weibchen gleich wieder für die nächste Zucht zu verwenden. Mit Sicherheit zehrt die Fortpflanzung dadurch aber weniger an der Substanz und verlängert vermutlich auch die Zeitspanne, während der sich ein Weibchen fortzupflanzen vermag. Weitere Vorteile sind das Vermeiden von Kontakt zwischen guten und faulen Eiern sowie das Wissen um die Anzahl, den Zustand und die Befruchtungsrate eines Geleges schon kurz nach dem Ablegen. Nachteile sind eine Abhängigkeit von einer ununterbrochenen Stromversorgung (es sei denn, man schafft sich ein Notstromaggregat an) und die Notwendigkeit einer aktiveren Rolle seitens des Pflegers. Eine künstliche Inkubation ist nicht Pflegern zu empfehlen, die keinen Sinn für Details haben.

Anmerkung: Temperaturansprüche werden im Abschnitt Ei-Management besprochen.

Vermiculit

Dieses absobierende Material wird zwar seit Jahren zum Ausbrüten von Schlangeneiern benutzt, fand jedoch für Chondro-Eier erst Ende der neunziger Jahre Beachtung, als ich und einige andere Züchter unsere Ergebnisse damit im Internet veröffentlichten. Vermiculit ist nicht narrensicher – das ist kein Verfahren – es ist jedoch einfacher umzusetzen als die substratlose Methode. Die benötigten Luftfeuchtigkeitswerte sind hierbei weniger kritisch und haben folglich einen erweiterten Sicherheitsbereich. Auf Vermiculit gelagert, ziehen die Eier die benötigte Feuchtigkeit direkt aus dem Material. Solange dieses weder zu trocken noch zu naß ist, entwickeln sich die Eier ohne Probleme, und die Schlupfraten sind generell hoch.

Zur Inkubation von Eiern auf diesem Substrat besorgt man sich einen Beutel Vermiculit aus einem Gartencenter. Es ist in verschiedenen Körnungen erhältlich, und die meisten Anwender bevorzugen eine mittlere Körnung. „Grob“ kann zu grob sein und „Fein“ mag in Verbindung mit Wasser so schmierig werden, daß es keine Luft mehr an die Eischalen heranläßt. Ich habe bei meinen Versuchen eine Körnigkeit verwendet, die etwa der von löslichem Kaffee

Abb. 234: Man mischt Vermiculit mit sauberem Wasser, so daß es feucht genug ist, um Klumpen zu bilden. Alles überschüssige Wasser wird herausgedrückt.

Abb. 235: Inkubation von Eiern auf Vermiculit. Sie sind nur leicht im Substrat vergraben und müssen ständig überwacht werden, damit sie weder zuviel Feuchtigkeit aufsaugen noch austrocknen. Auch die Unterseiten der Eier müssen hin und wieder überprüft werden.

entsprach. Als hygroskopisches (wasserziehendes) Material hat Vermiculit bereits im Beutel einen unterschiedlich verteilten Feuchtigkeitsgehalt. Gewichtsverhältnisse von Vermiculit zu Wasser sind daher nur dann exakt, wenn ersteres zuvor ausgetrocknet worden ist. Derart präzise Angaben sind aber auch gar nicht erforderlich, und ich setze meine Mischung nach Gefühl an. Man gibt dazu zunächst soviel klares Wasser hinzu, daß das Vermiculit feucht wird und drückt dann soviel Wasser heraus, wie es mit den bloßen Händen möglich ist. Danach ist das Material feucht und klumpig, aber nicht mehr naß und schwer. Dann nimmt man einen durchsichtigen, verschließbaren Plastikbehälter und füllt ihn etwa 5 cm hoch damit. Der Deckel wird mit vielen kleinen Lüftungslöchern versehen. Ich bevorzuge hierbei gewölbte Deckel, die mehr Luft einschließen als flache, und HICKNER stülpt einfach einen zweiten Behälter umgedreht darüber. Nun werden die einzelnen Eier auf dem Substrat so ausgelegt, daß die Embryos oben zu liegen kommen (siehe die Hinweise zum Durchleuchten weiter unten); sie sollten lediglich zu einem Viertel ihrer Höhe im Substrat eingebettet sein.

Die Eier sollten ein schönes plumpes Aussehen annehmen, jedoch weder prall noch aufgedunsen wirken. Schlangeneier sind porös und nehmen während ihrer Entwicklung Feuchtigkeit aus der Umgebung auf und werden dadurch schwerer. Sie können durchaus zuviel Feuchtigkeit absorbieren und im Extremfall sogar zerplatzen. Wenn die Eier also anfangen, prall und gedehnt auszusehen, muß die Feuchtigkeit entweder durch eine verstärkte Lüftung oder durch eine trockenere Mischung vermindert werden. Im gegenteiligen Fall, wenn die Eier einzufallen beginnen, muß das Vermiculit durch Sprühen nachgefeuchtet werden. Hierzu nimmt man die Eier heraus und legt sie dann wieder zurück; sie sollten nun wieder die normale Form annehmen. Tatsächlich ist das vorübergehende Lagern von bei anderen Inkubationsverfahren zu trocken gewordenen Eiern auf feuchtem Vermiculit eine effektive Methode, sie zu rehydrieren. Ich tausche das Substrat routinemäßig nach der Hälfte der Inkubationszeit aus oder wenn es währenddessen zu trocken oder zu feucht geworden ist. Mir ist diese Vorgehensweise angenehmer als der Versuch, zu trocken gewordenes Vermiculit wieder anzufeuchten. Eine Ausnahme mache ich, wenn nur ein oder zwei Eier etwas mehr Feuchtigkeit vertragen könnten. Dann nehme ich diese hoch, sprühe das Vermiculit darunter und lege sie wieder zurück.

Man sollte sich weniger auf exakte Mischverhältnisformeln oder eigene Vorstellungen als darauf verlassen, was einem die Eier „sagen". Solange sie weiß und voll, aber nicht „aufgeblasen" aussehen, ist der Feuchtigkeitsgehalt in Ordnung. Dabei muß auch die Unterseite der Eier Beachtung finden, denn zu trocken gewordenes Vermiculit kann den Eiern an der Kontaktfläche Feuchtigkeit entziehen. Walsh berichtete über den Verlust eines kompletten Geleges aus diesem Grund.

Wichtig zu wissen ist, daß Chondro-Eier während der letzten zwanzig Inkubationstage stellenweise einfallen. Das ist ganz normal und kein Grund zur Besorgnis. Im Gegenteil, Eier, die bis zum Ende der Inkubation voll aussehen, werden einwandfrei zu feucht gehalten!

Schlüpfende Eier sollten umgehend in eine Schlupfwanne überführt werden (siehe weiter unten), wenn sie auf Vermiculit gezeitigt werden. Dies ist besonders bei einem feinen Granulat lebenswichtig, da sich die Schlüpflinge damit die Atemwege verstopfen können. Auch aus diesem Grund sollte man besser von vornherein eine gröbere Sorte wählen.

Die Verwendung von Vermiculit erfordert vom Pfleger ein hohes Maß an Aufmerksamkeit und Beurteilungsvermögen. Hat man damit jedoch erst einmal einige Erfahrungen gesammelt, ist es nicht mehr schwierig. Der Pfleger muß hier eine aktive Rolle übernehmen, die allerdings weitestgehend auf die Schaffung eines der Eientwicklung zuträglichen Mischungsverhältnisses zwischen Vermiculit und Wasser und die Temperaturkontrolle beschränkt sind. Die Inkubation auf Vermiculit kann schon beim ersten Versuch zum Erfolg führen, und viele Züchter schwören darauf.

Substratlose Inkubation

Ich mag diese Vorgehensweise, weil sie die Variable des Feuchtigkeitsgrades des Substrats aus der Gleichung entfernt. Einmal eingerichtet, ist sie auch nahezu wartungsfrei. In Europa ist es die am häufigsten verwendete Methode, und in den USA wurde sie von wenigstens einem Züchter erstmals Ende der achtziger Jahre ausprobiert. Hier fand sie jedoch erst weitere Verbreitung, nachdem WALSH seine Ergebnisse damit im ChondroForum veröffentlicht hatte.

Das Verfahren ist ein wenig komplexer als bei der Verwendung von Vermiculit, was damit zusammenhängt, daß die von den Eiern benötigte Feuchtigkeit der umgebenden Luft entnommen werden muß. Sobald jedoch die dynamischen Vorgänge innerhalb des Behälters bekannt sind, macht dieses System nur noch Freude und liefert jedes Mal aufs Neue konstante Ergebnisse. Ich habe festgestellt, daß substratlos inkubierte Eier jenen bei einer mütterlichen Inkubation am ähnlichsten sehen.

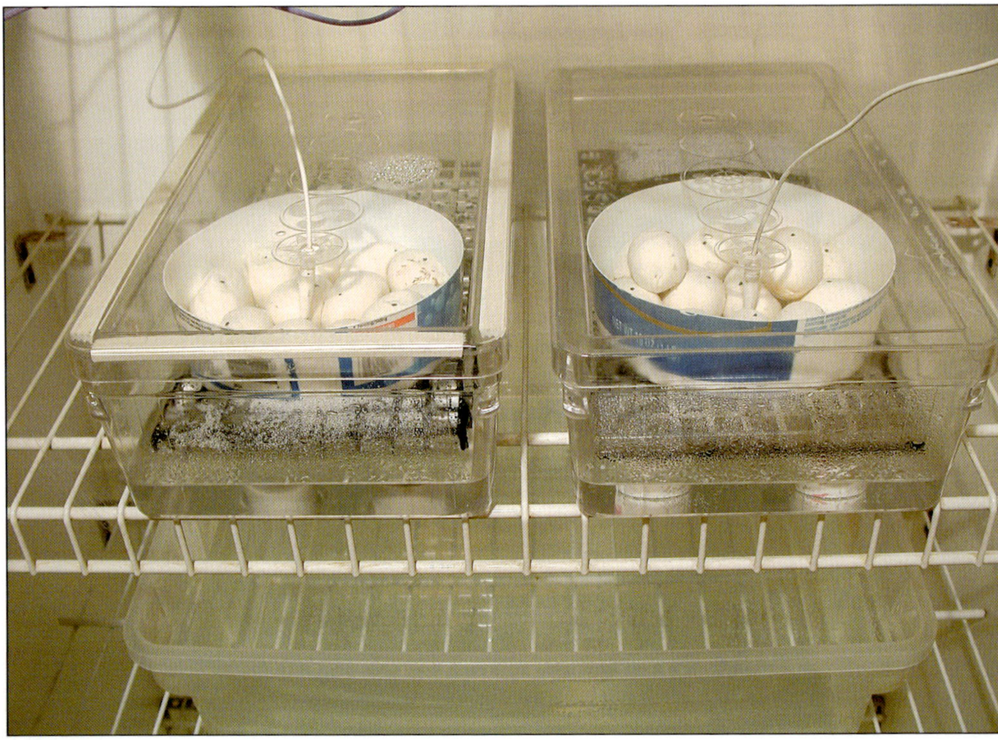

Abb. 236: Ein Gelege während des Bebrütens nach der substratlosen WALSH-Methode in einem meiner Inkubatoren. Die Eier werden dazu in trockenen „Eierbechern" gelagert, die wiederum in einem Eierbehälter untergebracht und über einer Wasserfläche aufgehängt sind. Die Sonden des Thermostats und des Thermometers sind hier durch den Deckel geführt worden und berühren die Eier.

Die erforderliche Technik ist einfach zusammenzustellen. Eine durchsichtige Wanne wird 2–3 cm hoch mit Wasser gefüllt. Darüber wird ein Gitterrost aus PVC-Stangenmaterial oder einem ähnlichen Plastik aufgehängt oder eingesetzt. Die Eier werden einzeln oder in Gruppen auf kleine, oben offene, mäßig flache Plastikbehälter verteilt und diese auf den Gitterrost gestellt. Die Wanne wird mit einem Deckel abgedeckt, wobei weder erstere noch letzterer Lüftungslöcher aufweisen. Die ganze Konstruktion wird alsdann in einen Brutschrank gestellt, der eine erhöhte Luftfeuchtigkeit aufweist. Der Deckel und die Wände der Wanne beschlagen zwar ein wenig, jedoch bleiben die Eier selbst relativ trocken. Ich selbst hatte noch nie Probleme mit abtropfendem Schwitzwasser bei meinen Inkubatoren; siehe aber die Anmerkungen dazu weiter unten.

Die Luftfeuchtigkeit innerhalb des Eierbehälters läßt sich zu einem gewissen Grad durch die Luftfeuchte im Inkubator beeinflussen. Anderenfalls kann man die Deckelinnenseite absprühen und so die Luftfeuchtigkeit erhöhen, wenn die Eier während der ersten Woche etwas einfallen sollten. Ein Schlüsselelement bei der substratlosen Inkubation ist das Verhältnis zwischen Verdunstung und relativer Luftfeuchtigkeit innerhalb des Eierbehälters. Zuviel Wasser darin kann den

Wert durchaus senken, da dies zu Lasten der Luftmenge darüber geht. Ich habe auch festgestellt, daß man dem Verdunstungsprozeß auf die Sprünge helfen kann, indem man den Inkubator etwa abkühlen läßt, was schnell zu einem Beschlagen des Eierbehälters führt. Dabei muß selbstverständlich darauf geachtet werden, daß die Eier selbst nur wenig abkühlen. Zwei oder drei Grad Temperaturunterschied zwischen Inkubator und Eierbehälter sollten aber schon ausreichen, um den Prozeß in Gang zu bringen. Danach wird die gewünschte Zeitigungstemperatur langsam wieder hergestellt.

Die Eierboxen und -becher, die ich heute verwende, liefern noch bessere Ergebnisse als die Klarsicht-Schuhkartons und die kleinen Salatschüsseln. Ichverwendenunmehr Aufbewahrungsbehälter aus Acryl, die etwa 23 cm Länge und Breite und 12 cm Höhe haben. Sie sind mit einem Klemmdeckel ausgestattet, der zwar nicht völlig luftdicht schließt, immerhin aber einen übermäßigen Luftaustausch verhindert. Auch für die Eier selbst verwende ich kleinere Acryl-Schachteln von 15 x 15 cm Grundfläche bei 5 cm Höhe. Diese statte ich mit einem passenden Gitterrost aus Plastik aus. Hierzulande sind derartige Acrylbehälter einfach in Geschäften für Verpackungsmaterial zu besorgen. Das Plastikgitter stammt in meinem Fall aus dem Lampenhandel, jedoch erfüllt eine Kletterhilfe für Zimmerpflanzen den gleichen Zweck. Der Rost in den Eierbehältern verhindert, daß die darauf liegenden Eier in direkten Kontakt mit Feuchtigkeit kommen, vorallem in den letzten Tagen der Inkubation, wenn sie zu schwitzen anfangen. In einer Eierwanne kann ich bis zu achtzehn oder gar zwanzig Eier unterbringen; für

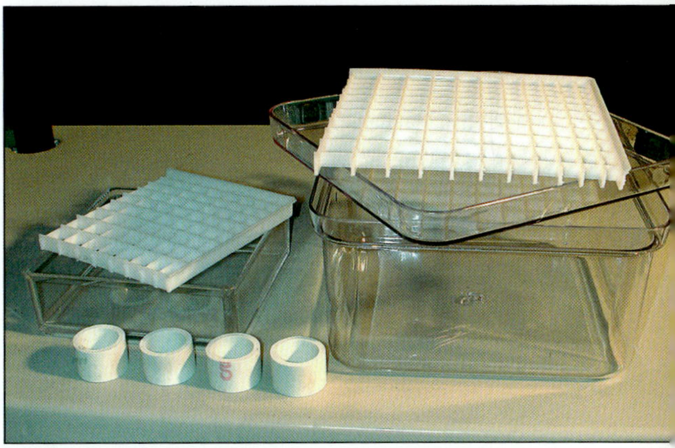

Abb. 237: Die Bestandteile meiner Version der substratlosen Inkubation: die „Eierbecher" habe ich durch durchsichtige Behälter ersetzt, in denen die Eier auf Gitterrosten ohne Bodenkontakt liegen. Auf diese Weise kann ich ungefähr 20 Eier gemeinsam inkubieren.

Abb. 238: Meine Brutanlage mit inkubierenden Eiern. Niederschlag der Luftfeuchtigkeit ist an der Vorderseite des Behälters zu sehen, jedoch bilden sich keine Tropfen am Deckel. Die Sonden des Thermostats und des Thermometers sind durch die Vorderseite und zwischen die Eier geführt worden. Eine weitere Thermometersonde auf dem Deckel des Behälters mißt die Inkubatortemperatur. Maßgeblich ist jedoch die Oberflächentemperatur der Eier.

umfangreichere Gelege verwende ich dann zwei. Kleinere Gelege kann man dann natürlich auch in kleineren Eierbehältern lagern.

Bei der substratlosen Inkubation wird der Luftaustausch erst in den letzten Tagen vor dem Schlupf wichtig. Ich habe schon Gelege zum Schlupf gebracht, bei denen die Tür des Inkubators wochenlang nicht geöffnet worden war. Ab dem 30. Tag der Zeitigung beginnen die Eier zu schwitzen, d.h. sie sondern Flüssigkeit ab. Wenn man nun nicht aufpaßt, kann es doch noch passieren, daß sie mit dem sich auf dem Boden sammelnden Wasser in Berührung kommen. Dem kann zum Beispiel Abhilfe geschaffen werden, indem man die Abdeckung der Eierwanne weiter öffnet und so den Luftaustausch verstärkt. Man kann auch die Eibehälter direkt mit Küchenpapier trockenwischen. Abflußlöcher im Boden oder weitere Gitterroste bereinigen das Problem. Sowie die Eier von den Schlüpflingen angeschnitten werden, setze ich sie in die unten beschriebenen Schlupfwannen um.

Inkubatoren

Im Grunde ist ein Brutschrank nichts weiter als eine Kiste, in der Luftfeuchtigkeit und Wärme herrschen. Ein guter Inkubator macht das Zeitigen von Eiern einfacher, ein schlecht konstruierter ist eine Quelle ständiger Panikattacken. Um es aber gleich vorweg zu sagen: den magischen schwarzen Kasten, in dem aus allen Eiern Babies schlüpfen, hat noch keiner erfunden. Es bedarf also trotz aller Technik einiger Erfahrung im Umgang mit Schlangeneiern. Ein erfahrener Züchter mag somit in einem qualitativ mittelmäßigen Brutschrank Eier zum Schlupf bringen, ein Anfänger aber auch in einem Spitzenklassemodell ganze Gelege verlieren, wenn darin nicht die richtigen Bedingungen herrschen. Man kann Brutschränke kaufen oder selbst bauen; die Preise für erstere rangieren von billig bis sehr teuer, und einige davon erfüllen ihren Zweck. Welchen Weg man jedoch auch immer wählt, man muß die Ansprüche von Chondro-Eiern kennen und wissen, wie man diese mit oder trotz der zur Verfügung stehenden Technik erfüllt. Zum Glück ist das alles nicht besonders schwierig.

Genauigkeit

Die erste Frage, die beinahe jeder stellt ist, „Welcher Inkubator ist der Genaueste?" Ohne kritisch klingen zu wollen, zeigt diese Frage doch ein gewisses Unverständnis der eigentlichen Funktion eines Inkubators. Die Frage scheint die Hoffnung auszudrücken, einen Brutschrank zu finden, in den man die Eier einschiebt, eine Temperatur vorwählt und dem man 49 Tage später die Jungtiere entnimmt. Tatsächlich erinnere ich mich an einen Anfänger, der genau in dieser Weise seinen gerade neu erworbenen „Forma Scientific"-Inkubator beschrieb.

Um die Auswahl oder den Bau eines Inkubators in einem sinnvollen Zusammenhang zu diskutieren, muß man zunächst einmal verstehen, welchem Zweck dieses Gerät eigentlich dient. Einfach ausgedrückt, soll ein Brutschrank eine eingestellte Temperatur mit so wenig wie möglich Abweichung halten. Für die darin auszubrütenden Eier (und das Nervenkostüm des Betreibers) ist die Konstanz der Temperatur weitaus bedeutender als die Genauigkeit. Die Genauigkeit beziffert die Abweichung von einem festgelegten Standard, die Konstanz hingegen die Schwankungsbreite um den gewünschten Temperaturwert.

Betrachten wir es doch einmal so: Sie haben einen Inkubator mit einem guten Thermostat, das die Temperatur kontrolliert und steuert. Dieses stellen Sie auf 31 °C ein. Mit einem geeichten Thermometer messen Sie eine Weile später 29,6 °C. Der Unterschied von 1,4 °C ist somit die Größe des Standardfehlers oder die Ungenauigkeit. Wenn nun ein Inkubator nie mehr als ein oder zwei Zehntel Grad von dem vorgegebenen Wert abweicht, ist er sehr konstant (meine aus melamin-beschichteten Spanplatten gebauten Inkubatoren halten die Temperaturen in diesem Bereich). Im gegenteiligen Fall, wenn die Inkubatortemperatur im Tagesverlauf um, sagen wir, ein volles Grad Celsius schwankt, ist der Brutkasten ziemlich inkonsistent. Einen konstanten, aber ungenauen Inkubator richtig einzustellen, ist simpel. Man bedient sich einfach eines verläßlichen Thermometers, um die richtige Temperatur einzustellen und ignoriert die ungenaue Anzeige des Thermostats. Ist das Thermostat des Inkubators genau, stimmt seine Temperaturanzeige mit der des Thermometers überein. Hat dieser Brutschrank jedoch eine Inkonsistenz von einem Grad Celsius oder mehr, ist er trotz seiner Genauigkeit zum Ausbrüten von Chondro-Eiern ungeeignet. Aus diesem Grunde sage ich immer wieder, vergiß die Genauigkeit und achte auf eine hohe Konstanz. Man muß ohnehin während der Inkubation die Temperatur der Eioberfläche überwachen, die meistens etwas von der Lufttemperatur im Inkubator abweicht. Die Genauigkeit des Thermostats im Inkubator ist daher sowieso nebensächlich.

Design

Was zeichnet denn nun einen konstanten und daher guten Inkubator aus? Die erste Regel ist die gleiche wie einem Grundstück: der Ort. Es ist überaus wichtig, daß der Inkubator in einer temperatur-stabilen Umgebung steht, die frei von Zugluft ist. Die Umgebungstemperatur sollte niedriger als die eingestellte Bruttemperatur sein, aber nicht so niedrig, daß das Gerät Mühe hat, den eingestellten Wert zu erreichen. Neben dem Aufstellungsort wird die Leistung und Konstanz durch das verwendete Baumaterial, die Frischluftzufuhr, die Größe, die Heizung, das Thermostat und die thermische Masse des Inkubators beeinflußt. Diese wollen wir nun in dieser Reihenfolge betrachten.

Es ist so offensichtlich, einen Inkubator aus einem Material mit guten Wärmeisolationseigenschaften zu bauen, daß ich darauf wohl kaum näher eingehen muß. Tomm Philipps berichtete über die gesteigerte Leistungsfähigkeit seines aus melamin-beschichteten Spanplatten gebauten Brutschranks durch ein Einkleiden mit Styroporplatten. Ein Inkubator muß nicht luftdicht schließen, jedoch sollte der Luftaustausch minimal sein, damit er konstant funktionieren kann. Meine Lösung dazu ist ebenso simpel wie effektiv: ich klebe einfach Teile der Türfugen mit Abklebeband zu. Hinsichtlich der Größe sollte man wissen, daß ein großer Innenraum thermisch stabiler als ein kleiner ist. Der Grund dafür ist, daß eine kleine Luftmenge schneller als eine größere verändert oder sogar ausgetauscht werden kann. Der Inkubator muß eine vertrauenswürdige Heizung besitzen, die weder ein Feuer verursachen kann, noch plötzlich den Geist aufgibt. In meinen selbstgebauten Inkubatoren verwende ich Heizbänder und Keramikheizer, wie sie für die Aufzucht von Hühnerküken benutzt werden und die im Bedarfshandel für Geflügelzüchter erhältlich sind. Glühlampen

Abb. 239: Meine Inkubatoren sind alte CageMaster-Einheiten; die kleinere links ist der ursprüngliche Prototyp. Die mit Wasser gefüllten Wannen dienen als Wärmespeicher und tragen zur Luftfeuchte bei. Die Lampe dient zum Kontrollieren der Eier und die durch die Tür geführten Thermalsonden zur Temperatursteuerung und -überwachung.

geeigneter Leistung sind zwar ebenfalls geeignet, bergen jedoch ein deutliches Risiko für ein unerwartetes Durchbrennen, was in aller Regel dann geschieht, wenn man nicht zuhause ist.

Man kann praktisch jedes verläßliche Thermostat verwenden, solange es nur in kleinen Stufen eingestellt werden kann. Zum Beispiel ist das Helix DBS-1000 ein ausgezeichnetes Thermostat für Terrarien, nicht jedoch für einen Inkubator, da es sich nur in vollen Gradstufen justieren läßt. Das Herpstat von Spyder Robotics scheint hingegen speziell für Inkubatoren gemacht zu sein. Es läßt sich vom Anwender selbst kalibrieren und hat eine Reihe benutzerfreundlicher Funktionen. Billige An/Aus-Thermostate sollte man meiden; sie funktionieren auf der Grundlage eines Bimetall-Schalters und sind einfach zu träge, um eine bestimmte Temperatur in einem akzeptablen Rahmen zu halten.

Die thermische Masse ist die Menge des Widerstands gegen thermische Veränderungen innerhalb des Inkubators. Eine ausgezeichnete Methode, um diesen Widerstand zu vergrößern, ist das Aufstellen von mit Wasser gefüllten Behältern im Inkubator. Sie dienen dann als Wärmespeicher, die Wärme langsam aufnehmen und langsam wieder abgeben. Dadurch wird die Temperatur im Brutschrank nicht nur stabilisiert, sondern es verkürzt sich auch die Zeit zur Wiederherstellung der Temperatur, nachdem die Türen geöffnet worden sind. Offene Wassergefäße unterstützen darüber hinaus die Schaffung einer luftfeuchten Atmosphäre, und diese stabilisiert wiederum die Luftfeuchtigkeit innerhalb der Eierbehälter.

Kühlboxen

Einige Züchter haben sich Brutschränke aus den wohl allseits bekannten Camping-Kühlboxen gebaut. Das beste diesbezügliche Design habe ich bei Damon Salceies gesehen. Sein Inkubator ist eine geniale Kombination von Heizband, Ventilator, Plastikrosten und einer Rahmenkonstruktion aus PVC. Damon hat diesen Typ Brüter bei mehreren Chondro-Gelegen ausprobiert und berichtete, daß das Problem abtropfenden Kondenswassers vom Deckel (ein bei dieser Art Inkubator häufiges Problem) durch eine gesteuerte Luftzirkulation und andere dynamische Vorgänge in seinem Design beseitigt werden konnte. Ein detaillierter Bauplan für einen solchen SALCEIES-Inkubator ist auf seiner Webseite zu finden (siehe Anhang C). Die Kosten dafür sind vergleichsweise minimal.

Avey Incubator stellen einen kühlboxartigen Inkubator her, der ausgesprochen konsistent und gut ausgeführt ist. Der Besitzer dieses Unternehmens, Jim AVEY, ist eigentlich ein Papageienzüchter, der sich auf Inkubatoren und Aufzuchtbehälter für Vögel spezialisiert hat. Tim GRAICHEN entdeckte die Avey-Webseite und wandte sich an Jim, um sich von ihm ein Gerät zur Zeitigung von Chondro-Eiern bauen zu lassen. Nach Konsultationen mit verschiedenen Züchtern, darunter auch Trooper WALSH, entwarf AVEY den Rept-48 und den größeren Rept-100, die er heute vermarktet. Im Lieferumfang inbegriffen ist ein Eierbehälter mit verstellbaren Lüftungsschlitzen im Deckel. Ich habe den Rept-100 experimentell ausprobiert und hatte Probleme mit Kondenswasser, das sich am Deckel sammelte und alle paar Tage abgewischt werden mußte, damit es nicht auf die Eier tropfen konnte. Durch das Öffnen des Deckels des Außengehäuses und Abnehmen des Deckels des Eierbehälters ging jedes Mal eine große Menge Wärme verloren, was für nach oben zu öffnende Modelle charakteristisch ist. Bei meinen nach vorne zu öffnenden CageMaster-Inkubatoren ist Kondenswasserbildung am Dach noch nie ein Problem gewesen; stattdessen bildet sich der stärkste Niederschlag an der Vorderseite des Eierbehälters, wo er harmlos abläuft. Das Kondenswasserproblem beim Avey-Inkubator und anderen mit ähnlicher Bauweise läßt sich zwar beheben, jedoch bevorzuge ich selbst einen Inkubator mit Glastüren, die erstens einen Blick in das Innere erlauben und zweitens die Kondensation vom Dach weg ziehen. AVEY hat inzwischen ebenfalls ein solches Modell auf den Markt gebracht, doch hatte ich noch keine Gelegenheit, es zu testen.

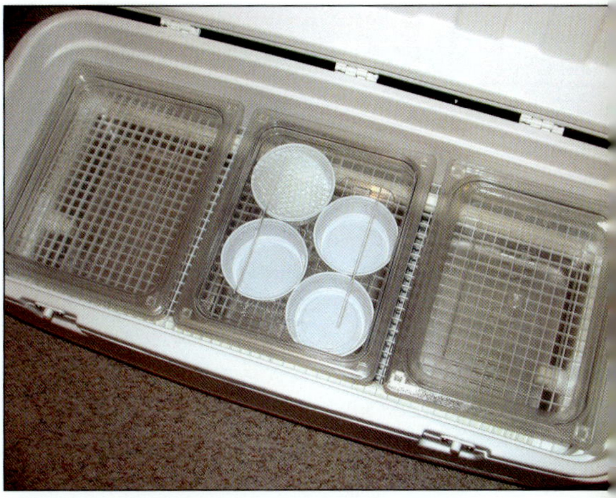

Abb. 240: Ein aus einer Kühlbox selbst gebauter Brutkasten. Durch verschiedene Konstruktionsmerkmale wurde das Ansammeln von Schwitzwasser am Deckel des Eierbehälters verhindert, das bei solchen Inkubatoren anfänglich ein Problem war. Design Damon SALCEIES. Ein Bauplan für einen solchen Brutkasten findet sich auf seiner Webseite. D. SALCEIES

Andere Eigenbauten basieren z.B. auf einem kleinen Bar-Kühlschrank. Meistens wird hier Heizband verwendet, und bei einem Design befanden sich wassergefüllte Flaschen als Wärmepuffer in der untersten Etage. Phil BLACK brachte dieses Design als erster auf und berichtete, daß es gut funktioniert. Inkubatoren lassen sich darüber hinaus auch aus Holz und Holznebenprodukten konstruieren, die dann versiegelt oder laminiert werden, damit die Feuchtigkeit sie nicht wieder auflöst. Baupläne für Inkubatoren finden sich in diversen Terraristikbüchern, darunter in dem mittlerweile vergriffenen „Reproductive Husbandry of Pythons and Boas“ von ROSS & MARZEC, sowie in terraristischen Zeitschriften. Persönlich würde ich die Finger von kommerziell hergestellten, kleinen Billig-Inkubatoren lassen. Die meisten mir bekannten Modelle lassen es an den zuvor besprochenen wichtigen Eigenschaften mangeln.

Die Lage für den Temperaturfühler

Ein letzter Punkt von Wichtigkeit für das korrekte Funktionieren eines Inkubators betrifft die Plazierung des Temperaturfühlers des Thermostats. Hier scheiden sich die Geister etwas, und die Einen meinen, daß man am besten die Lufttemperatur im Inkubator mißt, wohingegen die Anderen sagen, die Oberflächentemperatur der Eier selbst sei wichtiger. Obwohl beide Vorgehensweise zum gewünschten Ergebnis führen können, befürworte ich selbst die zweitere. Der Grund dafür ist folgender: Die Eier reagieren auf Temperaturveränderungen langsamer als die umgebende Luft, zumal sie durch den geschlossenen Eierbehälter von dieser abgeschirmt sind. Plaziert man die Sonde so, daß sie direkten Kontakt mit den Eiern hat, schirmt man auch sie von durch eine geöffnete Tür eindringender kühlerer Luft ab. Dadurch wird das ganze System stabilisiert. Ich kümmere mich im Prinzip wenig um die Luftmasse im Inkubator, solange sich deren Temperatur in vernünftigen Grenzen bewegt und die Eier bei Werten gelagert sind, die ihrer Entwicklung zuträglich sind. Läßt man den Temperaturfühler die Lufttemperatur messen, reguliert das Thermostat die Luft, mißt er die Eitempertur, reguliert das Thermostat die Eier. Da sich die Temperatur der Luft leichter verändern läßt, als die einer festen Masse oder Flüssigkeit, ergibt es für mich einen Sinn, die Temperatursteuerung auf letztere abzustimmen. In der Praxis, zumindest unter den bei mir gegebenen Umständen, führt ein Messen der Lufttemperatur zu kleinen Schwankungen bei den Eizeitigungstemperaturen.

Plaziert man den Temperaturfühler so, daß er die Eitemperatur mißt, ist wiederum zu beachten, daß sich Luft, Feststoffe und Flüssigkeiten mit unterschiedlicher Geschwindigkeit erwärmen. Dies bedeutet, daß beim Einpegeln eines neuen System, die umgebende Luft anfänglich erheblich, d.h. um mehrere Grad Celsius, stärker aufgeheizt wird als die sich langsamer erwärmenden Eier. Erst wenn diese die gewünschte Temperatur erreicht haben, schaltet das Thermostat die Wärmezufuhr ab. Da die Umluft nun aber viel wärmer als die Eier ist, heizt sie diese noch eine ganze Weile weiter auf. Die offensichtliche Gefahr ist ein gefährliches Überhitzen. Dieses Risiko läßt sich jedoch einfach umgehen. Erstens sollte man den Eierbehälter im Inkubator temperieren, bevor darin Eier untergebracht werden müssen. Zweitens sollte man den Temperaturfühler nicht sofort in Kontakt mit den Eiern bringen, wenn diese schließlich im Eierbehälter ausgelegt werden, sondern erst einige Stunden später. Damit wird verhindert, daß die kühleren Eier die Steuerung des Thermostats irreführen und es mehr Wärme zuführen lassen, als eigentlich notwendig wäre.

Welche Art Inkubator man sich auch immer zu verwenden entschließt, es ist von größter Bedeutung zu wissen, wie sich dieser unter den individuellen Umgebungsbedingungen jedes Betreibers verhält. Je länger man ein bestimmtes Gerät verwendet, desto mehr Vertrauen kann man zu ihm haben. Ich betrachte ein geeichtes Thermometer als unverzichtbaren Bestandteil meiner technischen Hilfsmittel zur Inkubation von Chondro-Eiern. Billig-Thermometer aus dem Kaufhaus können sowohl ungenau als auch inkonsistent sein und damit jeden Versuch, Thermometer und Thermostate zu eichen völlig aussichtslos machen. Ein Quecksilber- oder Alkohol-

Thermometer für den Laborgebrauch ist geeignet, ich persönlich finde jedoch das von mir verwendete Atkins Temp Tech Digital-Thermometer praktischer als ein langes Instrument aus Glas. Ich kalibriere es mit gerade gefrierendem Eiswasser und kann es auf ein oder zwei Zehntel Grad Celsius genau einstellen, was mir für die Zeitigung von Chondro-Eiern reicht. Durch Einstellen auf 0,00 °C im Eiswasser, also dem Gefrierpunkt, erhalte ich sehr genaue und verläßliche Temperaturangaben. Es erstaunt mich immer wieder, daß manche Leute jede Menge Aufwand und Geduld investieren, um von ihren Chondros ein Gelege zu erhalten und dann hoffen, daß ihre Temperaturmessungs- und -regulierungstechnik gut genug ist, um diese auszubrüten. Ich weiß bis auf ein bis zwei Zehntel genau, wo die Temperaturen bei mir liegen, und ich sorge dafür, daß es dabei bleibt.

Zur Überwachung der Eitemperaturen verwende ich ein Digitalthermometer mit externem Temperaturfühler, den ich durch ein kleines Loch im Eierbehälter führe und zwischen zwei Eiern festklemme.

Ei-Management

Um Eier künstlich zu zeitigen, muß man sie natürlich erst einmal dem Weibchen wegnehmen. Mit einem Helfer geht das einfacher, doch habe ich es auch schon viele Male ganz allein gemacht. Nachdem das Muttertier sämtliche Eier gelegt und in der typischen bienenkorb-förmigen Weise aufgetürmt hat, ist der richtige Zeitpunkt zum Handeln gekommen. Alles, was man nun braucht, sollte in Reichweite bereitstehen. Ich benötige dazu in der Hauptsache eine große, mit feuchtem Zeitungspapier ausgelegte Plastikwanne, in der das Weibchen untergebracht werden soll, ein Papier-Küchentuch, das ich über das Weibchen decke, wenn ich seine Eiablagekiste aufmache, meine Taschenlampe zum Durchleuchten der Eier und einen Markierungsstift mit feiner Spitze. Man wird wohl kaum das Weibchen in seiner Kiste stören wollen, nur um dann festzustellen, daß die Rolle Haushaltspapier verschwunden ist!

Man nimmt die Nistkiste aus dem Terrarium und öffnet den Deckel. Einige Weibchen ziehen sich ängstlich zusammen, und andere lassen keinen Zweifel daran, daß sie den Pfleger anzugreifen gedenken. In letzterem Fall ist schnelles Handeln gefragt, damit das Weibchen während seines Angriffs keine Eier beschädigt. Man läßt einfach das Küchentuch (oder einen Waschlappen) auf das Weibchen fallen und legt schnell beide Hände darauf. Durch das Papier hindurch ertastet man den Kopf und ergreift ihn.

Selbst ansonsten völlig friedfertige Weibchen lassen sich nur widerwillig von ihrem Gelege trennen, lassen jedoch eher los, wenn man sie am Kopf festhält. Nun hebt man das Muttertier behutsam an und versucht, es von seinem Eiturm abzuwickeln. Die Eier haben inzwischen begonnen, aneinander zu kleben. Hier kommt nun die zweite Person ins Spiel. Man sollte das Tier bei dem Versuch, seinen Körper und Schwanz von den Eiern zu trennen, so wenig wie möglich in die Höhe ziehen und stattdessen nur knapp über der Nistkiste halten. Der Helfer hat jetzt die Aufgabe, die sich lösenden Eier aufzufangen, damit sie nicht auf den Boden fallen und Schaden nehmen. Das Weibchen wird dann in die mit feuchtem Substrat vorbereitete Wanne gesetzt, wo ihm auch eine Schale mit frischem Trinkwasser zur Verfügung steht. Wenn die Wanne eine durchsichtige Front hat und das Weibchen aggressiv ist, kann man sie mit

Karton abkleben, damit es nicht durch das unsichtbare Hindernis hindurch zu beißen versucht und sich dabei vielleicht verletzt.

Es ist nicht ratsam, das Weibchen gleich wieder in sein angestammtes Terrarium zu setzen. Der Geruch der Eier haftet immer noch an seinem Körper, und manche Weibchen setzen aufgrund dessen ihre Fastenzeit fort und ringeln sich sogar bisweilen auf dem Boden des Terrariums zu einem bienenkorb-förmigen Turm um ein imaginäres Gelege. In einer sauberen Wanne, wo das Tier womöglich auch noch eine flache Bademöglichkeit vorfindet, verliert sich dieser Geruch schneller und führt dazu, daß das Tier bald wieder mit der Nahrungsaufnahme beginnt.

Gute, d.h. entwicklungsfähige Eier, sind weiß und voll, niemals klein, gelblich, naß oder eingefallen. Einige Gelege bestehen aus ganz glatten Eiern, andere hingegen haben, wie ich es nenne, eine Mondoberfläche, d.h. sie sind etwas beulig und weisen schneeflocken-ähnliche Flecken auf. Das ist normal und kein Grund zur Besorgnis. Hin und wieder zeigen einzelne Eier gelbe oder orangefarbene Stellen, die sich vorallem an einem der Pole konzentrieren. Dabei handelt es sich um unterdurchschnittlich kalzifizierte Partien in der Eischale. Solange diese Stellen nicht wirklich eine große Fläche des Eies einnehmen, entwickelt es sich gewöhnlich ganz normal. Mit Fortschreiten der Inkubation werden die orangefarbenen Abschnitte grau, und hin und wieder bildet sich darauf ein wenig blaugrüner, staubig aussehender Schimmel. Entdeckt man eine solche Entwicklung, sollte man den Schimmel mit einem mit einer verdünnten Chlorhexidin-Lösung getränkten Lappen sorgfältig abwischen.

Eier teilen und durchleuchten

Selbstverständlich wird man zu diesem Zeitpunkt den Inkubator und die Eierbehälter seit mehreren Tagen kalibriert und in Betrieb haben. Nachdem das Weibchen von seinem Gelege getrennt worden ist, wird man vermutlich feststellen, daß der Großteil der Eier aneinander haftet und so neben einem Kernhaufen Gruppen von jeweils zwei oder drei bildet und vielleicht nur ein paar Eier einzeln vorliegen. Ich beginne stets mit den einzelnen Eiern, nehme mir dann die kleineren Gruppen vor und schließlich die Hauptmasse. Jedes Ei wird vorsichtig von seinen Nachbarn separiert, durchleuchtet und die so ermittelte Lage des Embryos markiert (siehe die Anmerkungen zum Durchleuchten unten). Dann wird es aufrecht in den Eierbehälter gestellt, so daß der Embryo oben zu liegen kommt. Das Trennen der Eier ist nicht schwierig, macht jedoch den unerfahrenen Züchter stets nervös. Der Trick dabei ist, die Eier nicht einfach auseinander zu reißen, sondern eines festzuhalten und das andere davon abzurollen. Einige Paare lösen sich einfach, andere erfordern ein wenig Fingerspitzengefühl. Wirklich fest aneinander haftende Paare trennt durch Abrollen erst in die eine und dann in die andere Richtung, so daß sich die Verbindung von beiden Seiten löst. Die ehemalige Kontaktfläche sieht danach etwas aufgerauht aus, jedoch macht das überhaupt nichts. Man kann die zusammenhängenden Eier natürlich auch zusammen lassen, wenn man sie jedoch einzeln vor sich hat, kann man gegebenenfalls später verdorbene einfacher entfernen. Auch wenn man später Eier anschneiden muß, läßt sich das mit einzelnen erheblich besser als bei Gruppen machen. Beim Trennen oder später beschädigte Eier kann man mit geschmolzenem Paraffin „flicken", das in Eisenwarengeschäften oder Apotheken erhältlich ist. Gleichermaßen effektiv ist das Aufsetzen eines passenden Stücks Schale von einem alten geschlüpften oder einem unbefruchteten Ei.

Das Durchleuchten selbst hat keine direkte Bedeutung für eine erfolgreiche Zeitigung. Ich halte es jedoch aus verschiedenen Gründen für wichtig. Es gibt verschiedene, eigens diesem Zweck dienenende Geräte, die durch einen hellen Lichtstrahl das Innere des Eies aufhellen und so Strukturen darin als Schatten sichtbar machen. Es ist das gleiche Prinzip wie eine Taschenlampe, die man gegen den Daumen hält, wodurch dieser rotglühend erscheint. Ich verwende dazu ein Gerät mit biegsamem Glasfaser-Lichtleiter.

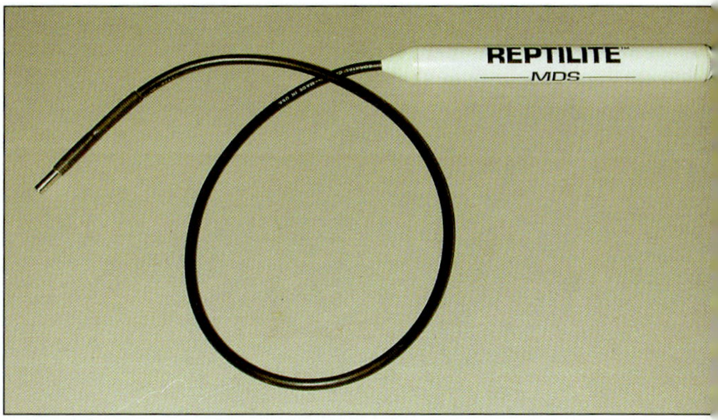

Abb. 241: Ich schwöre auf meinen Glasfaser-Durchleuchter.

Durch das Durchleuchten kann man mit einiger Sicherheit feststellen ob ein Ei befruchtet ist. Auch erhält man anhand der Stärke der durchlaufenden Ader Auskunft über seine voraussichtliche Entwicklungsfähigkeit und an welcher Stelle sich der Embryo befindet. Letzterer zeigt sich als kleiner dunklerer Punkt oder Kreis, von dem Adern ausgehen. Beim Durchleuchten erscheint das Eiinnere einer Landkarte nicht unähnlich, mit einer Großstadt, von der sich Hauptverkehrswege verzweigen. Es gibt Hinweise darauf, daß die Lage des Embryos oben einen positiven Einfluß auf eine normale Entwicklung hat. Daher markiere seine Lage auf jedem Ei mit einem „lebensmittel-tauglichen" Stift. Fragwürdige Eier bewahre ich einzeln in separaten Eierbehältern auf, so daß ich sie einfacher überwachen kann und die Gefahr gebannt ist, daß wenn sie faulen, sie ein Nachbarei in Mitleidenschaft ziehen.

Ich habe es erlebt, daß ein gut aussehendes, dann aber doch nicht entwicklungsfähiges Ei innerhalb von ein paar Stunden zu faulen begann. Meistens lassen sich solche Kandidaten aber schon beim Durchleuchten erkennen - sie erscheinen gelblicher und weisen keine Äderung auf. Gesunde Eier haben hingegen schon beim Legen kräftig entwickelte Aderstrukturen. Ganz kleine oder nur schwach sichtbare Adern können auf schwächliche Eier hinwei-

Abb. 242: Ein schlecht kalzifiziertes Ei mit sichtbarem Adernetz. So sieht auch ein befruchtetes Ei nach mehreren Tagen der Inkubation beim Durchleuchten aus. Das hier abgebildete Ei schlüpfte letztendlich nicht. M. Mendez

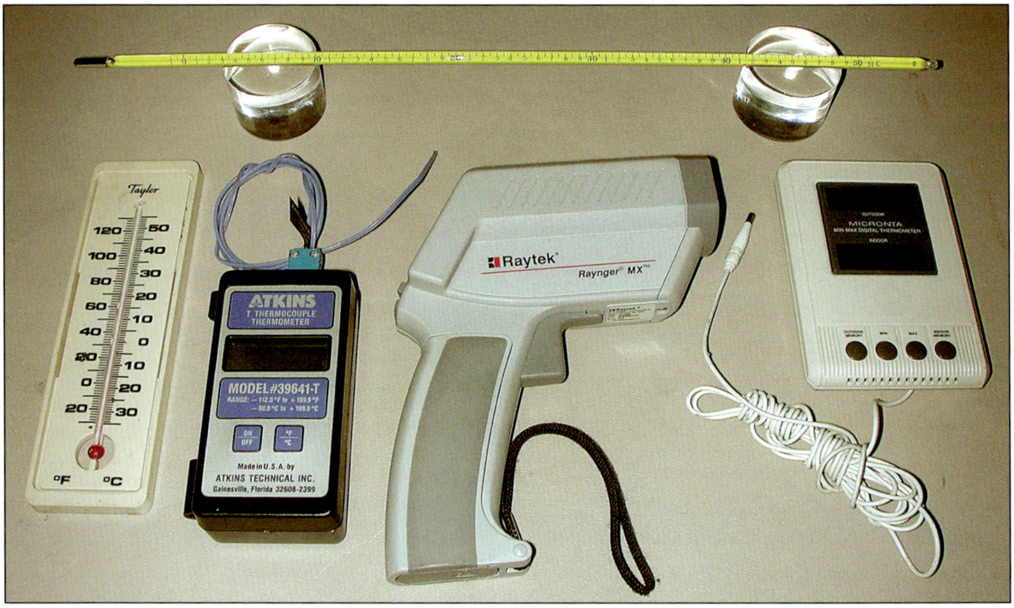

Abb. 243: Vom Verfasser verwendete Thermometer umfassen ein Labor-Quecksilberthermometer (oben) und von links nach rechts: Taylor-Wandthermometer, Atkins-Thermokuppler und –sonden ohne Überzug, eine kontaktlose Raytek Infrarot-Temperaturpistole und ein Taylor Minimum/Maximum-Thermometer. Die Acrylhalter dafür sind ein hochwilkommenes Geschenk eines befreundeten Chondro-Züchters.

sen, schlüpfen jedoch oftmals bei guter Pflege trotzdem. Das Durchleuchten erspart dem Pfleger das Herumrätseln und eine Menge Frustration, die entsteht, wenn man zusehen muß, wie scheinbar gesunde Eier die Farbe wechseln und zu faulen beginnen. Es kann Tage oder sogar Wochen dauern, bis unbefruchtete Eier im Inkubator äußerliche Anzeichen des Verfalls zeigen. Wenn sie sich jedoch erst einmal zu erkennen geben, geht alles Weitere gewöhnlich sehr schnell.

Ich bringe alle offensichtlich lebensfähigen Eier vorzugsweise in einem Eierbehälter unter. Dazu stelle ich sie reihenweise so auf, daß sie einander berühren. An diesen Berührungspunkten ist es dann einfach, die Temperaturfühler des Thermostats und des Überwachungsthermometers einzuklemmen. Mein Grund hierfür ist, daß sie dadurch wiederum eine „Eimasse“ oder einen „Eihaufen“ bilden, wie das auch bei einer Inkubation durch das Muttertier der Fall wäre. Nachdem ich alle Eier separiert, durchleuchtet und markiert habe, behalte ich sie während der nächsten Stunden gut im Auge, um sicherzustellen, daß meine Temperaturen korrekt sind und sich die gewünschten Anzeichen einer hohen Luftfeuchtigkeit einstellen. Hier erwarte ich, daß sich innerhalb der ersten vierundzwanzig Stunden ein leichter Niederschlag an den Wänden der Eierbehälter bildet und daß leicht eingedellte Eier ihre Beulen verlieren. Auch achte ich darauf, daß alle verdorbenen Eier sofort entfernt werden, sobald sie sich als solche zu erkennen geben. Fragwürdige Eier durchleuchte ich einige Tage später erneut, und manchmal bin ich durch die inzwischen entstandene Aderbildung doch ziemlich überrascht!

Abb. 244: Während der letzten 20 Tage der Inkubation bekommen die Eier Beulen und sondern Feuchtigkeit ab. Auf diesem Bild kann man das ablaufende Kondenswasser an der Rückwand des Eierbehälters sehen, dem durch einen verstärkten Luftaustausch entgegengewirkt werden sollte.

Nachdem nun alles richtig eingepegelt ist und wunschgemäß funktioniert, bleibt nur noch das Abwarten. Für den Züchter ist das nun eine Zeit nervlicher Anspannung, und ich befasse mich währenddessen mit etwas, das mich ablenkt, z.B. dem Bau neuer Terrarien und Verbesserungen an meiner Webseite, damit die Zeit für mich schneller vergeht. Einige Aspekte der Chondro-Zucht sind ein wenig wie die Fahrt mit einer Berg-und-Talbahn: der erste große Berg wird erklommen, nachdem das Weibchen ovuliert hat und man auf die Eier wartet, und wenn es soweit ist, trägt einen das Adrenalin in das erste Tal. Dann sind die Eier da und stehen im Inkubator, und der Wagen macht klink, klink, klink auf dem Weg auf einen noch höheren Berg. Dann schaut plötzlich der erste kleine Kopf aus einem Ei, und man selbst schreit sich vor Freude die Lunge aus dem Hals! Meine Nachbarn sind es inzwischen gewöhnt, daß ich bisweilen wie ein Irrer durch meinen Garten tobe, herumkrakele und mit den Armen wedele.

Inkubationstemperaturen

Bis zu diesem Punkt sind die Inkubationstemperaturen nicht im Detail besprochen worden. Hier scheiden sich erneut die Meinungen einzelner Züchter. Einige verwenden eine gleichmäßige Temperatur für den gesamten Zeitigungsverlauf, andere folgen dem Plan, so wie er ursprünglich von van Mierop, Walsh und Bessette in den achtziger Jahren aufgestellt wurde. Ich gehöre zu letzterer Gruppe, denn „Mutter weiß am besten, wie's gemacht wird". Beide Vorgehensweisen funktionieren jedoch anscheinend gleichermaßen gut. Eine durchgehend stabile Temperatur hat den Vorteil, daß man mehrere Gelege im gleichen Inkubator zeitigen kann. Gute Schlupfergebnisse sind mit stabilen Werten zwischen 30 und 31 °C erzielt worden.

Ich versuche, die Temperaturverhältnisse nachzuahmen, die auch bei einer mütterlichen Inkubation zu beobachten sind. Die Eier werden vom Muttertier während der ersten Woche bei 30 bis 30,5 °C gezeitigt, dann erfolgt eine allmähliche Erhöhung auf 31,5 °C, die über die folgenden fünf Wochen beibehalten wird. In der letzten Woche sinken die Werte schließlich auf 29,5 bis 30 °C. Auf diese Weise künstlich inkubierte Eier schlüpfen nach etwa 50 Tagen. Es haben sich Hinweise ergeben, daß Embryos vermehrt vollentwickelt absterben, wenn die Temperaturen in der letzten Zeitigungswoche nicht sinken. Auch habe ich den Eindruck gewonnen, daß eine kühlere erste Woche schwächeren Eiern zugute kommt. Betont werden muß in diesem Zusammenhang noch einmal, daß sich die angegebenen Werte auf die Temperatur an der Eioberfläche bezieht, nicht auf die Lufttemperatur im Inkubator. Zu einem bestimmten Zeitpunkt in ihrer Entwicklung, beginnen die sich entwickelnden Eier selbst Wärme zu produzieren. Sie entsprechen dadurch nicht mehr der Umgebungstemperatur, und der Effekt ist größer, wenn sie als Eimasse gelagert werden. Wenn ich die Temperaturfühler von Thermostat und Thermometer verlege, plaziere ich diese daher zwischen zwei Eiern nahe der Mitte der Eierreihen. Ich führe auch die entsprechenden Kabel durch eine Bohrung an der Seite des Eierbehälters und nicht durch den Deckel, so daß die Sonden nicht jedes Mal aus ihrer Position gelöst werden, wenn dieser abgehoben wird.

Während der letzten zwanzig Tage der Inkubation fallen die Eier wie gesagt etwas ein. Sie fangen darüber hinaus an, Flüssigkeit abzusondern, was zu einem Zunehmen der Kondenswasserbildung an den Wänden der Eierbehälter führt. Dem wirke ich dann entgegen, indem ich den Deckel des Eierbehälters etwas aufschiebe. Verwendet man für die Eier Behälter mit geschlossenem Boden, muß man diesen möglicherweise jetzt hin und wieder trockenwischen, damit die Eier nicht in der Flüssigkeit liegen. Spätestens jetzt wird man den praktischen Nutzen eines Gitterrosts unter den Eiern erkennen. Einige Eier fallen zu diesem Zeitpunkt so stark ein, daß man ernsthaft bezweifeln wird, daß daraus noch etwas schlüpfen kann. Viele Züchter stehen dem mit hängenden Schultern gegenüber. Nach soviel Aufwand und Pflege … Die letzten Tage vergehen im Zeitlupentempo, und die einfallenden Eier sind alles andere als beruhigend. Aber keine Sorge – wenn sie nicht gerade ihre Farbe verändern und zu stinken anfangen, hat das alles seine Richtigkeit.

Eier anschneiden

Ich schneide grundsätzlich alle Eier an, die am Abend des 49. Inkubationstages nicht von ihren Embryos selbst aufgeschlitzt worden sind. Das betrifft sowohl künstlich als auch vom Muttertier inkubierte Eier. Bei nahezu allen bei mir vom Muttertier ausgebrüteten Eiern öffneten die Embryos am 49. Tag ihre Eier. Sowie ich die ersten angeschlitzten Eier entdecke, trenne ich das Weibchen von seinem Gelege und setze die Eier wie im nächsten Abschnitt beschrieben um. Zu diesem Zeitpunkt hat das Weibchen seine Körperschlingen bereits gelockert, und man kann die angeschlitzten Eier oder sogar schon den einen oder anderen Kopf eines Babys sehen. Vom Muttertier gezeitigte Eier halte ich vom 48. Tag an unter strenger Beobachtung.

Künstlich inkubierte Eier schlüpfen bei mir oftmals nicht am 49. Tag, was ich möglicherweise darauf zurückführen kann, daß meine Inkubationstemperaturen ein ganz kleines Bißchen zu niedrig sind. Die meisten Eier schlüpfen bei mir zwischen dem 50. und 52. Tag. Meine Aufzeichnungen deuten an, daß bereits ein oder zwei Zehntel Grad Celsius während der fünf wärmeren Wochen ausreichen, um die Inkubationszeit um einen oder zwei Tage zu verlängern. Derartige Feststellungen lassen sich natürlich nur mit verläßlich geeichten Präzisionsmeßinstrumenten machen. Die Zeitigung von Chondro-Eiern ist eine sehr präzise Angelegenheit, und wenn ich höre, daß eine Inkubation 53 oder 54 Tage benötigte, weiß ich schon, daß die verwendeten Meß- und Steuerungsinstrumente etwas zu wünschen übrig ließen. Verwendet man korrekt geeichte Thermometer, erhält man hingegen einen Zeitplan, der einem genau verrät, was man wann zu erwarten hat.

Die Entscheidung ob und wann man Eier anschneidet, hängt zu einem großen Teil davon ab, daß man weiß, wann diese Eier zum Schlupf kommen sollten. Es ist dabei durchaus akzeptabel, geringfügig niedrigere Temperaturen oder nicht geeichte Meßinstrumente zu benutzen und der Natur ihren Lauf zu lassen. Für den auf Präzision bedachten Züchter stehen jedoch Alternativen zur Verfügung, die ihm zu präzisen Ergebnissen verhelfen. Es ist für mich daher einigermaßen unverständlich, daß manche Pfleger lieber jammern, als eine Investition in die ensprechende Ausrüstung zu tätigen.

Ich schwöre auf das manuelle Anschneiden von Eiern, die nicht selbständig schlüpfen. Ich zweifle keinen Moment daran, daß hierdurch das Absterben von fertig ausgebildeten Embryos verhindert werden kann, und auch ich habe Jungtiere auf diese bedauerliche Weise verloren. In einigen Fällen habe ich dann beim späteren Öffnen der Eier auf der Innenseite Kratzspuren gefunden, wo der Schlüpfling versucht hatte, die Eischale zu durchdringen und es dann doch nicht schaffte. Einmal beobachtete ich am 50. Tag einer künstlichen Inkubation, wie ein Baby immer wieder gegen die Innenseite seines Eies drückte, um zu schlüpfen. Offenbar hatte das Baby dabei Schwierigkeiten, doch bis ich meine Schlupfschere geholt und das Ei von der anderen Seite geöffnet hatte, war es bereits abgestorben. Ich rettete an diesem Tag etwa die Hälfte des Geleges, jedoch enthielt die andere Hälfte nur tote Babies. Angesichts dieser Tragödie entschied ich, daß ich nie wieder länger als 49 Tage warten würde, um Schlupfhilfe zu leisten. Natürlich ist so etwas nur möglich, wenn man weiß, wann die Eier unter den gegebenen Umständen normalerweise schlüpfen müßten!

Unter den Züchtern von Pythons ist es seit langer Zeit an der Regel, Eier nach Ablauf ihrer Inkubationszeit anzuschneiden. Zumindest sollte man aber solchen Eiern Schlupfhilfe gewähren, die nicht binnen vierundzwanzig Stunden nach dem Schlupf des ersten Geschwistertieres geöffnet worden sind. Ich sollte dabei betonen, daß ein richtig durchgeführtes Anschneiden keinen Schaden anrichtet, selbst wenn das betreffende Ei noch gar nicht völlig schlupfreif ist. Der letzte Entwicklungsabschnitt des Embryos besteht in seiner Pigmentation. Etwas blaß aussehende Babies mögen dann noch einen oder zwei Tage länger benötigen.

Ich benutze eine spitze Nagelhautschere zum Anschneiden von Eiern. Der Schnitt wird als schmales V von etwa 1 cm Schenkellänge parallel zur Längsachse des Eies angelegt. Dabei ist darauf zu achten, keine der größeren Adern zu durchtrennen und

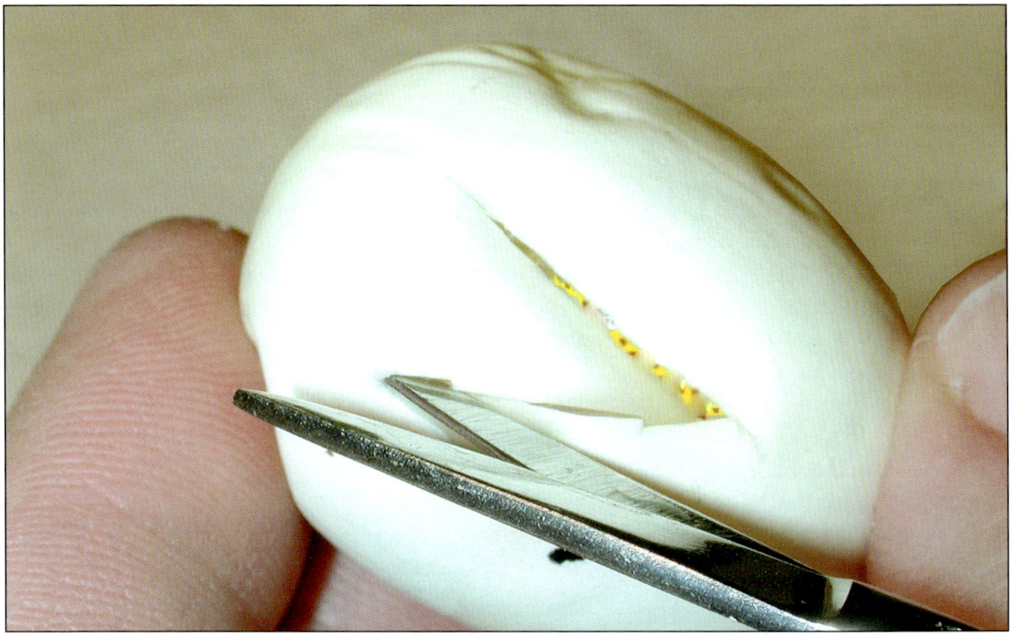

Abb. 245: Zum manuellen Anschneiden von Eiern nimmt man eine kleine spitze Schere und macht damit durch viele winzige Schnitte nur mit der Spitze einen V-förmigen Einschnitt. Die Schere wird vom Ei weg geführt, so daß weder der Embryo noch die dicht unter der Oberfläche liegenden Blutgefäße verletzt werden. Dabei tritt normalerweise ein wenig Eiflüssigkeit und ein bißchen Blut aus, aber das ist ganz normal.

so wenig wie möglich Eiflüssigkeit zu vergießen. Dies erreicht man mit vielen winzig kleinen Schnitten mit der äußersten Spitze der Schere, die man nach oben, vom Ei weg richtet und damit die Schale vom Inhalt wegzieht. Es ist normal, beim ersten Schnitt ein wenig klare Eiflüssigkeit und selbst etwas Blut zu verlieren. Die ganze Prozedur ist einfacher zu zeigen als zu beschreiben, also schauen Sie sich am besten die Fotostrecke an.

Sobald ich das V eingeschnitten habe, hebe ich den entstandenen Zipfel an und berühre das Baby mit der Spitze der Schere. Lebende Embryos reagieren mit einer zusammenzuckenden Bewegung. Diese Reaktion kann so schwach ausgeprägt sein, daß es eines scharfen Auges bedarf, um sie wahrzunehmen oder so deutlich, daß man sie kaum übersehen kann. Abgestorbene Embryos sind hingegen steif und gummiartig. Der Unterschied ist oftmals nicht einfach zu erkennen, insbesondere bei Babies, die noch einen oder zwei Tage brauchen. Sie sind dann noch von einer größeren Menge Flüssigkeit umgeben, die Bewegungen verschleiert. Fertig ausgebildete Jungtiere sind jedoch vollständig pigmentiert und nurmehr von Resten der Eiflüssigkeit umgeben.

Nach dem Anschneiden stelle ich die Eier zu den anderen, selbständig geöffneten in die im nächsten Kapitel beschrieben Schlupfwanne. Noch nicht völlig fertig entwickelte Eier werden durch das Anschneiden nicht gefährdet, wenn dieses mit aller zu Gebote stehenden Vorsicht geschieht. Man schließt einfach die kleine Klappe und stellt sie zurück in den Inkubator.

Der Umgang mit Schlüpflingen

„Meine Mutter hatte mit mir den Kopf voll, aber ich glaube, sie hat es genossen." Mark Twain

Glückwunsch! Sie haben ihre erwachsenen Chondros vorbereitet, ihnen das richtige Klima geboten, sie zur Paarung gebracht, den Eisprung beobachtet und dokumentiert, befruchtete Eier erhalten und diese mit Erfolg ausgebrütet. Aber erst jetzt beginnt der herausfordernste und gleichzeitig lohnendste Teil der ganzen Arbeit – die Jungtiere zum Fressen zu bringen, sie gesundheitlich zu stabilisieren und soweit vorzubereiten, daß sie abgegeben werden können. Ein warnendes Wort ist hier angebracht: der Umgang mit Chondro-Babies ist nichts für den ungeduldigen oder für Frustration anfälligen Pfleger. Das Füttern von Jungtieren erfordert Geschick, aber da Sie es bis hierhin geschafft haben, warum sollten Sie nicht auch das noch lernen? Natürlich kann man diese Aufgabe auch jemand anderem zuschieben (der damit Erfolg haben kann oder auch nicht) und ihn dann auch die Nachzuchten vermarkten lassen, aber eigentlich sind Sie es sich selbst, ihren Tieren und Ihren Kunden schuldig, die nötige Zeit und Geduld selbst zu investieren. Schließlich kann jeder den Nachwuchs einfach auf den Markt werfen und die Verpflichtungen damit anderen aufbürden. Ein seriöser Züchter käme aber erst gar nicht auf diese Idee! Meine persönliche Meinung dazu ist, daß jemand, der sich nicht um seine Schlüpflinge kümmern kann oder will, erst gar keine produzieren sollte.

Die Herausforderungen bei der Aufzucht sollten auch niemanden abschrecken. Das Füttern von Chondro-Babies ist schwierig und zeitaufwendig, richtig, aber es ist eine Fertigkeit, die durch Übung und Erfahrung immer einfacher wird. Die Schlüpflinge mancher Gelege sind einfacher zu handhaben als andere, jedoch lassen sich selbst die widerstrebendsten Jungtiere früher oder später zur Futteraufnahme bewegen. Wenn ich durchschnittlich beim ersten oder zweiten Versuch 80 % erfolgreich bin, können auch Sie das schaffen.

Die Schlupfwanne

Die Pflege von Schlüpflingen beginnt mit der Unterbringung der schlüpfenden Eier in einer Umgebung, die für diesen Vorgang gefahrlos ist. Die fertig inkubierten Eier eines Geleges bringe ich dazu in einer Klarsichtwanne von der Größe eines Schuhkartons unter, die einen Deckel hat und mit feuchten Haushaltstüchern als Substrat ausgelegt ist. Sie ist auf knapp 30 °C temperiert. Die Eier werden hier hinein verbracht, wenn sie von den Schlüpflingen angeschnitten werden, bzw. nachdem ich sie angeschnitten habe. Sie sollten nicht direkt auf die feuchte Unterlage

Abb. 246: Die vom Verfasser verwendeten Schlupfwannen für angeschnittene Eier. Diese sind auf Plastikdeckeln untergebracht, damit sie nicht mit dem feuchten Haushaltspapier in Kontakt kommen. Frisch geschlüpfte Schlangen brauchen eine sehr luftfeuchte Umgebung.

gelegt werden; ich plaziere sie auf Klarsicht-Plastikdeckeln. Die Küchentücher sollten recht naß, aber nicht triefend naß sein und während der zwei bis drei Tage dauernden Schlupfphase aller Eier einmal ausgetauscht werden. Die schlüpfenden Jungtiere verunreinigen sie mit Eiflüssigkeit und Nabelschnurgewebe, und die Unterlage fängt zu riechen an, wenn sie nicht rechtzeitig ersetzt wird. Die Wanne selbst bringe ich im gleichen Inkubator unter, in dem auch die Eier die ganze Zeit über gezeitigt worden sind. Bevor sie benutzt wird, hat sie bereits einen vollen Tag darin gestanden, um die dortige Temperatur anzunehmen. Da ich meine Zeitigungsanlage genau kenne, weiß ich, daß die Wanne am 50. Tag betriebsbereit sein muß.

Gewöhnlich stecken zunächst nur ein oder zwei Schlüpflinge ihre Nasen aus den Eiern, und die Masse der Babies schlüpft in den nächsten 24 bis 48 Stunden. Ein oder zwei Nachzügler erscheinen gewöhnlich erst dann auf der Bildfläche, wenn die meisten Geschwister längst geschlüpft sind. Schlüpflinge, die erst einen Tag oder mehr nach der Mehrheit ihre Eier verlassen, weisen beinahe immer Deformationen auf. Nach dem Aufschneiden ihrer Eihüllen haben es die Babies keineswegs eilig. Oftmals verbringen sie noch geraume Zeit im Ei, wobei nur die Nasenlöcher und Augen herausschauen. Während dieser Zeit absorbieren sie die Reste ihrer Dottervorräte und stellen sich auf das Atmen von Luft um. Dies ist eine kritische Zeit für die Schlüpflinge, denn die Eier haben nun das Ende ihrer Lebenserwartung erreicht. Die lebensspendenden Adern fallen zusammen und werden grau, und die Jungtiere müssen anfangen, selbständig Sauerstoff aus der Luft aufzunehmen. Es ist nicht außergewöhnlich, während dieser Zeit ein oder zwei Schlüpflinge ohne ersichtlichen Grund zu verlieren, selbst wenn Schlupfhilfe geleistet worden ist und dann noch alle Jungtiere am Leben waren. In der Natur ist es vermutlich eher die Ausnahme, daß 100 % eines Geleges schlüpfen. Verluste sind somit natürlich und müssen hingenommen werden. Wenn die Mehrzahl der Eier jedoch schlüpft und die Jungtiere normal entwickelt sind, hat man als Pfleger wohl alles richtig gemacht, und es gibt keinen Grund für Selbstvorwürfe.

Die Schlüpflinge verlassen ihre Eihüllen beinahe stets nach Anbruch der Nacht und nur in Einzelfällen während der Tagesstunden. Ich sammle die Babies ein, sowie sie geschlüpft sind, jedoch kann man sie auch über Nacht in der Schlupfwanne belassen. In diesem Fall sollte man einige Liegeäste vorsehen, damit die Kleinen sich nicht etwa um Eier wickeln, die noch nicht geschlüpfte Geschwister enthalten. Bei mir ist es mehr als einmal vorgekommen, daß ein umherkriechender Schlüpfling das Ei eines Geschwistertieres umdrehte und dieses dann am nächsten Morgen ertrunken war.

Beim Herausnehmen ist größte Vorsicht geboten, damit sich die Kleinen nicht verletzen. Ich verwende dafür einen kleinen Schlangenhaken, und hebe damit ein Tier nach dem anderen auf. Einige balancieren ganz gut auf dem Haken, andere aber sind nervös und versuchen, herunter zu springen oder fallen herab. Diese Exemplare stabilisiere ich dann mit der Hand. Obwohl ich strikt dagegen bin, Jungtiere anzufassen, so ist das doch allemal besser, als sie auf den Boden fallen zu lassen. Jedes Baby wird dann sofort auf einer auf ein Gramm genauen Waage gewogen und das Ergebnis auf seiner Karteikarte notiert. Jedes Jungtier erhält seine eigene Karte, auf der auch alle anderen relevanten Informationen notiert sind, so etwa das Ablagedatum seines Eies, Schlupfdatum, Eltern und natürlich die Registriernummer dieses Tieres. Ich verwen-

Abb. 247: Dies ist eines meiner Lieblingsbilder, zeigt es doch eine Vielfalt von ungewöhnlich aussehenden Geschwistern. Hieraus entwickelten erwartungsgemäß einige extreme Exemplare, darunter Ella-Diablo (GM-04-47, **Abb. 26** u. **150**), die eines der ganz roten Babies dieser Gruppe ist.

de dazu einen Code, z.B. „GM-02-25", der besagt, daß Greg Maxwell der Züchter ist, das Tier 2002 geschlüpft ist und der 25. Schlüpfling in diesem Jahr war. Dann zieht das Baby in seine eigene Wanne ein, die mit seiner Identifikationsnummer etikettiert ist. Daneben ist diese Wanne noch mit einem farbigen Aufkleber versehen, der den Zuchtstamm markiert.

Die meisten Schlüpflinge haben beim Verlassen des Eies ihre Dottervorräte resorbiert, jedoch gibt es hin und wieder eines, bei dem das nicht der Fall ist und das dann weniger als die normalen 10–12 Gramm wiegt. Einige Babies ziehen auch noch Reste ihrer Nabelschnur hinter sich her. Man sollte in diesem Fall nichts unternehmen, es sei denn, das Anhängsel ist übermäßig lang und bedeutet für das Jungtier eine Behinderung. Kürze Stücken trocknen von ganz allein ein und fallen dann innerhalb von 24–48 Stunden nach dem Schlupf ab. Muß man ein überlanges Stück abschneiden, weil es z.B. noch mit dem Eiinhalt verbunden ist, bindet man es zuvor mit einem Stück Zahnseide ab, damit es nicht zu einer lebensgefährlichen Blutung kommt. Dies ist aber nur sehr selten erforderlich. Der Anblick eines Babies mit anhängender Nabelschnur kann recht beunruhigend sein, sieht es doch so aus, als würde diese dem Tier die Eingeweide herausziehen. Es besteht aber kein Grund zur Panik. Lassen Sie das Tier einfach in Ruhe und versuchen Sie nicht, ihm zu „helfen". Das Anhängsel fällt schon kurze Zeit später ab und hinterläßt auch keine klaffende Wunde.

Abb. 248: Vom Verfasser verwendete Waagen. Die Schalenwaage wird zum Wiegen von Babies verwendet, die Digitalwaage eignet sich am besten für Jährlinge und Adulti.

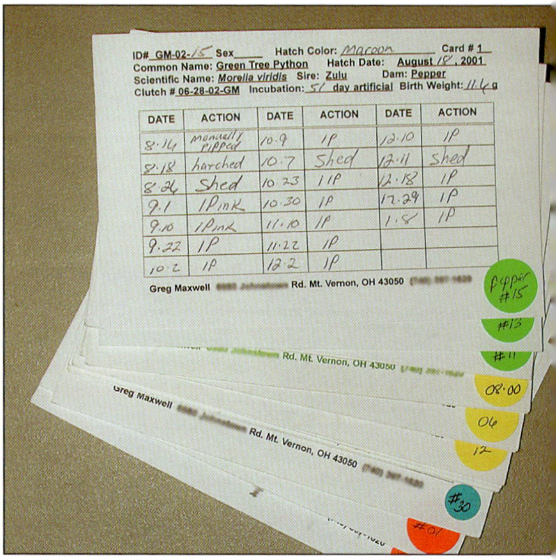

Abb. 249: Für jeden Schlüpfling wird eine Karteikarte angelegt. Diese Karten und die Hälterungswannen werden auch mit numerierten farbigen Aufklebern versehen, die auf den Zuchtstamm oder das Gelege hinweisen.

Jungtiere mit leichten bis schweren Mißbildungen sind nicht selten. Kopfdeformationen einschließlich fehlender Augen und Unterkiefer sind die häufigsten Erscheinungen, gefolgt von verkrümmten Wirbelsäulen. Diese Tiere schläfert man auf der Stelle ein, indem man sie in einer Plastiktüte in den Gefrierschrank legt. Auch wenn das herzlos erscheinen mag – es gibt keinen vernünftigen Grund, einäugige oder anders mißgebildete Chondros am Leben zu lassen. Derartige Defekte können, müssen aber nicht genetisch bedingt sein (es können auch Fehlbildungen während der Inkubation sein), jedoch sollte man das damit verbundene Risiko für späteren Zuchten auf keinen Fall eingehen.

Unterbringung der Schlüpflinge

Wenn die Babies schlüpfen, stehen für sie längst Batterien von kleinen Plastikwannen in einem beheizten Regal bereit. Diese sind mit feuchtem Zeitungspapier oder Haushaltstüchern ausgelegt, haben jeweils eine kleine Trinkwasserschale und eine aus Plastikkleiderbügeln hergestellte Liegemöglichkeit. Jede Wanne weist eine Temperaturstaffelung von 28,5 bis 30 °C auf, die mit einem Thermostat reguliert wird. Die meisten Babies lassen sich auf dem „Liegeast" nieder und bilden dort die typische „Schnecke" mit innen liegendem Kopf, einige ziehen aber den Boden als Aufenthaltsort vor. Einige Jungtiere sehen zu diesem Zeitpunkt etwas „müde" aus, bilden eher lockere Spiralen und legen zum Teil sogar den Kopf auf die Seite. Die meisten dieser geschwächten Babies erholen sich aber über die nächsten Tage und begeben sich dann ebenfalls auf die Liegeäste.

Der Pfleger muß nun sicherstellen, daß die Jungtiere stets feucht gehalten werden und nie ganz austrocknen. Sie häuten sich alle etwa zehn Tage nach dem Schlupf, und eine reibungslose erste Häutung bedeutet für sie einen guten Start ins Leben. Ich beginne dazu mit dem Sprühen, sofort nachdem sie in ihre Wannen eingezogen sind. Dabei sollten sie nicht direkt angesprüht werden. Stattdessen beginnt man auf einer Seite der Wanne und zieht den Sprühregen dann über das Tier zur anderen. Der Umgang mit Chondro-Babies erfordert viel Feingefühl. Sie sind wirklich sehr empfindlich und dürfen niemals gezogen oder gestreckt werden. Wenn sie an einen anderen Ort manövriert werden müssen, sollte man sie dahin kriechen lassen, indem man sie mit einem Schlangenhaken lenkt. Ich sage immer, „Behandle sie, als wären sie nasser Zellstoff, und sie nehmen keinen Schaden." Sobald die Schlüpflinge in ihren Wannen untergebracht sind, sollte man sie abgesehen von täglichen Kontrollen und einmal Sprühen nicht stören und warten, bis sie sich das erste Mal gehäutet haben.

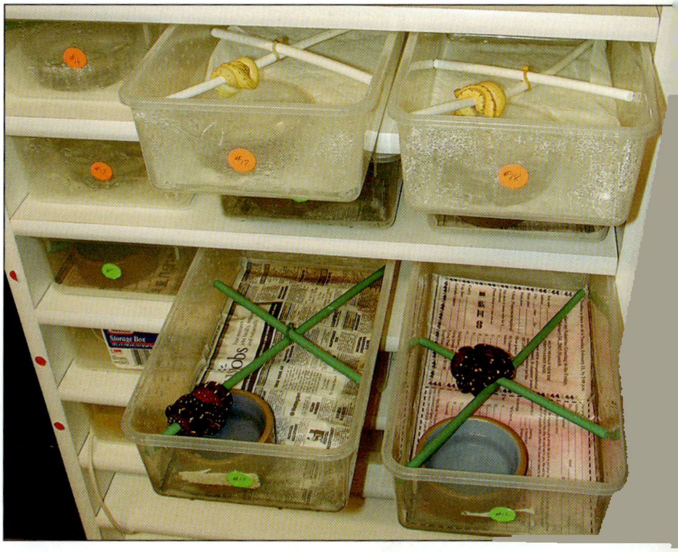

Abb. 250: Es gibt nichts Schöneres als ein Regal voll mit besetzten Aufzuchtwannen für kleine Chondros. Jede Wanne ist mit einem herausnehmbaren Plastik-Liegeast, Papier als Substrat und einer Wasserschale ausgestattet. Babywannen lasse ich niemals völlig austrocknen.

Fütterungsversuche

Einige Züchter bieten ihren neuen Schlüpflingen sofort Futter an, ich aber warte damit bis nach der ersten Häutung. Beim Schlupf haben die Tiere gewöhnlich noch einen Bauch voller Dotter, einige benötigen ein paar Tage, um sich an ein Leben außerhalb der schützenden Eischale zu gewöhnen, und alle müssen schon bald eine Häutung hinter sich bringen. Selbst eingewöhnte Babies nehmen kurz vor einem Hautwechsel kein Futter an, und ich sehe eigentlich keinen vernünftigen Grund, warum man hier Hast zeigen sollte. Ich möchte auf Anhieb den größtmöglichen Erfolg bei den anstehenden Fütterungsversuchen haben, und die meisten Jungtiere sind nach der ersten Häutung erheblich aufmerksamer und bissiger.

Diese erstmalige Häutung findet in der Regel zehn bis zwölf Tage nach dem Schlupf statt. Es kann nicht oft genug betont werden, daß die Schlüpflinge bei einem erhöhten Grad an Luftfeuchtigkeit gehalten werden müssen, während sie sich darauf vorbereiten. Angetrocknete Hautfetzen können für die Jungtiere gefährlich werden, sind erheblich schwieriger als bei Adulti zu entfernen und geben den Kleinen ganz allgemein einen schlechten Start ins Leben. Man sollte sie nicht gerade ständig naß halten, jedoch ist ein wenig zu feucht allemal besser als zu trocken.

Als Tag der ersten Fütterungsversuche wähle ich einen, an dem ich entspannt bin. Die richtige Zeit dafür ist der späte Nachmittag. Neue Jungtiere zu füttern ist nichts, das man in Eile erledigen kann oder von einer Aufgabenliste abgehakt haben will. Die erste Voraussetzung für den Erfolg ist der eigene Gemütszustand. Wenn man gereizt oder einfach nur müde ist, spüren die Babies das und reagieren entsprechend. Die Ergebnisse sind dann vorhersehbar. Man sollte also vorausplanen und sich für die ersten Fütterungsversuche einige Stunden der Ruhe ohne Lärm und Ablenkungen reservieren. Ich habe mit verschiedenen Fütterungszeiten experimentiert und festgestellt, daß es in meinem Fall am späten Nachmittag am besten läuft. In vielen Fällen führt das Stören ruhender Jungtiere eher zum gewünschten Ergebnis, als sie in die Enge zu treiben, wenn sie nachts aktiv sind. Ein wenig leise Musik im Hintergrund hilft, eine entspannte Atmosphäre zu erhalten, und ich wähle dazu am liebsten eine CD mit Gewittergeräuschen. Trooper Walsh erzählte mir, daß er während seiner Jahre als Pfleger im National Zoo immer Wasser aus einem Schlauch rieseln ließ, da das Geräusch eine beruhigende Wirkung auf ihn hatte. Es besteht kein Grund, die Babies sofort am Tag ihrer ersten Häutung zu füttern. Ein entspannter Gemütszustand und genügend Zeit sind weitaus wichtiger als wie schnell nach der Häutung man mit Fütterungsversuchen beginnt.

Meine Fütterungsaktion beginnt mit einer Plastikwanne mit heißem Leitungswasser, in dem vielleicht ein Dutzend aufgetauter nackter Mäuse schwimmen. Ich habe festgestellt, daß warme Babymäuse zu den besten Ergebnissen führen und ersetze abgekühltes Wasser während der ganzen Fütterung durch neues warmes. Als Futterpinzette wählt man eine von mindestens 20 cm Länge; ich verwende eine von 30 cm. Mit dieser kann man das Futter anbieten, ohne daß die Bewegung oder Wärmeabstrahlung der Hand vom Objekt ablenkt. Ich selbst habe Schwierigkeiten, das Futtertier mit einer nach dem Scherenprinzip funktionierenden Gefäßklemme schnell genug loszulassen, was aber besonders bei zögerlich reagierenden Jungtieren unabdingbar ist. Mit einer Pinzette bin ich viel schneller, und dieser Umstand macht einen großen Unterschied. Während ich darauf warte, daß die Mäuse auftauen, verringere ich das Licht in meinem Arbeitsbereich. Man braucht etwas Licht, um sehen zu können, was man macht, jedoch ist eine normale Raumbeleuchtung oder durch ein Fenster einfallendes Tageslicht zu hell. In meinem Kindergarten reicht mir das Licht der dort befindlichen Terrarien, so daß ich lediglich die Raumbeleuchtung abschalten muß. Desweiteren hole ich mir Daunenfedern von einem Küken aus dem Tiefkühlschrank und lege diese in eine kleine Box mit lose aufgelegtem Deckel. Dieses Küken sollte noch keine Federn, sondern lediglich Daunen haben. Ein so befiedertes Küken ist meiner Erfahrung nach der beste Aromaspender für Chondro-Babies, die von Mäusen nichts wissen wollen. Mehr dazu soll weiter unten gesagt werden.

Ich arbeite stets nur mit einem Jungtier in seiner Wanne. Letztere ziehe ich dazu zur Hälfte aus dem Regal. Dem Jungtier wird die warme, nasse Futtermaus mit der Pinzette zur Prüfung vorgehalten. Viele Jungtiere zeigen sich sehr aufmerksam und züngeln recht intensiv. Man versucht nun, das Baby die Maus bezüngeln zu lassen und beobachtet seine Reaktion darauf. Einige aufgeregte Jungtiere zeigen an dem Geruch des Futters sichtliches Interesse und schnappen danach, andere zeigen zwar Interesse, beißen aber nicht zu, und die meisten ziehen sich davor zurück. Einige

Babies ignorieren sowohl den Pfleger als auch das Futter und bleiben regungslos, eng zusammenrollt auf ihrem Ast liegen. Diese Jungtiere müssen provoziert werden und fallen dabei im Allgemeinen in eine von drei Kategorien: leicht reizbar, nahezu unmöglich zu reizen und Feiglinge. Die erste Reaktion ist die am häufigsten zu beobachtende. Die anderen beiden bedürfen besonderer Behandlung und werden daher separat besprochen. „Leicht reizbar" ist eine relative Einstufung, und der häufigste Grund für Fehlschläge bei Fütterungsversuchen ist, daß der Pfleger einfach nicht aggressiv genug zu Werke geht. Es ist eher selten, daß ein frisch geschlüpfter Grüner Baumpython nicht zu beißen versucht, wenn er nur genügend belästigt wird. Nachfolgende Anmerkungen treffen auf die Mehrzahl von Chondro-Babies zu, und anschließend folgen Ratschläge, wie man mit den wirklich hartnäckigen Fällen umgeht.

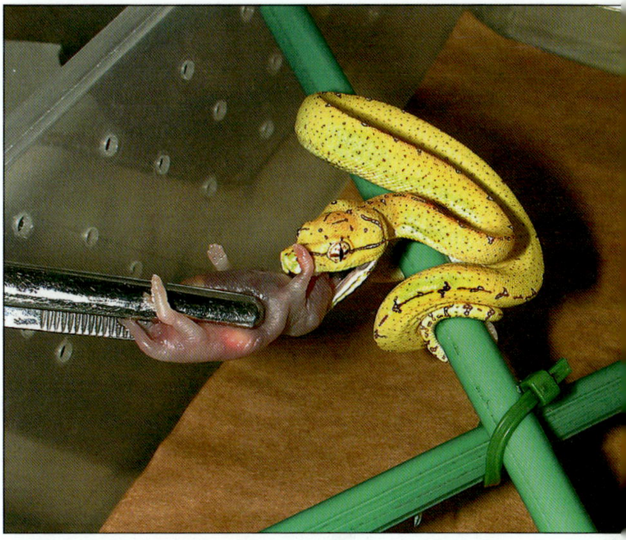

Abb. 251: Das richtige Anbieten von Futter ist der Schlüssel zum erfolgreichen Füttern von Schlüpflingen. Die angewärmte Babymaus wird am Körper gehalten, so daß der Chondro in den Kopf beißen kann. Die Maus wird dann im gleichen Moment losgelassen. Danach darf man sich nicht bewegen oder der Schlange in die Augen schauen.

Man hält die Futtermaus so, daß die Schlange beim Zustoßen den Kopf zu greifen bekommt. Dem sich aufgeregt verhaltenden Baby wird die Futtermaus vorgehalten, und zieht es sich daraufhin zurück, stubst man es mit der Maus an, in der Hoffnung, daß es verärgert danach schnappen wird. Das Anstubsen kann an der Nase erfolgen, an den Seiten des Körpers, am Hals oder am Schwanz. Erregte Jungtiere beißen daraufhin schnell zu, und einige von diesen ergreifen die nackte Maus und halten sie für ein oder zwei Sekunden fest, bevor sie sie schließlich fallenlassen. Dann sollte man die Maus mit der Pinzette aufheben und die Prozedur wiederholen, wenn nötig mehrmals. Führt dies jedoch immer wieder zum gleichen Ergebnis, greife ich auf „Maus mit Kükenaroma" zurück und habe damit oftmals Erfolg.

Das gleiche Anstubsen wendet man bei Jungtieren an, die eng auf ihrem Ast zusammengerollt liegenbleiben, wenn man ihre Wannen öffnet. Man belästigt sie regelrecht mit der in der Pinzette gehaltenen Futtermaus. Davon läßt man sich auch nicht abbringen, wenn die kleine Schlange daraufhin den Kopf unter Körperschlingen verbirgt, sondern wird eher noch energischer. Irgendwann ist sie dann so gereizt, daß sie sich der Bedrohung stellt und zuzubeißen beginnt. Gibt man auf, während die Schlange ihren Kopf verborgen hält, hat man zu früh aufgegeben. Hat das Baby einmal zugeschlagen, bietet man das Futtertier immer wieder an, bis es die Beute schließlich festhält. Wiederholtes Zuschlagen und Fallenlassen lassen Kükendaunen angebracht erscheinen.

Abb. 252: Wenn das Chondro-Baby die Maus im Maul behält und nicht gleich wieder ausspuckt, stehen die Chancen gut, daß es das Futter schließlich auch herunterschluckt. Man entfernt sich dann ganz langsam und sieht erst einige Zeit später wieder nach.

Hat das Jungtier das Futter ergriffen und hält es fest, erstarrt man zur Salzsäule und schaut es auch nicht direkt an. Tiere reagieren sehr stark auf Augenkontakt, weshalb ich die Augen zusammenkneife und etwas zur Seite schaue. Es ist von größter Wichtigkeit, das Futter genau dann loszulassen, wenn das Chondro-Baby hineinbeißt. Sowie es dabei auch nur den geringsten Widerstand spürt, wird es die Futtermaus gewöhnlich sofort wieder fallenlassen. In diesem Fall fängt man wieder von vorne an. Bei einer Pinzette muß man dazu lediglich den Druck nachlassen, während bei scherenartigen Greifwerkzeugen ein aktives Öffnen erforderlich ist. Übermäßig lange Pinzetten können dabei zu schwer sein, um die nötige Feinfühligkeit aufzubringen.

Ich bleibe völlig bewegungslos, bis die kleine Schlange das Futter herunterzuwürgen beginnt oder mit Körperschlingen umwickelt. Wenn sie dabei mit einer Körperschlinge ihre Augen verdeckt, trete ich sofort einige Schritte zurück und verlasse den Raum. Ansonsten ziehe ich mich überaus langsam zurück, denn jede normale oder gar schnelle Bewegung veranlaßt die allermeisten Babies dazu, ihre Beute sofort fallenzulassen. Der richtige Zeitpunkt dafür ist, wenn sie ihre Kiefer über den Kopf der Beute zu schieben beginnen.

Ich lese dann ein paar Seiten oder mache irgendetwas Einfaches am Computer und stelle mir eine Eieruhr auf 5 bis 10 Minuten ein, damit ich die inzwischen erzielten Fortschritte nicht zu überprüfen vergesse. Tatsächlich bin ich durch diese erzwungene Wartezeit schon völlig davon abgekommen und wurde erst daran erinnert, als mir ein neugierig den ganzen Raum untersuchendes Baby begegnete.

Wenn die Mahlzeit ganz oder zum größten Teil verschlungen ist, schließe ich die Wanne wieder und notiere die Nahrungsaufnahme einschließlich der ggf. angewendeten Tricks auf der dazugehörigen Karteikarte. Dann ist es Zeit für das nächste Jungtier. Auf diese Weise muß man mit 15 bis 30 Minuten pro Jungtier rechnen.

Widersetzt sich ein Baby allen meinen Anstrengungen und will trotz der Verwendung von Kükenaroma nicht fressen, lasse ich es erst einmal in Ruhe und probiere es erst bei der nächsten Fütterungsaktion wieder, gewöhnlich sieben bis zehn Tage später.

Babies, die sich hartnäckig zu beißen weigern, müssen letztendlich dazu gezwungen werden. Es ist jedoch sehr wichtig, zwischen diesen und solchen zu unterscheiden, die lediglich mit Sturheit reagieren. Ich erwähne das hier, weil Pfleger in sehr vielen Fällen einfach nicht wissen, daß in dieser Hinsicht ein Unterschied besteht.

Ich habe schon vielen Pflegern beim Füttern von Jungtieren geholfen, die angeblich partout nicht beißen wollten. Fast ausnahmslos gelang es mir dann, das entsprechende Tier vor den Augen des verblüfften Besitzers binnen fünf Minuten zu Fressen zu bewegen. Beinahe in jedem dieser Fälle merkte der Besitzer dann an, ich sei viel aggressiver als er zu Werke gegangen. Und das ist auch das ganze Geheimnis daran. Man darf einfach nicht die Zerbrechlichkeit der Jungtiere und die diesbezüglichen Ermahnungen zum vorsichtigen Umgang mit ihnen mit dem aggressiven und nachdrücklichen Belästigen verwechseln, das solange fortgesetzt wird, bis sie schließlich die Beherrschung verlieren. Trotzdem gibt es aber auch das eine oder andere Baby, das einfach nicht beißen will, ganz egal was der Pfleger anstellt. Diese Kandidaten müssen zwangsgefüttert werden, wenn absolut feststeht, daß auch die größten Anstrengungen voraussichtlich zu keinem Ergebnis führen werden. Wie das zu bewerkstelligen ist, wird weiter unten beschrieben.

Jungtiere, die sich bei Belästigung vom Ast fallen lassen und zu entkommen versuchen oder um sich schlagen, bezeichne ich als „Feiglinge". Die schlimmsten darunter sind die, die ein solches Verhalten schon bei der geringsten Berührung zeigen. Die meisten tolerieren jedoch zumindest einige leichte Anstöße, bevor sie mit Panik reagieren. „Feiglinge" sind die bei weitem am schwierigsten ans Futter zu bringenden Jungtiere und müssen in den allermeisten Fällen letztendlich zwangsgefüttert werden. In jedem großen Gelege findet sich gewöhnlich ein „Feigling", jedoch kann man auch das „Glück" haben, daß sich alle Schlüpflinge eines Geleges so verhalten.

Am besten versucht man einen „Feigling" zu füttern, indem man seine Wanne ganz behutsam öffnet und ihm die Futtermaus nur vorhält, so daß er daran züngeln kann. Anfänglich unterläßt man jedes Anstubsen. Erfolgt darauf keine andere Reaktion, versucht man es mit Kükenaroma. Hilft auch das nicht, kann man ein ganz sanftes Anstubsen probieren, woraufhin hoffentlich ein Zubeißen erfolgt. Reagiert das Tier jedoch mit einem wilden Umsichschlagen, läßt man es am besten erst einmal wieder in Ruhe. Einige weniger extreme „Feiglinge" lassen sich in eine Ecke ihrer Wanne treiben, wo sie sich dann dem „Angreifer" stellen und sich mit Beißen ihrer Haut wehren. Diese Entwicklung ist positiv, und manchmal kann man hier ein Tier zum Festhalten der Beute bewegen.

Zum Glück fallen die meisten Chondro-Babies in keine dieser beiden extremen Kategorien und lassen sich zumindest zum Schlagen nach dem Beutetier bewegen. Wichtig ist, daß jeder Fütterungsversuch zu einem positiven Abschluß kommt. Ich habe festgestellt, daß sowohl Fortschritte als auch Streßreaktionen kumulativ sind. Das heißt, daß ein Jungtier seine Reaktionen auf bestimmte Reize oftmals danach entwickelt, was während der vorangegangenen Sitzung geschehen ist. War diese von Erfolg gekrönt, läßt sich beim nächsten Mal oft schnell daran anschließen. Und jeder kleine Schritt in die richtige Richtung bringt den Pfleger dem Erfolg etwas näher. Zuschlagen, Festhalten und Umschlingen von Beute sind allesamt positiv zu werten, selbst wenn es bei dieser Gelegenheit vielleicht noch nicht zum Verzehren der Futtermaus gekommen ist. Im umgekehrten Fall kann man das Tier auch übermäßig unter Streß setzen und es dadurch darauf programmieren, sich beim nächsten Versuch wieder genauso zu verhalten. Die Einschätzung der Situation erfordert Erfahrung, und meinen Beobachtungen zufolge sind neue Züchter hier einfach zu zurückhaltend. In einzelnen Fällen belästige ich Futter verweigernde Jungtiere bis sie zu erschöpft sind, um weiter zu kämpfen und das Futter solange im Maul halten, bis der Schluckreflex einsetzt. Mit wachsender Erfahrung bekommt man ein Gefühl dafür, mit welchem Baby man besser wann aufhört und wann man besser weitermacht.

Aromatisieren

Kükendaunen sind ganz ohne Zweifel die effektivsten Aromaträger, die ich jemals ausprobiert habe. Als Daunen bezeichnet man die flauschige Körperbefiederung, die das Küken warm hält, bevor es richtige Federn bekommt. Zu diesem Zweck habe ich immer ein Küken im Gefrierschrank, von dem ich bei Bedarf ein kleines Büschel Daunen abzupfen kann. Dazu muß das Küken nicht auftaut werden; man zupft einfach eine kleine Menge Daunen ab und legt es in den Tiefkühlschrank zurück. Auftauen ist sogar gefährlich, da es hierdurch zu einer plötzlichen Vermehrung von Salmonellen kommen kann. Auch werden dadurch die Daunen naß und klebrig. Man benötigt zum Füttern der Jungtieres eines Geleges lediglich eine kleine Menge Daunen, die man am besten in einem kleinen Plastikbehälter mit lose aufliegendem Deckel unterbringt. Daunen werden schon vom kleinsten Luftzug davongetragen – daher der Behälter und der Deckel. Um das Aroma der Daunen auf die Babymaus zu übertragen, macht man ihren Kopf naß, schüttelt überschüssiges Wasser ab und taucht sie damit in die Daunen, so daß ein paar Fasern daran haften bleiben. Der Kopf der Futtermaus muß damit keineswegs „paniert" sein – ein paar kleine Fasern reichen völlig aus.

Die auf diese Weise „getarnte" Futtermaus wird dann in der oben beschriebenen Weise mit der Futterpinzette angeboten. Das Ziel ist, die störrische Babyschlange zum Bezüngeln der Daunen zu bringen.

Wenn diese Täuschung bei einem störrischen Tier funktioniert – und oftmals ist genau das der Fall – geschieht es gewöhnlich sofort. Einige Babies, die eine Futtermaus zuvor zwar ergriffen, dann aber nur fallen ließen, nehmen solche mit Kükenaroma ohne zu zögern an. Andere zeigen auch daran nur geringes Interesse, reagieren dann aber wie gewünscht, wenn man sie damit in der gleichen Weise wie für unverfälschtes Futter beschrieben ärgert.

Abgesehen von Kükendaunen, die ich vom ersten Fütterungsversuch an stets bereitstelle, stelle ich keine Versuche mit anderen Aromen an, um hartnäckige Jungtiere zum Fressen zu bringen, die im Laufe vorangegangener Versuche bewiesen haben, daß sie weder normale Mäuse noch solche mit Kükenaroma zu fressen gedenken. Dies beruht nicht etwa darauf, daß ich das geruchliche Tarnen von Mäusen ablehne, sondern eher, daß außer Kükendaunen kaum ein anderes Aroma besonders gut wirkt. Hin und wieder versuche ich es mit Hamster- oder Gerbil-Fell und habe damit auch gelegentlich mit dem einen oder anderen Baby Erfolg. Ich habe das ganze Jahr über stets Küken, Hamster und Gerbile in meinem Tiefkühler, um auf alle Eventualitäten vorbereitet zu sein. Bei ausgeprägten „Feiglingen" scheint dieser Trick jedoch fast immer zu versagen. Andere Züchter haben von Erfolgen mit Frosch-, Echsen-, Rattenfell- oder anderen Aromen berichtet. Auch ich habe diese wiederholt ausprobiert, bin aber nicht zu den gleichen Ergebnissen gelangt.

Bei meinen Versuchen verwendete ich Skinke, Anolis, Baum- und Hornfrösche, jedoch ohne Erfolg, und – um ganz ehrlich zu sein – es widerstrebt mir, die kleinen Kreaturen für nichts und wieder nichts umzubringen. Folglich verwende ich sie heute nicht mehr zu diesem Zweck.

Das Ausbleiben des Erfolgs mit Frosch- und Echsen-Aromen ist mir schon immer ein Rätsel gewesen, da Chondros ja genau diese in der Natur erbeuten sollen. Einmal erzählte mir ein Kunde, daß ein Baby-Chondro seinen Anolis gefressen hatte, den er mit dem Python zusammen im gleichen Terrarium hatte unterbringen wollen. Trotzdem werden diese Aromen von meinen Jungtieren strikt abgelehnt. Einmal versuchte ich es mit Echsensaft aus der Küchenmaschine – die kleinen Chondros schreckten davor zurück als wäre es Flugzeugbenzin!

Zu bedenken ist dabei, daß das Ziel hier nicht etwa ist, Chondros ihren Lieblingsgeschmack entdecken zu lassen, frei nach der Devise, „Hey Mann, ich hasse Mäuse, aber Gerbile sind lecker!“ Ein wichtiger Aspekt auf dem Weg zum Erfolg ist das Überwinden des eigenen Glaubens, Chondros „müßten“ an nackten Mäusen interessiert sein. Schlüpflinge des Grünen Baumpythons fressen in der Natur keine kleinen Mäuse, und folglich erkennen die meisten Tiere in Gefangenschaft solche überhaupt nicht als freßbar. Sie müssen erst darauf „trainiert“ werden. Von fast jedem neuen Züchter kann man hören, „Die Jungtiere scheinen einfach nicht an Futter interessiert zu sein.“ Baby-Chondros sind tatsächlich nicht am Fressen interessiert und zwar aus zwei Gründen. Erstens sehen sie nackte Mäuse nicht als freßbar an, und zweitens konzentrieren sie sich auf den Pfleger, der ihre Wanne aufmacht und sie dadurch stört. Solange man erwartet, daß die Babies für das angebotene Futter Interesse entwickeln, wird man mit seinen Fütterungsversuchen wenig Erfolg haben. Stattdessen muß man ihnen beibringen, daß sie Mäuse fressen können, oder besser ausgedrückt, man muß sie dazu zwingen. Das beim „Aromatisieren“ von Mäusebabies verfolgte Ziel ist somit auch weniger, sie für eine Futteraufnahme zu begeistern, als sie zum Zuschlagen zu veranlassen, woraus sich die Möglichkeit ergibt, daß sie das Futtertier solange im Maul behalten, bis der Schluckreflex einsetzt. Man mag zufällig auf etwas stoßen, das bei einem bestimmten Wurf sehr gut funktioniert, doch sollte man nicht allzu große Hoffnungen auf kreative Ideen setzen. Außer mit Kükendaunen hatte ich eigentlich mit nichts nennenswerte Erfolge.

Aromatisieren ist keine Alternative, die die Notwendigkeit von eigenem Geschick beim Füttern überflüssig machen oder auch nur vermindern würde. Es ist kein Wundermittel, mit dem man kleine Chondros zum Fressen bringen kann. Aromatisieren hilft aber manchmal, und ich versuche es bei störrischen Jungtieren zunächst immer einmal damit. Auf keinen Fall aber sollte man auf ganze Frösche oder Echsen als Futter verfallen – die Gefahr, Krankheiten oder Parasiten zu übertragen, ist einfach zu groß. Wenn ein Baby einen Frosch fressen würde, frißt es auch eine Babymaus mit Froscharoma. Die meisten neuen Züchter haben tatsächlich mehr Schwierigkeiten mit der Technik des Fütterns, als mit der Beschaffung irgend eines „magischen“ Aromas. Die beiden am häufigsten begangenen Fehler sind dabei die Erwartung, daß Baby-Chondros nackte Mäuse als Futter erkennen und ein zu geringes Maß an Aggressivität und Ausdauer, um einen Biß in das Futtertier hervorzurufen.

Abb. 252a: Nachzucht des Sorong-Typus beim Schlupf. S. Baus & S. Arth

Abb. 252b: Verschiedenfarbige Schlüpflinge des Sorong-Typus. S. Baus & S. Arth

Abb. 252c: Schlüpflinge des Aru-Typus. S. Baus & S. Arth

Abb. 252d: Schlüpfling des Aru-Typus mit Muttertier. S. Baus & S. Arth

Abb. 252e: Baby des Sorong-Typus. S. Baus & S. Arth

Abb. 252f: Baby einer Sorong × Biak Verpaarung. A. Blumberg

Abb. 252g: Baby einer Sorong × Biak Verpaarung. A. BLUMBERG

Abb. 252h: Baby einer Sorong × Biak Verpaarung. A. BLUMBERG

Abb. 252i: Baby des Sorong-Typus, das sich zum Boden ausrichtet. S. BAUS & S. ARTH

Abb. 252j: Baby des Sorong-Typus in Lauerstellung. S. BAUS & S. ARTH

Zwangsfütterung

Es kann eine ganze Menge Arbeit bedeuten, die Mehrheit eines Wurfes zum Fressen zu bringen. In vielen Fällen bedarf es sechs bis acht Versuchen, bis die Jungtiere ohne viel Ärgern in die vorgehaltene Beute beißen. Nach meinem Dafürhalten ist ein Baby solange nicht futterfest, bis es nicht ein paar Mahlzeiten hintereinander ohne oder nur mit minimalem Druck angenommen hat. Es sind manchmal mehr als ein Dutzend Fütterungen erforderlich, bis bei einem Jungtier wirklich „der Groschen fällt" und es beim abendlichen Öffnen seiner Wanne erwartungsvoll nach dem Futter sucht, das jetzt doch eigentlich kommen müßte. Wenn die Babies erst einmal soweit sind, kann man viele von ihnen in kürzester Zeit füttern. Der vom Pfleger erforderliche Aufwand verlagert sich dann von Fütterungsversuchen hin zu dem Versuch, die Kleinen stets sauberzuhalten!

In fast jedem Wurf wird man auf eine oder zwei „harte Nüsse" stoßen, die es zu knacken gilt. Es besteht jedoch beim Zwangsfüttern kein Grund zur Eile, solange die entsprechenden Kandidaten mit einem normalen Gewicht von 10–12 Gramm geschlüpft sind. Solche Jungtiere kommen ohne weiteres acht bis zehn Wochen ohne eine Nahrungsaufnahme aus, auch wenn ich im Einzelfall entscheiden mag, früher mit einer Zwangsfütterung anzufangen. Diese Entscheidung richtet sich nach der Erkenntnis, daß alle bislang unternommenen Versuche keinerlei Fortschritte erbracht haben oder nach dem Eindruck, daß das entsprechende Tier nunmehr an Substanz verliert und Futter zu sich nehmen muß, damit es am Leben bleibt. Ich greife auch bisweilen bei solchen Exemplaren zu dieser Notlösung, die untergewichtig geschlüpft sind und in den ersten Wochen nach ihrer Häutung kein Futter annehmen wollen.

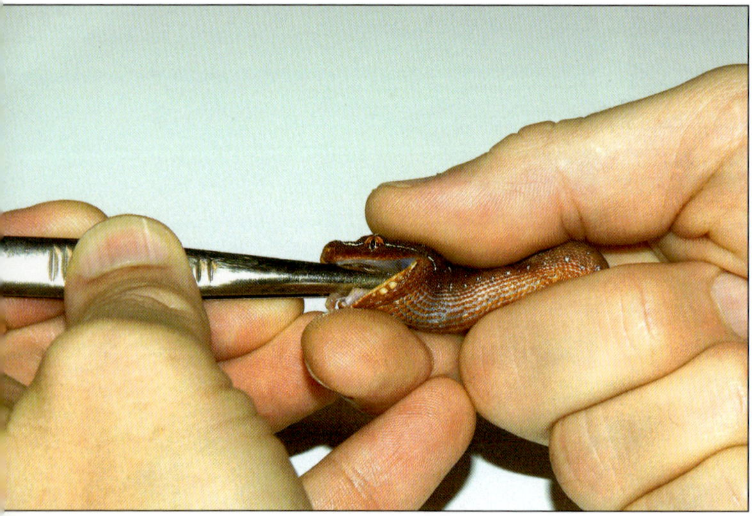

Abb. 253: Beim Zwangsfüttern ist es wichtig, daß die Futtermaus der Schlange möglichst weit, aber ohne die Gefahr einer Verletzung, in den Hals geschoben wird. Hierdurch wird die Möglichkeit vermindert, daß das Baby das Futter wieder auswürgt. Der Körper wird dabei so festgehalten, daß der Hals gerade und die Schlange unter Kontrolle ist.

Es muß an dieser Stelle ausdrücklich betont werden, daß Zwangsfüttern keinesfalls eine Universallösung oder ein Ersatz für das Aneignen der eigenen Fähigkeiten beim normalen Füttern ist! Es besteht bei gesund geschlüpften Babies kein Grund, eine Zwangsernährung vor Ablauf von acht Wochen auch überhaupt nur in Erwägung zu ziehen. Manchmal warte ich damit sogar noch länger, was von den individuellen Fortschritten abhängt, die ein bestimmtes Tier zeigt.

Eine Zwangsfütterung bedeutet Streß für das Tier und den Pfleger. Da für ersteres dabei eine hohe Verletzungsgefahr besteht, sollte sie als letzter Ausweg angesehen werden und auf solche Exemplare beschränkt bleiben, die anderenfalls nicht überleben würden.

Ich verwende eine kleine Pinzette mit runder Spitze, um der betreffenden Schlange eine zuvor mit Wasser gleitfähig gemachte, neugeborene nackte Maus kurz vor dem Mundwinkel ins Maul und dann in den Hals zu schieben. Das Tier wird dann schnell auf den Boden seiner Wanne zurück gesetzt, wo es die Mahlzeit dann hoffentlich vollends herunterschluckt. Würgt es die Maus wieder aus, beginne ich von vorn, schiebe die Maus jedoch soweit in den Hals hinein, wie dies gefahrlos möglich ist. Die ersten ein oder zwei Male sind bei jedem Tier die schwierigsten, ab dem dritten Versuch wird es jedoch in der Regel einfacher.

Ich habe beim Zwangsfüttern eine Regel: „Greg gewinnt immer!" Die Jungtiere hassen es, zwangsgefüttert zu werden und widersetzen sich dem mit aller Kraft. Ich greife jedoch zu dieser Maßnahme, um ihr Leben zu erhalten, auch wenn das Einfangen, Festhalten und das Herunterzwängen von Futter durch ihren Hals für sie eine Verletzungsgefahr bedeutet. Um das Risiko dabei so gering wie möglich zu halten, sollte man nur die kleinsten Mäusebabies für diesen Zweck verwenden. Während das Jungtier mit dem Herunterschlucken befaßt ist, kümmere ich mich um Sachen wie einen neuen Liegeast oder ein frisches Wassergefäß, störe das Tier auf dem Boden seiner Wanne jedoch nicht weiter. Erst wenn es mit dem Abschlucken fertig ist, kommen die Einrichtungsgegenstände wieder an ihren Platz. Es hat den Anschein, daß Nahrung schneller wieder ausgewürgt wird, wenn der Schlange Ankerpunkte zur Verfügung stehen.

In manchen Fällen führt ein Zwangsfüttern dann schnell zu einer bereitwilligeren Nahrungsaufnahme, jedoch hatte ich auch schon Babies, die mehr als ein Dutzend solcher Prozeduren benötigten, bevor sie den Widerstand schließlich aufgaben. Meiner Meinung nach ist das Verfüttern ganzer Babymäuse besser als das Ernähren mit verflüssigten über einen Katheder, vorallem hinsichtlich der Gewöhnung an eine selbständige Nahrungsaufnahme. Manche Züchter verwenden bei Zwangsfütterungen nur die Köpfe von Mäusebabies, und anscheinend haben die kleinen Schlangen größere Schwierigkeiten, diese wieder auszuwürgen.

Ich biete störrischen Jungtieren stets erneut Futter an, wenn ich die anderen füttere. Wenn sie wiederum nicht fressen wollen, nehme ich mir anschließend die Ruhe und Zeit, sie erneut zwangszufüttern. Nicht alle Babies fangen irgendwann mit der selbständigen Futteraufnahme an. Jene, die dies jedoch schließlich tun, sind es allemal wert, gerettet zu werden. Gewöhnlich holen sie dann einige Zeit später ihre Geschwister im Wachstum ein.

Es muß hier wiederholt werden, daß das Füttern von Chondro-Babies eine zu erlernende Kunst ist. Der neue Züchter muß dazu über längere Zeit Erfahrungen sammeln, bevor er wirklich das nötige Geschick dafür aufbringen kann. Auch hat das Lernen aus Büchern deutliche Grenzen, und es ist allemal günstiger, einem versierten Züchter dabei zuzuschauen, wenn eine Möglichkeit dazu besteht. Die eigene Fingerfertigkeit kann man jedoch auch dann nur durch Versuch und Irrtum erlangen. Tief einatmen, Geduld und Ruhe und die Überzeugung, das es zu schaffen ist, helfen dabei.

Jungtiere beurteilen

Ich will dieses Kapitel mit ein paar Bemerkungen über das Einschätzen von Jungtieren abschließen. Irgendwie stehen manche Chondro-Pfleger unter dem Eindruck, ich könnte auf magische Weise Babies aussuchen, die dann zu den schönsten Adulti werden. Aber auch wenn ich zugeben muß, daß ich dabei bisweilen wirklich eine glückliche Hand hatte, so bleibt doch die Tatsache, daß der wichtigste Punkt bei einem Beurteilen des Potentials eines Jungtiers doch das Aussehen der Elterntiere und anderer Vorfahren bleibt. Als ich begann, meinen Chondro-Bestand aufzubauen, bemühte ich mich um Tiere aus einigen der besten Zuchtstämme in den USA. Mit diesem Grundstock fing ich dann an, meine eigenen Zuchtprojekte zu verfolgen. Es ist eigentlich kein Wunder, daß manche der von mir zurückbehaltenen Tiere zu spektakulären Exemplaren heranwuchsen, wenn man die Abstammung ihrer Eltern in Betracht zieht! Ich bin jedes Mal etwas sprachlos, wenn mich jemand bittet, ihm bei der Auswahl jener Jungtiere aus einem Wurf ganz normal aussehender Elterntiere zu helfen, die die größten Aussichten auf besonders schöne Adulti haben. Ohne jemandem auf die Füße treten oder andere Züchter abwerten zu wollen, kann ich nur sagen, daß herausragende Jungtiere in den allermeisten Fällen von herausragenden Eltern abstammen. Andererseits gibt es in vielen Fällen ein gewisses Maß an Unterschieden zwischen Geschwistern, was vorallem bei Tieren aus Designer-Zuchten recht ausgeprägt sein kann. Und auch wenn niemand die Fähigkeit besitzt, eine Gruppe von Jungtieren anzuschauen und mit absoluter Sicherheit sagen zu können, welche davon einmal zu großartigen Adulti werden, gibt es doch Anzeichen, nach denen ich Ausschau halte, wenn ich Jungtiere kaufen oder aus meiner eigenen Zucht zurückbehalten will.

Abb. 254: „Darth Maul" (GM-02-12, **Abb. 125**) ist ein Beispiel für ein Tier, das der Züchter auf jeden Fall selbst behält. Ich suche bei Jungtieren für meinen eigenen Bestand nach Merkmalen, die mich ansprechen.

Ein erstes Beurteilen wird überhaupt erst nach der ersten Häutung möglich. Der Hautwechsel führt bisweilen zu überraschenden Veränderungen im Aussehen eines Tieres. Farbschattierungen und Einzelheiten der Zeichnung treten zutage, die bis dahin nicht erkennbar waren. Beson-

Abb. 255 u. 256: Junger Baumpython beim Fressen einer Maus. K.H. SWITAK

ders kastanienrote oder gelbe Babies sehen nach der Häutung viel schöner aus. Ihre anfangs unscheinbar wächsere Erscheinung wird dann durch eine tiefe, satte Färbung abgelöst, die bis dahin durch die alte Haut und getrocknete Eiflüssigkeit verschleiert war.

Wenn dies geschehen ist, begutachte ich den ganzen Wurf, um zu sehen, ob vielleicht ein besonders herausragendes Tier dabei ist. Dabei ist eine gute Beleuchtung natürlich von größter Bedeutung. Ein außerordentliches Exemplar kann sich durch verschiedene Merkmale von seinen Geschwistern unterscheiden. Es kann keine Zeichnung haben oder besonders viel davon, der Kontrast zwischen Grundfärbung und Zeichnung mag besonders kräftig sein, das Tier kann insgesamt ungewöhnlich gefärbt sein, oder es mag eine ungewöhnliche Zeichnung in Form von bestimmten Figuren, Streifen, anders gefärbten Rändern um Zeichnungselemente herum haben.

Wenn alle Jungtiere gelbe Markierungen haben, und nur bei einem sind diese orange – dann bleibt dieses bei mir.

Eines der besten bei mir geschlüpften Tiere war ohne Zweifel „Calico Junior" (GM-99-09). Als Schlüpfling war es sehr dunkel, beinahe schwarz, mit sehr wenigen hellen Marken (siehe die Abbildung im Kapitel „Genetik..."). Er war sicherlich nicht gerade das atemberaubendste Jungtier, das mir jemals untergekommen wäre, aber es war irgendwie einzigartig und anders, und deshalb behielt ich es für mich. Einer seiner Nachkommen aus 2004 war ein rotes Baby mit stark reduzierter Zeichnung, das mir aus diesem Grund auffiel. Es zu behalten, hat sich dann wirklich gelohnt (siehe das Foto ebenfalls in Kapitel „Genetik..."). Eines meiner blauen Männchen („Blue Frost", GM-01-30) kam als kleines braunes Baby mit wenig Zeichnung zur Welt. Andere High End-Adulti in meinem Bestand schlüpften hingegen als sehr stark gezeichnete Babies, so etwa „Goldenrod" (GM-02-04). Eines aber haben alle diese spektakulären Exemplare gemeinsam: sie stammen von außergewöhnlichen Eltern ab! Es ist töricht zu glauben, man könne zu High End-Tieren zu kommen, ohne vorher in High End-Tiere zu investieren. Kein vernünftiger Mensch würde anderen empfehlen, ganz normale Königspythons zu vermehren und daraus Morphen wie „Piebald" (Schecke) oder „Spider" (Spinne) zu erwarten. Es ist genauso sinnwidrig zu erwarten, daß High End-Chondros von durchschnittlichen Chondro-Eltern kommen.

Wenn die Jungtiere eines Wurfes alle mehr oder weniger gleich aussehen, kann man sich jene für den Eigenbedarf nach Gesichtspunkten wie Freßwilligkeit oder Größe aussuchen. Diese Aspekte sind in der Tat für einige Züchter bei der Wahl ihrer zukünftigen Zuchttiere von ausschlaggebender Bedeutung. Es ist auch besonders dann sinnvoll, wenn man große und/oder gut fressende Nachkommen produzieren will. Ich habe noch keine schlüssigen Datensammlungen gesehen, die beweisen, daß die Verpaarung von gut fressenden Elterntieren gut fressende Junge erbringt - die Möglichkeit dazu besteht jedoch in jedem Fall. Ich selbst züchte jedoch mit dem Ziel bestimmter morphologischer Merkmale, und daher ist Freßwilligkeit für mich von untergeordneter Bedeutung. Man gebe mir die extremen Exemplare, und ich will mich gerne mit Fütterungsproblemen herumschlagen. Nun ja – vielleicht nicht gerne, aber bereitwillig!

Viel Glück!

Ich wünsche jedem Interessierten den größten Erfolg mit dem Grünen Baumpython, und mögen seine eigenen Anstrengungen bei der Vermehrung dieser wunderbaren und faszinierenden Pythons zu den angestrebten Ergebnissen führen. Es ist meine größte Hoffnung, daß ich auf den vorangegangenen Seiten etwas von der Passion auf Sie übertragen konnte, die ich für diese Tiere empfinde und daß ich Sie von der Ernsthaftigkeit der moralischen Aspekte und der Verantwortung überzeugen konnte, die der Besitz und die Nachzucht dieser Tiere mit sich bringen. Vielleicht habe ich den Einen oder Anderen mit meiner Meinung oder einem Kommentar geärgert. Wenn dem so ist – es war nicht meine Absicht, jemanden zu beleidigen, sondern lediglich klar darzustellen, was ich für die Wahrheit halte, was mir wichtig erscheint und was ich unter ehrlich verstehe.

Wir alle müssen noch viel über diese grünen Schlangen lernen, die uns so stark inspirieren. Eine Vorschlägen gegenüber offene Grundeinstellung und die Bereitschaft zum Lernen sind Grundbausteine des Fortschritts. Unnötig zu sagen, daß bei den Chondros niemand ein Monopol auf Wissen oder Sachverständnis haben kann. Tatsächlich könnten Sie es sein, der eine neue Vorgehensweise beitragen kann oder der etwas entdeckt, das zum Überwinden einer der Herausforderungen beiträgt, die diese Art mit sich bringt. Obwohl keine Notwendigkeit besteht, in Hinsicht auf Haltung und Zucht ein neues Rad zu erfinden, gibt es noch immer viel zu erforschen und zu entdecken.

Erfreuen Sie sich an Ihren Chondros, und denken Sie immer daran,

Qualität ist ansteckend!

Anhang A.

Häufiger auftretende Probleme

Pflegt man Grüne Baumpythons, steht man früher oder später vor einem Problem, das man zu lösen hat. So ist das nun einmal bei dieser Art. Ich werde daher hier einige der häufiger beim täglichen Umgang mit Chondros im Terrarium auftretenden Probleme besprechen. Es sind Richtlinien, und es ist von großer Bedeutung, daß man einen Tierarzt findet, mit dem man zusammenarbeiten kann – **bevor** man ihn dringend braucht! Am besten wendet man sich dazu an einen Terrarienverein in der Umgebung. Falls dort keiner zu existieren scheint, siehe die Adressen im Anhang C.

Es würde die Zielsetzung dieses Abschnitts verfehlen, sämtliche möglichen Probleme bei Chondros mit Diagnosen und Behandlungsvorschlägen zu diskutieren. Wir müssen uns hier auf die Grundlagen und die Behebung häufiger auftretender Gesundheitsstörungen beschränken. Viele davon sind durch gute Haltungsbedingungen vermeidbar, aber Nachlässigkeiten können sich immer wieder einschleichen, und selbst Terrarianer mit langjähriger Erfahrung müssen sich hin und wieder mit Gesundheitsproblemen in ihren Beständen befassen und Verluste hinnehmen. Die folgenden Anmerkungen beziehen sich hauptsächlich auf äußerlich gesunde Tiere aus Terrariennachzucht. Farmtiere und Wildfänge bringen andere Gesichtspunkte mit sich, und diese werden am Ende dieses Abschnitts kurz angesprochen.

Angetrocknete Haut

Chondros haben eine dünne Haut und neigen zu Häutungsschwierigkeiten, wenn ihr Terrarium lufttrocken ist. Bei Jährlingen und erwachsenen Tieren ist dies mehr ein Ärgernis denn ein wirkliches Gesundheitsproblem, jedoch können anhaftende Reste der alten Haut bei kleineren Exemplaren zu Streß und Dehydration führen. Die Situation ist aber recht einfach zu bereinigen, solange sie sofort nach Entdeckung angegangen wird. Je mehr Zeit man zwischen Häutung und Behandlung vergehen läßt, umso schwieriger wird es, die alten Hautreste zu entfernen. Innerhalb von vierundzwanzig Stunden ist am besten, noch besser ist es jedoch, es gar nicht erst dazu kommen zu lassen.

Abb. 258: Plastikgefäß zum Aufweichen von angetrockneter Haut bei Jungtieren.

Jungtiere: Kleine Schlangen setzt man in einen kleinen Plastikbehälter, der mit etlichen Lagen gut durchnäßten Küchentüchern ausgestattet ist. Auf dem Boden des Behälters sollte sich aber nicht mehr als vielleicht 3 mm Wasser befinden, da es ansonsten zu einem Ertrinken kommen kann. Der Behälter mit der Schlange wird dann warm (etwa 29°C) aufgestellt, und die Hautreste sollten sich innerhalb vierundzwanzig bis achtundvierzig Stunden gelöst haben. Ein beheiztes Regal ist hierzu von großem Nutzen. Man kann die Schlange von Zeit zu Zeit mit dem nassen Papier zudecken, so daß sie sich darunter hervorarbeiten muß. Die dabei entstehende Reibung an dem Papier unterstützt das Ablösen der alten Haut.

Abb. 259: Wanne mit nassen Handtüchern zum Aufweichen angetrockneter Haut bei Adulti. Ich ziehe dieses Verfahren dem nassen Kopfkissenbezug vor, da die Schlangen hier nicht die Nasen am Stoff reiben und nicht ersticken können. Das Handtuch muß immer wieder erneut über die Schlange gedeckt werden.

Größere Chondros: Jährlinge und Adulti mit Häutungsresten setzt man in eine etwa 10 Liter fassende Wanne und deckt sie mit einem gefalteten, triefnassen Frottee- oder Baumwoll-Handtuch zu, das keinerlei Rückstände eines Weichspülers enthalten darf. Auch hier darf sich nur sehr wenig freies Wasser auf dem Boden der Wanne befinden. Das Handtuch muß jedoch tropfnaß sein und die Schlange zudecken. Auch dieser Behälter wird warm aufgestellt (vielleicht ebenfalls in ein beheiztes Regal). Die Hautreste sollten sich außer in wirklich schweren Fällen binnen 24–48 Stunden gelöst haben. Das Handtuch sollte die Schlange stets zudecken, was von Zeit zu Zeit kontrolliert und ggf. korrigiert werden muß. Erforderlichenfalls muß man einige Hautfetzen mit einer Pinzette abzupfen, nachdem sie ausreichend aufgeweicht worden sind.

Diese Vorgehensweise ist ein oder zwei Tage nach einer mißlungenen Häutung am wirkungsvollsten. Länger durchgetrocknete Hautreste bedürfen oft eines längeren Aufweichens. Bei Jungtieren ist zu beachten, daß diese sehr zerbrechlich sind. Auf keinen Fall sollte man versuchen, ein nicht gehäutetes Cornealschild (Augenschild) manuell zu entfernen! Dieses wird bei der nächsten Häutung, ggf. zusammen mit anderen hartnäckig festsitzenden kleineren Resten abgestoßen, wenn dann eine geeignete Luftfeuchtigkeit angeboten wird.

Häutungsschwierigkeiten sind bei weitem einfacher zu verhindern als zu behandeln! Ich widme dem Grad der Luftfeuchtigkeit in Terrarien mit häutungstrüben Exemplaren verstärkte Aufmerksamkeit und lasse Jungtiere niemals ganz trocken werden. Einzelne Tiere scheinen jedoch immer Häutungsprobleme zu haben, auch wenn die Luftfeuchtigkeit stimmt. Einige Pfleger empfehlen, direkt vor einer Häutung stehende Tiere nicht direkt anzusprühen, da sie meinen, das verdunstende Wasser würde das Antrocknen eher noch fördern.

Angeschwollener Kopf
Dies ist eigentlich überhaupt kein Gesundheitsproblem, kann aber einen unerfahrenen Pfleger durchaus in Panik versetzen. Manche Chondros zeigen vor einer Häutung eine Schwellung des Nasenbereichs und des Kopfes, die auch dann noch anhält, wenn die Haut wieder klar geworden ist. Hierbei handelt es sich aber lediglich um eine Ansammlung von Flüssigkeit unter der in Kürze abzustreifenden alten Haut, und sie ist nach der Häutung wieder völlig verschwunden.

Darmvorfall
Beim Ausscheiden von Stoffwechselprodukten stülpt ein Chondro stets ein Stück des Enddarms aus. Problematisch wird es dann nur, wenn sich dieses Stück danach nicht wieder zurückzieht und sich entzündet. Unbehandelt kann dies zum Tod des Tieres führen. Es ist von größter Wichtigkeit, einen solchen Fall so frühzeitig wie möglich zu bemerken, d.h. bevor das Gewebe eintrocknen und absterben oder die einhergehende Schwellung zu stark werden kann. Ein Darmvorfall entsteht gewöhnlich während der nächtlichen Aktivitätsphase und wird in aller Regel folglich am nächsten Morgen festgestellt. Morgendliche Kontrollgänge sind also schon aus diesem Grunde wichtig. Ein Tier mit einem Darmvorfall läßt gewöhnlich den Schwanz von seinem Liegeast hängen oder hält sich auf dem Boden des Terrariums auf. Eine merkwürdige Körperhaltung sollte daher stets näher untersucht werden, zumal kleine Darmvorfälle oft nur schwierig zu entdecken sind. Man sollte jedoch wissen, daß

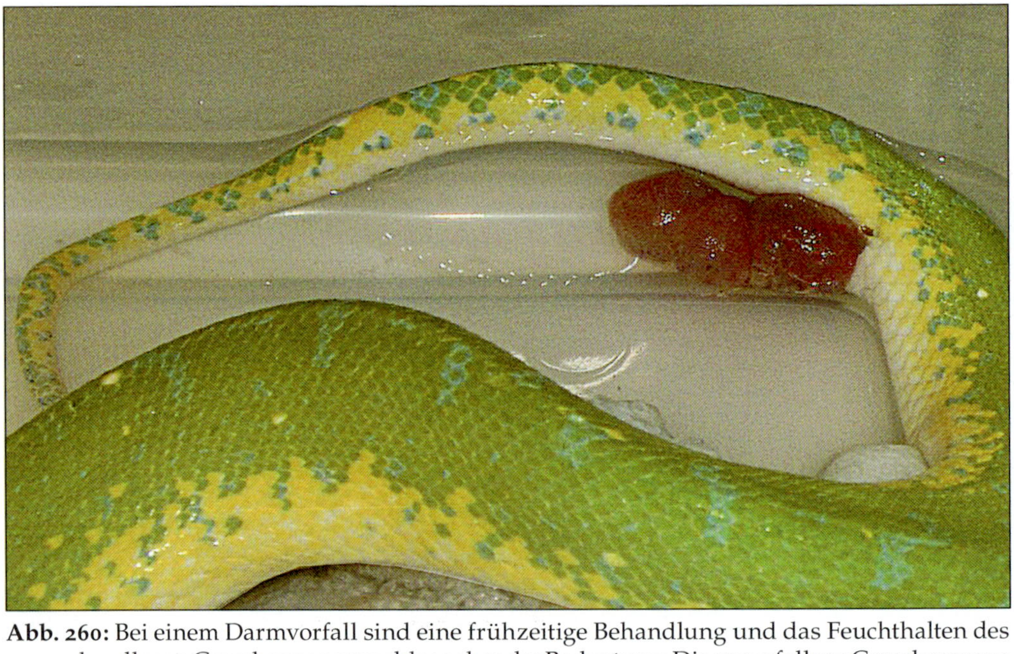

Abb. 260: Bei einem Darmvorfall sind eine frühzeitige Behandlung und das Feuchthalten des angeschwollenen Gewebes von ausschlaggebender Bedeutung. Die vorgefallene Gewebemenge ist in diesem Fall klein genug, um einfach wieder zurückgeschoben zu werden. T. GRAICHEN

manche Tiere die Angewohnheit haben, den Schwanz herunterhängen zu lassen und daß dies kein Anzeichen für einen bevorstehenden Darmvorfall sein muß.

Entdeckt man einen Darmvorfall, muß das entsprechende Tier sofort in eine Plastikwanne umgesetzt werden, deren Boden mit einer geringen Menge Wasser bedeckt ist. Das Wasser sollte gerade ausreichen, um den Boden zu bedecken und das heraushängende Stück Darm naß zu halten. Dann fertigt man aus Puderzucker oder auch normalem Zucker und Wasser eine dicke Paste an, die man mit einer Pipette oder einer Spritze ohne Nadel direkt auf das Stück Darmgewebe aufträgt. Diese Zuckerpaste zieht Flüssigkeit aus dem vorgefallenen Gewebe und vermindert dadurch die Schwellung. Durch Umherkriechen streift die Schlange diese Packung teilweise ab, so daß sie wieder und wieder ersetzt werden muß. Diese Behandlung muß über mehrere Stunden oder über Nacht fortgesetzt werden. Sie führt in vielen Fällen dazu, daß die Schwellung soweit zurückgeht, daß der vorgefallene Gewebeabschnitt schließlich wieder an Ort und Stelle zurückgeschoben werden kann. Einweichen und die Behandlung mit Zuckerpaste allein sind zur völligen Behebung des Problems zwar unzureichend, jedoch dienen sie der Ersten Hilfe. Wenn das vorgefallene Darmstück nicht allzu groß ist, überspringe ich die Zuckerbehandlung und schiebe es gleich wieder zurück. Je schneller das herausgerutschte Gewebe wieder dorthin kommt, wo es hingehört, desto besser sind die Genesungsaussichten und desto geringer die Schwellung.

Sofern man damit keine Erfahrung hat, sollte man die folgende Prozedur einem Tierarzt überlassen. Das vorgefallene Gewebe muß mit einem geeigneten Werkzeug wieder in den Körper des Tieres hineingeschoben werden. Ich verwende dazu für kleinere Tiere eine mit Gleitmittel versehene Sonde, wie sie normalerweise zum Sondieren von Schlangen dient, bzw. für erwachsene Patienten ein Stück runde Plastikstange (aus einem Kleiderbügel gefertigt) mit völlig abgerundetem und glatt poliertem Ende. Man benötigt hier eine Sonde, die vom Durchmesser her groß genug ist, um das Darmstück zu bewegen, ohne es möglicherweise zu durchstoßen.

Das vorgefallene Stück muß weiter zurückgeschoben werden, als man gemeinhin vermuten mag. Es ist wie eine umgekrempelte Socke, und das am weitesten herausragende Stück muß folglich am weitesten zurück in den Körper.

Ich behandele dieser Tage alle derartigen Fälle in meinem Bestand selbst. Große Exemplare mit starken Schwellungen bedürfen aber meistens einer tierärztlichen Versorgung und möglicherweise sogar einer schwachen Narkose, damit sie beim Zurückschieben stillhalten. Die Vorgehensweise ist schwierig zu beschreiben und bedarf der Erfahrung. Man braucht Geduld und muß das Problem von allen Seiten angehen. Bisweilen mag man dann schon aufgeben wollen, wenn das Stück Darm wie von Zauberhand plötzlich fast von allein an seinen ursprünglichen Platz zurückschnappt. Ich versuche stets, den Kloakenspalt zu lokalisieren und an dieser Stelle mit dem Zurückschieben zu beginnen. Manchmal erweist sich jedoch ein Schieben von der Seite und Massieren des Gewebes als am besten. Wenn das Gewebe in den Körper zurückgleitet, schiebt man vorsichtig mit der Sonde nach und zwar soweit, wie es ohne Gewalt möglich ist. Bei einem 1 kg schweren adulten Tier können das etliche Zentimeter sein. Schiebt man das Gewebe nicht bis zu seinem Endpunkt zurück, wird es höchstwahrscheinlich erneut vorfallen. Wenn das passiert, beginnt man die Prozedur von vorne.

Ich versuche natürlich, jede Verletzung des Darmgewebes zu vermeiden. Wenn es jedoch trotzdem dazu kommt, daß die Sonde eine Membrane durchsticht, scheint dies keine negativen Langzeitfolgen zu haben. Es ist aber in jedem Fall wichtig, die Schwellung des Gewebestücks soweit es geht zu reduzieren, bevor man es zurückzuschieben versucht.

Einige Pfleger haben mit Hämorrhoidensalbe Erfolg gehabt. Auch ein Abspülen mit kaltem Wasser kann hilfreich sein. Der richtige Zeitpunkt zum Zurückschieben ist Gefühlssache, und zu langes Abwarten bei einem kleinen Vorfall kann durchaus zu einer Zunahme der Schwellung führen. Wenn ich der Meinung bin, daß ich das Stück ohne vorheriges Baden zurückschieben kann, dann versuche ich es einfach.

In manchen Fällen muß eine Tabaksbeutelnaht gesetzt werden, die das betreffende Stück vorübergehend an Ort und Stelle hält. Manche Pfleger verwenden ein Stück Klebeverband, mit dem der Darmausgang zu diesem Zweck vorübergehend verschlossen wird. In jedem Fall muß das Tier jedoch anschließend für mehrere Tage in einer mit feuchtem Papier ausgelegten Wanne ohne Liegeast gehalten werden. Über die nächsten zwei bis drei Wochen sollte kein Futter angeboten werden. Danach werden kleine Mahlzeiten gereicht und das Kotabsetzen beobachtet. Wenn wieder alles normal erscheint, kann man auch wieder zu der gewohnten Routine zurückkehren.

Ein Darmvorfall kann beim ersten Mal überaus beängstigend sein. Die meisten Fälle sind jedoch gut behandelbar. Mögliche Ursachen hierfür sind Streß, Dehydration, Verfettung und zu große Mahlzeiten. Zu betonen ist, daß Darmvorfälle auch bei den erfahrensten Pflegern und unter scheinbar idealen Haltungsbedingungen auftreten können und kein Hinweis auf mangelhafte Pflege sind. Exemplare, bei denen Darmvorfälle gehäuft auftreten, haben möglicherweise ein tiefer reichendes Gesundheitsproblem. Erwachsene Weibchen können durchaus von einem Darmvorfall genesen und später erfolgreich Eier legen, wenn man ihnen eine großzügig bemessene Erholungszeit zugesteht.

Eine unangebrachte Furcht vor einem Darmvorfall sollte nicht dazu führen, daß Chondros nicht genügend Futter erhalten. Die meisten meiner adulten Tiere haben niemals unter einem Darmvorfall zu leiden gehabt, und alle werden nach den in diesem Buch gemachten Angaben ernährt.

Futterverweigerung

Das Futter verweigernde Chondros lassen sich jeweils einer von vier Kategorien zuordnen: vor einer Häutung stehende Tiere, jahreszeitlich bedingt nicht fressende Männchen, noch nicht an Futter gewöhnte Jungtiere und unerklärliche Futterverweigerer, die nicht in eine der drei vorstehenden Kategorien fallen.

Zu Angaben für nicht fressende Jungtiere siehe die Abschnitte im letzten Kapitel. Man sollte keine Jungtiere von zweifelhaften Quellen kaufen und keine, die nicht wenigstens zehn Mal gefressen haben, es sei denn, man kennt den betreffenden Züchter ganz genau. Selbst bereits an Futter gewöhnte Babies stellen die Futteraufnahme vorübergehend wieder ein, wenn sie einem Ortswechsel ausgesetzt werden. Wenn dieser Zustand jedoch mehrere Wochen lang anhält, liegt es in den allermeisten Fällen an der Fütterungstechnik des neuen Besitzers. Dieser sollte dann erwarten können, daß ihm der Verkäufer hilfreich zur Seite steht.

Vor einer Häutung stehende Tiere verweigern meistens das Futter. Das kann bereits mehrere Tage vor den ersten äußerlich erkennbaren Anzeichen der Fall sein. Dieses Verhalten ist völlig normal. Einzelne Tiere setzen den vorübergehenden Hungerstreik auch noch einige Tage nach dem Häuten fort.

Jahreszeitlich bedingte Fastenzeiten sind für geschlechtsreife Männchen völlig normal. Sie erstrecken sich gewöhnlich über mehrere Monate und verursachen keinen Schaden. Das Männchen beginnt wieder mit der Nahrungsaufnahme, wenn es dazu bereit ist, und wenn es vor der Hungerphase Ratten gefressen hat, wird es danach auch wieder Ratten fressen. Es bedarf keiner ausgefallenen Fütterungstricks oder besonderer Futtersorten; in den meisten Fällen versagen diese ohnehin. Das Männchen frißt einfach deshalb nicht, weil es instinktiv darauf vorprogrammiert ist. Es hat nicht etwa plötzlich den Appetit auf Ratten verloren. Man reagiert darauf am besten mit Gelassenheit! Männchen können erstmalig im Alter von nur anderthalb Jahren mit einer Fastenzeit beginnen, und zwei bis fünf Monate Dauer sind normal.

Ich biete den in meinem Bestand lebenden Männchen stets Futter an, wenn die anderen Tiere gefüttert werden, und eines schönen Abends nehmen sie es mir dann wieder ab, gerade so, als sei es nie anders gewesen. Männchen können das Fressen zu jeder Zeit des Jahres einstellen, jedoch fasten die meisten Exemplare stets während des gleichen Zeitraumes. Ich wiederhole diese Ratschläge jedes Jahr Dutzende von Malen, und trotzdem verlieren manche Halter immer wieder völlig die Fassung, wenn eines ihrer Tiere plötzlich mal einen Monat lang nicht gefressen hat. Fastenzeiten sind bei Chondros völlig normal und besonders bei Männchen ausgeprägt. Es besteht wirklich keinerlei Grund für schlaflose Nächte!

Wenn ein gesunder erwachsener Chondro ohne erkennbaren Grund plötzlich die Futteraufnahme einstellt und auch einer der zuvor genannten Kategorien zuzuordnen ist, besteht selten Anlaß zur Besorgnis. Chondros sind empfindsame Tiere, und manche stellen bereits das Fressen ein, wenn sie nur in ein anderes Terrarium umgesetzt werden, selbst wenn dieses genauso wie ihr altes aussieht. Neuerworbene Tiere sollten stets einige Tage zum Eingewöhnen in eine neue Umgebung haben, bevor man ihnen das erste Mal Futter anbietet. Durch ein Umsetzen oder einen Transport ausgelöste Futterverweigerungen können einige Zeit anhalten. Solange die Schlange aber gesund ist, spielt das überhaupt keine Rolle. Sie wird wieder fressen, wenn es ihr zusagt. Dem neuen Besitzer mag dies gar nicht gefallen, und trotzdem kann er daran nichts ändern.

Bei wirklich hartnäckigen Fällen helfen dann manchmal lebende, noch nicht entwöhnte Rattenbabies, jedoch ist das Verfüttern lebender Beute immer mit Risiken verbunden. Meistens bedarf es einfach nur der Geduld.

Vor ein paar Jahren setzte ich einmal ein junges, aber schon geschlechtsreifes Weibchen von seinem Terrarium in ein größeres um, das nur anderthalb Meter von seinem ursprünglichen entfernt aufgestellt war. Das neue Becken war etwa 30 cm länger, entsprach aber in seiner Bauweise, Beheizung, Ausstattung etc. völlig dem alten. Dieses Weibchen war darüber derart verärgert, daß es drei Monate lang nicht fressen wollte. Ich ignorierte diese Protestaktion weitestgehend, und eines Abends nahm es Futter an und frißt seitdem wieder regelmäßig. Ich dachte manchmal daran, wieviele Pfleger in dieser Zeit dem Wahnsinn nahegekommen wären, und doch löste sich das „Problem" wie in den meisten Fällen dieser Art schließlich völlig von selbst.

Verstopfung und Bewegungsunlust

Ich habe diese beiden Themenkreise hier zusammengefaßt, weil sie meiner Meinung nach miteinander in Zusammenhang stehen. Wieviele Pfleger haben ein Tier in ein neues Terrarium umgesetzt oder das alte einfach nur saubergemacht, und in der folgenden Nacht hat das Tier dann Kot abgesetzt? Umwelteinflüsse sind ein maßgeblicher Teil guter Pflegebedingungen, und alle Maßnahmen, die die Aktivität der Tiere auf natürliche Weise fördern, sind positiv zu werten. Eingeschobenes Sprühen, kleine Temperaturveränderungen, neues Wasser und Bodensubstrat, Hantieren und selbst ein Umsetzen sind allesamt zum Anregen von Bewegung geeignet. Viele Halter glauben fälschlicherweise, daß ihre Chondros unter Verstopfung leiden, weil sie zwischen den Fütterungen keinen Kot absetzen. Tatsache ist jedoch, daß ältere Exemplare einen langsameren Stoffwechsel als jüngere haben und folglich seltener koten. Das Hängenlassen des Schwanzes vor einem Kotabsetzen ist kein verläßlicher Hinweis auf Verstopfung.

Ein wirklich unter Verstopfung leidendes Exemplar zeigt diesbezügliche Anzeichen. Hierzu gehören das teilweise Absetzen von Kot und die sichtlichen Versuche, mehr davon loszuwerden. Auch im Terrarium verschmierte Kot- und Harnsäurespuren weisen darauf hin, daß Hilfestellung vonnöten ist. Am besten dazu geeignet ist ein ausgiebiges Bad in warmem Wasser, was in den meisten Fällen bereits ausreicht. Möglicherweise muß man diese Bäder mehrfach wiederholen, aber zusammen mit dem dazu erforderlichen Anfassen etc. führt es gewöhnlich zum erwünschten Ergebnis. Wenn eine wirkliche Blockade des Verdauungstraktes besteht, muß jedoch ein Tierarzt zu Rate gezogen werden. Ich habe mehrfach gesagt, die beste Möglichkeit, einen Chondro zum Koten zu bringen, ist das gründliche Saubermachen kurz bevor wichtige Besucher kommen, die die Anlage sehen wollen! Auch das Kriechenlassen des Tieres auf Schwiegermutters weißer Ledercouch funktioniert einwandfrei.

Aggressivität

Einige Chondros sind ziemlich unfreundlich, und damit muß man leben. Die meisten Jährlinge und Adulti reagieren jedoch umgänglich auf einen sanften und fortgesetzten Umgang. Ich halte nichts davon, einen offensichtlich unter Streß stehenden Chondro zum Unterwerfen zu zwingen. Einige nervös reagierende Tiere verhalten sich in einem großen, nach vorne zu öffnenden Terrarium wesentlich ruhiger, wohingegen selbst normalerweise ruhige Exemplare in kleinen und/oder nach oben zu öffnenden Behältnissen und/oder durch eine hektische Umgebung zu beißwütigen Furien werden können. Zu beachten ist, daß trächtige Weibchen ihr Verhalten ändern. War das Weibchen jedoch zuvor umgänglich, wird es vermutlich auch danach wieder so werden. Die meisten Jungtiere sind recht beißfreudig, jedoch sollten diese ohnehin nicht angefaßt werden, auch wenn sie es nicht sind. Die meisten Chondros werden ab Erreichen eines Alters von 12 bis 18 Monaten von ganz allein umgänglicher und tolerieren den sanften Körperkontakt ohne ausgefeilte „Zähmungstechniken". Man muß es einfach hinnehmen, daß man manche Tiere einfach in Ruhe lassen und ihnen eine Rolle als Schautier zugestehen muß. Wenn dem Halter ein ruhiges Temperament wichtig ist, sollte er ausschließlich friedfertige Jährlinge oder junge Adulti kaufen und mit diesen nicht züchten.

Wenn sich ein Chondro im Terrarium stark erregt, sollte man die transparente Frontseite seines Beckens oder seiner Wanne mit Pappe oder einer Decke verhängen, bis er sich wieder beruhigt hat. Bei einem Schlagen gegen das unsichtbare Hindernis kann sich die Schlange ansonsten erhebliche Verletzungen zuziehen. In den späten Nachmittagsstunden und abends sollte man sich jedoch jedem Chondro nur mit Vorsicht nähern. Einige Exemplare gehen bereits in Lauerstellung, bevor sich die Beleuchtung abschaltet.

Atemwegsinfektionen

Infektionserkrankungen der Atemwege sind bei Chondros nicht selten und scheinen in direktem Zusammenhang mit einem durch Faktoren wie Streß oder Parasiten geschwächten Immunsystem zu stehen. Wie jedoch bei Menschen auch, können diese auch plötzlich und ohne ersichtlichen Grund auftreten. Anzeichen hierfür sind z.B. pfeifende, keuchende oder rasselnde Atemgeräusche, in fortgeschrittenen Fällen auch Schleimabsonderungen aus Mund und Nase. Bisweilen kann man ein Tier regelrecht husten hören, oder man findet weiße Tröpfchen an den Terrarienwänden oder der Frontscheibe. Bei einem Fachgespräch unter Tierärzten erfuhr mein Veterinär von einem sehr mit Reptilien vertrauten Kollegen, daß Atemwegsinfektionen sporadisch in nahezu jedem Bestand von Grünen Baumpythons auftreten. Sie seien jedoch nicht besonders häufig, und gemeinsam mit den ausgezeichneten Zuchtergebnissen und der allgemeinen Langlebigkeit der Tiere würde dies auf ausgezeichnete Haltungsbedingungen hinweisen.

Atemwegsinfektionen lassen sich gut durch eine Behandlung mit Antibiotika in den Griff bekommen. Diese sollten jedoch nicht willkürlich Verwendung finden, da eine falsche Anwendung zur Entstehung von dagegen resistenten Erregerstämmen beitragen kann. Es empfiehlt sich daher, vom Tierarzt eine Bakterienkultur anlegen zu lassen, so daß dieser ein bestimmtes Gegenmittel mit hoher Wirkungswahrsch einlichkeit auswählen und verordnen kann. Je nach dem Ergebnis der Kultur verwende ich gewöhnlich Baytril oder eine Kombination von Amikacin und Fortaz.

Amikacin darf nur in Zusammenhang mit Injektionen von sterilem Wasser unter die Haut verabreicht werden, damit die Nieren in Hochbetrieb gehalten werden und so die Gefahr einer Schädigung des Renalssystems entgegengewirkt wird (siehe Dosierungen im Anhang B). Der Tierarzt kann zu Vorgehensweisen etc. Auskunft geben.

Leichte Fälle von Atemwegsinfektionen lassen sich oft schon durch ein vorübergehendes Anheben der Haltungstemperaturen in einen Bereich zwischen 31 und 34°C erfolgreich bekämpfen; natürlich müssen dann kühlere Ausweichsplätze zur Verfügung stehen. Wenn diese Behandlung jedoch innerhalb von zwei Tagen keine Wirkung zeigt oder sich der Zustand verschlechtert, ist der Tierarzt hinzuzuziehen. Es kann hier noch einmal kategorisch gesagt werden, daß bei gesunden Tieren das nächtliche Abkühlen zur Vorbereitung auf eine Zucht nicht zu Atemwegsinfektionen führt, auch wenn man derartige Behauptungen immer wieder hört.

Milbenbefall

Reptilienmilben stammen von anderen Reptilien, nicht von Holz oder Substraten. Achtet man auf die nötigen Vorkehrungen, ist es durchaus möglich, diesem Problem nie zu begegnen. Ich hatte schon seit Jahren keine einzige Milbe mehr in meinem Bestand. Man sollte sich darüber bewußt sein, daß Milben auf jeder Reptilienbörse und in den meisten Zoohandlungen vertreten sind und sich dementsprechend verhalten. Wenn man in seinem Bestand Milben entdeckt, gibt es für mich nur eine Lösung: Provent-A-Mite® von Pro Products in Mahopac, NY (siehe Anhang B). In diesem Fall lasse ich nichts anderes gelten. Es ist das einzige Produkt auf dem US-Markt, das genau zu diesem Zweck hergestellt wird, sich bewährt hat und für den Markt zugelassen ist. Alles andere kann man hierzulande vergessen. Provent-A-Mite® hält, was es verspricht, ist bei vorschriftsgemäßer Anwendung völlig sicher, hat einen nachhaltigen Effekt und ist von einem Terrarianer entwickelt worden, der dafür Tausende von Dollars aus eigener Tasche aufwenden mußte. Milben sind nichts, das man auf die leichte Schulter nehmen oder als bloße Unannehmlichkeit abtun kann – sie können potentiell tödliche Krankheiten übertragen. Der Einsatz von wenig wirkungsvollen Mitteln kann zum Entstehen von behandlungsresistenten Milbenstämmen beitragen. Einige Insektizide töten Milben schnell ab, haben aber eine kurze Halbwertzeit und verlieren zum Teil schon nach nur 20 Minuten einen Großteil ihrer Effektivität. Die dann noch lebenden Milben und Eier haben somit die Möglichkeit, eine Immunität gegen die entsprechenden Wirkstoffe aufzubauen. In den USA ist es darüber hinaus illegal, Insektizide für andere als jene Zwecke zu verwenden, für die sie zugelassen sind oder dies auch nur vorzuschlagen. Bevor es Provent-A-Mite® gab, waren Terrarianer gezwungen, im Kampf gegen Milben alles an Produkten auszuprobieren, das überhaupt zur Verfügung stand. Die meisten dieser Mittel waren gefährlich, wenn sie wirkungsvoll waren oder ungefährlich, wenn sie keine Wirkung hatten. Provent-A-Mite® ist wirkungsvoll und effektiv im Krieg gegen die Milben. Es gibt keinen Grund, es nicht zu verwenden.

Nierenüberlastung

Diese Gesundheitsstörung tritt vorallem bei Jungtieren auf, die unter gesundheitlichem Streß stehen oder in Kontakt mit Flohpuder gekommen sind. Sie kann jedoch auch das Ergebnis extremer Dehydration oder sehr schlechter Haltungsbedingungen sein. Nierenschäden sind auch bei Importtieren nicht selten und rühren vermutlich von langfristigen Transportphasen her, während der sie weder Zugriff auf Trinkwasser hatten noch von einer geeignet hohen Luftfeuchtigkeit umgeben waren. Derartig geschädigte Tiere können noch Monate später an den Folgen sterben.

Bei Jungtieren zeigen sich Symptome in Form eines insgesamt vertrockneten, runzeligen Aussehens mit oder ohne angetrocknete Reste einer Häutung und einer Neigung zum Zurückhalten von Körperflüssigkeiten. In extremen Fällen können solche Tiere dann das Aussehen eines wassergefüllten Ballons annehmen, vorallem in der hinteren Körperhälfte. Wenn der eigentliche Grund für diesen Zustand behoben werden kann, lassen sich solche Tiere oftmals noch retten. Sie müssen rehydriert werden, wozu man mehrmals täglich sprüht und sie dabei stets selbst mit frischem Wasser benäßt. Die Futterportionen müssen während einer solchen Wiederherstellungsphase klein gehalten werden, da große Mahlzeiten das System dann nur noch mehr belasten würden.

Seitdem ich auf die Verwendung von durch Umkehrosmose gefiltertes Wasser umgestellt habe, ist dieses gelegentlich auftretende Problem in meinem Bestand so gut wie nicht mehr aufgetreten. Der übelste mir in dieser Hinsicht untergekommene Fall war ein Baby, das in einer völlig trockenen Plastikwanne gehalten wurde, die auf dem Boden direkt neben einer Katzentoilette stand. Staub der Katzenstreu bedeckte den gesamten Deckel der Wanne, und die kleine aufgeblähte Schlange sah aus, als würde sie jeden Moment tot umfallen. Nach mehreren Wochen der intensiven Pflege häutete sie sich dann jedoch, fing normal zu fressen an und wurde schließlich zu einem gesunden erwachsenen Tier.

Hautkrankheiten

Die häufigsten Hautprobleme sind Abschürfungen, die durch das Reiben an rauhen Oberflächen innerhalb des Terrariums entstehen. Meistens treten diese an der Spitze oder den Seiten des Kopfes auf. Chondros scheinen solche rauhen Fläche regelrecht zu suchen, um diese Körperpartien daran zu reiben, wenn sie nachts sehr aktiv sind. Man begegnet dem einfach dadurch, daß man sicherstellt, daß sich keine solchen Flächen (etwa Drahtgaze) im Terrarium befinden. Jungtiere scheinen hierfür anfälliger als Adulti zu sein und holen sich häufig wundgescheuerte Stellen. Häufigere Fütterungen können ihren Aktivitätsdrang einschränken. Auch sollte der Wassernapf nicht so dicht an einer Wand stehen, daß die Schlangen den Kopf in einen engen Zwischenraum schieben können.

Brandverletzungen sollten eigentlich völlig ausgeschlossen sein, da nichts in einem Schlangenterrarium so heiß sein sollte, daß sich ein Tier daran verbrennen kann. Heiztafeln schalten ein solches Risiko aus.

Pilzinfektionen sind das Ergebnis unhygienischer Haltungsbedingungen, übermäßiger Umgebungsfeuchtigkeit durch übertriebenes Sprühen und/oder eines unzureichenden Luftaustauschs. Beseitigt man die Ursachen, heilt die Haut in aller Regel innerhalb von ein oder zwei Häutungen von allein ab. Es kann aber von Vorteil sein, hierzu einen Tierarzt zu konsultieren.

Narben von Abschürfungen, Schnittverletzungen oder chirurgischen Eingriffen verheilen oftmals in einer anderen als der Körperfärbung. Ich habe schon gelbes, blaues, weißes und schwarzes Narbengewebe gesehen.

Wirbelsäulendeformationen

Auch wenn eine geknickte Wirbelsäule normalerweise kein Gesundheitsrisiko darstellt, sind Halter oftmals vorallem hinsichtlich der Fortpflanzungsfähigkeit eines davon betroffenen Exemplars besorgt. Meiner Erfahrung nach verursachen solche Deformationen keine Folgeprobleme bei der Paarung oder Eiablage, solange keine Nervenschäden vorliegen oder die Verdauung beeinträchtigt ist. Ich kenne ein großes

Abb. 261: Ein Chondro-Männchen mit einem mäßig starken Knick am Schwanzansatz. Ein solcher Knick ist oftmals das Ergebnis eines Versuchs, bei einem dafür zu jungen Tier eine Sondierung vorzunehmen; er kann aber auch durch unsachgemäßes Handhaben oder auch vom Tier selbst verursacht sein. Schlüpflinge sind überaus zerbrechlich, und schon auf den Schwanzbereich ausgeübter Druck kann später zu einem Knick werden. Dieses Tier wurde nicht als Baby sondiert, und die Ursache des Knicks ist unbekannt.

Weibchen mit einem fürchterlichen Knick knapp vor dem Kloakalspalt, das mehrfach und problemlos große Gelege abgesetzt hat. Knicke in der Wirbelsäule sind fast immer das Ergebnis eines unfachmännischen Umgangs mit Jungtieren und sehr häufig auf Sondierungen zurückzuführen. Die dabei verursachten Schäden zeigen sich häufig erst, wenn das betreffende Tier älter ist, sind aber eher kosmetischer als die Gesundheit bedrohender Natur. Mir ist allerdings auch einmal ein „Lemon Tree"-Männchen begegnet, das beim Sondieren so stark verletzt worden war, daß es ab dem Ende des zweiten Körperdrittels gelähmt war. Als Folge davon erlitt es einen massiven Darmvorfall und mußte letztendlich eingeschläfert werden. Geschlechtsbestimmte Tiere unter einem Jahr sollte man niemals kaufen, und Behauptungen, daß der diese Bestimmungen Durchführende über spezielle Fähigkeiten verfüge, sind ausgemachter Unfug.

Eine weitere Erscheinung muß in diesem Zusammenhang genannt werden, die häufig als „Zigarrenrücken"-Syndrom bezeichnet wird. Einige junge Chondros zeigen dabei eine wie geschwächt oder übermäßig flexibel wirkende Stelle in der Wirbelsäule etwa am Übergang zwischen dem ersten und zweiten Körperdrittel. Diese Tiere entwickeln sich nach dem Schlupf über etliche Monate ganz normal, erreichen dann aber einen Punkt, wo die Muskulatur kräftiger als der Knochenbau an dieser Stelle ist. Dieser führt dazu, daß das Tier bei Anstrengungen – etwa bei einer Fütterung oder beim Schnappen während des Sprühens oder Saubermachens – an dieser Stelle nach hinten umklappt. Es sieht dann aus, als wäre der Rücken gebrochen. Läßt man das Tier dann allein in eine normale Lage zurückkehren, glättet sich der Knick wieder ohne Anzeichen auf einen dauerhaften Schaden. Wenn dieses Umklappen häufiger geschieht, verbreitern sich jedoch schließlich die Rippen, und es zeigt sich eine kleine Eindellung an der betreffenden Stelle in der Wirbelsäule. Diese Einbuchtung sieht wie die Ablagekerbe für eine Zigarre aus, worauf sich die obige Trivialbezeichnung bezieht.

Man sollte es folglich strikt vermeiden, daß sich Jungtiere in dieser Weise „überschlagen" können, wenn sie nach Futter schnappen oder aus ihrer Wanne zu entkommen versuchen. Die Gefahr hierfür nimmt mit Erreichen eines Alters von einem Jahr deutlich ab. Zwei dazu befragte Tierärzte hatten für dieses Phänomen keine Erklärung, und es scheint nicht erblich bedingt zu sein. Entsprechende Beobachtungen wurden von mehreren Pflegern gemacht, und Tim Morris brachte den Begriff dafür auf.

Boden-Chondros

Manche Chondros halten sich manchmal auf dem Boden auf. Dies ist ein ganz normales Verhalten und kein Grund zur Besorgnis, wenn ansonsten alles andere normal zu sein scheint, d.h. das Tier normal zusammengerollt ist, die gewohnte Aufmerksamkeit zeigt, nachts aktiv ist und normal frißt. Kranke Tiere sehen krank aus und verhalten sich auch so, aber ein auf dem Boden liegender gesunder Chondro sieht wie ein gesunder Chondro aus. Gewöhnlich kehren die meisten Tiere nach kurzer Zeit zu ihrer baumbewohnenden Lebensweise zurück. Einige Tiere suchen sich jedoch einen ständigen Ruheplatz in einer dunklen Ecke auf dem Boden, wo sie fortan die Tage verbringen. Warum? Sie sind eben Chondros.

Eingewöhnung von Importtieren

Auch wenn wirklich auf Farmen produzierte Chondros (wie die von Bushmaster in die USA importierten) definitiv besser als Wildfänge sind, sollten alle Importtiere den gleichen Vorsichtsmaßnahmen unterzogen werden. Diese umfassen eine Quarantäne, eine angemessene Hydrierung, Kotuntersuchungen und das Abschirmen gegen Streß. Tatsächlich sollte jedes neu erworbene Tier zunächst eine Quarantänephase durchlaufen. Der Grund ist einfach, das selbst äußerlich völlig gesund erscheinende Exemplare durch den Streß des Transports plötzlich erkranken können. Trooper Walsh erzählte mir einmal, daß er selbst seine eigenen mit nach Hause genommenen Tiere aus dem Zoo, in dem er arbeitete, zunächst in Quarantäne steckte.

Eine Quarantäne sollte wenigstens drei Monate anhalten oder bis mehrere Kotproben keinen Befund mehr ergeben haben. Letztere dienen der Feststellung möglicher Innenparasiten. Kleine knotige Erhebungen unter der Haut sind ebenfalls Anzeichen für Parasiten. Importierte Exemplare sollten ständig Zugriff auf frisches Trinkwasser haben und täglich gesprüht werden. Viele dieser Tiere leiden unter erheblich größerem Streß als im eigenen Land nachgezogene. Sie müssen mit Klima- und jahreszeitlichen Veränderungen fertig werden, haben einen langen Transport hinter sich und wurden möglicherweise auf mehrere Tauschbörsen mitgenommen. Viele Zwischenhändler sind nicht gerade auf Grüne Baumpythons spezialisiert und stellen ihnen alles andere als ideale Bedingungen zur Verfügung. Aus diesen und anderen Gründen sollte Importtieren soviel wie möglich Ruhe und Abgeschiedenheit gegönnt werden. Ihre Terrarien sollten nicht an Orten stehen, wo größere Aktivität stattfindet und vorzugsweise nach vorn mit Pappe zugeklebt werden.

Anhang B.

Dosierung von Medikamenten

Es liegt weit außerhalb der Zielsetzung dieses Buches, Reptilienerkrankungen zu diagnostizieren und Behandlungsverfahren zu empfehlen. Die nachfolgenden Angaben mögen jedoch für Pfleger und Tierärzte Anhaltspunkte zur Behandlung der zwei häufigsten bei Chondros auftretenden gesundheitlichen Probleme liefern, nämlich Atemwegsinfektionen und Befälle mit Innenparasiten. Dank gebührt Janet HICKNER und Alex PASTUSZAK für ihre Hilfe bei der Zusammenstellung dieser Informationen.

Atemwegsinfektionen
Am häufigsten treten Infektionen der oberen Atemwege auf. Die Behandlung hängt vom Ergebnis einer Bakterienkultur ab, jedoch wird sie meistens mit einer empirischen Behandlung mit einem Breitband-Antibiotikum eingeleitet. Ich selbst behandle die meisten Fälle von Atemwegserkrankungen mit einer Kombination von Amikacin und Ceftazidim (Fortaz®), die intramuskulär verabreicht wird. Einige Bakterienstämme sprechen auch gut auf Baytril an.

Amikacin: (50 mg/ml, 5 mg/kg = 0,1 ml/1000 g Körpergewicht) als anfängliche hohe Dosierung. Folgebehandlung am nächsten Tag mit einer Injektion mit Fortaz®: (280 mg/ml, 28 mg/kg = 0,1 ml/1000 g). Einen Tag aussetzen, dann eine Reihe von Injektionen alle drei Tage mit Fortaz und einer Erneuerungsdosis von Amikacin (2,5 mg/kg = 0,05 ml/ 1000 g) bis die Schlange insgesamt 10 Injektionen beider Medikamente über 30 Tage erhalten hat.

Zu beachten: Amikacin belastet das Renalsystem der Nieren erheblich. Jeder Injektion damit muß daher eine subcutane Verabreichung von 5–10 ml steriler Ringerlösung folgen, die auf verschiedene Stellen des Körpers verteilt wird. Während der Behandlung wird kein Futter angeboten. Es ist unbedingt erforderlich, alle zehn Injektionen zu verabreichen, auch wenn die Symptome schon bald nach Beginn der Behandlung abklingen.

Baytril® ist ein Breitband-Antibiotikum, das außer bei Atemwegsinfektionen häufig auch bei anderen Infektionserkrankungen eingesetzt wird. Es darf auf keinen Fall mit Hautgewebe in Kontakt kommen, da es dort zu Nekrosen (Absterben der Haut) führt, die häßliche Narben hinterlassen. Die Injektionen erfolgen daher an mehreren Stellen des Körpers und tief in das Muskelgewebe. Dosierung: 5–10 mg/kg täglich über 10 Tage.

Innenparasiten
Speziell Wildfänge und von Zuchtfarmen stammende, importierte Chondros können Wirte von parasitierenden Würmern und anderen Organismen sein. Die beiden folgenden Medikamente werden gemeinhin als sicher und effektiv angesehen.

Panacur® (Fenbendazol)
Verwendungszweck: Eliminierung von Nematoden, Strongyloiden, Oxyuren, Hakenwürmern und anderen Makroparasiten.
Dosierung: 50–100 mg/kg oral; nach zwei Wochen zu wiederholen.
Flagyl® (Metronidazol)
Verwendungszweck: Eliminierung von Amöben und Flagellaten.
Dosierung: 50–75 mg/kg oral; nach zwei Wochen zu wiederholen.

Es muß betont werden, daß nur ein qualifizierter Tierarzt verläßliche Diagnosen erstellen und medikamentöse Behandlungsverfahren festlegen kann. Die hier vorgelegten Informationen sind lediglich als allgemeine Anhaltspunkte für einen solchen Fachmann zu verstehen. Es existieren eine Vielzahl möglicher Gesundheitsprobleme und Behandlungen, die nur ein qualifizierter Tierarzt zu bestimmen und zu behandeln in der Lage ist.

Abb. 262: Die Aufnahme dieses großen Weibchens stammt aus dem Jahr 1989. Dieser Wildfang färbte sich bei seinem Besitzer Joe PIERCE nach einiger Zeit blau. K.H. SWITAK

Anhang C.

Quellennachweise

Nachstehend sind einige Internet- und Emailadressen aufgeführt, die für den Pfleger und Züchter von Chondros von Interesse sein können. Hier finden sich auch Quellenangaben für in diesem Buch genannte Produkte und Personen. Ein Versuch, sämtliche im Zusammenhang mit dem Grünen Baumpython stehende persönliche Webseiten in einer Liste zusammentragen zu wollen, muß jedoch schon aufgrund der Vielzahl solcher scheitern. Auslassungen an dieser Stelle sollten daher nicht als Diskriminierung mißverstanden werden.

Weder der Verfasser noch der Verleger sprechen durch diese Liste Empfehlungen für die hier genannten und gegen nicht genannte Produkte und/oder Hersteller und/oder Personen aus. Diese Aufstellung dient lediglich als Quellennachweis für in den verschiedenen Abschnitten dieses Buches besprochene Verfahren und Vorgehensweisen im Sinne einer Bibliographie.

Die angegebenen Webseiten- und Emailadressen waren zum Zeitpunkt der Drucklegung aktuell, mögen sich aber in der Zwischenzeit geändert haben.

Dienstleistungen
Assoc. of Reptile and Amphibian Vets .... www.arav.com
Advanced Genetics Wizard .... www.geneticswizard.com
ChondroWeb .... www.Chondroweb.com
The ChondroForums .... www.Chondroforum.com

Terrarien und Terrarientechnik
Cooper-Atkins .... www.technical-sys.com/atkins.htm
Helix Controls .... www.helixcontrols.com
Spyder Robotics .... www.spyderrobotics.com
Habitat Systems Cages .... www.habitatsystemsltd.com
Cool Critters Cages .... www.pvccages.com
B.A.R.R.s Cages .... www.herpcages.com
True Rainforest Cage Design (Harry Grant) .... kiddpsychotic@cox.net
Pro Products Heat Panels .... www.pro-products.com

Persönliche Webseiten
Fine Green Tree Pythons (Greg Maxwell .... www.Chondroweb.com/fineGTPs
Lair of the DFTW (Thomas Phillips) .... www.Chondroweb.com/Lair
Ophiological Services (Eugene Bessette) .... www.ophioservices.com
Bushmaster (Kamuran Tepedelen) .... www.kingsnake.com/bushmaster/
Dr. Guido Westhoff (deutsche Seite) .... www.ophidia.de
Damon Salceies (der erste Albino) .... www.kingsnake.com/salceies

Royal Reptiles (Janet Hickner) .... www.Chondroweb.com/royalreps
On A Limb (Jack Sadovnik) .... www.Chondroweb.com/onalimb
Signal Herpetoculture (Rico Walder) .... www.signalherp.com
Arboreal Adventures (Buddy Goetzger) .... www.arborealadventures.com
Arboreals Plus (Mark Twig) .... www.arborealsplus.com
Freek Nuyt .... www.fnreptiles.com
Green Dream (Marc van Eijnsbergen) .... www.Chondropython.nl

In Europa gehören neben der Terraristika (vgl. S. 150, Abb. 154, Infos und Termine unter http://www.terraristika.de/) vor allem die Exotica in St. Pölten, Österreich (Infos und Termine unter http://terraristik.com/exotica/) sowie der Snake Day in Houten (Niederlande, Infos und Termine unter http://www.snakesociety.nl/), der von der European Snake Society veranstaltet wird, zu den herausragenden Veranstaltungen, auf denen immer eine interessante Auswahl an *Morelia viridis* zu finden sind.

Abb. 263: Marc MENSE ist einer der bekanntesten *Morelia*-Spezialisten in Europa und selbst Autor eines Buches über Rautenpythons. Marion MENSE

Bibliographie

Die folgende Bibliographie wurde von Marc Mense eigens für dieses Buch zusammengestellt.
Fett hervorgehobene Titel werden von Greg Maxwell besonders empfohlen.

ADAM, P. (1992): Australian Rainforests. – Clarendon Press, Oxford, 308 S.

ALLEN, G. R. (1992): Verborgene Schätze Neuguineas. Aqua Geographia, 1 (1): 6–15.

ANANJEVA, N. B. & N. L. ORLOV (1983): Feeding behaviour of Snakes, part II. – Litteratura Serpentium, Utrecht, 3 (5): 142–152.

ARESTE, M. & J.L. FARRIOLS (1997): *Chondropython viridis* SCHLEGEL, 1872. Grüner Baumpython. – Reptilia, Münster, 2(4): 39 – 42.

BAUCHOT, R. (1994): Schlangen. – Weltbild Verlag, Augsburg, 240 S.

Barker, D. & T. Barker (1994): Pythons of the world. Band 1: Australia. – Advanced Vivarium Systems, Lakeside, Kalifornien: 171 S.

Barker, D. & T. Barker (1995). The mechanics of python reproduction. The Vivarium, 6 (5): 30–33.

BARRET, C. (1950): Reptiles of Australia. – London, Toronto, Sydney, Melbourne, Cassel & Comp.: 168 S.

BARTLETT, R. D. (1977). A captive breeding of the green tree python, *Chondropython viridis*.– Proc. Second Annual Reptile Symposium on Captive Propagation and Husbandry, Zoological Consortium, Inc., Thurmont: 34–38.

BARTLETT, R. D. (1983). Chondros – au naturel. – Bull. Brit. Herp. Soc., 7: 72–74.

Bartlett, R. D. (1994). Green tree pythons. – Reptiles, Vol. 2(2): 66–69.

BECHTEL, W. (1971): Bunte Welt im Terrarium. Franckh'sche Verlagshandlung, Stuttgart, 72 S.

BHASI, K., A. T. RIGA & K. S. ALEXANDER (2004): Characterization of snake skin by thermo analytical techniques. Journal of Thermal Analysis and Calorimetry, 75(1): 269–276.

Blake, H. (1992): The Green Tree Python (*Chondropython viridis*). The Vivarium, 3 (5): 19–22.

BLAKE, P. (2005): Indonesia Journal. – Reptile Care, 14: 13–14.

BOULENGER, G.A., (1879): Observations sur le genre Chondropython. – Bull. Soc. Zool. France, 4: 146–147.

BOWLER, J.K. (1977): Longevity of Reptiles and Amphibians in North American Collections as of 1 Novmer, 1975, SSAR, Oxford, 32 S.

BRANNIAN, R. E., D. L. GRAHAM & D. M. BARNES (1980): Mortality in captive

Green Tree Pythons. – Annual Proc. Am. Ass. Zoo Vet.1980: 63–65.

Broghammer, S. (1998): Albinos – Farb- und Zeichnungsvarianten bei Schlangen und anderen Reptilien. – Edition Chimaira, Frankfurt, 95 S.

Bullock, T. H. & R. Barrett (1968): Radiant heat reception in snakes. – Commun. Behav. Bid. A, 1: 1929.

Burt, C. & M. Burt (1932): Herpetological results of the Whitney South Sea Expedition. VI. Pacific Island amphibians and reptiles in the collection of the American Museum of Natural History. – Bull. Am. Mus. Nat. Hist. 63 (5): 461–597.

Bürgin, A.W. (1984): Beobachtungen bei der Inkubation und Aufzucht von *Chondropython viridis*. – DGHT-Rundbrief, 80: 10–11.

Cann, J. (2001): Snakes Alive. Snake Experts & Antidote Sellers of Australia. – E.C.O. NSW Australia, 193 S.

Clark, B., Y. Ito, E. Miyai, O. Sunagawa, H. Kimura & O. Tanaka (2001): A Book of Snakes. Japan, 135 S.

Coborn, J. (1992): Boas & Pythons und andere ungiftige Schlangen. – bede Verlag, Kollnburg, 190 S.

Coborn, J (1995): Schlangen Atlas. – bede Verlag, Kollnburg, 591 S.

Cogger, H.G. (1994): Reptiles & Amphibians of Australia. – Reed Books, New South Wales, Australia, 788 S.

Covacevich, J. (1975): Snakes in combat. – Victorian Nat., 92 (12): 252–253

Cundall, D. & A. Deufel (1999): Striking Patterns in Booid Snakes. – Copeia, 1999 (4): 868–883.

de Cock Bruning, T. (1984): A theoretical approach to the heat sensitive pit organs of snakes. – Journal of Theor. Biol., 111(3): 509–529.

de Rooij, N. (1917): The reptiles of the Indo-Australian Archipelago. II: Ophidia. – E. J. Brill, Leiden, 334 S.

Dirksen, L. & M. Auliya (2001): Zur Systematik und Biologie der Riesenschlangen (Boidae). – DRACO, 5(2): 4–19

Dunn, E. R. (1939): Zoological results of the Denison – Crocket Expedition to the South Pacific for the Academy of Natural Sciences of Philadelphia, 1937 – 38. Part II. – Amphibia and Reptilia. Natulae Nat. Philadelphia, 14: 1.

Engelmann, W.-E. & F. J. Obst (1981): Mit gespaltener Zunge. – Herder-Verlag, Freiburg, 217 S.

Fasler, K.-H. (1984): Durch Nachzucht erhalten: Der Grüne Baumpython. – Aquarien Magazin, 18 (12): 591–594.

Foekema, G. (1973): Enkele verschillen tussen de groene boomboa en de groene boompython. – Lacerta, 31 (5): 86–87.

Friend, J. & C. Friend (1985): Treatment of newly imported herptiles. – Herptile 10 (1): 16–17.

Frith, C. & D. Frith (1987): Australian Tropical Reptiles & Frogs. – Frith & Frith Books, Queensland Australia, 71 S.

Fuchs, D. (1995): Australien. Nationalparks. – Bruckmann, München, 191 S.

Fugger, B. & Bittmann, W. (1994): Australien. Reiseführer Natur. 3. Auflage. – BLV Verlagsgesellschaft, München, 239 S.

Gal, J., M. Mandoki, C. Jakab, K. Kiss & S. Radvanyi (2002): Catarrhal-purulent pneumonia caused by *Pseudomonas aeruginosa* in Green Tree Python [*Chondropython* (*Morelia*) *viridis*]. Magyar Allatorvosok Lapja, 124(12): 739–741.

Gal, J., M. Mandoki, E. Sos & M. Marosan (2004): Diseases of Green Tree Python [*Morelia* (*Chondropython*) *viridis*] caused by mal-management. Magyar Allatorvosok Lapja, 126 (9): 561–566.

Garrett, C. M. & B. E. Smith (1994): Perch preference in juvenile green tree pythons, *Chondropython viridis*. – Zoo Biology, 13 (1): 45–50.

Getreuer, L. M. (1983): Breeding results. *Chondropython viridis*. – Litteratura Serpentium, Utrecht, 3 (5): 167.

Gibbons, L. M. (1979): *Moaciria chondropythonis* sp. n. (Heterakidae; Spinicaudinae), a nemadtode from a Papuan Tree Python, *Chondropython viridis*. – Journal of Helminthology, 53 (4): 301–306.

Gow, G.F. (1983): Snakes of Australia.– Angus & Robertson, London, Sydney, Melbourne, 118 S.

Gow, G.F. (1989): Graeme Gow's Complete Guide to Australian snakes. Angus & Robertson, London, Sydney etc.,171 S.

Grace, M. S. (1999): Feeding Techniques for arboreal Boids. – The Vivarium, 10 (5): 25–29.

Grace, M. S. & T. K. Grace (2001): Ontogenetic Colour Change in Green Tree Pythons. – Reptiles, Vol. 9 (9): 48–54.

Gray, P. (1977): A Captive Breeding of the Green Tree Python *Chondropython viridis* (Serpentes, Boidae). – Proc. Second Ann. Rep. Symposium: 34–38.

Greene, H. W. (1999): Schlangen. Faszination einer unbekannten Welt. – Birkhäuser Verlag, 350 S.

Greer, A. E (1997): The Biology and Evolution of Australian Snakes. – Chipping Norton, NSW, Australia, 358 S.

Greer, A. E (2004?): Encyclopedia of Australian reptiles. http://amonline.net.au/herpetology/research/index.htm#encyclopedia (Stand: Winter 2004)

Guaspari, J. (1985): I know it when I see it. – AMACOM, American Management Association.

Hackbarth, R. (1985): Krankheiten der Reptilien. Franckh-Kosmos Verlags-GmbH & Co., Stuttgart, 88 S.

Haniford, S. (1995): Papua New Guinea – paradise wonderland. – Chondro 3 (1): 19–21.

Hartmann, P., Jr & B. Steiner (1985): Kleintierstreu als alternativer Bodengrund im Schlangenterrarium. – Salamandra, Bonn, 21 (2/3): 219–221.

Hartmann, P., Jr & B. Steiner (1987): *Chondropython viridis* – Green Tree Python. – Litteratura Serpentium, Utrecht (Engl. Ed.), 7 (2): 91.

Henderson, R. W. (1993): On the diets of some arboreal boids. – Herpetological Natural History, 1 (1): 91–96.

Henderson, R. W., Miccucci, T. W. P., Puorto, G. & W. W. Bourgeois (1995): Ecological correlates and patterns in the distribution of Neotropical boines (Serpentes, Boidae): a preliminary assessment. – Herpetological Natural History, 3: 15–27.

Hollander, P. J. (1982): Notes on Incubating *Chondropython* Eggs. – Proc. a. Rept. Symp. capt. Prop. Husb. 6, [1983]: 275–284.

Hortenbach, H. & G. Hortenbach (1995): Nachzucht von *Morelia* (*Chondropython*) *viridis*. – Elaphe, Rheinbach, 3 (2): 10–14.

Hoser, R.T. (1982): Australian pythons (part 4). Genus *Morelia* and *Python carinatus*, followed by a discussion on the taxonomy and evolution of Australian pythons. – Herptile 7 (2): 2–17.

Hoser, R.T. (1989): Australian Reptiles & Frogs. – Pearson & Co, Sydney, 238 S.

Hoser, R.T. (1996): Smuggled – 2 Excerpts Part 2 – Green Pythons. – Reptilian, High Wycombe, 4 (9): 23–34.

Hoser, R.T. (2000): A revision of the Australasian pythons. – Ophidia Review, Herbstausgabe: 7–27.

Hoser, R.T. (2003a): Five new Australian pythons. – Newsletter of the Macarthur Herpetological Society, 40: 4–9.

Hoser, R.T. (2003b). A reclassification of the Pythoniae including the description of two new genera, two new species and nine new subspecies. Part I: *Crocodilian* – Journal of the Victorian Association of Amateur Herpetologists, 4 (3):31–37.

Hoser, R.T. (2004): A reclassification of the Pythoniae including the description of two new genera, two new species and nine new subspecies. Part II: *Crocodilian* – Journal of the Victorian Association of Amateur Herpetologists, 4 (4):21–40.

Hyatt, A. D., M. Williamson, B. E. H. Coupar, D. Middleton, S. G. Hengstberger, A. R. Gould, P. Selleck, T. G. Wise, J. Kattenbelt, A. A. Cunningham & J. Lee (2002): First identification of a ranavirus from green pythons (*Chondropython viridis*). – Journal of Wildlife Diseases, 38 (2): 239–252.

Jago, G. (1994): An occurrence of cannibalism in juvenile green pythons *Chondropython viridis* with further notes on their captive husbandry. – Herpetofauna, Sydney, 24 (2): 49–50.

Jarofke, D. & J. Lange (1993): Reptilien – Krankheiten und Haltung. – Verlag Paul Parey, Berlin, 188 S.

Johnson, C. R. (1977): Thermoregulation in pythons. 4. Thermoregulation in the Papuan-New Guinean pythons within the genera *Python*, *Liasis* and *Chondropython*. – Zoological Journal of the Linnean Society, 60 (2): 189–195.

Jones, H. I. (1983): A collection of nematodes from snakes from Papua New Guinea. – Systematic, Parasitology, 5 (2): 131–134.

Kauffeld, C. (1969): Snakes: The Keeper and the Kept. – New York (Doubleday and Co., Inc.) (Nachdruck bei Krieger Publishing Company).

Kend, B. (1994): Captive care and husbandry of the green tree python, *Chondropython viridis*. – Tropical Fish Hobbyist, Vol. 42 (6): 110–114, 116.

Kend, B.A. (1997): Pythons of Australia. – Canyonlands Publishing Group, Utah, 206 S.

Kirschner, A. & H. Abend (2001): Anmerkungen zum Grünen Baumpython *Morelia viridis* (Schlegel, 1872) – populationsbedingte Varianten, Pflege und Nachzucht. – Draco, 2 (5): 32–39.

Kinghorn, J.R. (1928): Notes on some reptiles and batrachians from the northern division of Papua, with descriptions of new species of *Apisthocalamus* and *Lygosoma*. Records of the Australian Museum, 16 (6):289–93.

Kivit, R. (1992a): Ervaringen bij het houden en kweken van de Groene boompython (*Chondropython viridis*). – Lacerta, 50 (5): 163–170.

Kivit, R. (1992b): Experiences of Keeping and Breeding the Green Tree Python. – Reptilian, 1 (6): 17–21.

Kivit, R. (1995): De groene boompython *Morelia viridis* (Schlegel, 1872), een kweekverslag. – Aquarium & Terrarium Hobbyist, 1 (2): 8–14.

KIVIT, R. (1996): Nutrition of snakes, an important issue on caring. – Litteratura Serpentium, Utrecht, 16 (6): 144–150.

Kivit, R. & S. Wiseman (2005): Grüner Baumpython und Grüne Hundskopfboa. Kirschner & Seufer Verlag, Keltern-Weiler, 174 S.

KLUGE, A.G. (1993): Aspidites and the phylogeny of pythonine snakes. – Records of the Australian Museum, Supplement 19: 77 S.

KOCH-ISENBURG (1978): Der grüne Baumpython. – Bericht naturw. Ver. Darmstadt N.F. (Vivarium Darmstadt Inf.) 1977(2): 8–9. [In: Bericht naturw. Ver. Darmstadt N.F.2 1978.].

KÖHLER, G. (1996): Krankheiten der Amphibien und Reptilien. – E. Ulmer Verlag, Stuttgart, 168 S.

KÖHLER, G. (2003): Inkubation von Reptilieneiern. – Herpeton, Verlag Elke Köhler, Offenbach, 254 S.

KRATZER, H. (1962a): Seltener Gast aus Neu-Guinea: *Chondropython viridis* Schlegel. – DATZ, Stuttgart, 15 (1): 19–21.

KRATZER, H. (1962b): Überraschende Nachzucht von *Chondropython viridis*. – DATZ, Stuttgart, 15 (4): 117–119.

KREFFT, G. (1869): Snakes of Australia. Government Printer 1869, Sydney. Faksimile von 1984 – Lookout Publications, Brisbane, Australien, 100 S.

KUNDERT, F. (1984): Das neue Schlangenbuch. – Albert Müller Verlag, Rüschlikon, Zürich 196 S.

KÜNZL, H. (1998): Zur Haltung und Nachzucht des Grünen Baumpythons *Chondropython viridis*. – Jahrb. Herpetol. Terr. Verein. Östereich : 18–24.

LAZLO, J. (1983): Further Notes on Reproductive Patterns of Amphibians and Reptiles in Relation to Captive Breeding. – Int. Zoo Yb., London, 23: 166–174.

LILLEY, G. (1994): Some Aspects of Both – The Legal and Illegal Trade in Pythons. – Reptilian, High Wycombe, 2 (2): 7–12.

MACKNESS, B., YUWONO, F. B. & T. WALSH (1998): Recognition of Twin Neonates in a Green Python *Morelia viridis* (Schlegel, 1872) Clutch. – Herpetofauna, Sydney, 28 (19): 25–29.

MACKAY, R. (1973): The green python. – Wildlife in Australia, 10 (3): 108.

MACKNESS, B. & H. JONES (2000): New records of ascaridoid nematodes from the Green Tree Python *Morelia viridis* (Schlegel, 1872) from Papua New Guinea and Irian Jaya. – Herpetofauna (Sydney), 30(1): 45–47.

MARSH, I.B., R.J. WHITTINGTON, B. O'ROURKE, A.D. HYATT & O. CHISHOLM (2002): Rapid differentiation of Australian, European and American ranaviruses based on variation in major capsid protein gene sequence. – Molecular and Cellular Probes, 16(2): 137–151.

MATHES, K. A., M. FEHR, E. LIBLER-TENORIO & M. HEWICKER-TRAUTWEIN (2004): Fibrinopurulent pneumonia in a Green Tree Python (*Morelia viridis*) associated with constriction of the heart and oesophagus. Tierärztliche Praxis, Ausgabe Kleintiere Heimtiere, 32(2): 101–108.

MATTISON, C. (1991): A–Z of Snake-Keeping. – Merehurst, 143 S.

MATTISON, C. (1998): Keeping and Breeding Snakes. – Sterling Publishing, New York, 224 S.

MATTISON, C. (1999): Die Schlangen Enzyklopädie. BLV Verlagsgesellschaft mbH, München, 192 S.

MAXWELL, G. (2003): The Complete Chondro. – ECO Publishing, USA, 247 S.

MAXWELL, G. (2004): The Amazing Green Tree Python. – Reptiles 2004, Annual, 9: 64–73

MAZORLIG, T. (1999): The Guide of Owning Tree Boas and Tree Pythons. – t.f.h. Publications, Inc., Neptune City, 64 S.

MCCOY, M. (1980): Reptiles of the Solomon Islands. – Wau Ecology Institute, Handbook No. 7, 80 S.

MCDOWELL, S.B. (1975): A catalogue of the snakes of New Guinea and the Solomons, with special reference to those in the Bernice P. Bishop Museum. Part 2. Anilioidea and Pythoninae. – Journal Herpet., 9 (1): 1–80.

MCDOWELL, S.B. (1984): Result of the Archbold Expeditions. No. 112. The snakes of the Huon Penninsula, Papua New Guinea. – Am. Mus. Novitates 2775: 1–28.

MEHRTENS, J. M. (1993): Schlangen der Welt. Lebensraum-Biologie-Haltung. Franckh-Kosmos Verlag, Stuttgart, 463 S.

MENSE, M. (2005a). Schlangenbiss mit Folgen. – Reptilia, Münster, 10 (5): 8–10.

MENSE, M. (2005b). Rautenpythons. NTV Verlag Münster 208 S.

MILLGATE, M. (1991): Reproduction of green Pythons at Taronga Zoo. – Thylacinus, 16 (2): 5–6.

MURPHY, J. B., CARPENTER, C. C. & J. C. GILLINGHAM (1978): Caudal luring in the Green Tree Python, *Chondropython viridis* (Reptilia, Serpentes, Boidae). – Journal of Herpetology, 12 (1): 117–119.

MURPHY, J. B., D. G. BARKER & B. W. TRYON (1978): Miscellaneous notes on the reproductive biology of reptiles. 2. Eleven species of the family Boidae, genera *Candoia, Corallus, Epicrates* and *Python*. – Journal of Herpetology, 12 (3): 385–390.

NIETZKE, G. (1972): Die Terrarientiere. Bd. 2. E. Ulmer Verlag, Stuttgart, 299 S.

OBST, F. J., K. RICHTER & U. JAKOB: (1984): Lexikon der Terraristik. – Landbuch, Hannover, 465 S.

OBST, F. J., K. RICHTER & U. JAKOB: (1988): The Completely Illustrated Atlas of Reptiles and Amphibians for the Terrarium. – t.f.h. Publications, USA, 830 S.

OLEXA, A. (1979): The Green Tree Python, *Chondropython viridis* (Schlegel, 1872) and its reproduction in captivity. – Gazella, 2 (2): 83–87.

ORLOV, N. L. (1986): Facultative endogenous thermoregulation in python snakes (Boidae, Pythoninae) and correlation between endothermic reactions and behavioural heat regulation in this snakes. – Zoologicheskii Zhurnal, 65 (4): 551–559.

ORLOV, N. L. (1995): Captive breeding of Green Tree Python, *Chondropython viridis*, with remarks on the role of this method for conservation. – Russian Journal of Herpetology, 2(1): 65–67.

O'SHEA, M. (1987): The pythons of New Guinea. – Proc. 1986 U.K. Herpetological Societies Symposium on Captive Breeding. – Brit. Herp. Soc., 61–75.

O'SHEA, M. (1991): The Reptiles of Papua New Guinea. – Brit. Herp. Soc. Bull., 37: 15–32.

O'SHEA, M. (1996): A Guide To The Snakes Of Papua New Guinea. – Independent Publishing, Independent Group Pty Ltd, Port Moresby, 239 S.

PARKER, F. (1982): The snakes of Western Province. – Wildlife in Papua New Guinea, 82 (1): 1–78.

Perry-Richardson, J. (1991a): *Chondropython viridis* (Green Tree Python). Combat fatality. – Herp. Review, 22 (2): 60.

Perry-Richardson, J. (1991b): *Chondropython viridis* (Green Tree Python). Combat fatality. – Herp. Review, 22 (3): 100.

Pillich, G. (1982): Eine harte Nuss: Die Zucht des Grünen Baumpythons. – Aquarien Magazin, 16 (11): 656–658.

Rawlings, L.H. & S.C. Donnellan (2003): Phylogeographic analysis of the green python, *Morelia viridis*, reveals cryptic diversity. – Molecular Phylogenetics and Evolution, 27(1): 36–44.

Richter, U. (1981): Künstlich erbrütet: Baumpythons. – Aquarien Magazin, 15 (10): 677–679.

Richter, U. (1988): Künstlich erbrütete Baumpythons, *Chondropython viridis* (F2) (Schlegel). – DATZ 41 (7): 199.

Reiner, E. & E. Löffler (1983): Australien. – Kümmerly & Frey, Geographischer Verlag, Bern, 224 S.

Ross, R.A. & G. Marzec (1990): The Reproductive Husbandry of Boas and Pythons. – The Institute for Herpetological Research, 270 S.

Ross, R.A. & G. Marzec (1994): Riesenschlangen, Zucht und Pflege. bede Verlag, Ruhmannsfelden, 247 S.

Rundquist, E. M. (1993): Captive Breeding of the Green Tree Python (*Chondropython viridis*). – Captive Breeding, 1 (4): 8–11.

Scanlon, J.D. (2001): *Montypythonoides*: the Miocene snake *Morelia riversleighensis* (Smith & Plane, 1985) and the Geographical origin of pythons. – Memoir of the Association of Australasian Palaeontologists, 25: 1–35.

Schlüter, A. (1997): Mythos Schlange. – Stuttgarter Beiträge zur Naturkunde, Serie C, Nr. 41: 85 S.

Schmidt, D. (1991): Grüne Pythons geschlüpft. – DATZ, 44(3): 141.

Schmidt, D. (1994): Schlangen. – Urania, Leipzig, 200 S.

Schmidt, D. (1996): Ratgeber Riesenschlangen. – bede Verlag, Ruhmannsfelden, 95 S.

Schofield, F. (1995): Some experiences with the Green Tree Python *Chondropython (Morelia) viridis*. – Reptilian, High Wycombe, 3 (7): 30–33.

Schouten, J. R. (1984): Breding Results – *Chondropython viridis*. – Litteratura Serpentium, Utrecht (Engl. Ed.), 4 (1): 25–26.

Schouten, J. R. (1985):Experiences in keeping and breeding of the Green Tree Python, *Chondropython viridis* (Schlegel, 1872), negative and positive results. – Litteratura Serpentium, Utrecht (Engl. Ed.), 5 (4): 122–156.

Schröder, H. (1982): Ein ergänzender Nachweis zum Vorkommen von *Chondropython viridis* (Reptilia: Serpentes: Boidae). – Salamandra, 18 (3/4): 359–360.

Schu, P. (1998): Der Grüne Baumpython – ein Juwel im Terrarium. – Reptilia, Münster, 3 (5): 57–61.

Schu, P. (1999): *Chondropython viridis*. A jewel in the terrarium. – Reptilia (GB), 7: 34–38.

Seigel, R. J. T. Collins & S. S. Novak (1987): Snakes – Ecology, Evolutionary and Biology. – Macmillan Publ. Comp., New York, 529 S.

Shine, R. (1996): Das Große Buch der Australischen Schlangen. – bede Verlag, Ruhmannsfelden, 224 S.

Slavens, F. (1988): Inventory, Longvity, & Breeding Notes – Reptiles and Amphibians in Captivity. – Print. F. L. Slavens, Seattle, Washington, 401 S.

SLAVENS, F. & K. SLAVENS (1991): Reptiles and Amphibians in Captivity Breeding – Longevity and Inventory Current January 1, 1991. – Print. F. L. Slavens, Seattle, Washington, 505 S.

SLAVENS, F. & K. SLAVENS (1993): Reptiles and Amphibians in Captivity Breeding – Longevity and Inventory Current January 1, 1993. – Print. F. L. Slavens, Seattle, Washington, 521 S.

SLAVENS, F. & K. SLAVENS (1996): Reptiles and Amphibians in Captivity Breeding – Longevity and Inventory Current January 1, 1996. – Print. F. L. Slavens, Seattle, Washington, 409 S.

SMITH, G. (1976): Ecological energetics of three species of ectothermic vertebrates. – Ecology 57: 252.

SMITH, L. & D.H. GROUGE [Eds.] (1993): Green Tree Python (*Chondropython viridis*) newborn. – Thames and Chiltern Herpetological Group Newsletter, 142: 2 S.

SPRENT, J.F.A. (1973): Studies on ascaridoid nematodes of pythons: two new species from New Guinea. – Parasitology, 67 (3): 229–244.

STAFFORD, P. J. (1986): Pythons and Boas. – t.f.h.Publications Inc. Ltd., 192 S.

STEEHOUDER, T. (1986): Experiences with three specimens of *Chondropython viridis*. – Litteratura Serpentium, Utrecht, 6 (3): 86–91.

STETTLER, P.-H. (1977): Zur Haltung von Riesenschlangen im Aquarium. – Aquarium Aqua Terra, Minden, 11 (93): 132–134.

STIMSON, A.F. (1969): Liste der Rezenten Amphibien und Reptilien. Boidae (Subfam. Boinae, Bolyeriinae, Loxoceminae et Pythoninae). – Das Tierreich, Berlin, 89: 1–49.

SWITAK, K. H. (1973): The search of the green python. – Pacific Discovery, 26 (1): 1–9.

SWITAK, K. H. (1975): Der Grüne Baumpython aus dem Land der Menschenfresser. Aquarien Magazin, 9 (9): 366–372.

SWITAK, K. H. (1985): Der grüne Würger. Physis, Naturwissenschaften und Medizin, Lünen: 8–21.

SWITAK, K. H. (1994): The colorful python. – GEO Australasia, Vol. 16 (2): 56–68.

Switak, K. H. (1995a): The Emerald Serpents of New Guinea, Part 1. – Reptiles, 2 (6): 76–99.

Switak, K. H. (1995b): The Emerald Serpents of New Guinea, Part 2. – Reptiles, 3 (1): 64–75.

SWITAK, K. H. (1996): Die Lebensgewohnheiten des Grünen Baumpythons. *Chondropython viridis* in der Natur und im Terrarium. – TI Magazin, 129 (6): 48–51.

SWITAK, K. H. (1998): Der Grüne Baumpython, *Chondropython viridis*. – DATZ, Stuttgart, 51 (5): 318–324.

TOFT, J.D., II & R.E. SCHMIDT (1975): Pseudophyllidean tapeworms in Green Tree Pythons (*Chondropython viridis*). – Journal Zoo Anim. Med., 6 (2): 25–26.

TORR, G. (2000): Pythons of Australia. Krieger Publishing, Malabar, Florida, 103 S.

TRUTNAU, L. (1988): Schlangen – Band 1. – E. Ulmer Verlag, Stuttgart, 256 S.

ULBER, T., W. GROSSMANN, J. BEUTELSCHIESS & C. BEUTELSCHIESS (1989): Terraristisch/Herpetologisches Fachwörterbuch – Berlin (Terrariengemeinschaft Berlin e.V.), 176 S.

UNDERWOOD, G. & A.F. STIMSON (1990): A classification of Pythons (Serpentes, Pythoninae). – J. Zool., London, 221(4): 565–603.

van der Heijden, B. (1986): The husbandry and breeding of *Chondropython viridis*. – Litteratura Serpentium (Engl. Ed.) 6 (1): 4–12.

van der Heijden, B. (1992): Care and breeding of the Green Tree Python, *Chondropython viridis*. – Nordisk Herpetologisk Forening, 35(4): 58–61.

van Mierop, L. H. S., T. Walsh & D. L. Marcellini (1982): Reproduction of *Chondropython viridis* (Reptilia, Serpentes, Biodae). – Proc. a. Rept. Symp. capt. Prop. Husb. 6, [1983]: 265–274.

van Riel, C. A. P. (1981): Voortplanting van de groene boompython (*Chondropython viridis*) in het terrarium. – Lacerta, 39 (6/7): 62–64.

van Riel, C. A. P. (1982): Zucht von *Chondropython viridis* (Schlege, 1872) im Terrarium. – Herpetofauna, Weinstadt, 4 (18): 31–33.

van Riel, C. A. P. (1987): *Chondropython viridis* – Green Tree Python. – Litteratura Serpentium, Utrecht, 7 (4): 155–156.

Vergner, I. (1986): Zur Nachzucht seltener Riesenschlangen – *Chondropython viridis*. – Elaphe : 90–93.

Vergner, I. (1987a): Why do snakes swallow their own jaw? – Akvarium Terrarium, 30 (2): 29–32.

Vergner, I. (1987b): *Chondropython viridis*. Breeding and Reproduction in the terrarium. Part 1. – Akvarium Terrarium, 30 (2): 29–32.

Vergner, I. (1987c): The Green Tree Python *Chondropython viridis*. Breeding and Reproduction in the terrarium. Part 2. – Akvarium Terrarium, 30 (3): 29–32.

Vergner, I. (1989): Successful breeding of the Green Tree Python. – ZIVA, 37 (5): 230–232.

Vergner, I. (1990): Zur Situation der Boiden-Nachzucht in der Tschechoslowakei. – Elaphe, 12 (4): 63–67.

Vergner, I. (1994a): Zur Fortpflanzung von Python-Arten. – DATZ, 47 (9): 564–568.

Vergner, I. (1994b): Nachzucht des Grünen Baumpythons. – DATZ 47 (11): 726–728.

Vergner, I. (2000): Baumpython (*Morelia viridis*) – Haltung und Zucht. – 24. Internationales Symposion Mensch-Tier-Umwelt in Litschau-Königsleitn/NÖ. Dokumentation 2000: 45–46.

Vogel, Z. (1994): Riesenschlangen aus aller Welt. –Westarp Wissenschaften, Magdeburg, 101 S.

Voss, R. (2001): Gron traepython (*Chondropython viridis*) ikke sa svaer, som man tror! – Nordisk Herpetologisk Forening, 44 (3): 74–80.

Wahid, S. (1968): A new species of the genus *Acanthotaenia*, with a note on *Anochotaenia trochilii* from a new host. – Pakist. J. Sci. Ind. Res., 11: 81–84.

Walls, J.G. (1998): The Living Pythons – A Complete Guide Of The Pythons Of The World. – T.F.H. Publications Inc., Neptune City, 256 S.

Walsh, T. (1977): Husbandry and Breeding of *Chondropython viridis*. – National Association for Sound Wildlife Programs, 1 (2): 10–22.

Walsh, T. (1979): Further Notes on the Husbandry, Breeding, and Behavior of *Chondropython viridis*. – Zoological Consortium, Inc., Thurmont, 3rd Annual Reptile Symposium on Captive Reproduction and Husbandry: 102–111.

Walsh, T. (1981): Breeding the Green Tree Python and the Emerald Tree Boa. In:

Pinney, R. (Hrsg.), The Snake Book, Doubleday & Co. Garden City, New York: 111–116.

WALSH, T. (1985): Husbandry and breeding of *Chondropython viridis*. – Newsletter of the Reptile Keepers Association, 8 : 4–11.

Walsh, T. (1994): Husbandry of long-term captive populations of boid snakes (*Epicrates, Corrallus* and *Chondropython*). In: Murphy, J. B., Adler, K. & J. T. Collins (Hrsg.), Captive Management and Conservation of Amphibians and Reptiles. Society for the Study of Amphibians and Reptiles, Ithaca (New York). Contributions to Herpetology, Vol. 11: 359–362.

Walsh, T. (1997): Life with Green Tree Pythons. – Reptile and Amphibian Magazine, Juni, 1997: 14–24.

WEBB, G. A. & H. HEATWOLE (1971): Patterns of heat distribution within bodies of some Australian Pythons. – Copeia, Washington: 209–220.

WEBB, G.A. & A.B. ROSE (1984): The food of some Australian snakes. – Herpetofauna, Sydney, 16 (1): 21–27

WEIER, M. (2000): Baumpython-Nachzucht mit vermeintlicher Zwillingsgeburt. – Elaphe, Rheinbach, 8 (2): 16–19.

WEIER, M. & R. VITT (2003): Der Grüne Baumpython. – Herpeton, Verlag Elke Köhler, Offenbach, 111 S.

WELLS, R.W. & C.R. WELLINGTON (1984): A synopsis of the class Reptilia in Australia. – Australian Journal of Herpetology 1 (3/4): 73–129.

WELLS, R.W., & C.R. WELLINGTON (1985): A classification of the Amphibia and Reptilia of Australia. –Australian Journal of Herpetology. Supplementary Series 1: 61 S.

WENGLER, W. (1994): Riesenschlangen. – Natur und Tier – Verlag, Münster, 160 S.

WHEELER, T. (1995): Papua Neu Guinea. – Schettler Publikationen, Hattorf, 358 S.

WHITAKER, R., Z. WHITAKER & D. MILLS (1982): Reptiles of Papua New Guinea. – Wildlife in Papua New Guinea, 82 (2): 1–53.

WILSON, S. (2005): A Field Guide to Reptiles of Queensland. New Holland Publishers, Australia, 256 S.

WILSON, S. K., and D. G., KNOWLES (1988): Australia's Reptiles: A Photographic Reference to the Terrestrial Reptiles of Australia. Sydney, Australia: Collins Pty Ltd.

WILSON, S. & G. SWAN (2004): A Complete Guide to Reptiles of Australia. – New Holland Publishers, Australia, 480 S.

WIESMAN, M. J. & J. H. GREVE (1982): *Strongyloides mirzai* infection in a Green Tree Python. – J. Am. Vet. Med. Assoc., 181 (11): 1329–1330.

WORRELL, E. (1951): Classification of Australian Boidae. –Proceedings of the Royal Zoological Society of NSW 1049–50: 20–25.

WORRELL, E. (1970): Reptiles of Australia. – Angus and Robertson, Sydney, 169 S.

WÜSTER, W., B. BUSH, J., S., KEOGH, M. O'SHEA & R. SHINE (2001): Taxonomic contributions in the "amateur" literature: comments on recent descriptions of new genera and species by Raymond Hoser. – Litteratura Serpentium 21 (3): 67–79, 86–91.

YUWONO, F. B. (1998): The Trade of Live Reptiles of Indonesia. – Mertensiella, Rheinbach, 9: 9–15.

ZULICH, A. W. (1983): Notes on the maternal incubation of *Chondropython viridis* eggs. – Journal North. Ohio Herpetol. Soc., Vol. 9 (1): 13–21.

Zulich, A. W. (1985): Captive Breeding, Husbandry, and neonatal care of the Green Tree Python *Chondropython viridis* with emphasis on maternal incubation of the eggs. – Proc. of the 8th Annual Reptile Symp. on Captive Prop. and Husbandry. Zoological Consortium, Thurmont, Maryland, 114–118.

ZULICH, A. W. (1987): Juvenile colour in *Chondropython viridis*. – Notes from NOAH, Vol. 14 (9): 16–17.

Zulich, A. W. (1990): Green Tree Python. – Reptile & Amphibian Magazine, Sept./Oct. 1990: 2–6.

ZWEIFEL R.G. (1976). Herpetological Expedition to New Guinea. National Geographic Research Report 1968 Reports: 503–510.

ZWINNENBERG, A. (1972): Australische Reptielen 8: de pythons van de genera *Aspidites, Chondropython* en *Morelia*. – Lacerta 30 (11): 137–142.

Zusätzlich diese Magazine:

Reptilia, „Pythons", Nr. 39, Februar/März 2003, Jahrgang 8 (1).

Draco, „Riesenschlangen", Nr. 5, Jahrgang 2 (2001–1).

Draco, „Schlangen", Nr.17, Jahrgang 5 (2004–1).

Marc Mense möchte sich an dieser Stelle ganz herzlich bei Dipl.-Biol. Christian Meyer zur Heyde bedanken für die tatkräftige Unterstützung bei den Recherchen, die zur Erstellung dieser Bibliographie notwendig waren.